U0193930

《冰冻圈变化及其影响研究》丛书得到下列项目资助

- 全球变化研究国家重大科学研究计划项目
  "冰冻圈变化及其影响研究"（2013CBA01800）

- 国家自然科学基金创新群体项目
  "冰冻圈与全球变化"（41421061）

- 国家自然科学基金重大项目
  "中国冰冻圈服务功能形成过程及其综合区划研究"（41690140）

本书由下列项目资助

- 全球变化研究国家重大科学研究计划"冰冻圈变化及其影响研究"项目
  "冰冻圈变化的生态过程及其对碳循环的影响"课题（2013CBA01807）

- 国家自然科学基金重大研究计划重点项目"三江源区径流形成与变化机制及其冻土生态水文过程模拟"（91547203）

- 国家自然科学基金面上项目"全球变暖背景下多年冻土区高寒草地生产力对冬春降水量增加的响应过程与作用机制"（41571204）

"十三五"国家重点出版物出版规划项目

冰冻圈变化及其影响研究

丛书主编　丁永建　丛书副主编　效存德

冰冻圈变化的生态过程与碳循环影响

王根绪　宜树华　等／著

科学出版社
北京

内 容 简 介

冰冻圈对气候变化的高度敏感性显著加强了圈层相互作用，使其作用区的陆地生态系统比其他区域受到更强的气候变化胁迫，同时，冰冻圈陆地生态系统具有独特的生态功能，在水源涵养和碳汇方面的作用举足轻重。本书以我国冰冻圈作用区（青藏高原、东北大兴安岭）为主要研究对象，以冰冻圈与寒区生态系统的相互作用为核心，主要内容包括冻土和积雪变化对陆地生态系统的影响，冰冻圈变化对陆地生态系统碳氮循环过程的影响与作用机制，寒区土壤微生物对冻土和积雪变化的响应特征，以及寒区生态动态模型和陆面过程模式的改进与发展等。本书还对国际上冰冻圈生态学的发展现状进行了简要介绍，并展望未来冰冻圈生态过程与生物地球化学循环研究的发展趋势。

本书可供从事生态学、地理学、环境科学和冰冻圈科学等专业的科研和管理人员，以及相关专业的高等院校师生及科技人员使用和参考。

图书在版编目（CIP）数据

冰冻圈变化的生态过程与碳循环影响 / 王根绪等著 . —北京：科学出版社，2019.9

（冰冻圈变化及其影响研究/丁永建主编）

"十三五"国家重点出版物出版规划项目

ISBN 978-7-03-061762-0

Ⅰ.①冰… Ⅱ.①王… Ⅲ.①冰川–运动（力学）–影响–碳循环–研究 Ⅳ.①P343.6②X511

中国版本图书馆 CIP 数据核字（2019）第 122273 号

责任编辑：周 杰 王勤勤 / 责任校对：樊雅琼
责任印制：肖 兴 / 封面设计：黄华斌

科学出版社 出版

北京东黄城根北街 16 号
邮政编码：100717
http://www.sciencep.com

中国科学院印刷厂 印刷

科学出版社发行 各地新华书店经销

*

2019 年 9 月第 一 版 开本：787×1092 1/16
2019 年 9 月第一次印刷 印张：22 1/2
字数：530 000

定价：268.00 元

（如有印装质量问题，我社负责调换）

全球变化研究国家重大科学研究计划
"冰冻圈变化及其影响研究"（2013CBA01800）项目

项目首席科学家　丁永建
项目首席科学家助理　效存德

项目第一课题 "山地冰川动力过程、机理与模拟"，课题负责人：任贾文、李忠勤

项目第二课题 "复杂地形积雪遥感及多尺度积雪变化研究"，课题负责人：张廷军、车涛

项目第三课题 "冻土水热过程及其对气候的响应"，课题负责人：赵林、盛煜

项目第四课题 "极地冰雪关键过程及其对气候的响应机理研究"，课题负责人：效存德

项目第五课题 "气候系统模式中冰冻圈分量模式的集成耦合及气候变化模拟试验"，课题负责人：林岩銮、王磊

项目第六课题 "寒区流域水文过程综合模拟与预估研究"，课题负责人：陈仁升、张世强

项目第七课题 "冰冻圈变化的生态过程及其对碳循环的影响"，课题负责人：王根绪、宜树华

项目第八课题 "冰冻圈变化影响综合分析与适应机理研究"，课题负责人：丁永建、杨建平

《冰冻圈变化的生态过程与碳循环影响》
著 者 名 单

主　　笔　王根绪　宜树华　王长庭　胡远满

　　　　　杨　燕　常瑞英　陈生云

成　　员　（按姓氏拼音排序）

　　　　　布仁仓　陈晓鹏　郭金停　韩风林

　　　　　毛天旭　牟翠翠　秦　彧　任百慧

　　　　　宋春林　宋小艳　孙向阳　张　涛

　　　　　周兆叶

■ 总　序　一 ■

　　1972 年世界气象组织（WMO）在联合国环境与发展大会上首次提出了"冰冻圈"（又称"冰雪圈"）的概念。20 世纪 80 年代全球变化研究的兴起使冰冻圈成为气候系统的五大圈层之一。直到 2000 年，世界气候研究计划建立了"气候与冰冻圈"核心计划（WCRP-CliC），冰冻圈由以往多关注自身形成演化规律研究，转变为冰冻圈与气候研究相结合，拓展了研究范畴，实现了冰冻圈研究的华丽转身。水圈、冰冻圈、生物圈和岩石圈表层与大气圈相互作用，称为气候系统，是当代气候科学研究的主体。进入 21 世纪，人类活动导致的气候变暖使冰冻圈成为各方瞩目的敏感圈层。冰冻圈研究不仅要关注其自身的形成演化规律和变化，还要研究冰冻圈及其变化与气候系统其他圈层的相互作用，以及对社会经济的影响、适应和服务社会的功能等，冰冻圈科学的概念逐步形成。

　　中国科学家在冰冻圈科学建立、完善和发展中发挥了引领作用。早在 2007 年 4 月，在科学技术部和中国科学院的支持下，中国科学院在兰州成立了国际上首次以冰冻圈科学命名的"冰冻圈科学国家重点实验室"。是年七月，在意大利佩鲁贾（Perugia）举行的国际大地测量和地球物理学联合会（IUGG）第 24 届全会上，国际冰冻圈科学协会（IACS）正式成立。至此，冰冻圈科学正式诞生，中国是最早用"冰冻圈科学"命名学术机构的国家。

　　中国科学家审时度势，根据冰冻圈科学的发展和社会需求，将冰冻圈科学定位于冰冻圈过程和机理、冰冻圈与其他圈层相互作用以及冰冻圈与可持续发展研究三个主要领域，摆脱了过去局限于传统的冰冻圈各要素独立研究的桎梏，向冰冻圈变化影响和适应方向拓展。尽管当时对后者的研究基础薄弱、科学认知也较欠缺，尤其是冰冻圈影响的适应研究领域，则完全空白。2007 年，我作为首席科学家承担了国家重点基础研究发展计划（973 计划）项目"我国冰冻圈动态过程及其对气候、水文和生态的影响机理与适应对策"任务，亲历其中，感受深切。在项目设计理念上，我们将冰冻圈自身的变化过程及其对气候、水文和生态的影响作为研究重点，尽管当时对冰冻圈科学的内涵和外延仍较模糊，但项目组骨干成员反复讨论后，提出了"冰冻圈—冰冻圈影响—冰冻圈影响的适应"这一主体研究思路，这已经体现了冰冻圈科学的核心理念。当时将冰冻圈变化影响的脆弱性和适应性研究作为主要内容之一，在国内外仍属空白。此种情况下，我们做前人未做之事，大胆实践，实属创新之举。现在回头来看，其又具有高度的前瞻性。通过这一项目研究，不仅积累了研究经验，更重要的是深化了对冰冻圈科学内涵和外延的认识水平。在此基础上，通过进一步凝练、提升，提出了冰冻圈"变化—影响—适应"的核心科学内涵，并成为开展重大研究项目的指导思想。2013 年，全球变化研究国家重大科学研究计划首次设立了重大科学目标导向项目，即所谓的"超级973"项目，在科学技术部支持下，丁永建研究员担任首席科学家的"冰冻圈变化及其影响研究"项目成功入选。项目经过4年实施，已经进入成果总结期。该丛书就是对上述一系列研究成果的系统总结，期待通过该丛书的出版，对丰富冰冻圈科学的研究内容、夯实冰冻圈科学的研究基础起到承前启后的作用。

该丛书共有9册，分8册分论及1册综合卷，分别为《山地冰川物质平衡和动力过程模拟》《北半球积雪及其变化》《青藏高原多年冻土及变化》《极地冰冻圈关键过程及其对气候的响应机理研究》《全球气候系统中冰冻圈的模拟研究》《冰冻圈变化对中国西部寒区径流的影响》《冰冻圈变化的生态过程与碳循环影响》《中国冰冻圈变化的脆弱性与适应研究》及综合卷《冰冻圈变化及其影响》。丛书针对冰冻圈自身的基础研究，主要围绕冰冻圈研究中关注点高、瓶颈性强、制约性大的一些关键问题，如山地冰川动力过程模拟，复杂地形积雪遥感反演，多年冻土水热过程以及极地冰冻圈物质平衡、不稳定性等关键过程，通过这些关键问题的研究，对深化冰冻圈变化过程和机理的科学认识将起到重要作用，也为未来冰冻圈变化的影响和适应研究夯实了冰冻圈科学的认识基础。针对冰冻圈变化的影响研究，从气候、水文、生态几个方面进行了成果梳理，冰冻圈与气候研究重点关注了全球气候系统中冰冻圈分量的模拟，这也是国际上高度关注的热点和难点之一。在冰冻圈变化的水文影响方面，对流域尺度冰冻圈全要素水文模拟给予了重点关注，这也是全面认识冰冻圈变化如何在流域尺度上以及在多大程度上影响径流过程和水资源利用的关键所在；针对冰冻圈与生态的研究，重点关注了冰冻圈与寒区生态系统的相互作用，尤其是冻土和积雪变化对生态系统的影响，在作用过程、影响机制等方面的深入研究，取得了显著的研究成果；在冰冻圈变化对社会经济领域的影响研究方面，重点对冰冻圈变化影响的脆弱性和适应进行系统总结。这是一个全新的研究领域，相信中国科学家的创新研究成果将为冰冻圈科学服务于可持续发展，开创良好开端。

系统的冰冻圈科学研究，不断丰富着冰冻圈科学的内涵，推动着学科的发展。冰冻圈脆弱性和风险是冰冻圈变化给社会经济带来的不利影响，但冰冻圈及其变化同时也给社会带来惠益，即它的社会服务功能和价值。在此基础上，冰冻圈科学研究团队于2016年又获得国家自然科学重大基金项目"中国冰冻圈服务功能形成机理与综合区划研究"的资助，从冰冻圈变化影响的正面效应开展冰冻圈在社会经济领域的研究，使冰冻圈科学从"变化—影响—适应"深化为"变化—影响—适应—服务"，这表明中国科学家在推动冰冻圈科学发展的道路上不懈的思考、探索和进取精神！

该丛书的出版是中国冰冻圈科学研究进入国际前沿的一个重要标志，标志着中国冰冻圈科学开始迈入系统化研究阶段，也是传统只关注冰冻圈自身研究阶段的结束。在这继往开来的时刻，希望《冰冻圈变化及其影响研究》丛书能为未来中国冰冻圈科学研究提供理论、方法和学科建设基础支持，同时也希望对那些对冰冻圈科学感兴趣的相关领域研究人员、高等院校师生、管理工作者学习有所裨益。

秦大河

中国科学院院士

2017 年 12 月

总 序 二

冰冻圈是气候系统的重要组成部分，在全球变化研究中具有举足轻重的作用。在科学技术部全球变化研究国家重大科学研究计划支持下，以丁永建研究员为首席的研究团队围绕"冰冻圈变化及其影响研究"这一冰冻圈科学中十分重要的命题开展了系统研究，取得了一批重要研究成果，不仅丰富了冰冻圈科学研究积累，深化了对相关领域的科学认识水平，而且通过这些成果的取得，极大地推动了我国冰冻圈科学向更加广泛的领域发展。《冰冻圈变化及其影响研究》系列专著的出版，是冰冻圈科学向深入发展、向成熟迈进的实证。

当前气候与环境变化已经成为全球关注的热点，其发展的趋向就是通过科学认识的深化，为适应和减缓气候变化影响提供科学依据，为可持续发展提供强力支撑。冰冻圈科学是一门新兴学科，尚处在发展初期，其核心思想是将冰冻圈过程和机理研究与其变化的影响相关联，通过冰冻圈变化对水、生态、气候等的影响研究，将冰冻圈与区域可持续发展联系起来，从而达到为社会经济可持续发展提供科学支撑的目的。该项目正是沿着冰冻圈变化—影响—适应这一主线开展研究的，抓住了国际前沿和热点，体现了研究团队与时俱进的创新精神。经过 4 年的努力，项目在冰冻圈变化和影响方面取得了丰硕成果，这些成果主要体现在山地冰川物质平衡和动力过程模拟、复杂地形积雪遥感及多尺度积雪变化、冰冻圈变化的生态过程与碳循环影响、极地冰冻圈关键过程及其对气候的影响与响应、全球气候系统中冰冻圈的模拟研究、冰冻圈变化对中国西部寒区径流的影响、冰冻圈生态过程与机理及中国冰冻圈变化的脆弱性与适应等方面，全面系统地展现了我国冰冻圈科学最近几年取得的研究成果，尤其是在冰冻圈变化的影响和适应研究具有创新性，走在了国际相关研究的前列。在该系列成果出版之际，我为他们取得的成果感到由衷的高兴。

最近几年，在我国科学家推动下，冰冻圈科学体系的建设取得了显著进展，这其中最重要的就是冰冻圈的研究已经从传统的只关注冰冻圈自身过程、机理和变化，转变为冰冻圈变化对气候、生态、水文、地表及社会等影响的研究，也就是关注冰冻圈与其他圈层相互作用中冰冻圈所起到的主要作用。2011 年 10 月，在乌鲁木齐举行的 International Symposium on Changing Cryosphere, Water Availability and Sustainable Development in Central Asia 国际会议上，我应邀做了 *Ecosystem services*, *Landscape services and Cryosphere services* 的报告，提出冰冻圈作为一种特殊的生态系统，也具有服务功能和价值。当时的想法尽管还十分模糊，但反映的是冰冻圈研究进入社会可持续发展领域的一个方向。令人欣慰的是，经过最近几年冰冻圈科学的快速发展及其认识的不断深化，该系列丛书在冰冻圈科学体系建设的研究中，已经将冰冻圈变化的风险和服务作为冰冻圈科学进入社会经济领域的两大支柱，相关的研究工作也相继展开并取得了初步成果。从这种意义上来说，我作为冰冻圈科学发展的见证人，为他们取得的成果感到欣慰，更为我国冰冻圈科学家们开拓进取、兼容并蓄的创新精神而感动。

在《冰冻圈变化及其影响研究》丛书出版之际，谨此向长期在高寒艰苦环境中孜孜以求的冰冻圈科学工作者致以崇高敬意，愿中国冰冻圈科学研究在砥砺奋进中不断取得辉煌成果！

中国科学院院士

2017 年 12 月

前　言

冰冻圈以其巨大的冷储和对气候变化的高度敏感性作用于其他圈层。寒区占全球陆地表面积超过40%，包括两极地区、青藏高原以及中低纬度高山带，无论是对陆地生态系统还是对水生生态系统都影响深刻。在寒区内，冰冻圈与生物圈均是寒区气候作用的结果，以寒区陆地生态系统类型为例，总体上可以以南极、北极和青藏高原三大区域来划分。大致50°N以北的泛北极地区属于寒带生态系统，以寒带针叶林和苔原（或冻原）两类为主。南极地区则更为简单，陆地生态系统以南极苔原为单一生态类型。青藏高原因巨大的海拔差形成了中低纬度较大区域的高寒生态系统集中分布区，具有相对多样的陆地生态系统类型，并具有显著的三维地带性分布规律。与其他生态系统一样，寒区生态系统类型的地带性分布模式大多以生物气候分类为依据，且以温度（或热量）和水分（或干湿度）条件为主导，构建了山地地带的亚高山—高山—亚冰雪带—冰雪带、纬度带的北方带—亚极地带—极地带等分布格局的寒区生态系统地带性模式（如Holdridge生命地带分类系统）。在生态系统的这种分布格局中，冰冻圈有何影响或作用，即寒区冰冻圈和生物圈之间存在何种相互作用关系，是长期以来备受关注但尚未解决的问题。特别是伴随全球气候变化不断加剧，冰冻圈对气候变化的强烈响应将对寒区生态系统产生何种影响，成为全球变化最具挑战性的研究前沿领域之一。近年来，在北极以及青藏高原寒区观测到陆地生态系统分布格局（或生产力）的动态变化，如北极地区灌丛扩张和苔原范围缩小、泰加林带生产力下降等，但始终没有明确冻土环境变化的影响及作用机制。

在全球和区域尺度上，冻土的形成与分布主要受气候因素，如气温、降水量的地带性变化控制，表现出随海拔和经度与纬度方向的三维变化；在局域尺度上，除了地形条件以外，土壤质地、植被因子等的作用十分显著。大量研究表明，植被对冻土形成与分布的影响具有普遍性，其作用机理表现在植被覆盖对地表热动态和能量平衡的影响、植被冠层对降水与积雪的再分配以及植被覆盖对表土有机质与土壤组成结构方面的作用。土壤有机质与结构变化将导致土壤热传导性质的改变，影响活动层土壤水热动态，从而形成较为复杂的生态系统与冻土环境的互馈作用关系。然而，由于缺乏系统的实际观测数据支持，上述理论上的认识尚不能解释实际冻土水热条件、活动层分布格局与动态变化的时空变异规律。冻土的发育与变化是多种因素共同作用的结果，从中分离出生态系统（植被、地被物、土壤有机质等）的作用，一方面有助于进一步深化冻土形成与变化机制的认识，发展冻土的生态分类方案；另一方面可以从根本上解决制约寒区陆面过程模式、冻土模式以及寒区生态模式等发展的瓶颈。

积雪是冰冻圈较为活跃的因素之一，空间上与多年冻土和稳定季节冻土区分布重合，二者存在密切的关联性。北极多个地区的长期观测结果表明，积雪厚度和持续时间对于冻土的形成与分布具有显著影响，这与积雪属于热的不良导体，同时具有较大的隔热和反射作用等性质有关，而这些性质均与积雪厚度和时间及融化过程密切相关。降雪在地表的空间分布格局，主要受气候条件、地形地貌条件和植被条件共同影响。植被对积雪拦截、阻挡以及捕获等作用导致积雪的空间分布存在较大的差异性，同时通过遮阴、风吹雪等效应影响融雪过程。因此，客观世界中，除了极寒无植被区存在单独的积雪因素对冻土的影响外，对大部分寒区而言则是积雪和植被二者对冻土的协同作用与影响。积雪是降水的一种形式，但因其在寒区具有显著不同于降雨的能量传输效应，决定了积雪对生态系统具有不同于降雨的影响。已有大量研究表明，在高山带和北极地区，积雪厚度、积雪融化时间等不仅决定了植被类型及其群落组成，而且也对植物的生态特性如冠层高度、叶面积指数以及生物量等起着关键作用。目前关注的焦点是伴随全球气候变化，积雪格局的显著变化（如融雪期提前、积雪量减少等）对高山和极地植被的影响及程度。已经观测到的事实是正负作用均存在，具有较明显的地区和物种差异性。这一问题的复杂性还在于寒区积雪对植被的作用受冻土环境变化的影响，体现了冰冻圈和生物圈相互作用的多因素、多介质与时空多样性。气候变化背景下积雪和冻土对陆地生态系统的影响与反馈，不仅是冰冻圈科学的核心科学命题，也是生态学、全球变化和区域可持续发展等领域的学科前沿问题。

全球变化背景下，冰冻圈生物地球化学循环可能是现代最具影响力的地表过程之一：一方面冰冻圈蕴藏的大量温室气体的释放，可能对区域乃至全球气候系统产生强烈反馈作用；另一方面生物生产力变化对区域能水平衡、碳氮平衡等的影响显著，并链生一系列区域环境与资源效应。不同于其他区域，冰冻圈的冻融过程及伴随的水体相变和温度场变化，对区域生物地球化学循环产生巨大驱动作用，并赋予了其特殊的循环规律以及对环境变化的高度敏感性。有研究结果表明，整个北半球多年冻土区的土壤有机碳库大致为1672Pg C，该值相当于全球土壤有机碳库的50%，因此，北半球寒区是个巨大的陆地生态系统碳库，在整个地球系统碳平衡中举足轻重。在全球变化背景下，多年冻土封存的大量有机碳在气温升高和冻土融化中是否出现"碳爆发"及其对气候的反馈影响，成为广泛关注的焦点。实际上，除巨大的碳库外，寒区还蕴藏着大量其他温室气体，如氧化亚氮等，在降水格局变化、土壤温度升高、植被群落结构变化以及凋落物成分改变等多因素综合影响下，其排放过程及影响也是未知领域。迫切需要系统解析冰冻圈与生物圈相互作用的关系及其对生物地球化学循环的驱动机理，明确全球变化背景下寒区陆地生态系统碳库的形成与稳定维持机制，从而准确判别冰冻圈生物地球化学循环变化对气候及环境的反馈作用。

上述冰冻圈和生物圈复杂的相互作用关系，直接导致寒区陆面过程模式、生态模式、水文模式以及区域气候模式等的发展面临多方面的制约，始终是这些模式发展的挑战所在。随着对冰冻圈变化及其影响研究的不断深入，发展耦合冰冻圈过程、气候变化、生态过程以及其他扰动等诸要素的寒区陆面过程模式和生态系统模式是未来模式发展趋势之一。例如，在全球气候模式不断发展过程中，一个先进的积雪参数化方案是考虑积雪-温度反馈关系的时空变异性与植被覆盖的密切关联，发展积雪-植被-土壤的多元互馈关系，并引导将陆面过程模型与区域气候或全球气候模型耦合，在寒区，这一发展理念还需要叠加冻土的影响，进一步深化为积雪-植被-冻土的多元互馈关系。同样，对于寒区陆面过程模式而言，需要发展积雪-植被-冻土间密切的水热耦合关系及物质和能量交换关系的定量描述方法与模式，并将其与其他地表过程相耦合。此类模式还将用来预估不同气候变化、冰冻圈要素变化和人类活动情景下寒区生态系统服务功能的变化及阈值。

针对上述诸多国际前沿科学问题，在 2013 年启动的全球变化国家重大科学研究计划项目"冰冻圈变化及其影响研究"（2013CBA01800）中，设立了"冰冻圈变化的生态过程及其对碳循环的影响"课题，专门开展冰冻圈变化的生态过程及其对碳循环的影响研究，其核心目标是揭示冻土和积雪变化对寒区生态系统的影响程度、机理与时空差异性。课题的重点研究任务是探索冻土、积雪变化对高寒生态系统的影响程度、时空变异性及其互馈作用机理，系统认识高寒生态系统对冰冻圈变化响应的本质；明确冻土和积雪变化影响下的冻土-生态系统碳平衡动态及时空尺度，有效评估未来气候变化对寒区碳源汇的影响程度。为此，本研究选择青藏高原、大兴安岭以北地区为典型研究区域，通过在上述不同气候带具有代表性的连续多年冻土区、不连续多年冻土区和岛状多年冻土区设立观测样点和气候分异的交互生态样带，点、线、面多尺度研究相结合，植物种群、群落和生态系统相结合，通过样地和样带组合，并结合遥感数据分析，实现对区域尺度的研究。在研究手段上，采用空间替换时间的样地调查、定位与半定位野外观测试验、人工控制模拟实验和数值模拟研究相结合，充分融合历史监测与分析数据、多尺度与多元调查和遥感数据、高精度模拟生成数据等，开展系统观测、模拟与集成研究。参与本研究的有来自中国科学院成都山地灾害与环境研究所、中国科学院旱区寒区环境与工程研究所、西南民族大学以及中国科学院沈阳应用生态研究所等单位从事寒区生态学和生物地球化学领域研究的科学家，经过 5 年艰苦工作，在上述主要研究重点任务方面，取得了一些显著进展，从而立足青藏高原高海拔寒区及北半球多年冻土区南缘的大兴安岭地区，形成了冰冻圈和生物圈相互作用关系的一些新发现与新认识，为冰冻圈生态学发展奠定了重要的科学基础。

本书分为 10 章，其中第 1 章简要介绍冰冻圈与生物圈的相互作用关系和科学内涵、国内外相关研究进展、国际前沿领域与关注的核心科学问题等，并介绍本书主要研究的区域及其特点。第 2 章、第 3 章围绕冻土变化对陆地生态系统的影响，分别针对青藏高原高寒草地生态系统和东北大兴安岭泰加林生态系统，从物种多样性、群落组成与结构、生态系统生产力等时空变化方面，论述冻土环境变化对生态系统的影响及其作用机理。第 4 章以青藏高原高寒草地生态系统为主要对象，阐述积雪变化对陆地生态系统的影响。第 5 ～第 7 章，分别从生态系统碳库及其稳定性、主要温室气体（CO_2、CH_4、N_2O）排放过程、生态系统碳氮平衡与变化等方面，论述冰冻圈变化对陆地生态系统碳氮循环的影响与碳源汇效应。第 8 章主要阐述冷生土壤微生物群落结构、空间分布特征及其对冻土和积雪变化的响应。第 9 章以现阶段基于 DOS-TEM 的寒区生态动态模型和陆面过程模式的改进与发展为主，介绍冰冻圈生态过程定量模拟模型的发展情况，并依据 DOS-TEM 模型，对未来气候变化情景下，青藏高原冻土和积雪变化及其生态系统响应进行模拟和预估。第 10 章既是对全书的总结，也是对冰冻圈生态学未来发展趋势的展望，全面归纳冰冻圈变化生态学理论与方法研究的进展、前沿问题与未来主要发展方向。

总体而言，本书各章节内容作者尽可能追踪国际上相关领域研究的前沿进展，相对系统地总结了以本课题团队研究成果为主的相关进展，但客观地说由于团队成员自身学识水平和对国际前沿掌握程度有限，特别是缺乏微观尺度的冻土–生态作用机理和北半球寒带大尺度生态过程方面的一些认识，几乎在本书涉及的各个方面，均可能存在遗漏、不足与缺陷，期待相关领域的科学家给予批评和指导。

新型学科交叉领域的理论探索，是基础研究中最具挑战性的方面，总是存在较多的不确定性和不可预见性，科学家的好奇心和自由探索永远是基础科学发展的重要动力。本书既是我们作为课题成果的总结，同时更希望是我们在寒区生态学或冰冻圈变化生态学领域所做的新的学科交叉探索，希望能够为这一前沿交叉学科领域的发展提供一些有益的认识，并期望能够在学科理论体系引导方面做出些许贡献。自 2007 年开始 973 计划第一期冰冻圈科学项目（江河源区冻土积雪变化及其生态效应，2007CB411504）以来，已有二十余年征程，十年磨一剑，我们这把剑却尚未成形，但更羞于出鞘！我们将不忘初心、继续努力。这里，我们要衷心感谢多年来持续关注和支持我们的诸多冰冻圈领域、生态学领域和水文学领域的科学家。特别是，我们要衷心感谢在 973 计划相关冰冻圈科学的两期项目执行中对本研究给予持续强有力支持的秦大河院士、程国栋院士、姚檀栋院士、傅伯杰院士、丁永建研究员以及冰冻圈科学国家重点实验室的其他研究人员。同时，对长达数年的研究中，始终给予我们多方面支持的冻土工程国家重点实验室表达由衷感谢！

王根绪

2018 年 6 月于成都

目　　录

第1章 绪 论

1.1 冰冻圈与生态系统的相互关系

冰冻圈通过巨大的水能冷储效应和反照率作用于地表各圈层，并通过有效调控淡水可利用量、能量平衡、影响海平面和陆地地貌形态等广泛作用于陆地和海洋生态系统。广义而言，冰冻圈范围内一切生态系统均不同程度受到冰冻圈状态与过程的影响，无论是生态因子、食物链或能量流动，还是生物种群结构与演替等，均与冰冻圈因子存在或多或少的联系。一般而言，在冻土和冰雪等生境条件下，寒区生态系统的组成、结构、功能与时空分布格局等受冰冻圈要素的影响较为深刻。山地冰川的影响具有局域性，仅对受冰川作用影响的局地动植物分布、系统演化等产生重要作用。冻土和积雪的分布较为广泛，包括北半球 40°N 以北广大区域、南极地区和青藏高原及其毗邻地区等，冻土和积雪是一切生态系统的生存和繁衍环境。在寒区内，冰冻圈与生物圈是寒区气候的作用结果，但二者间又存在极为密切的相互作用关系，冰冻圈与生物圈的相互作用对寒区生物圈特性具有一定程度的主导性。

1.1.1 研究区域与对象

对生态系统具有一定意义的冻土类型主要有多年冻土和季节冻土两类，两者合起来占到北半球陆地总面积的 51%，与稳定季节积雪影响范围相近。这个范围内的陆地和海洋生态系统十分复杂多样，甚至包括一部分温带生态类型，在缺乏大量针对性研究的情况下，难以准确理解和刻画如此复杂多样的生态系统问题。为此，本研究以多年冻土的分布为依据，研究区域以多年冻土区为主，兼顾部分多年冻土区边缘的深冻结季节冻土区（或由多年冻土区演变为季节冻土区的邻近区域），以这些区域特殊的寒区陆地生态系统为主要对象，并立足青藏高原高寒草地生态系统，探索冰冻圈与寒区生态系统间的相互作用关系及其影响。就上述确定的寒区陆地生态系统而言，大致 50°N 以北的泛北极地区属于寒带生态系统分布区，陆地生态类型以寒带针叶林、苔原（tundra）或冻原为主。南极地区则更为简单，陆地生态系统以南极苔原为单一生态类型。青藏高原因其巨大的海拔差形成了中低纬度较大区域高寒生态系统集中分布区，具有相对多样的陆地生态系统类型。

苔原或冻原指以极地或高山灌木、草本植物、苔藓和地衣占优势，层次简单的植被型组为主构成的陆地生态系统，其下一般分布有连续多年冻土，常年地温在 0℃ 以下。苔原主要分布在欧亚大陆北部及其邻近岛屿，在南半球仅分布在南美洲南端的马尔维纳斯（福克兰）群岛、南乔治亚岛和南奥克尼群岛等。另外，在世界各地高山带也零星分布有高山苔原，如我国长白山等。苔原植被类型可以根据基质和植物组成成分的不同划分为藓类苔原、草丘苔原、草丛苔原、草甸苔原、地衣苔原、灌木地衣苔原、灌木苔原等。寒带针叶林带或泰加林带是从北极苔原南界的林带开始向南延伸一千多千米宽的针叶林带，是地球上最大的森林带，约覆盖陆地表面的11%。与苔原生态系统类似，大部分寒带针叶林都处于多年冻土之上，林区冬季寒冷干燥、夏季短促且气温较低。泰加林带植被结构简单，欧洲云杉（*Picea abies*）、西伯利亚云杉（*Picea obovata*）、西伯利亚冷杉（*Abies sibirica* Ledeb.）以及落叶松（*Larix jezoensis*）组成的树林下，只有一层灌木层、一层草本层以及地表的苔藓层。由于多年冻土的限制加之气候寒冷，有机质分解缓慢，土壤氮素短缺，植物的营养可得性差，这些因素导致寒带针叶林生态系统的生产力较低、植物生长缓慢（尚玉昌，2006）。在青藏高原多年冻土区主要分布有高寒灌丛、高寒草甸、高寒草原以及高寒荒漠4种生态类型（李文华和周兴民，1998）。从整体上看，青藏高原的地势格局与大气环流特点决定了高原内部温度、水分条件地域组合的不同，有着明显的水平变化，呈现出从东南暖热湿润向西北寒冷干旱递变的趋势，因而植被分布存在由森林—草甸—草原—荒漠的带状更迭的水平地带性，这和我国陆地植被自东南到西北森林—草原—荒漠的经向地带性变化规律十分相似。同时，高原上高寒植被垂直带明显，随着地势逐渐升高，大致由东南向西北依次分布着山地森林（常绿阔叶林、寒温性针叶林）带—高寒灌丛、高寒草甸带—高寒草原带（海拔较低的谷地为温性草原）—高寒荒漠带（海拔较低的干旱宽谷和谷坡为温性山地荒漠）。因此，青藏高原上高寒植被空间分布规律是其水平地带性与垂直地带性相结合的结果，是具有水平地带格局的植被垂直带谱，也称为高原植被地带性。

1.1.2 冰冻圈要素与植被的相互作用关系

（1）冻土与植被的相互关系

在区域乃至更大尺度上，冻土的形成与分布主要受气候因素（如气温、降水）的地带性变化控制，表现出随海拔、经度与纬度方向的三维变化；但在局域和流域尺度上，除了地形条件以外，植被因子的作用十分显著。大量研究表明，植被对冻土形成与分布的影响具有普遍性（周幼吾，2000；王根绪等，2010），其机理表现在植被覆盖对地表热动态和能量平衡的影响、植被冠层对降雨与积雪的再分配以及植被覆盖对于表层土壤有机质（soil organic matter，SOM）与土壤组成结构方面的作用。土壤有机质与结构变化将导致土壤热传导性质的改变，从而影响活动层土壤水热动态。

植被冠层对太阳辐射具有较大的反射和遮挡作用，可显著减少到达冠层下地表的净辐射通量，阻滞地表温度（land surface temperature，LST）的变化，对冻土水热过程产生直接影响。植被对土壤水热状态的影响，直接关系冻土的形成与发展，但这种影响还明显与植被结构、地被物性质以及地表水分状况关系密切。例如，苔藓、地衣、地被草层等贴地植被以及泥炭层等的持水能力较强，排水不畅导致地表土层含水量较大。因水的比热是 4.186kJ/(kg·℃)，是矿质土的 4~5 倍，在其他条件完全相同时，饱水的苔藓、地衣能使地面保持更低的温度和更浅的融深。最重要的是，由于冰的导热系数 [2.34W/(m·K)] 是水的 4 倍，冬季水分冻结将造成地面放热量增大。另外，植被对冻土形成与分布的影响还表现在植被对降水分配的作用以及对积雪覆盖的影响，因为这种作用将直接影响地表水分条件和积雪覆盖状况。积雪属于热的不良导体，它的存在改变了大气和地表之间的热量交换。当积雪非常薄且反射率很高时，会导致地表温度降低；积雪厚度增加时，其隔热效应会逐渐增大，当厚度超过 80cm 时，地面和大气之间几乎没有热交换，会导致本应发育冻土的区域反而不存在多年冻土。在泛北极地区，森林和灌丛对积雪拦截、阻挡以及捕获等作用导致积雪的空间分布存在较大的差异性，是多年冻土分布空间异质性的成因之一。因此，植被对冻土的形成、发展与分布的影响是多方面和多因素耦合的结果，是多年冻土发育的重要因素之一。如图 1-1 所示，Shur 和 Jorgenson（2007）总结上述认识，提出了冻土的生态因素划分方案，现被广泛用于冻土分布与变化的研究中。在北极苔原和极地荒漠分布区，连续多年冻土极度发育，这是气候驱动的结果，极端寒冷的气候限制了生态系统的发育，从而使得生态系统对冻土变化的参与度很低；在灌丛苔原以南，随植被逐渐发育，生态系统参与冻土过程的作用加强，特别是不连续多年冻土区和岛状多年冻土区，生态系统对冻土形成、发育和发展的调节与保护作用十分突出。植被–冻土间的上述能水交换关系，在全球气候变暖背景下对冻土起到了十分重要的保护作用。北极地区和青藏高原的大量研究均表明，高覆盖植被协同较厚的表层土壤有机质层，可有效抵减气温升高对冻土的影响。寒区部分地区的监测表明，气温增加引起的植被盖度和凋落物量的增加，甚至不仅没有使活动层厚度增加反而使之减薄（Walker et al.，2003；Wang G et al.，2012）。

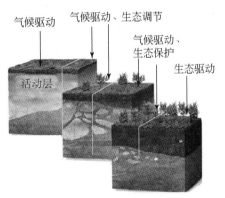

图 1-1　冻土与植被的相互关系

据 Shur 和 Jorgenson（2007）改绘

多年冻土的动态变化对植物类型、植被群落组成与结构以及分布格局等均具有较大影响。在北极北部苔原带，不仅分布具有不规则多边形平坦石质表面的多边形苔原，也分布有大量土质和泥炭质多边形苔原，如图 1-2 所示，这些不规则多边形苔原的形成被认为与其下伏的冻土性质有关。因长期冻融交替以及水热交换，形成大量冰楔体赋存于多年冻土中，不同气候条件和地貌条件形成不同规模的冰楔体。不同大小的冰楔体在融化中将向地表传输不同水量并吸收不同热量，由此在不规则多边形地表土壤结构下，形成了不规则多边形苔原结构。一般在冰楔体发育较好、规模较大的冰楔体分布区，多边形内部低洼地带常常形成沼泽湿地，甚至形成湖泊水域。从多边形内部低洼地带到周边相对高地，土壤水分和热量条件发生变化，因而形成不同的植被群落结构。在冰楔体发育较少、气候相对干燥的地区，由于受到风的作用，多边形周边相对高的地带出现不少裸露地段，而中心相对低洼的冰楔体位置发育藓类、地衣和草本植物组成的苔原植被。在风力较小的地方发育着干燥的藓类苔原和仙女木（*Dryas octopetala*）苔原，代替了多边形苔原。

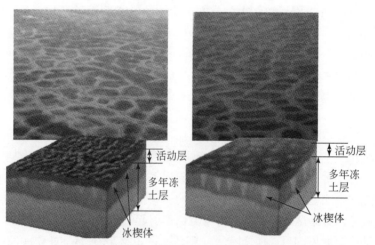

图 1-2　北极地区典型的多边形苔原格局及其形成的冻土因素

在多年冻土发育的泰加林带，不同冻土环境营造了森林带广泛存在的寒区森林湿地生态类型以及不同森林生物量分布格局。在我国大兴安岭寒温带针叶林区（泰加林）分布着大量的冻土湿地，一般分布于平坦河谷和浑圆山体坡面下段等地带，包括森林沼泽湿地、灌丛沼泽湿地、薹草沼泽湿地以及泥炭藓沼泽湿地等众多类型。在多年冻土发育较好（含冰量较大、活动层较薄）森林区的树木生长十分缓慢，俗称"小老树"。在青藏高原，自昆仑山到唐古拉山一带及以西的广大干旱与半干旱寒区，高寒草原和高寒荒漠生物气候分区内发育了大面积的高寒草甸和高寒湿地生态系统，这是多年冻土和地貌因素共同作用的结果。

（2）积雪与植被的相互关系

积雪对植被的作用，首先是积雪对土壤水热状态的影响。积雪可增大地表的反射率，减少地表对辐射能的吸收，使雪面温度比气温低。一般认为，由于积雪是热的不良导体，热导率低，冬季可防止土壤热量散逸，使土壤温度高于气温；春季气温回升时，则阻碍土壤增温，使土壤温度回升时间滞后。但大量研究证明，积雪的这种保温作用取决于积雪厚度及稳定性，厚度较薄而不稳定的积雪主要起降温作用；稳定积雪形成越早，则其保温作用越明显。研究认为，在北半球季节积雪厚度较大的区域，雪盖变化所引起的土壤温度变化远大于植被覆盖所造成的影响（Zhang，2005）。正是由于积雪对土壤温度场的显著作用，季节性积雪成为影响多年冻土发育的重要因素之一。积雪的季节变化特征以及积雪的累积和消融导致地表的水热状况发生变化，因此季节性积雪持续时间、累积和融化过程等方面的变化对活动层土壤水热动态和多年冻土地温具有重要作用。在加拿大西北部以及大部分北极苔原地区，季节性积雪时间长达9个月，积雪的厚度强烈地影响着多年冻土土壤的热状况及地表能量平衡，是控制多年冻土冬季地温及年平均地表温度的主要因素。积雪的绝热性能和辐射屏障功能产生了地表及地表以下显著的温度和辐射梯度，形成了冬季严寒环境下的特殊生境，并为大部分寒区生态系统提供了越冬的生境维持条件。同时，多样的温度和辐射梯度形成的新生境有利于种群稳定或形成新物种。

积雪的生态效应首先来自积雪对空气和土壤水热状态的作用，其次是积雪对土壤水热状态的作用将直接影响土壤养分的可利用效率，积雪本身也可携带一定的养分进入土壤，因而积雪对植被类型、群落组成及分布等具有较大影响。积雪厚度增加所产生的土壤水热正效应，不仅有利于土壤碳释放，而且对于其他温室气体（如 CH_4 和 NO_2 等）也起到明显的促进作用，积雪消融引起的土壤水分增加甚至饱和可增加 CH_4 释放通量。有研究证明，积雪覆盖变化对凋落物分解过程及凋落物养分元素释放速率也有较大影响。积雪厚度、积雪融化时间等不仅决定了植被类型及群落组成，而且也对植物的生态特性［如冠层高度、叶面积指数（leaf area index，LAI）以及生物量等］起着关键作用（图1-3）（Walker et al.，1993）。对植物个体而言，积雪时间和厚度还影响物候，对植物返青、开花、结果以及总的初级生产力等均有较大影响。积雪厚、融雪晚推迟植物返青和开花期，但也可能由于充足的土壤水分而延迟枯萎期，积雪深度与植物开花的数量之间也可能表现为正相关。对北方大部分植被而言，积雪总体上有利于增加其生物量和生长量，但其存在阈值，在一定深度范围内的作用是显著的，超过这一阈值，可能导致相反结果，即生产力下降。

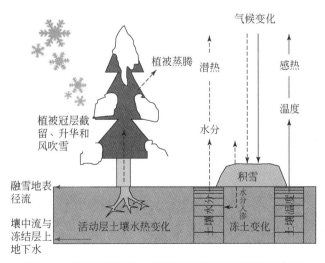

图1-3　积雪对植被的生态影响及植被对积雪的反作用

反过来，植被对积雪的作用主要体现在对降雪的再分配和对区域积雪空间格局的调配方面，表现为植被改变空气动力场从而影响风吹雪及升华、植被对积雪具有较大的水平拦截作用和垂直降雪截留，且这些影响与植被高度、密度和分布格局密切相关（图1-3）。植被覆盖条件不同，辐射和湍流能量通量对积雪的融化作用不同。一般而言，森林生态系统内部无论是辐射热量还是湍流能量传输均小于草地植被，因而，森林植被降低了融雪率。正是由于植被对积雪的这些显著影响，在存在植被（如森林）的情况下，积雪水量平衡不同于降水的水量平衡，主要是林冠降雪截留部分，既存在穿透降雪、林冠截留率等概念，又存在截留积雪的升华和融水以及风吹雪等过程。在全球气候模型和陆面过程模型（community land model，CLM）中，一个先进的积雪参数化方案是考虑积雪–温度反馈关系的时空变异性与植被覆盖的密切关联，引入积雪–植被–土壤的多元互馈关系是未来发展的主要趋势。

1.1.3　冰冻圈与生物地球化学循环

生物地球化学循环是生态系统重要的物质与能量循环组成部分，寒区生态系统的生物地球化学循环与冰冻圈要素之间存在十分密切的相互作用关系。冻融过程及伴随的水分相变和温度场变化所产生的水热交换对生物地球化学循环产生巨大驱动作用，并赋予其特殊的循环规律以及对环境变化的高度敏感性。其中，在全球变化研究中最为关注的是寒区所积累的大量碳库及相关的碳、氮循环。碳在陆地生态系统中的循环、流动主要是通过植物的光合生产（光合作用、生物量）、植物的呼吸消耗、凋落物的生成及凋落物分解、土壤有机质积累和土壤呼吸释放等途径来实现（方精云和位梦华，1998）。在冰冻圈作用区，碳循环不同于其他温带和热带地区的显著之处在于低温对碳的冻结封存与缓释。

作为生态系统重要组成部分，土壤微生物对于维持全球生物地球化学循环具有重要作用，是土壤有机质和土壤养分转化与循环的主要动力，在土壤生态系统中起着非常重要的作用，特别是在土壤三大类营养元素碳、氮、磷循环过程中扮演着重要角色。冻土微生物是冰冻圈或寒区生态系统重要的组成部分，冻土长期存在的未冻水、盐分以及有机质等为微生物的繁衍奠定了基础，冻土微生物在冻土生物地球化学循环中起着重要的作用，并在一定程度上可以敏感地指示全球气候变化。青藏高原冻土微生物总数高于南极、北极和西伯利亚地区，但培养细菌总数低于南极和北极，与西伯利亚相似。一般而言，冻土微生物数量与土壤水分含量和温度呈正相关关系。土壤中的有机质是微生物赖以生存的基础，温度升高有利于土壤有机质的分解，因此，温度对冻土微生物的生长和代谢活性起着决定性作用。有机酸不仅可以改善细菌生长的环境，还可以直接促进细菌对碳源和氮源的利用，进而调控微生物的生命活力和数量，因此土壤pH与细菌群落结构之间存在显著的负相关性。正是由于这些因素的交互作用，青藏高原高寒沼泽草甸生态系统土壤微生物的多样性高于高寒草原生态系统（胡平等，2012）；在北极地区，自泰加林带到北极苔原带，土壤微生物种群数量和多样性迅速减少。

　　封存于冻土中的碳是在漫长时间内因低温不能分解的碳逐渐累积起来的，一旦冻土融化，这些冻土碳就会进入生态系统中。土壤的含氧环境是决定冻土融化释放碳向大气排放方式和速率的关键因素。土壤碳释放，在区域尺度上通过生物生产力（光合作用和净植物生长）的增加来弥补或抵消。有些情况下，植物通过凋落物和根系返回土壤的碳经活动层冻融过程或其他方式进入多年冻土中，但在气候变暖背景下，这部分碳量短时间尺度下（如年）很小（Schuur et al.，2008；Ims and Ehrich，2012），因此，极易成为净碳释放。碳循环是植物生长重要的物质循环之一，它可以控制植物的其他生物因素，如光、水、温度、二氧化碳以及其他养分的作用，是决定二氧化碳循环的关键因素之一。在多年冻土地区，大量土壤的氮库赋存于低温下封存的有机质中，除了少量大气沉降带入土壤的氮外，大部分是和有机碳形成土壤有机质的一部分。随冻土融化，有机质分解在释放有机碳的同时，也释放有机氮。在北极和青藏高原多年冻土区广泛分布的地衣和苔藓植物中因丰富的蓝藻细菌而具有重要的固氮作用。在北极一些流域中，这些固氮作用每年固氮量可达 0.8 ~ 1.31kg/hm²，占流域总氮输入的 85% ~ 90%（Hobara et al.，2006）。冻土巨大的能水效应和封存碳效应，在气候变化背景下对区域水、碳等物质循环以及能量循环产生较大影响，这些反馈过程无疑将对寒区生态系统产生较大影响。因此，在全球变化背景下，冰冻圈生态系统及其能水碳耦合循环响应是国际上高度关注的焦点。

1.2　国内外进展与趋势

1.2.1　国际冰冻圈生态学研究进展与趋势

　　寒区生态系统与冻土环境之间的相互关系一直是北极地区生态和环境变化研究的核心科学问题，20 世纪 80 年代至 90 年代初，美国、加拿大以及苏联的众多科学家展开了全球气候变化条件下北极地区冻土环境变化及其对区域生态系统结构、生产力的影响和生态系统的空间分布格局变化特征研究（Jorgenson et al.，2001；Hinzman et al.，2005）。国际地圈生物圈计划（International Geosphere-Biosphere Programme，IGBP）在高纬度的西伯利亚和阿拉斯加设立的全球变化研究样带上开展了大量的有关冻土–植被–大气相互作用（ATLAS）和温室气体与水分通量（FLUX）等的研究，其主要目的在于揭示北极地区冻土–植被–大气相互作用与互馈机制，理解、图示和定量模拟生态系统、土壤、水文以及温室气体通量对冻土环境变化的响应过程，探索控制区域水碳通量的途径（Walker et al.，2003）。由国际山地研究协会（MRI）和联合国教育、科学及文化组织（United Nations Educational Scientific and Cultural Organization，UNESCO）联合推出的山区的全球变化山地研究（GLOCHAMORE，2005 ~ 2010 年）（Hinzman et al.，2005），以欧洲西部和北部山地为主，突出不同山地生态系统对山地积雪和冻土变化的响应以及适应。大量研究表明，冰冻圈变化对物种组成与物候变化、生物生产力与生物多样性等的影响具有普遍性（Walker et al.，2006；Tape et al.，2006；Kaplan and New，2006）。2005 年，北极理事会

（Arctic Council）发表了第一份北极冰冻圈变化的综合评估报告《北极气候变化影响评估》（ACIA，2005），对北极冰冻圈气候、水、冰、生态等环境要素变化进行了系统综合评估。此后持续加强观测表明，在 21 世纪最初的 10 年中，北极冰冻圈变化幅度远远超越了 2005 年评估时的预估，这促使北极理事会随后开展了"北极地区的积雪、水、冰和冻土变化评估"计划，其结果于 2011 年发表（AMAP，2011）。事实证明，北极冰冻圈变化已从多个方面对生态系统产生了较大影响，这些影响对北极地区依赖区域生态系统服务的人类社会发展，特别是该区域土著居民的生计带来巨大挑战（Vincent et al.，2013）。

冻土区低温环境和冻融过程对有机碳循环关键过程的影响机理和效应是国际碳循环研究的前沿和焦点之一。冻土退化、碳库变化和温室气体排放增量将显著改变大气化学组分（Ping et al.，2008；Schuur et al.，2009）。冻土碳库对气候变化的反馈决定于冻土中有机碳库大小、易变性及释放速率（Schuur et al.，2008）。冻土土壤储存的碳（包括老碳）大多属于易变碳，在适宜的温度和水分条件下易于分解，因此，增温背景下冻土土壤碳的微小变化可能对区域碳循环以及碳收支评估产生重要影响。目前亟待解决的问题主要有以下几方面，一是亟须了解和量化碳库重新活化的过程和机制（Walter et al.，2007；Tarnocai et al.，2009）。二是已有冻土碳库研究侧重于高北纬地区，山地冻土碳库研究虽然重要，但研究很少。同时，由于诸多困难导致数据的代表性始终不能有效解决，冻土土壤碳库评估的不确定性较大，精确评估仍然是亟待解决的问题。在气候变化背景下，大气–陆地生态系统间的碳交换（源–汇）变化是关注的核心，但总体而言，冻土退化对 CO_2 交换过程的影响及机制仍然不甚清楚，包括碳的向下迁移和河流碳输出等过程（Bockheim，2007）。

归纳最近十多年来的研究进展，积雪变化的生态影响研究主要集中在以下几个方向（Brooks et al.，2011）：冻害屏蔽与生境维持、水源与食物链、物候与总的初级生产力、物种多样性改变、生态系统养分循环过程变化、动物亚系统的积雪阈值变化与种群退化。气候变化导致积雪厚度和时间发生改变，如北极总体上以积雪厚度增加但积雪时间缩短为主要变化特征，从而改变大部分生态系统的生境，进而影响物种多样性与初级生产力，并可能导致一些冰冻圈特有物种消失。积雪变化本身存在较大的时空异质性，特别是极端降雪事件发生的频率等因素的影响，以及植被对积雪的反馈影响，使得积雪与生物圈的相互作用具有复杂的尺度效应和生态系统间的差异性。

自 2005 年以来，伴随 IGBP 第二阶段研究计划实施和 Clic 计划的开展，在阿拉斯加、斯堪的纳维亚半岛和加拿大北部一些地区开展了积雪协同冻土变化的二元要素对生态系统作用的观测研究，初步结果表明积雪性质变化对冻土–生态系统的影响具有十分复杂的非线性特点（Grabherr et al.，1994）。存在的问题不仅仅是冰冻圈变化的多因素级联效应与机制研究刚刚起步，而且缺乏针对冰冻圈作用本身存在的空间异质性对生态系统的不同影响以及生态系统自身的不同适应能力所产生的反馈效应研究。即便是针对冻土单一因素，相比植被对冻土的作用，冻土变化如何影响并在多大程度上影响或改变生态系统，是多年冻土区生态系统响应气候变化研究需要系统破解的难题，存在较大的时空异质性，如在北极大部分地区，一般性的影响格局是：淡水生态系统—湿地—草甸—草原或石楠灌木苔原—荒漠，但在有些排水不畅的地区，冻土融化使土壤水分大幅度增加，导致生态系统按干旱低矮灌丛苔原—湿生高大灌丛—沼泽湿地这种模式演替。出现上述演替模式的冰冻圈作用过程与机理、冰冻圈要素的阈值或临界点，是现阶段国内外研究的核心问题。

　　冰冻圈作为地球表面圈层的重要组成部分，与生物圈及其他圈层的相互作用过程必然需要定量模型予以刻画，因此，冰冻圈生态过程模型一直是研究的重要领域。现阶段，冰冻圈地区陆地生态系统的相关模型主要分为 4 类：陆面过程模型、基于遥感资料的生产力模型、基于生物地球化学过程的模型、动态植被模型。近年来，一些相互交叉的混合模型不断得到发展，如第 1 类陆面过程模型（以 CLM 为代表）中加入了动态植被模块（LPJ-DGVM）；第 2 类生态模型（以 TEM 为代表）中加入了动态植被过程（Euskirchen et al.，2009）；第 3 类模型（以 GLOPEM 为代表）中加入了碳循环过程（CEVSA）等。但是，限于冰冻圈与生物圈相互作用关系与机理尚不清晰，包括生态模型和陆面过程模型在内的冰冻圈各种模型的发展均存在很大局限性，面临诸多挑战。明确原有生态系统随冻土退化出现类型更替、结构改变或严重退化等显著变化节点的阈值以及极端事件（极端高温和干旱等）扰动的生态系统响应阈值，这既是制定科学应对和适应变化对策的重要科学依据，也是发展冰冻圈生态模型与陆面过程模型的重要基础（Smith and Fang，2010）。另外，未来需要发展基于积雪–植被密切互馈作用机制的新一代积雪–植被关系模型，以获得较为准确的积雪分布与变化、生态与水循环效应等方面的科学认知（Bartsch et al.，2010）。雪冰模型、冻土模型、生态演替模型以及冻土水文模型的发展，均需要综合积雪、冻土、水文、地下冰、热量以及生态系统演化等诸要素的耦合作用，以提升模型的识别能力以及对大气–冰冻圈耦合作用关系与机制的认识。

1.2.2　中国冰冻圈生态学研究进展与趋势

　　青藏高原因其高海拔而形成全球中低纬度分布最为广泛的冰冻圈，并因此被称为世界第三极。以山地冰川、积雪和冻土为主要类型，冰冻圈作用广泛而深刻影响青藏高原及其周边地区的陆地生态系统，成为全球变化背景下陆地生态系统变化及其影响最为突出的区域之一。我国对青藏高原冰冻圈的生态学研究最早可追踪到 20 世纪 70 年代，通过第一次青藏高原综合科学考察，对青藏高原冰冻圈植被与生态系统分布格局、成因与功能等有了第一次全面而系统的认识（张新时，1978）。青藏高原上孕育了包括高寒荒漠、高寒草甸、高寒草原、森林、灌丛等在内的多种高寒生态系统，这些高寒生态系统在亚洲高寒地区甚至全球高寒生态系统中都极具代表性，并具有极其独特且重要的生态功能（李文华和周兴民，1998）。此后，到 20 世纪 90 年代，伴随气候变化不断加强，青藏高原高寒生态系统对气候和冰冻圈变化的响应成为日益关注的焦点。1995 ~ 1998 年，黄河下游断流问题十分严峻，河源区也出现断流，且黄河青海出源流量也持续递减，成为下游断流的主要因素之一，从而引发人们开始聚焦高原生态系统退化。中国科学院兰州分院组织原中国科学院兰州冰川冻土研究所、中国科学院西北高原生物研究所等单位，开展了为期两年的"江河源区生态环境演变及其对上游地区可持续发展的影响"科学调查和评估，出版了《江河源区的生态环境变化及其综合保护研究》。研究认为，区域气候变异及其引起的冻土环境退化以及所叠加的局部冷季草场超载过牧和较为严重的鼠虫害是江河源区生态环境急剧恶化的主要成因（程国栋和王根绪，1998；王根绪等，2001）。这是第一次将青藏高原江河源区生态系统退化与冻土关联起来，成为冰冻圈变化对生态系统影响研究的重要标志。

20世纪末，中国科学院配合国家西部大开发战略实施，启动了西部行动计划"近50年来西部生态环境变化典型调查及变化过程时空再现"，由秦大河（2002）领衔，对包括青藏高原、西北干旱内陆流域等在内的主要西部地区开展了全面生态环境变化调查和评估，将冰冻圈要素作为区域环境的主要构件，在系统阐释我国西部冰冻圈各要素变化过程与特征的基础上，刻画了近50年来西部不同地区生态与环境变化的基本过程与影响。同时，中国科学院还同期启动了针对青藏铁路工程的重大创新工程项目"青藏铁路工程与多年冻土相互作用及环境效应"，由程国栋（2002）领衔，历史上第一次以最大程度减缓工程建设对寒区冻土环境和生态环境的影响和破坏、规避因冻土环境变化和高原生态环境给工程稳定性带来的负面影响为目标，从而有效阻遏工程建设导致寒区环境的进一步恶化，突出了"绿色工程"理念，开启了冻土–生态相互关系的研究。这两大项目的实施，引起了全社会对冰冻圈变化及其生态与环境影响的广泛关注，直接推动了冰冻圈变化生态学研究的持续发展。2007～2012年，国家先后启动了"我国冰冻圈动态过程及其对气候、水文和生态的影响机理与适应对策""北半球冰冻圈变化及其对气候环境的影响与适应对策"以及"冰冻圈变化及其影响研究"等973计划项目，不仅深化了冰冻圈变化及其影响研究，而且促进了冰冻圈变化对生态系统影响的研究向系统化、整体化拓展，即推动发展了冰冻圈科学体系，也由此形成了冰冻圈生态学的基本理论内涵与范式。

1.3 冰冻圈生态学研究的前沿科学问题与主要关注点

1.3.1 冰冻圈与生物圈的相互作用关系与机理

陆地生态系统与冰冻圈要素之间存在十分复杂和密切的相互关系，表现在能量和物质传输过程多方面，并由此形成了冰冻圈生态系统特有的结构与功能。以冻土和积雪为例，一方面，陆地生态系统（植被以及土壤有机质，动物栖息与掠食等）通过影响能量的分布与传输，对冻土的形成与动态变化、积雪的空间分布与消融过程等产生重要作用；另一方面，冻土和积雪的分布与动态变化通过影响栖息环境、水分与养分供给、能量状态以及食物链等，对生态系统的类型、组成结构、空间分布与动态演化等形成制约。不同生态系统响应冻土和积雪变化的幅度、方式和适应策略等不同，同样，不同生态系统对冻土和积雪的影响程度和作用途径也不同。同时，冰冻圈的变化会改变生态系统之间的物理、生物地球化学以及生物作用关系与联结特性，从而间接作用于生态系统。由于生物气候和生物地理要素的高度空间异质性、冰冻圈要素动态变化的时空变异性等，冰冻圈要素对生态系统的影响以及生态系统对冰冻圈的反馈作用均存在十分显著的时空尺度和临界阈值。

　　系统认识冰冻圈与生物圈之间十分复杂多样的相互关系、作用机理及其时空尺度，是冰冻圈科学、生态学以及全球变化共同面临的前沿挑战，对于理解寒区生态系统响应与适应全球变化的关键过程与影响，探索变化环境下保障寒区生态安全和促进区域可持续发展的科学应对措施等至关重要。现阶段，冻土与积雪变化的生态系统影响是我们关注的重点，需立足于植被生态，从群落组成、物种多样性、生产力等角度，探索冻土与积雪变化对寒区不同生态系统协同影响的程度、时空差异性与尺度，系统认识高寒生态系统对冰冻圈变化响应的本质，揭示冻土（积雪）变化对典型陆地生态系统的影响及其互馈作用机理。

1.3.2　冰冻圈变化下的生物地球化学循环反馈与碳氮平衡动态

　　冻土–生态系统碳交换过程是一个十分复杂的互馈过程，增温通过增强土壤有机质分解和光合效率，促进植被生长和凋落物量增加，反过来增加返还土壤的碳量。同时，在增温条件下，由植被碳输入增加产生的激发效应（priming effect）可能会显著促进土壤有机碳分解，尤其是老碳的呼吸损失。综合考虑土壤呼吸排放变化以及土壤在冻融作用下的迁移规律，是更全面、更准确评估土壤碳库对气候变化响应的关键。然而，有关冻融作用对土壤碳垂直迁移影响的直接证据不多，缺乏增温驱动季节深度增大对土壤碳迁移的作用依据。目前尚不清楚冻融交替过程对于深层碳库形成的作用机理及实际贡献，如何检测冻融作用在较短时期内变化及其对土壤迁移的影响则是当前亟须解决的难点。因此，系统理解冻土–生态系统碳交换过程、互馈机制及其在气候变化下的演化规律，全面辨析冻土土壤碳排放的来源、对气候反馈贡献及其时空分异规律与形成机制，是未来冻土碳循环研究最为迫切开展探索的方向。

　　积雪因其保温作用，在冬季的生物地球化学循环中具有十分重要的作用。现阶段，摆在我们面前亟待解决的关键问题是相关联的两方面。一方面是积雪覆盖对植被–土壤的碳交换的影响：不同植被类型下，积雪厚度与土壤呼吸的关系，明确特定植被类型土壤呼吸足以抵消生长季固碳量的呼吸排放阈值及其对应的积雪厚度临界范围；相同植被类型下，植被的覆盖指数对不同积雪下土壤呼吸作用关系的影响，建立三者之间的关系模式，用于提升积雪–植被协同的土壤碳排放评估和预测模型的精度。另一方面是冻土–生态系统碳循环过程随植被与积雪覆盖条件而变化，特定的植被–冻土下的碳循环受积雪变化的影响十分显著，需要系统探索冻土活动层土壤–植被间碳迁移转换过程及其对冻土积雪环境变化的响应。

　　多年冻土区生态系统的氮储量在特定条件下可能具有较大的释放量，同时，增温增强植物固氮作用，有利于促进多年冻土土壤大气生物固氮的输入。然而，相比碳循环而言，对于多年冻土地区生态系统氮循环的研究较少，缺乏对氮迁移转化规律、驱动因素与机制及其源汇格局动态等方面的系统认识，特别是碳氮耦合关系作用下的氮循环过程与演变趋势是未来需要重点关注的领域。积雪中因大气氮沉降等多种因素含有大量氮素，一般在大气稳定情况下，积雪表面可测到 NO_x 排放通量。在多年冻土区，如何界定积雪表面 NO_x

排放源构成、积雪的影响因素（厚度、自身的氮含量等）以及与下垫面生态系统的关系等，是未来冰冻圈变化中区域氮循环过程与效应领域亟须解决的重要问题。

1.3.3　冰冻圈生态学模型

无论是陆面过程模型还是生态模型等，均面临如何将冰冻圈要素动态模型进行有效耦合的问题。近年来，在考虑冻土、积雪变化方面取得了显著进展，但在寒区动态植被模型、区域生态系统模型以及生物地球化学循环模型方面，仅有概念模型的发展，缺乏基于机理的高精度数值模型，限制了未来冰冻圈变化对区域生态系统演变、生物地球化学过程影响趋势的准确预估。发展耦合冰冻圈过程、气候变化、生态过程以及扰动等诸要素的生态系统模型是未来发展趋势之一，此类模型可以用来预估不同气候变化和人类活动情景下的生态服务功能及其阈值。现阶段以及未来重点关注以下两方面的研究：①冰冻圈水热过程驱动的生物地球化学机理模型。需要在现有概念模型基础上，发展精细刻画冰冻圈变化（如冻土冻融水热变化、冰雪变化等）驱动的生物地球化学循环过程模型，以体现微生物群落动态、碳氮等的多维迁移转化与动态平衡。②冰冻圈变化情景下关键生物地球化学过程的响应趋势预估。这需要将冰冻圈要素动态模型、陆地生态系统模型与生物地球化学模型进行耦合，实现对重要的生物地球化学过程（如碳、氮和磷的循环及其平衡变化）的准确评估。

第 2 章 冻土变化对青藏高原高寒草地生态系统的影响

从 20 世纪 80 年代初至今，全球平均温度升高了 0.85℃（IPCC，2013）。青藏高原平均海拔在 4000m 以上，是全球气候变化响应的敏感区，近 50 年来，气温总体上呈现增温趋势，平均气温增温率为 0.37℃/10a（李林等，2010），增加幅度明显高于北半球及全球增温幅度（Liu and Chen，2000），成为研究气候变化对高寒生态系统影响模式和效应的立项场所。

气候变暖导致气温和土壤温度升高，将直接或间接地影响植物的光合作用和生长速率、植物体内元素含量（Klanderud and Totland，2005；江肖洁等，2014；余欣超等，2015）及生物量分配格局（周华坤等，2000；李娜等，2011；余欣超等，2015），进而引起群落结构和物种多样性的强烈变化。植物叶片的形态结构及解剖特征是由植物的生长发育状况、植物的遗传特征和环境因素等多因素共同决定的（Ackerly et al.，2000）。碳、氮和磷作为植物生长所必需的营养元素，其含量易受到气候变暖的强烈作用而发生变化，从而影响植物的生长、碳积累动态和氮、磷养分限制格局。植物个体之间的生理生态特征差异性也是生长速率、生产力、种群和群落动态以及生态系统功能变化的基础（Ackerly et al.，2000），可反映植物对环境变化的内在响应机制。正常细胞中的活性氧（AOS）产生与抗氧化剂（抗氧化酶和非酶抗氧物质）对活性氧的清除处于氧化还原的动态平衡（Dandapat et al.，2003），但当环境胁迫超过抗氧化剂对活性氧的清除能力，会造成活性氧积累，引起对细胞的膜脂氧化伤害和膜蛋白损伤，破坏膜结构和功能稳定性（Gossett et al.，1994）。高光强度、极端温度、干旱、高盐度、强紫外线（ultraviolet，UV）辐射和矿物质缺乏等大部分环境胁迫，均会对植物叶片细胞造成氧化伤害（Ahmad et al.，2008），温度升高会使其他生态因子也发生相应改变。因此，植物的抗氧化特征对温度升高的响应尤为重要。增温可以增加高寒草甸禾本科植物垂穗披碱草（*Elymus nutans*）和非禾本科植物鹅绒委陵菜（*Potentilla anserina*）抗氧化酶活性及非酶类抗氧化剂含量，但降低了垂穗披碱草中丙二醛（MDA）含量，增加了鹅绒委陵菜中 MDA 含量（Shi et al.，2010）。高寒草甸优势物种小嵩草（*Kobresia pygmaea*）的 MDA 含量、电导率、游离脯氨酸含量、抗氧化酶活性受增温时长不同而产生不同的变化（Yang et al.，2012）。

高寒草甸和高寒沼泽草甸是青藏高原腹地典型的高寒植被类型，其在生境上和物种组成上存在很大差异。小嵩草（*Kobresia pygmaea*）和藏嵩草（*Kobresia tibetica*）分别作为青藏高原风火山地区高寒草甸和高寒沼泽草甸的优势种，对群落的组成和结构有明显的控制作用。目前，基于增温对高寒草甸的研究多集中在植物群落组成、物种多样性和生物量等方面（Klanderud and Totland，2005；石福孙等，2009；李娜等，2011；周华坤等，2000；

Yang et al.，2012），关于增温对小嵩草和藏嵩草形态特征、化学计量学特征以及生理生态特征的研究较少，尤其关于两种优势植物对温度增加的响应对比研究更为匮乏。因此，本研究以青藏高原高寒草甸小嵩草和高寒沼泽草甸藏嵩草为研究对象，探讨气候变暖对青藏高原风火山地区小嵩草和藏嵩草的形态特征、养分分配策略、植物生理生态特征和化学计量学特征的影响，揭示二者对气候变暖的响应模式及差异，从而探讨气候变暖导致的生境变化是否对植物存在潜在的环境胁迫，为深入阐明气候变暖对该区域植被群落结构和生产力演变的方向和程度、不同物种间受影响的差异性提供机理解释，并为预估未来气候变暖情景下该区域植被群落结构和功能演变的可能格局提供理论基础。

由于大气中二氧化碳的浓度不断上升，预计到 2100 年全球大气温度将上升 2.0～4.51℃，进而改变降水模式（IPCC，2007）。生态学家认为温度和水的有效性是影响植物群落结构和组成的重要气候因素（Klein et al.，2004；Klanderud and Totland，2007）。植物群落物种组成和丰富度变化对生态系统净初级生产和营养循环具有重要的影响。生物量的变化如何影响植物群落组成和多样性方面的研究还较少（Zavaleta et al.，2003；Lloret et al.，2009），因为植物群落组成和多样性可能改变了生态系统结构和功能（Hooper et al.，2005）。这些变化不仅影响地上植被、植物群落结构，同时也影响地下土壤环境，如有机物的质量和数量（Saleska et al.，2002），从而间接影响土壤微生物群落结构和活性（Zhang et al.，2005；Fang et al.，2016）。土壤微生物特性（如微生物生物量或群落组成）会受环境条件变化的影响，包括全球变暖（Bradford et al.，2008）、氮沉降（Lecerf and Chauvet，2008），有时还会受季节降水特征的影响（Castro et al.，2010；Hawkes et al.，2011）。

2.1　短期增温对多年冻土区高寒草地的影响

2.1.1　研究区概况和试验设计

试验区位于青藏高原腹地长江源区的风火山流域（34°40′N～34°48′N，92°50′E～93°30′E），海拔为 4610～5323m，多年冻土发育，土壤类型主要是高山草甸土。气候属于青藏高原干旱气候，年均温为-5.3℃，年降水量为 270mm，年蒸发量为 1478mm，冻结期为 9 月至次年 4 月。高寒草甸和高寒沼泽草甸在此分布具有代表性，其中高寒草甸主要分布在山地的阳坡、阴坡、圆顶山、滩地和河谷阶地，分布上限可达 5200m 附近；高寒沼泽草甸主要分布在海拔 3200～4800m 的河畔、湖滨和排水不畅的平缓滩地、山间盆地、碟形洼地、高山鞍部、山麓潜水溢出带和高山冰雪带下缘等部位。本研究中高寒草甸样地位于圆顶山，高寒沼泽草甸样地位于河畔。

采用国际冻土试验（International Tundra Experiment，ITEX）计划使用的被动式增温装置——开顶式增温小室（open top champers，OTC）模拟气候变暖（图 2-1）。温室采用有机玻璃纤维建造，加工成正六边形圆台状开顶式，小室的高度为 40cm，覆盖地面面积约

图 2-1　试验样地 OTC 增温装置

为 $1m^2$。2012 年 8 月，在研究区域选择植被分布相对均匀一致的高寒草甸和高寒沼泽草甸作为研究对象，每种植被类型围栏 50m×50m。在每个样地内随机布设 6 个小区，小区间距大于 5m。每个小区布设 2 个 1m×1m 的样方，样方间的距离为 2~3m，分别布设为对照和 OTC 增温样方。因此，每个植被类型样地有 12 个样方，总共 24 个样方。通过在 OTC 内外设置传感器，以测定 OTC 内与对照样方地上气温和地下 20cm 土壤相对含水量，每隔 30min 测定一次。

2.1.2　研究结果

（1）优势物种形态和功能性状对增温的响应

采用 OTC 模拟气候变暖，以青藏高原高寒草甸和高寒沼泽草甸两种优势物种小嵩草和藏嵩草为研究对象，对比分析两种植物叶片形态和解剖结构特征、根活性及地上/地下部分化学计量特征对增温的响应差异。结果表明：增温增加了小嵩草叶片的长度和叶片的数量，也显著增加了藏嵩草的株高和叶片长度；增温没有明显改变小嵩草和藏嵩草的叶片上表皮厚度、下表皮厚度、下表皮细胞角质层厚度、叶肉细胞长和叶肉细胞宽。增温显著增加了小嵩草根系活跃吸收面积，对小嵩草和藏嵩草其他根系活性指标没有显著影响。增温降低了小嵩草和藏嵩草地上部分碳、氮含量，对磷含量没有影响，表明相对于磷元素而言，氮元素对模拟增温更敏感。增温增加了小嵩草和藏嵩草地上部分碳氮比，说明增温提高了两种优势植物对氮素的利用效率；增温对小嵩草地下部分化学计量学特征没有影响，但降低了藏嵩草地下部分碳含量和碳氮比。这些结果意味着高寒草甸和高寒沼泽草甸优势植物的地上部分形态学特征、解剖结构特征和碳、氮、磷化学计量学特性对增温的响应模式表现出一致性，但地下部分藏嵩草比小嵩草显示出对温度升高的易敏感性。

增温处理下小嵩草的叶片长度和叶片数量的均值与对照相比分别增加 40% 和 73%；增温处理下藏嵩草的株高和叶片长度均值与对照相比分别增加了 12% 和 19%，并且与对照存在显著性差异（表 2-1）。模拟增温对小嵩草和藏嵩草的上表皮厚度、下表皮厚度、叶肉细胞长和叶肉细胞宽均没有显著影响（$P < 0.05$）（表 2-1）。

表 2-1   增温处理对小嵩草和藏嵩草叶片形态特征的影响

指标	小嵩草		藏嵩草	
	对照	OTC	对照	OTC
株高/mm	53.83±7.98[a]	65.66±3.09[a]	123.74±4.96[b]	138.50±7.18[a]
叶片长度/mm	36.03±3.96[b]	50.45±5.17[a]	77.26±2.71[b]	92.16±6.75[a]
叶片数量	3.67±0.58[b]	6.33±1.53[a]	3.67±0.58[a]	5.33±1.53[a]
上表皮厚度/μm	22.16±7.7[a]	19.28±3.91[a]	14.29±0.62[a]	14.91±1.27[a]
下表皮厚度/μm	19.88±3.27[a]	13.79±4.45[a]	9.17±0.73[a]	9.93±1.43[a]
叶肉细胞长/μm	24.01±1.84[a]	19.95±3.49[a]	14.77±1.18[a]	16.22±1.1[a]
叶肉细胞宽/μm	15.5±2.08[a]	13.42±2.86[a]	10.64±1.44[a]	10.01±2.27[a]

注：不同字母表示对照和 OTC 间统计差异显著。后同。

温度是限制高寒地区植物生长的关键因素之一，温度升高在一定程度上满足了植物对热量的需求，从而有利于植物的生长和发育。植物株高、叶片长度和叶片数量是植物生长能力的重要指标，也是对增温最直观的响应。Elmendorf 等（2012a）对苔原 158 个植物群落的研究显示温度升高增加了植株高度，周华坤等（2000）在青藏高原的矮生嵩草（*Kobresia humilis*）草甸模拟增温试验中也发现增温能促进植物群落的形态生长。本研究结果也显示增温增加了小嵩草和藏嵩草的叶片长度和叶片数量，增加了生长高度，促进了其形态生长。这可能是因为增温提高了高寒植物的光合能力和生长速率，使生长季延长（Walther et al.，2009），从而促进植物的生长。

较厚的叶片表皮和表皮附属物能够反射和适应强烈的阳光照射，有利于减少紫外线辐射对内部叶肉细胞造成的伤害，还可以在辐射和蒸腾作用强时有效地防止体内水分的散失，维持叶片的正常生理代谢。高寒沼泽草甸土壤含水量较高，高寒草甸土壤含水量较低，因此小嵩草产生较厚的叶片表皮细胞用于减少水分的蒸腾，而藏嵩草的叶片表皮细胞较薄。小嵩草较厚的叶片表皮细胞和角质层厚度，也可以减少紫外线辐射对叶肉细胞的伤害，因此小嵩草也表现出比藏嵩草更长、更宽的叶肉细胞。增温后小嵩草的上表皮厚度、下表皮厚度、角质层厚度均降低，但不显著。这似乎与增温处理下土壤含水量减少叶片应增大表皮厚度以提高水分利用效率相矛盾，可能由于在高寒草地中，低温使水分常以固态的形式存在，不易被植物的根系吸收，当增温处理后，土壤水分以液态存在，小嵩草通过根系吸收更多水分改变了水分亏损状态，降低了其各组织厚度。高寒沼泽草甸土壤中含水量较高，虽然增温后高寒沼泽草甸土壤含水量降低，但对于藏嵩草来说，不需要通过改变解剖特征以防止水分蒸腾，因此其解剖特征数据未发生明显改变。

（2）增温对优势物种地上和地下部分碳、氮、磷含量的影响

增温显著降低了小嵩草地上部分氮含量，而对地上部分碳、磷含量影响不显著。增温后藏嵩草地上部分碳、氮含量分别降低了 31%、44%，而对地上部分磷含量影响不显著（图 2-2）。与对照相比，模拟增温后小嵩草地上部分碳氮比增加了 11%，且与对照存在显著性差异。模拟增温后藏嵩草地上部分碳氮比增加了 23%，而碳磷比、氮磷比分别降低了 31%、44%，均与对照存在显著性差异（图 2-3）。

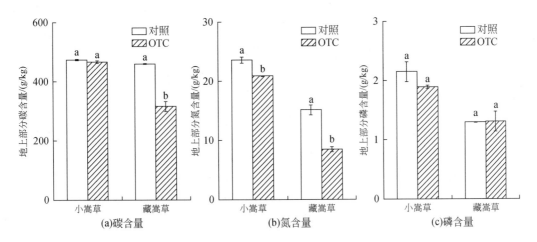

图 2-2 增温对小嵩草和藏嵩草地上部分碳、氮、磷含量的影响

图中所有数据均表示为平均值±标准差，6 个重复；不同字母表示对照和 OTC 间统计差异显著。后同

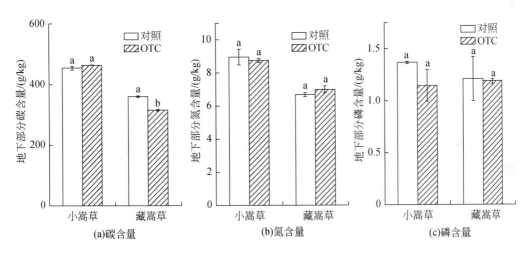

图 2-3 增温对小嵩草和藏嵩草地下部分碳、氮、磷含量的影响

与对照相比，模拟增温后小嵩草地上部分碳氮比增加了 11%，且与对照存在显著性差异。模拟增温后藏嵩草地上部分碳氮比增加了 23%，而碳磷比、氮磷比分别降低了 31%、44%，均与对照存在显著性差异（图 2-4）。增温对小嵩草地下部分碳氮比、碳磷比、氮磷比没有影响（$P > 0.05$）。增温导致藏嵩草地下部分碳氮比、碳磷比与对照相比分别降低了 29%、10%，且与对照存在显著性差异（图 2-5）。

温度变化能影响植物的新陈代谢及自身养分元素的分配，从而改变各元素在植物器官中的转移和再分配。由于物种之间存在差异性，不同物种对增温的响应模式不同，其分配方式也存在差异（Kimball，2005）。增温后小嵩草和藏嵩草叶片氮元素含量呈降低趋势，而磷元素含量变化不明显。本研究氮元素含量变化的结果与 Reich 和 Oleksyn（2004）在全球尺度上、Han 等（2005）在全国尺度上及杨阔等（2010）在青藏高原草地冠层尺度上

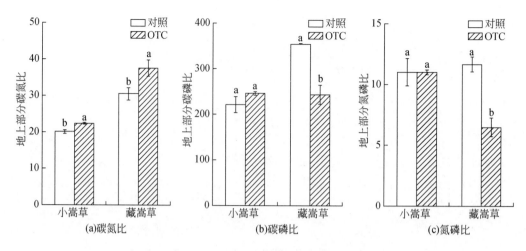

图 2-4 增温对小嵩草和藏嵩草地上部分碳氮比、碳磷比、氮磷比的影响

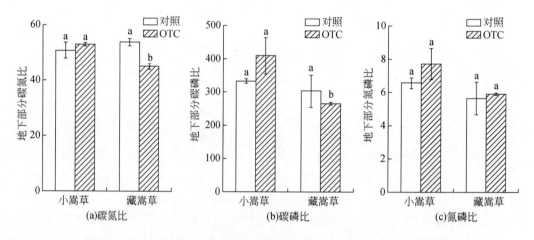

图 2-5 增温对小嵩草和藏嵩草地下部分碳氮比、碳磷比、氮磷比的影响

得出的随年均温度的升高，氮含量降低的结果相同。其中一个原因可能是增温使温室内小气候趋于暖干化发展，较为干旱的土壤阻碍了根系的生长，引起了根系死亡率的增加，降低了植物对干旱土壤中氮元素的吸收，且植物分解速率加快，使得植物体内氮元素向土壤中释放。另一个原因可能是增温改变了植物群落的结构和组成，破坏了植物群落原有的种间关系，从而影响了小嵩草和藏嵩草对氮元素的竞争。然而在本书中小嵩草和藏嵩草的地上部分磷含量却没有受增温的影响，这与 Reich 和 Oleksyn（2004）、Han 等（2005）及杨阔等（2010）得出的磷含量随年均温度的升高而降低的结果不同。原因可能是植物对养分的吸收具有选择性，土壤中磷含量可能处于过剩状态，土壤中的磷含量原本就能满足植物的生长需求，因此其磷含量没有下降。

　　碳氮比的大小表示植物吸收单位养分元素含量所同化碳的能力，在一定程度上可以反映植物体养分元素的利用率（Farquhar et al., 2003）。虽然增温降低了小嵩草和藏嵩草地上部分碳氮含量，但却均增加了地上部分碳氮比，这表明增温条件下，小嵩草和藏嵩草能够更有效地利用氮元素，增加其氮元素利用效率。温度升高导致土壤中有机质的降解速率增加，提高氮矿化速率（Rustad et al.，2001），引起土壤中无机态氮含量增加（王其兵等，2000；Hart and Perry，1999）。但藏嵩草对土壤氮的依赖性较低，适宜于低氮环境，当模拟增温后藏嵩草对氮元素的竞争能力不如高寒沼泽草甸的次优势种和伴生种（王颖等，2014），因此藏嵩草叶片中氮含量显著降低。本研究中，小嵩草和藏嵩草通过提高氮元素利用效率以适应研究区域氮元素限制（Kost and Boerner，1985）。这主要是由于在环境压力或资源有限的条件下，植物可以通过自身调控改变地下生物量的分配比例和对矿物质元素吸收量，以提高植物对资源的利用和吸收（Edwards et al.，2004）。藏嵩草根系碳含量显著降低，而小嵩草根系碳含量却变化不明显，造成这两种优势物种根系碳含量变化趋势不一致的原因可能是高寒草甸和高寒沼泽草甸生态系统的自然条件和土壤水热状况不一致。增温后高寒草甸表层土壤水分的减少限制了小嵩草的生长，在一定程度上不利于根系的生长，为了更好地适应 OTC 内暖干的环境，小嵩草分配更多的碳水化合物用于植物根系的生长以吸收更多矿质元素和水分供给地上部分生长，使得碳水化合物的累积与根系生长速率保持一致，进而抵消掉根系生长带来的稀释作用（Körner，1989），因此小嵩草地下部分碳含量变化不明显。藏嵩草处于高寒沼泽草甸中植物群落的最上层，光照、水分和温度条件充足，藏嵩草为了最大化地利用资源来促进其生长，将更多的有机碳和总氮（total nitrogen，TN）等营养物质分配到叶片中，且表层干热的环境不利于藏嵩草地下部分的生长，使藏嵩草为优势物种的地下生物量分配比例减少，进而导致藏嵩草地下部分碳含量明显下降。

（3）优势物种生理生态特征的响应

处于多年冻土区的高寒草甸和高寒沼泽草甸受气候变化以及由其导致的冻土差异的双重影响，对气候变化尤其敏感，而植物生理特征的变化可更深入地揭示高寒植物对气候变暖的响应内在机理。该研究采用 OTC 方法模拟气候变暖，分别选取青藏高原腹地风火山地区高寒草甸和高寒沼泽草甸的优势物种小嵩草和藏嵩草为研究对象，对比分析增温处理下两种优势物种叶片的形态（株高、叶片长度和叶片数量）与生理特征（抗氧化、抗紫外线辐射和渗透调节）变化。结果显示，增温显著增加了小嵩草叶片长度和叶片数量，也显著增加了藏嵩草株高和叶片长度，促进了两种优势植物的形态生长。这与现有的研究结果一致：在加拿大北极苔原长达 16 年的增温试验发现，增温增加了常绿灌木四棱岩须（*Cassiope tetragona*）和草本的肾叶山蓼（*Oxyria digyna*）的叶片大小和株高（Hudson et al.，2011）；青藏高原北麓河附近高海拔地区（4500m）高寒草甸大部分物种在增温处理下株高呈增加的趋势（Xu and Xue，2013）。这也验证了叶片的形态特征可随气候变化而改变（Guerin et al.，2012）。其原因可能是适当增温可改善土壤中植物可吸收的养分状况（李娜等，2010；杨月娟等，2015），提高高寒地区植物的光合速率（Fu et al.，2015）。

增温降低了小嵩草和藏嵩草叶片的活性氧（过氧化氢和超氧阴离子自由基）含量，但是未达到显著性水平［图 2-6（a）和（b）］。增温对小嵩草和藏嵩草的 MDA 含量和电导率均没有产生影响［图2-6（c）和（d）］。增温处理下小嵩草和藏嵩草叶片内反映氧化伤害的活性氧水平和 MDA 含量以及活性氧清除物质中的酶类抗氧化剂（超氧化物歧化酶、过氧化物酶、抗坏血酸过氧化物酶、过氧化氢酶）活性均没有显著变化，非酶类抗氧剂（抗坏血酸）含量在小嵩草叶片内没有明显变化而在藏嵩草叶片内显著增加；可吸收 UV 的物质和花色素苷含量在小嵩草内没有显著变化，而在藏嵩草内显著降低；渗透调节物质中的游离脯氨酸在小嵩草叶片中没有显著变化，而在藏嵩草叶片中显著增加；两个物种的膜透性（电导率）均没有显著变化（图2-7）。可见，在一定增温幅度内小嵩草和藏嵩草均能够维持正常的抗氧化和渗透调节水平，以维持该区域优势植物生长，但是藏嵩草的生理过程对增温更加敏感，不同植被类型的优势植物之间对增温的响应存在种间差异。

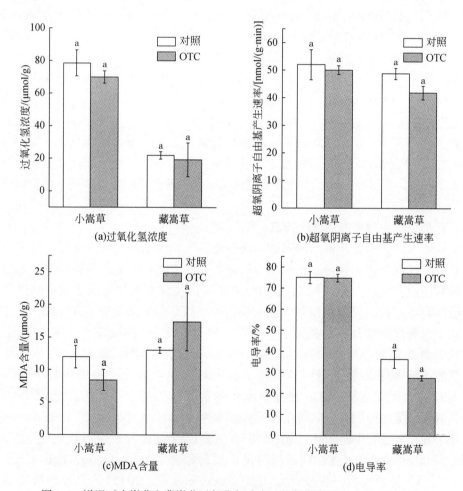

图 2-6　增温对小嵩草和藏嵩草过氧化氢浓度、超氧阴离子自由基产生速率、
MDA 含量和电导率的影响

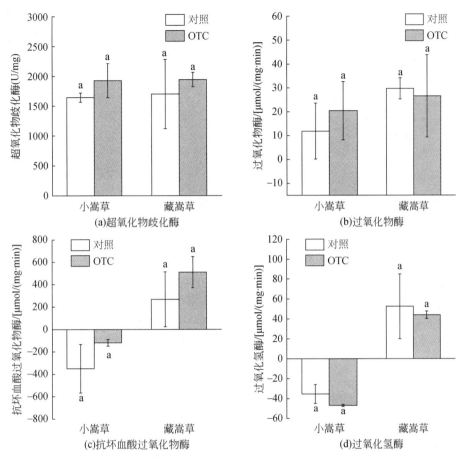

图 2-7　增温对小嵩草和藏嵩草超氧化物歧化酶、过氧化物酶、
抗坏血酸过氧化物酶和过氧化氢酶活性的影响

　　植物细胞中的活性氧主要是有氧能量代谢的副产物，如光合作用、光呼吸和呼吸作用，也产生于植物对环境胁迫的适应性响应，而抗氧化系统（酶类抗氧化剂和非酶类抗氧物剂）可清除细胞内的活性氧（Ahmad et al., 2008）。本研究中，小嵩草和藏嵩草叶片过氧化氢浓度、超氧阴离子自由基产生速率和 MDA 含量并没有随温度升高而发生变化，显示出未受到氧化伤害，因此抗氧化酶系统也并未启动清除植物体内的有害物质。但研究结果观测到增温显著增加了藏嵩草叶片的非酶类抗氧化剂抗坏血酸的含量。抗坏血酸是植物体内消除过氧化氢过程中起到核心作用的主要非酶类抗氧化剂（Smith et al., 2012）。藏嵩草抗坏血酸含量增加可能是对增温造成的环境改变做出的生理响应，但考虑到藏嵩草的活性氧水平没有明显变化，可能是增温所带来的环境改变在藏嵩草的可正常生理调节范围内，藏嵩草通过诱导抗坏血酸的合成，消除多余的活性氧，将活性氧含量维持在正常水平。可以看出，藏嵩草比小嵩草对增温更敏感。增温对植物抗氧化特征的影响可能存在多样性：在青藏高原东部四川省松潘县高寒草甸对两种优势物种的研究发现，增温虽然加强了垂穗披碱草和鹅绒委陵菜叶片中的酶类和非酶类抗氧化剂，但是垂穗披碱草的 MDA 含

量显著减少，而 MDA 在鹅绒委陵菜中显著增加，即增温促进了垂穗披碱草的抗氧化能力，而抑制了鹅绒委陵菜的抗氧化能力（Shi et al.，2010）。对广泛分布于热带和亚热带的一种豆类植物（*Stylosanthes capitata* Vogel.）研究发现，增温增加了抗氧化酶活性，但是没有影响 MDA 含量，即增温处理下该植物能够通过自身的抗氧化机制来控制 MDA 含量（Martinez et al.，2014）。研究结果的差异性可能是因为研究区域的差异以及植物自身抗氧化能力（活性氧的产生与清除机制）的差异，但本研究与以往研究存在的共同点是植物在增温处理下抗氧化剂得到一定的增强进而试图清除体内的活性氧。

增温导致高寒草甸和高寒沼泽草甸土壤含水量减少，而干旱或盐胁迫可造成膜透性增大，使得溶质渗漏（Hincha and Hagemann，2004）。本研究中，小嵩草和藏嵩草的膜透性都没有显著变化，即没有出现溶质渗漏，并且两个物种的 MDA 含量均没有显著变化，表示细胞膜没有受到氧化伤害。但是本研究中增温导致小嵩草和藏嵩草脯氨酸含量均增加，其中藏嵩草达到显著性水平，这可能是因为增温导致土壤含水量减少，植物通过自身的渗透调节机制，合成渗透调节物质，从而维持自身正常的渗透平衡（Hincha and Hagemann，2004）。因此，在增温环境下，小嵩草和藏嵩草能够维持正常的渗透调节。

增温没有明显改变小嵩草的紫外吸收物质含量和花色素苷含量，但导致藏嵩草紫外吸收物质和花色素苷含量均显著降低，即增温使得藏嵩草叶片在生理上的抗紫外辐射能力下降，而对小嵩草没有明显影响。在青藏高原东南部对云杉（*Picea asperata*）幼苗的研究发现，增温可以缓解 UV-B 辐射带来的光抑制。在南极半岛对石竹科植物（*Colobanthus quitensis*）和禾本科植物（*Deschampsia antarctica*）的研究发现，增温对叶片可溶性紫外吸收物质含量没有影响（Day et al.，1999），这与小嵩草的研究结果一致。考虑到藏嵩草的脯氨酸积累量显著增加，而除干旱外，紫外辐射胁迫也可导致脯氨酸含量的积累从而维持渗透平衡（Ashraf and Foolad，2007）；紫外辐射也可诱导活性氧的增加（Karishma et al.，2004），同时藏嵩草中增加的脯氨酸和抗坏血酸也可加强活性氧清除机制（He et al.，2000）。因此藏嵩草紫外吸收物质含量和花色素苷含量的降低与脯氨酸及抗坏血酸含量的增加可能在一定程度上形成了互补，从而没有抑制藏嵩草的生长。

小嵩草抗氧化、渗透调节和抗紫外线辐射涉及的生理指标变化均不显著，然而藏嵩草在 3 个方面的生理指标存在显著性变化，具体体现在：①藏嵩草叶片中非酶类抗氧化剂中的抗坏血酸显著增加；②紫外吸收物质和花色素苷显著降低，降低其抗紫外辐射能力；③渗透调节物质游离脯氨酸显著增加。由此可见，藏嵩草比小嵩草对温度的升高更加敏感。其原因一方面可能是增温导致的高寒沼泽草甸温度和土壤含水量的变化程度均大于高寒草甸，较大的环境变化使得高寒沼泽草甸优势物种藏嵩草的生理波动较明显。另一方面可能是小嵩草属于耐寒旱中生植物，能够适应增温导致土壤含水量的减少；而藏嵩草喜欢在水分较多的地方生长（王长庭等，2004），对水分的变化更加敏感。即使如此，藏嵩草也能够通过合成相应的调节物质来维持正常的生理代谢。同时，小嵩草和藏嵩草对增温的响应存在相同点，从形态方面来看，增温促进了小嵩草和藏嵩草的生长，从生理方面来看，在增温影响下小嵩草和藏嵩草都能通过叶片中物质合成来维持正常的抗氧化水平、渗透调节和抗辐射水平。

综上所述，在多年冻土区，高寒草甸和高寒沼泽草甸的优势物种地上部分形态学特征、解剖结构特征和碳、氮、磷化学计量学特性对增温的响应模式表现出一致性，但地下部分没有表现出一致性。在全球变暖背景下，增温均能促进小嵩草和藏嵩草的生长，并通过调节自身不同组分间碳、氮、磷元素含量来应对气候变化。增温对冻土区高寒草甸优势物种小嵩草和高寒沼泽草甸优势物种藏嵩草的形态、抗氧化和渗透调节大体一致，对抗紫外辐射的影响不同。增温促进冻土区优势植物小嵩草和藏嵩草的生长，它们都能通过自身生理生态合成相应的物质使体内新陈代谢维持稳定状态。因此，冻土区植物能够通过自身生理生化和功能特征来调节其对环境温度变化的适应，通过形态和生物量的增长来反映其对环境变化的表观适应。然而，这种适应也存在种间差异，这可能是由于不同的物种在长期进化过程中自身对资源竞争能力的差异。可见，多年冻土区长期增温的环境可能导致植物群落物种组成和结构的改变。在季节冻土区，增温前期均表现出与多年冻土区一致的增温结果，即增加群落生物量和降低物种多样性。但是随着增温时间的延长，这种增温效应逐渐趋于平缓，群落生物量和物种多样性趋于稳定。这种变化可能与增温导致土壤水分降低有关。

2.2 季节冻土区短期增温对高寒草甸生态系统的影响

2.2.1 材料和方法

研究区位于三江源腹地青海省果洛藏族自治州玛沁县大武乡格多牧委会（34°17′N ~ 34°25′N，100°26′E ~ 100°41′E），平均海拔为 3980m，属典型的高原大陆性气候，无四季之分，仅有冷暖季之别，冷季较长、干燥而寒冷，暖季短暂而凉爽。温度年差较小而日差较大，太阳辐射强烈。年均气温为 −1.3℃，月平均最高气温为 24.6℃，月平均最低气温为 −34.5℃。年均降水量为 420 ~ 560mm，多集中在 5 ~ 9 月，年均蒸发量为 1119.07mm，无绝对无霜期。

矮生嵩草草甸为该地区主要植被类型之一，主要分布在山地阳坡和滩地，群落结构简单，仅草本层一层。常见的伴生种类有垂穗披碱草（*Elymus nutans*）、草地早熟禾（*Poa pratensis*）、青藏薹草（*Carex moorcroftii*）、双柱头蔗草（*Scirpus distigmaticus*）、甘肃马先蒿（*Pedicularis kansuensis*）、钉柱委陵菜（*Potentilla saundersiana*）、唐古特毛茛（*Ranunculus tanguticus*）、弱小火绒草（*Leontopodium pusillum*）、短穗兔耳草（*Lagotis beachystachya*）等。

试验样地设立在轻度退化的矮生嵩草草甸上，样地面积为 50m×50m，用围栏封闭，以防止放牧动物进入。采用 ITEX 模拟增温效应对植被影响作用的方法，在样地内建立圆台状开顶式增温小室（OTC）18 个，分为 3 种处理，依次为 A、B 和 C，其温棚顶部直径依次为 0.40m、1.00m 和 1.60m，相应底部直径依次为 0.85m、1.45m 和 2.05m，温室的侧面覆盖是透明度超过 90% 的聚碳酸酯薄膜，并将底部固定于土壤中，以样地内温室外草地作为对照（CK）。OTC 用于模拟增温，通常用于研究气候变暖对生态系统的影响。

2002 年 4 月在每个 OTC 中建立 1 个固定样方 （50cm×50cm）。2002～2009 年的每年 8 月，植物生物量高峰期进行植物群落特征调查。植被盖度 （fractional vegetation cover, FVC） 测定采用网格法。物种丰富度即为样方中的植物物种数。高度是随机测量 10 个以上植物种的自然高度的平均值。植物群落特征调查后，选取面积为 25cm×25cm 的小样方，齐地面剪草，烘干称重，即为植物群落生物量，并按禾本科、莎草科和杂类草 3 种植物功能群分类。物种丰富度 （每个样方的物种数），Shannon-Wiener 指数 （H'）$= -\sum P_i \ln P_i$ 和 Pielou 指数 （J）$= (-\sum P_i \ln P_i)/\ln S$ 用于描述植物群落结构模式。式中，P_i 为物种 i 的相对重要值 （相对高度+相对盖度+相对频度）/3，S 为物种 i 所在样方的物种总数。

用双因素方差分析法分析模拟增温、试验年限及其交互作用对 AGB、多样性指数、植被盖度和植物功能群生物量的影响，试验处理间的差异性检验用 Duncan 法 （$P = 0.05$）。数据分析使用 SPSS 16.0 软件进行。

2.2.2 结果与分析

（1）增温对植物群落特性的影响

禾本科功能群生物量有较大的年际变化，且 2002～2009 年这种效应逐渐增加。增温初期植物群落生物量显著增加，但在增温后期则保持相对稳定 ［图 2-8 （a）］。除 2002 年外，增温 A 处理禾本科功能群生物量显著高于其他处理 （$F_{3,31} = 27.864$；$P < 0.001$）。研究发现增温和年间的交互作用显著影响禾本科功能群生物量 （$P < 0.001$） （表 2-2）。

2002～2009 年的模拟增温明显提高了各处理中莎草科功能群生物量 （$F_{7,31} = 33.903$；$P < 0.001$）。然而，相对于对照，在增温初期 A 处理莎草科功能群生物量显著低于 B 处理和 C 处理 ［图 2-8 （b）］。模拟增温显著影响杂类草功能群生物量，且与对照相比每年 A 处理生物量明显低于 B 处理和 C 处理 （$F_{3,31} = 5.696$；$P < 0.01$），如图 2-8 （c） 所示。植物群落生物量明显受温度升高的影响 （$F_{7,31} = 22.420$；$P < 0.001$），但植物群落生物量在增温后期，即 2006～2009 年则保持相对稳定 ［图 2-8 （d）］。相对于对照，A 处理中植物群落生物量显著高于 B 处理和 C 处理 （$F_{3,31} = 20.853$；$P < 0.001$）。此外，增温和年限之间的交互作用显著影响植物群落生物量 （$P < 0.001$） （表 2-2）。

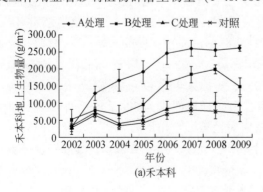

(a) 禾本科

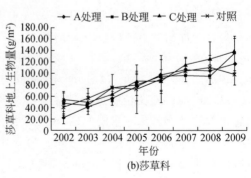

(b) 莎草科

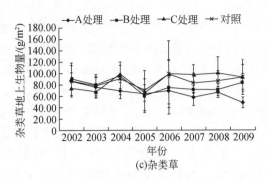

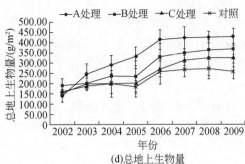

(c)杂类草   (d)总地上生物量

图 2-8　2002～2009 年模拟增温条件下不同植物功能群地上生物量

表 2-2　不同植物功能群生物量和群落生物量在不同增温处理（A，B，C）、
年限（2002～2009 年）及其交互作用的双因素方差分析表征值

因子	Grass AGB		Sedge AGB		Forb AGB		群落 AGB	
	F	P	F	P	F	P	F	P
年	101.32	<0.001	46.58	<0.001	2.39	0.024	62.66	<0.001
增温	385.24	<0.001	2.72	0.046	7.14	<0.000	58.27	<0.001
年×增温	13.83	<0.001	1.37	0.138	1.25	0.214	2.79	<0.001

注：A、B 和 C 代表温棚顶部直径依次为 0.40m、1.00m 和 1.60m，底部直径依次为 0.85m、1.45m 和 2.05m 的增温处理。

　　植物物种丰富度存在较大的年际变化（$F_{7,31}=3.116$；$P<0.05$），2002～2009 年逐渐减少。2002～2006 年，A 处理和 B 处理中植物物种丰富度明显减少（$F_{3,31}=10.045$；$P<0.001$）[图 2-9（a）]，但增温后期则保持相对稳定。模拟增温明显降低了 Shannon-Wiener 指数（$F_{3,31}=4.861$；$P<0.05$），但在 2002～2009 年 C 处理和对照间没有显著差异（$F_{7,31}=1.576$；$P>0.05$）[图 2-9（b）]。

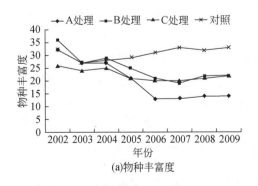

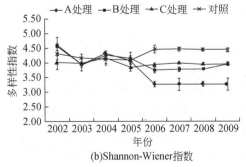

(a)物种丰富度   (b)Shannon-Wiener指数

图 2-9　2002～2009 年模拟增温条件下的物种丰富度和群落多样性

（2）讨论

1）不同植物功能群生物量的响应。研究表明苔原植物对环境变化（包括变暖）有强烈的响应（Eviner and Chapin，2003）。例如，植物物种的组成和丰富度、净初级生产、营养循环和各营养级有机体可能都会受影响（Harte and Shaw，1995；Kardol et al.，2010a，2010b）。以前的研究表明，以气候驱动的相互作用影响群落生物量（Shaw et al.，2002；Kardol et al.，2010a）。研究发现，2002~2009年的模拟增温改变了不同植物功能群的生物量和群落结构，且 A 处理显著提高了群落生物量（除2002年）。相对于对照（25.97%），禾本科植物功能群生物量在 A、B 和 C 3 种处理中分别占57.07%、43.18%和29.16%（2002~2009年的平均值）。优势物种以增加生物量的方式对温度升高做出响应，增加对其他植物功能群的竞争效应，从而降低群落生物量中莎草科、杂类草功能群生物量所占的比例。群落水平上的群落生物量对长期增温的响应可能很大程度上依赖于不同类型的植物功能群。此外，研究认为增温对植物群落结构和生物量的影响可能与植物群落组成的功能特征及相对丰度、群落盖度、竞争能力以及资源可用性等有关，因为植物功能群的覆盖范围直接反映其同化面积，并且优势种可以有效地增加养分吸收和资源利用（王长庭等，2004）。

2）模拟增温对物种丰富度的影响。模拟增温试验中，高寒草甸物种丰富度明显受增温初期的影响。相似的结果也在其他研究中得到验证（Klein et al.，2004；Prieto et al.，2009），研究还发现增温后期植物物种丰富度保持相对稳定。模拟增温降低了高寒草甸群落物种丰富度和 Shannon-Wiener 指数。Klein 等（2004）发现，升温引起物种丰富度的降低可能是模拟增温引起的枯枝落叶积累的结果。在增温条件下，降低土壤水分可能会间接影响物种丰富度。研究也表明模拟增温可能通过改变土壤水分，间接影响物种丰富度和植物功能群的相对丰度。

同时，3 个不同的植物功能群对增温的响应不同，导致功能群生物量的组成比例改变（图2-7），从而改变了植物群落的组成。由于群落组成的差异，在增温条件下，可能引起竞争水平和不同植物物种相对优势度的改变。

2.2.3 多年冻土与季节冻土区高寒草地生态系统变化的差异性

选择覆盖青藏高原大部分草原的 12 个增温样点，包括 9 个高寒草甸和 3 个高寒草原样点，跨越 30°N~38°N，海拔 3200~4800m，在这一范围内的高寒草甸和高寒草原分别覆盖了青藏高原面积的 32.05% 和 32.73%，代表着青藏高原高寒草原的大部分面积［图2-10（a）］。通过获取这 12 个样点的年均温、年降水量、土壤湿度、物种多样性和地上净初级生产力（aboveground net primary productivity，ANPP）数据，采用线性混合模型的解释变量与固定变量的参数分析，得出如下结论。

1）在自然环境条件下的多年冻土区和非多年冻土区，植被 ANPP 随着年降水量的增加递增，年降水量（而不是温度）是驱动该区域 ANPP 变化的主要驱动力［图2-10（b）］。

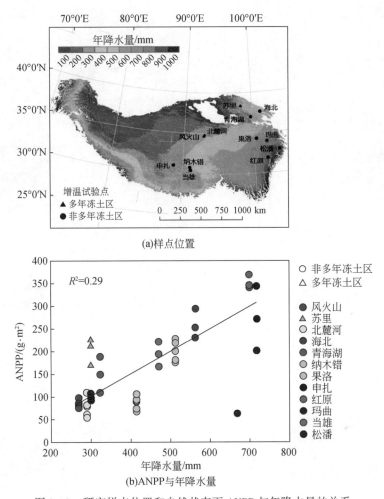

(a)样点位置

(b)ANPP与年降水量

图 2-10　研究样点位置和自然状态下 ANPP 与年降水量的关系

2）多年冻土区的存在与否影响着增温对 ANPP 的变化方向，即增温增加了多年冻土区的 ANPP，降低了非多年冻土区的 ANPP［图 2-11（a）］。温度增加情景下，土壤水分的相对变化以及当年干旱条件的交互也是影响 ANPP 变化的重要因素［图 2-11（b）］。研究结果显示，未来增温情况下，水分的获取是影响生产力变化的重要因子。

3）增温对物种多样性的影响受年均温的驱动，即年均温越低的样地，物种多样性丧失越剧烈；增温降低了多年冻土区和非多年冻土区的物种多样性，但是多年冻土区物种丧失受温度升高影响更剧烈（图 2-12）。增温引起的物种丧失可能是植被返青期提前或者衰萎推迟妨碍了高寒植物正常的季节更替，从而导致冷害，甚至引起植物体内碳水化合物和可以导致冻害物质的相互转换，进而导致物种丧失。

4）无论在多年冻土区还是非多年冻土区，增温促进植被高度增加，但是多年冻土区的增加强势更明显；干旱条件是影响增温情景下植被高度增加的主要解释变量。研究结果显示，干旱指数越高的年份，植被高度增加越强烈，显示出植被高度的增温变化受干旱条

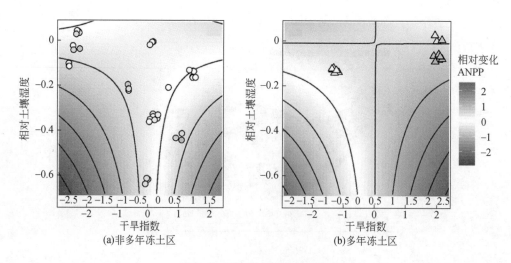

图 2-11　线性混合模型结果

此图显示相对土壤湿度和干旱指数的交互作用、多年冻土存在与 ANPP 的关系。等高线显示模型预测的相对 ANPP 值，
跳动的值表示样地内数值的变化。每个样地作为随机影响因子应用于模型中，且 $R^2 = 0.57$

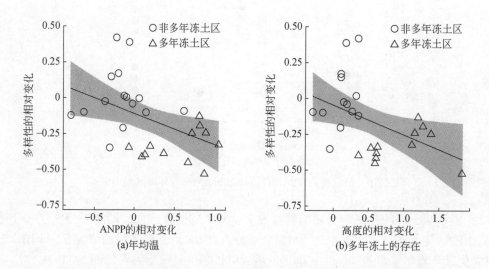

图 2-12　年均温和多年冻土的存在对增温情景下物种多样性变化的影响

件的强烈驱使（图 2-13）。

　　基于样点尺度上多年冻土区与季节冻土区结果的差异，选取能获取数据的多年冻土区和季节冻土区对比研究结果显示，可获取的水分含量是影响增温对高寒草地生产力和多样性变化大小与方向的主要驱动力。而增温导致多年冻土退化，多年冻土区变为非多年冻土区，植被生产力受升温影响由增加变为降低。可见，目前的模型没有考虑到冻土退化后增温导致植被生产力降低的因素，可能高估了未来增温情景下，青藏高原高寒草甸受增温的影响结果。

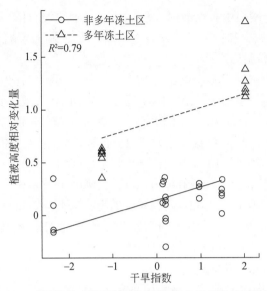

图 2-13　干旱指数对增温情景下植被高度相对变化量的影响

2.3　高寒草地植被生长季 NDVI 变化及其与冻土的关系

受印度季风和太平洋季风以及西风带的共同影响（Jin et al., 2011），青藏高原的降水具有非常强烈的空间异质性，主要表现为从东南向西北逐渐降低的趋势。受纬度差异和地形差异的影响（Wu et al., 2010），青藏高原多年冻土的温度也具有很强的空间异质性（Cheng and Jin, 2013）。因此，假设在不同的水热组合区域，青藏高原高寒草地生态系统对气候变化的响应也有所区别，即植被生长受能量限制的区域状况会有所好转，而植被生长受水分限制的区域，植被生长会变差。为了验证这一假设，基于多源 NDVI 数据集和MODIS LST 数据，分析不同水热组合条件下，高寒草地在 1982～2012 年的生长变化趋势以及 NDVI 与 LST 之间的关系。在此基础上，采用空间换时间的方法分析高寒草地对多年冻土退化的响应特征。

2.3.1　数据与方法

(1) GIMMS 植被产品

所采用的 GIMMS NDVI 数据集（1981～2006 年）来源于寒区旱区科学数据中心[①]，时间分辨率为 15d，空间分辨率为 8km，投影类型为 Albers。结合使用 ArcGIS、ERDAS 和ENVI 软件完成 GIMMS NDVI 数据的预处理，包括投影转换（WGS84），数据裁切，波段运算（比例因子为 0.001），年最大值、年平均值和多年平均值计算和重采样（0.1°）等。

---

① http://westdc. westgis. ac. cn。

在此基础上，根据 0.1°网格中心点数据（Shapefile）对 NDVI 计算结果进行统计，用于与 MODIS NDVI 数据进行拟合和生态模式参数化，从而分析高原的植被变化趋势。

（2）MODIS 植被和温度产品

所采用的 MODIS 数据产品（2000 ~ 2012 年）分别是 MOD13Q1（v5）和 MOD11A2（v5）数据，均为 Terra 卫星的 MODIS 数据产品，使用 FTP 下载工具从美国地质调查局网站上下载。其时间分辨率分别为每 16d 和每 8d，空间分辨率分别为 250m 和 1000m，投影类型为 Sinusoidal。两种产品的数据类型均为 16bit 有符号整型，MOD13Q1 数据产品的填充值为-3000，数值为-2000 ~ 10 000，比例因子为 0.0001。MOD11A2 数据产品的单位是开尔文，空值为 0，数值范围为-2000 ~ 10 000，比例因子为 0.02。在对 MODIS 数据进行图像拼接，并对温度产品进行 16d 合成的基础上，采用与 GIMMS 数据相同的方法对 MODIS 数据进行了预处理。需要指出的是，为了有效地分析植被生长的限制因子，对 MODIS 植被产品还进行了 1km 尺度上的相应处理。

（3）土壤水分数据获取与处理

土壤水分数据采用中国科学院青藏高原研究所阳坤团队基于一个可变的陆面数据同化系统得到的模拟结果。空间分辨率为 0.25°×0.25°，时间分辨率为逐日，时间段为 2002 ~ 2010 年，数据投影类型为 WGS84，数据格式为 Bin。基于该数据，首先计算了每年各月的月平均值，添加投影信息后计算了平均值（生长季平均值和多年生长季平均值）。

（4）基础地理数据获取与处理

植被类型矢量数据来源于寒区旱区科学数据中心，根据 2001 年出版的《1：1 000 000 中国植被图集》数字化得到。青藏高原的冻土类型分布图（栅格数据）由中国科学院寒区旱区环境与工程研究所吴青柏团队提供（图 2-14）。该数据是基于程国栋院士提出的青

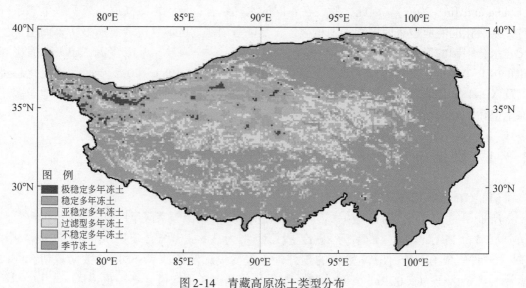

图 2-14　青藏高原冻土类型分布

制图数据的空间分辨率重采样到 0.1°，原始分辨率为 1km

藏高原多年冻土分带方案，采用钻孔实测地温数据进行统计分析，建立了年均地温与高程、纬度和经度之间的经验模型，进行空间插值后得到1km分辨率的空间分布图。为了保证数据的一致性，将该数据重采样到0.1°。

其他矢量数据，冰川数据来源于中国冰川信息系统数据库（1∶10万），覆盖整个中国，提供了多种格式的矢量数据。采用北京54坐标系统的Shapefile格式的矢量数据。使用前，对该数据进行了简单的预处理，包括投影转换（WGS84）和裁切。

上述矢量和栅格数据，在使用之前首先进行了投影转换（统一为WGS84地理坐标），在此基础上进行了裁切、属性合并等处理，以便用于后续分析。

（5）植被生长变化趋势分析

采用以下方法对NDVI数据进行了融合：根据GIMMS NDVI和MODIS NDVI重合期（2000~2006年）的数据，拟合两者之间的关系并验证该关系式；据此关系式用2000年以来的MODIS NDVI数据更新GIMMS NDVI数据，将GIMMS NDVI数据的时间段从1981~2006年延伸至1981~2012年。

采用最小二乘线性回归模型来计算植被生长变化情况。该方法常用于分析长时间序列的植被变化趋势，将时间变量t作为独立变量，与各年的NDVI时间序列数据进行最小二乘回归分析，从而得到一个线性回归方程。基于该线性回归方程，根据其斜率（slope），得到植被变化趋势。如果斜率小于零，则植被生长呈下降趋势；反之，则呈增长趋势。线性回归方程为

$$y = a + bt + \varepsilon \tag{2-1}$$

式中，y为各年的最大NDVI值；a为拟合参数；b为线性回归方程的斜率；ε为残差项。

对于计算结果，根据斜率（slope）和显著性检验结果（P），对显著性进行分类。分类规则是：如果$P<0.05$且slope≥ 0，则显著性为1（即植被生长显著变好）；如果$P<0.05$且slope≤ 0，则显著性为-1（即植被生长显著变差）；否则，显著性为0（即植被生长没有显著变化）。

（6）植被生长限制因子分析

已有研究表明，当水分是植被生长的限制因子时，LST-NDVI之间负相关；当能量是植被生长的限制因子时，LST-NDVI之间正相关。因而采用该方法对青藏高原高寒草地植被生长的限制因子进行分析。

为了增加LST与NDVI统计关系的样本数，首先，基于NDVI数据分别生成对应的1000m点矢量数据以及0.1°的网格数据，并对点数据和网格数据进行编号和属性赋值（包括植被类型、冻土类型、所属的0.1°网格编号等）。在此基础上，用点矢量数据分别统计2000~2012年生长季各儒略日的LST和NDVI值。最后，计算0.1°网格内所有1000m像元LST-NDVI相关关系的斜率（slope）和显著性检验结果（P），并进行显著性分类。分类规则是：如果slope<0.05且$P\geq 0$，则显著性为1（即显著正相关）；如果slope<0.05且$P\leq 0$，则显著性为-1（即显著负相关）；否则，显著性为0（即没有显著相关性）。

2.3.2 植被变化趋势分析

(1) 高寒草地的分布情况

高寒草甸主要分布在季节冻土区（占高寒草甸像元总数的55.90%），土壤水分含量为0.20~0.25m³/m³（占高寒草甸像元总数的43.02%）和0.15~0.20m³/m³（占高寒草甸像元总数的33.97%）[图2-15（a）]。高寒草原主要分布在季节冻土区和亚稳定多年冻土区（占高寒草原像元总数的69.38%），土壤水分含量为0.10~0.15m³/m³（占高寒草原像元总数的38.69%）、0.15~0.20m³/m³（占高寒草原像元总数的24.63%）和0.05~

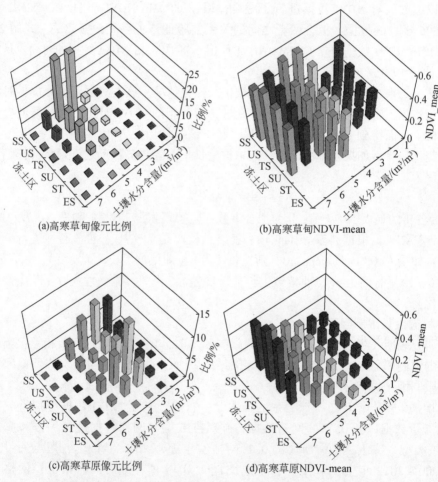

图2-15 青藏高原高寒草地在不同水热组合区域内的像元比例和生长季NDVI_mean分布情况

（a）和（b）分别为高寒草甸的像元比例和NDVI平均值；（c）和（d）分别为高寒草原的像元比例和NDVI平均值。NDVI平均值的计算时段为1982~2012年。其中，US、TS、SU、ST和ES分别代表不稳定多年冻土区、过渡型多年冻土区、亚稳定多年冻土区、稳定多年冻土区和极稳定多年冻土区，SS代表季节冻土区；数值1~7分别代表土壤水分含量为0~0.05m³/m³、0.05~0.10m³/m³、0.10~0.15m³/m³、0.15~0.20m³/m³、0.20~0.25m³/m³、0.25~0.30m³/m³、0.30~0.35m³/m³

0.10m³/m³（占高寒草原像元总数的20.90%）［图2-15（c）］。高寒草甸的土壤水分含量明显高于高寒草原。

在多年冻土区，高寒草甸和高寒草原的多年平均 NDVI 最大值（NDVI_mean）随着土壤水分含量增加而不断增大 ［图2-15（b）和（d）］；而在季节冻土区，随着土壤水分含量的增加，高寒草甸的 NDVI_mean 先增大后减小，而高寒草原则表现为持续增大的趋势。总的来说，随着多年冻土退化和土壤水分含量的增加，高寒草甸和高寒草原的 NDVI_mean 均持续增大。此外，高寒草甸的 NDVI_mean 高于高寒草原的 NDVI_mean，说明高寒草甸的植被条件优于高寒草原。需要指出的是，有些区域的像元数量非常少（如极稳定多年冻土区或稳定多年冻土区以及土壤水分含量在 0～0.05m³/m³ 的那些区域），使得分析结果并不具有统计上的意义。

（2）高寒草地的植被生长变化分析

为了排除冰川、湖泊和无植被区域对植被指数及其时间变化趋势计算结果的影响，我们在后续分析中剔除了所有受其影响的像元。

总体来说，高寒草原和高寒草甸植被生长的时间变化趋势极为相似，且变好区域数倍于变差区域（图2-16）。具体而言，在研究时段内（1982～2012年）绝大多数区域高寒草地的植被生长没有明显的变化趋势（图2-17）。

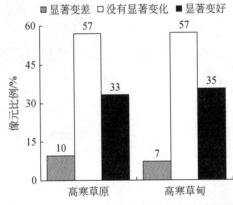

图 2-16　青藏高原高寒草地时间变化趋势分析统计结果（$P<0.05$）

对高寒草甸来说，植被生长显著变好的像元主要分布在季节冻土区（图2-17），土壤水分含量为 0.20～0.25m³/m³（占高寒草甸显著变好像元总数的18.34%）和 0.15～0.20m³/m³（占高寒草甸显著变好像元总数的16.73%）。植被生长显著变差的像元也主要分布在季节冻土区，土壤水分含量为 0.15～0.20m³/m³（占高寒草甸显著变差像元总数的41.62%）和 0.20～0.25m³/m³（占高寒草甸显著变差像元总数的29.19%）。在所有的水热组合区域内，显著变好的像元数均多于显著变差的像元数，意味着高寒草甸的植被生长在研究时段内呈变好趋势，过渡型多年冻土区、不稳定多年冻土区和季节冻土区土壤水分含量在 0.15～0.25m³/m³ 的那些区域表现得尤为显著。

对高寒草原来说，植被生长显著变好的像元主要分布在亚稳定多年冻土区和过渡型多年冻土区以及季节冻土区（图2-17），土壤水分含量为 0.10～0.25m³/m³（占高寒草原显

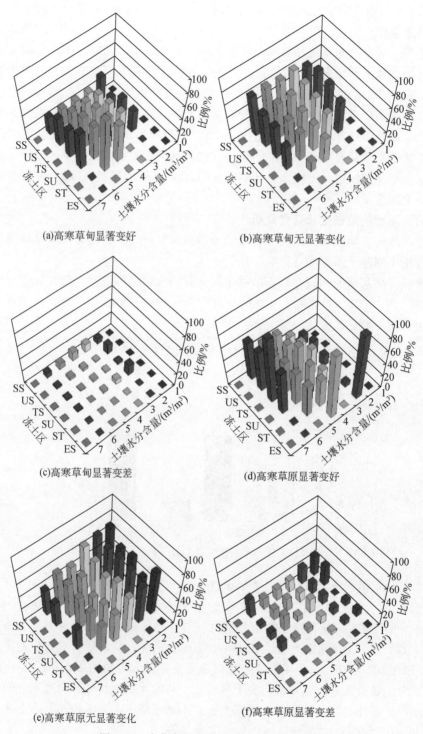

(a)高寒草甸显著变好

(b)高寒草甸无显著变化

(c)高寒草甸显著变差

(d)高寒草原显著变好

(e)高寒草原无显著变化

(f)高寒草原显著变差

图 2-17　青藏高原高寒草地的生长变化趋势

著变好像元总数的 64.55%）。植被生长显著变差的像元主要分布在稳定多年冻土区和亚稳定多年冻土区以及季节冻土区，土壤水分含量为 0.05 ~ 0.15m³/m³（占高寒草原显著变差像元总数的 56.32%）。在绝大部分地区，显著变好的像元数也多于显著变差的像元数，意味着高寒草原的植被生长在研究时段内也表现为变好趋势，亚稳定多年冻土区、过渡型多年冻土区和季节冻土区土壤水分含量为 0.10 ~ 0.25m³/m³ 的那些区域表现得尤为显著（占该区域像元总数的 75.09%）。但土壤水分含量为 0 ~ 0.10m³/m³、0.25 ~ 0.3m³/m³ 和 0.3 ~ 0.35m³/m³ 的那些区域没有明显的变化趋势。

在不同水热组合区域内，随着多年冻土退化，高寒草甸植被生长显著变好的像元数逐渐减少，而随着土壤水分含量增大，高寒草甸植被生长显著变好的像元数略有增加 [图 2-17（a）]。随着多年冻土退化和土壤水分含量增加，高寒草甸植被生长显著变差的像元数量并不具有规律性，但集中分布在季节冻土区 [图 2-17（c）]。

随着多年冻土退化，高寒草原植被生长显著变好的像元数并没有发生显著变化，但随着土壤水分含量增大，高寒草原植被生长显著变好的像元数迅速增加，尤其是水分含量较低的区域 [图 2-17（d）]；随着多年冻土退化，高寒草原植被生长显著变差的像元数持续增长，而随着土壤水分含量增大，高寒草原植被生长显差变差的像元数表现出先增加后降低的趋势 [图 2-17（f）]。

不管是高寒草甸还是高寒草原，随着多年冻土退化，植被生长没有显著变化的像元数随之增加，高寒草甸表现得更为明显；随着土壤水分含量增加，植被生长没有显著变化的像元数有所下降，高寒草原表现得更突出 [图 2-17（b）和（e）]。

2.3.3 植被生长限制因子分析

（1）高寒草地 LST-NDVI 关系的总体规律

整个生长季内，高寒草甸的植被生长主要受温度因子限制（图 2-18），而高寒草原同时受温度和水分因子的制约，但主要受水分因子的限制。从斜率上看，高寒草甸的 LST-NDVI 关系正相关，说明植被生长受温度控制；而高寒草原的 LST-NDVI 关系负相关，说明植被生长受水分控制。相对于高寒草甸来说，水分因子对高寒草原的限制作用远不如温度因子对高寒草甸的限制作用强烈。

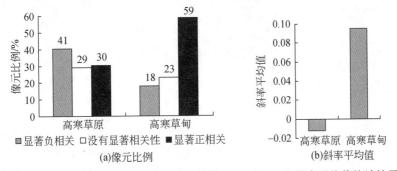

图 2-18　高寒草地 LST-NDVI 关系的显著性（$P<0.05$）和斜率平均值统计结果

（2）高寒草地 LST-NDVI 关系在生长季内的变化

整个生长季内，高寒草地绝大多数像元的 LST-NDVI 关系并不显著（图 2-19 和图 2-20）。对于高寒草甸，LST-NDVI 关系没有显著相关性的像元数在儒略日 113、209 和 257 分别占到了 60.41%、84.61% 和 77.51%，而高寒草原的对应数值分别为 76.90%、82.09% 和 75.29%。

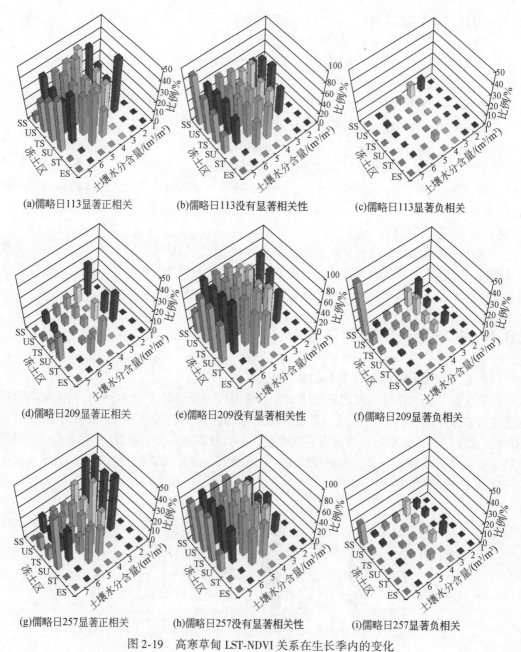

图 2-19　高寒草甸 LST-NDVI 关系在生长季内的变化

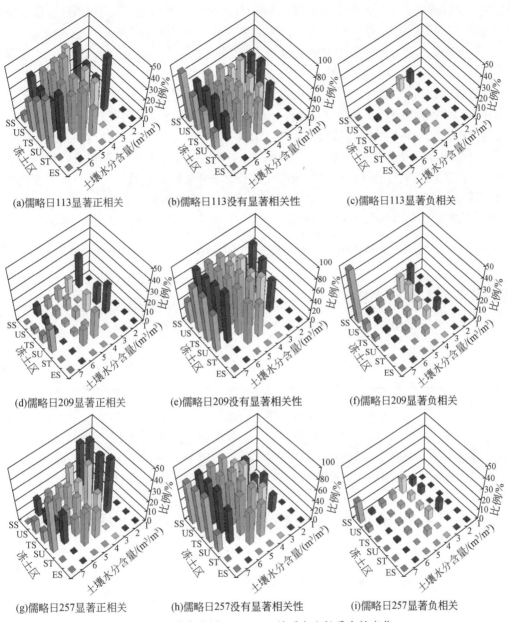

(a)儒略日113显著正相关   (b)儒略日113没有显著相关性   (c)儒略日113显著负相关

(d)儒略日209显著正相关   (e)儒略日209没有显著相关性   (f)儒略日209显著负相关

(g)儒略日257显著正相关   (h)儒略日257没有显著相关性   (i)儒略日257显著负相关

图 2-20　高寒草原 LST-NDVI 关系在生长季内的变化

在整个生长季内，LST-NDVI 关系为显著正相关的高寒草甸和高寒草原像元数呈微弱的 U 形变化趋势（图 2-19 和图 2-20）。相对来说，LST-NDVI 关系为显著负相关的高寒草地像元数要少很多。在生长旺季（儒略日 209，即 7 月底至 8 月初），相对于较湿润地区（土壤水分含量>0. 15m³/m³），较干旱地区（土壤水分含量≤0. 15m³/m³）LST-NDVI 关系为显著负相关的高寒草地像元数明显增加。

对高寒草原而言，生长季初期（儒略日 113），LST-NDVI 关系为显著正相关的像元数明显多于 LST-NDVI 关系为显著负相关的像元数；生长旺季时（儒略日 209），LST-NDVI 关系为显著正相关的像元数少于 LST-NDVI 关系为显著负相关的像元数。总的来说，寒冷地区 LST-NDVI 关系为显著正相关的像元数多于温暖地区，而温暖地区 LST-NDVI 关系为显著负相关的像元数多于寒冷地区（图 2-20）。

在生长季初期（儒略日 113），LST-NDVI 显著正相关且植被生长显著变好的像元数占高寒草甸总像元数的 12.16%（表 2-3），而 LST-NDVI 显著负相关且植被生长显著变差的像元数量仅为高寒草甸总像元数的 0.48%。LST-NDVI 没有显著相关性且植被生长没有显著变化趋势的像元数占高寒草甸总像元数的 33.97%。高寒草甸显著正相关且植被生长显著变好、显著负相关且植被生长显著变差和没有显著相关性且植被生长没有显著变化的像元数占其总像元数的总和为 46.61%；对应于高寒草原的数值分别为 5.54%、0.54% 和 43.36%，总和为 49.44%。

表 2-3 生长季初期具有不同植被生长变化趋势和 LST-NDVI 相关关系的高寒草地像元比例统计

（单位:%）

LST-NDVI 关系	显著正相关			没有显著相关性			显著负相关		
植被生长变化趋势	显著变好	没有显著变化	显著变差	显著变好	没有显著变化	显著变差	显著变好	没有显著变化	显著变差
高寒草甸	12.16	21.57	3.22	22.86	33.97	3.58	0.55	1.61	0.48
高寒草原	5.54	10.01	1.82	26.23	43.36	7.32	1.80	3.38	0.54

综上所述，高寒草原和高寒草甸的植被生长均表现为显著变好的趋势，且变好区域数倍于变差区域。随着多年冻土退化和土壤水分含量增加，高寒草甸和高寒草原植被生长的响应趋势并不一致。高寒草甸的植被生长主要受温度因子限制，而高寒草原同时受温度和水分因子的限制。LST-NDVI 关系只能解释不到 50% 的植被生长变化趋势。

2.4 多年冻土变化对高寒草地影响的样地对比研究

2.4.1 不同流域对比样带调查结果

研究表明，过去几十年来青藏高原的多年冻土发生了退化（Cheng and Wu，2007），主要表现为多年冻土温度上升和活动层厚度增大等。科学家认为多年冻土退化会导致隔水层减弱甚至消失，引起地下水位下降、表层土壤变干，从而导致高寒草地退化。然而，这些认识是基于空间序列替代时间序列的研究，即在不同退化阶段的多年冻土区域设置样地，开展样方尺度的植被调查，并进行对比，得出多年冻土退化对高寒草地影响的结论（Yi et al.，2011）。由于交通条件及后勤保障等条件的限制，样地布设的数量往往非常有限，研究结果易受局地因素（如地形及人工扰动等）的影响。

青藏高原降水量由东南向西北逐渐递减，不同多年冻土地区的大气降水补充相差较大

（Liu et al.，2004）。例如，祁连山地区疏勒河流域主要受西风环流的影响，而且因黄土高原及南部青藏高原的阻挡，流域内寒冷干燥，属于干旱–半干旱气候类型，年降水量约为345mm。而其相邻的大通河流域，夏季东南季风和西南季风影响强烈，降水比较充沛，年降水量达到515mm，属于半湿润地区。因此，气候变化引起的青藏高原多年冻土退化对高寒草地的影响应区别对待，不能一概而论。

2.4.1.1 分析方法

多年冻土的变化对寒区生态的影响有着阶段性和区域的差别，选取青藏高原东北缘祁连山中部两个相邻的流域——疏勒河上游流域和大通河源区，采用逐步升尺度的方法，建立植被盖度（FVC）和地表温度（LST）之间的关系式，探究两个流域不同冻土类型区植被生长的限制因子，预估气候变化情景下多年冻土退化对高寒草地的影响。

（1）样方、样地数据采集方法

采用普通相机和多光谱相机相结合的方法对选取的小样方进行拍摄。采用的多光谱相机为美国农业多光谱相机（agriculture digital camera）。该相机可以快速地获取更高分辨率的地表植被信息。拍摄时，尽量使镜头与地面垂直，并使视窗完全覆盖 50cm×50cm 的小样方，使相机与地面的高度保持在 1.4m 以上。为了操作方便，课题组设计了一个支架，用以搁置多光谱相机，使其始终保持与地面的垂直距离在 1.4m 以上。每个样地在拍摄之前先拍摄一次白板以校正天气状况的影响，每个样方分别拍一张普通照片和一张多光谱照片。另外在每个样地周围随机选择样地进行拍摄，用以对拟合关系式的精度验证。

采用 WinCAM 软件进行颜色测量以获得样方植被盖度。具体操作方法为：①根据分析图片的背景色和植物绿色分为两个颜色组，每个组内设定 12 个颜色等级，颜色的选择要尽可能的全面。②选定颜色等级后，选取要分析的区域进行植被盖度的计算。以该盖度作为该样方的"目标盖度"。多光谱照片的处理主要是通过相机自带的软件 PixelWrench2 software 完成，主要包括通过软件导入多光谱照片；通过选取白板的 calibrate 值，校正多光谱照片的光照条件；对校正后的原始照片进行假彩色合成，保存为 ∗.TIFF 格式；利用式（2-2）计算样方 NDVI

$$NDVI = (NIR-R) / (NIR+R) \tag{2-2}$$

式中，R 为红波段；NIR 为红外波段。

每个样方通过相对应的普通照片得出的"目标盖度"和多光谱照片来确定阈值，以该阈值计算其余 8 块样地的盖度，计算样地内所有样方盖度均值作为该样地的盖度值。

（2）流域尺度 FVC 的估算

对于区域的研究而言，基于样方、样地的采样数据预测植被覆盖状况可操作性不强，要实现大范围内的植被状况监测，还要借助遥感技术。基于不同分辨率的遥感数据获取植被盖度的研究很多，大部分是利用像元二分模型或 NDVI 直接计算植被盖度或者通过采样获得地面盖度值，与遥感影像建立拟合关系式，计算研究区盖度。应用的遥感数据主要有：TM/ETM+、MODIS、AVHRR 等，样地设置大小一般为 1m×1m、50cm×50cm。但不同分辨率遥感数据在建立反演模型时，地面实测数据"以点代面"的区域范围一般都比影像像元小，因此导致各分辨率数据反演结果精度存在一定的差异（宋莎，2010）。

本研究选取的样地为30m×30m，与HJ-1A影像像元大小一致。通过实测样地的FVC与影像NDVI之间建立关系式，计算整个流域的FVC。结合通过"目标盖度"及阈值获得的与HJ-1A影像像元大小相同的样地盖度与样地位置上通过HJ-1A影像近红外、红波段提取的NDVI建立拟合关系式，计算流域尺度的FVC，并对其模拟精度进行验证。主要包括3个步骤：步骤一，利用ArcGIS 10.0空间分析模块中的提点工具（sample），根据两流域58个样地的经纬度从HJ-1A影像NDVI图层中提取样地位置的NDVI值。步骤二，建立实测样地的FVC与HJ-1A影像NDVI之间的拟合关系式（图2-21），结果表明，二者的拟合关系式较好，并通过了$P<0.05$的显著性检验。步骤三，采用步骤二实测FVC与影像NDVI之间的拟合关系，计算两流域30m尺度上的FVC，运用"提点法"提出随机样地位置上的FVC，并与实测FVC进行精度验证（图2-22）。验证结果表明，二者拟合精度较高，$R^2=0.834$，并通过$P<0.05$的显著性检验。所以可用该拟合关系式计算两流域30m尺度上不同冻土类型区的FVC。

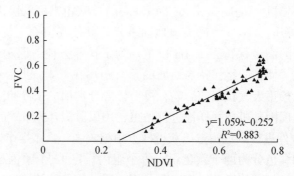

图2-21　两流域样地FVC与HJ-1A影像NDVI拟合

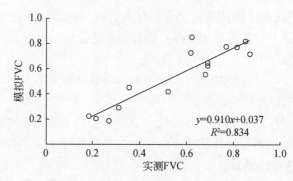

图2-22　模拟FVC与实测FVC精度对比

实测FVC与影像NDVI之间的拟合关系式为

$$y=1.059x-0.252 \tag{2-3}$$

对不同的地表而言，NDVI值为-1~1，通常情况下，植被的NDVI值为正，且随着植被盖度的增加而增加，水体、云、雪盖、冰盖的NDVI值为负，根据本研究在疏勒河上游流域对裸土样方的多光谱照片 NDVI 分析，裸土因土质及含水量的不同，其 NDVI 值为 0～0.2，所以本研究选取 NDVI>0.2 作为划分植被覆盖区和非植被覆盖区的界限，并根据两流域 2008 年土地利用类型数据层，剔除冰川、沼泽、河流、裸岩、裸土、荒漠等非植被区域，在此基础上采用式（2-3）拟合的实测 FVC 与影像 NDVI 之间的拟合关系式模拟两流域不同冻土类型区的 FVC。

对两流域 FVC 模拟结果按照不同冻土类型区进行裁切、统计。从统计结果来看，对于干旱–半干旱的疏勒河上游流域来说，过渡型冻土区 FVC 最大，其均值与不稳定多年冻土区、亚稳定多年冻土区 FVC 有明显的不同（$P<0.05$），而极稳定多年冻土区 FVC 最小，其均值与稳定多年冻土区、季节冻土区 FVC 具有明显的差异（$P<0.05$）。对于半湿润的大通河源区而言，从极稳定多年冻土区、稳定多年冻土区、亚稳定多年冻土区、过渡型多年冻土区、不稳定多年冻土区到季节冻土区，FVC 逐渐增大（图 2-23）。

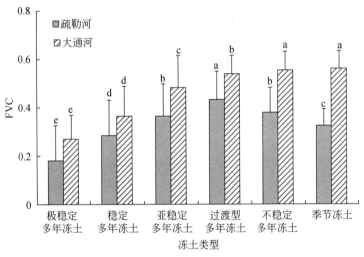

图 2-23　两流域不同冻土区 FVC

a、b、c、d、e 表示 LSD 检验的差异显著性

高寒地区植被的生长很大程度上受气温的控制，尤其是受夏季气温的控制（Martha et al.，2008）。当植被受水分胁迫时，反映植被生长状况的植被指数会发生相应变化，这种变化可间接地反映土壤水分状况，用于判断作物的受旱程度。有研究表明，当植被生长受水分限制的时候，NDVI（或植被盖度）和 LST 呈现倒三角关系，这种关系经常被用来研究土壤的水分胁迫作用（Carlson，2007）；而当植被生长受温度限制的时候，二者呈现正相关的关系（Sun and Kafatos，2007）。LST-NDVI 关系式被视为监测植被干旱程度的指示器。利用这些差异，我们可以分析不同冻土类型区 NDVI（或植被盖度）与 LST 的关系。

为了与 1000m 空间分辨率的 LST 数据相匹配，将通过样地实测的 FVC 与 30m 空间分辨率的 HJ-1A 影像 NDVI 拟合计算流域尺度的 FVC，采用 ArcGIS 10.0 空间分析的重采样（resample）方法重采样到 1000m（图 2-24）。FVC-LST 散点图的建立包括以下两步：一是将 1000m 分辨率的 FVC、LST 栅格数据层转成点图层，导出其属性表。二是建立 FVC-LST

散点图，分析两流域不同冻土区植被生长限制因子。

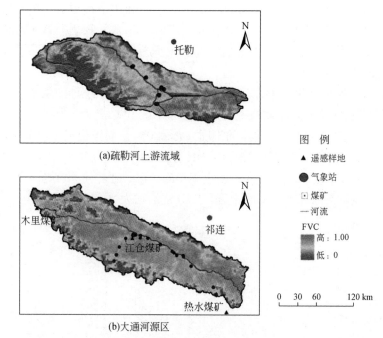

(a)疏勒河上游流域

(b)大通河源区

图 2-24 两流域1000m尺度的 FVC

2.4.1.2 分析结果

（1）两流域 FVC-LST 分析结果

疏勒河上游流域不同冻土区生长旺季 FVC-LST 散点分析结果表明（图 2-25），从极稳定多年冻土区到季节冻土区，FVC-LST 由极稳定多年冻土区、稳定多年冻土区的较强正相关过渡到亚稳定多年冻土区、过渡型多年冻土区的较弱正相关再到不稳定多年冻土区、季节冻土区的负相关。从极稳定多年冻土区、稳定多年冻土区到亚稳定多年冻土区，FVC-LST 之间的斜率逐渐减小，说明热量因素对三种冻土类型区植被生长的制约作用逐渐减弱。从过渡型多年冻土区、不稳定多年冻土区到季节冻土区，水分对植被生长的制约作用逐渐增强，其中对季节冻土区的影响最为显著。

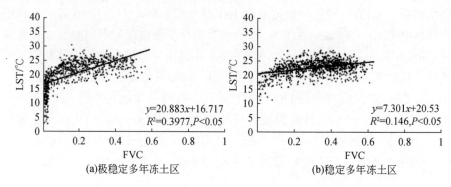

(a)极稳定多年冻土区   (b)稳定多年冻土区

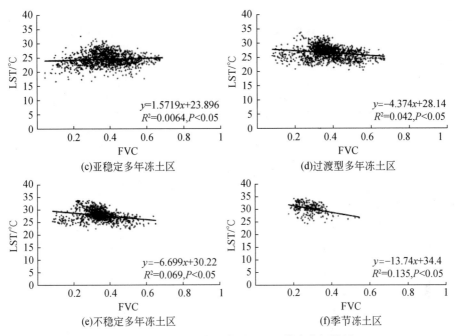

图 2-25　疏勒河上游流域 FVC-LST 散点分析结果

大通河源区 FVC-LST 散点分析结果（图 2-26）表明，从极稳定多年冻土区到季节冻土区，FVC-LST 均为正相关，FVC-LST 的相关系数逐渐减小，说明热量对各类型冻土区植被生长的限制作用逐渐减弱。

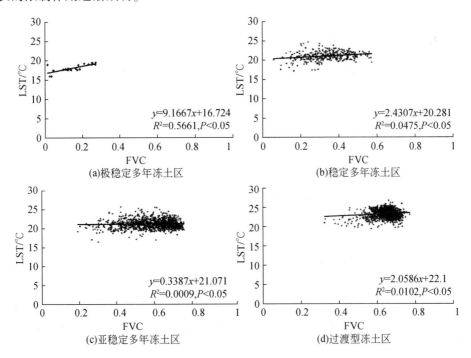

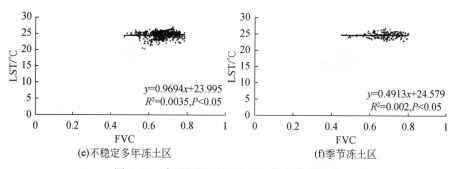

(e)不稳定多年冻土区   (f)季节冻土区

图 2-26　大通河源区 FVC-LST 散点分析结果

（2）两流域 FVC-LST 的季节变化

建立两流域生长季节不同时间段 FVC 和 LST 的散点图，并进行线性拟合，提出其斜率（图2-27）。斜率越小，说明水分、热量对植被生长的胁迫性越小。

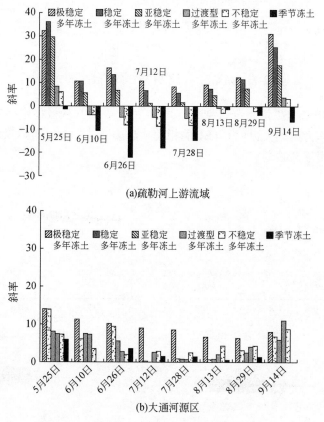

图 2-27　不同冻土区 FVC-LST 斜率的季节变化

对于疏勒河上游流域来说，在整个生长季节，极稳定多年冻土区、稳定多年冻土区和亚稳定多年冻土区 FVC-LST 的斜率均为正，热量一直是该区植被生长的限制因子；季节冻土区 FVC-LST 的斜率均为负，在整个生长季，植被生长的制约因子均为水分。在生长季中期，热量对极稳定多年冻土区、稳定多年冻土区和亚稳定多年冻土区植被生长的限制作用明显减弱，而水分对季节冻土区植被生长的限制作用急剧增强，达到年内最大；亚稳定多年冻土区、过渡型多年冻土区 FVC-LST 的斜率较小，接近于零，说明在这两种冻土区植被生长受水分、热量条件的胁迫作用较小，二者达到较好的组合，有利于植被的生长。

对于大通河源区来说，FVC-LST 的斜率在整个生长季均为正，植被生长均受热量条件的胁迫，其中，以极稳定多年冻土区植被最为明显。从生长季初期进入到中期，热量对植被生长的限制作用逐渐减弱，尤其以 7 月底至 8 月初最为明显，除极稳定多年冻土区外，其他 5 种冻土区植被受热量的胁迫作用明显减弱并接近于零，该时段为植被生长旺盛期。

综上，不同降水机制影响下的流域以及不同冻土类型区，植被生长的限制因素存在差异。在植被生长初期和末期，两流域的不同冻土区植被生长均受热量因素的胁迫，尤其以极稳定多年冻土区和稳定多年冻土区最为明显。在植被生长茂盛期，对于干旱–半干旱的疏勒河上游流域，从极稳定多年冻土区到季节冻土区，植被生长的制约因素从热量过渡到水分，而对于半湿润的大通河源区，热量是流域内所有冻土区植被生长的制约因素。气候变暖引起的多年冻土的退化只会对干旱–半干旱流域部分冻土区的植被造成不利影响，会使干旱–半干旱流域极稳定多年冻土区和稳定多年冻土区以及半湿润流域所有类型冻土区的植被盖度增加。

由于季风的影响，青藏高原降水量从东南—西北逐渐减少；青藏高原经纬度跨度较大，东部、南部的气温要明显高于西部、北部（Liu et al., 2004）。在青藏高原较为寒冷的地区，冻土退化可减缓热量因素对植被生长的胁迫作用；在较为温暖的地区，冻土退化会使地表水分流失（Niu et al., 2011），但该区域较为充沛的降水量会使流失的水分得以补充。热量、水分因素对植被生长的胁迫作用大小，影响植被覆盖状况及变化。

随着气温的持续上升，受温度胁迫的区域植被发生好转，而受水分胁迫的区域，植被状况将变差。气温升高引起的冻土退化只会引起部分草地的退化，现有的研究过分强调了其不利影响方面。在今后的研究中，应客观地看待冻土退化对高寒草地的影响。

2.4.2 不同植被区冻土变化的样地对比分析

在疏勒河上游不同类型多年冻土区选取多种类型植被样地 20 处，对植被特征（物种多样性、生物量和群落盖度）、土壤环境（温度、含水量、粒径组成、可培养微生物、有机碳和总氮密度/储量）以及活动层厚度等进行观测分析，并以空间代替时间的方法对多年冻土稳定型下降（退化）过程中植被特征和土壤环境的响应特征进行探讨。结果发现，约 2154 km² 疏勒河上游研究区极稳定–稳定多年冻土（H-SP）中主要分布冰缘植被（PV，占该类型冻土总面积的 53.8%）、灌丛和裸地等，亚稳定多年冻土（SSP）中分布了约 20.8% 的高寒草甸（AM），过渡型多年冻土（TP）主要分布有高寒沼泽草甸（AMM，5.8%）、高寒草甸（AM，17.6%）和沙化草地（DG，2.3%），不稳定多年冻土（UP）主要分布有高寒草甸（AM，11.5%）、高寒草原（AS，26.1%）和"黑土滩"草地（BSBG，3.9%），极不稳定多年冻土（EUP）主要分布着高寒草原（AS，22.6%）和温性草原（TS，54.6%）（表2-4）。

表2-4　疏勒河上游不同类型多年冻土区植被特征

多年冻土类型	面积/km²	所研究植被比例#/%	物种多样性			群落盖度/% (±SD)	生物量/(g/m²) (±SD)
			H'（±SD）	S（±SD）	J_{si}（±SD）		
H-SP	2093	PV（53.8）	1.99（0.06）	8.13（0.76）	0.98 (0.01)	32.1 (1.2)	1310.14 (302.52)
SSP	1190	AM（20.8）	2.40（0.26）	13.34 (3.82)	0.97 (0.02)	37.6 (1.7)	2469.04 (551.37)
TP	904	AMM（5.8） AM（17.6） DG（2.3）	1.84 (0.25)	8.12 (1.71)	0.93 (0.03)	49.8 (0.8)	5181.74 (957.56)
UP	621	AM（11.5） AS（26.1） BSBG（3.9）	1.72 (0.18)	7.28 (1.14)	0.93 (0.03)	27.7 (1.1)	2462.94 (448.07)
EUP	316	AS（22.6） TS（54.6）	1.63 (0.15)	6.56 (1.39)	0.91 (0.02)	25.9 (0.8)	2985.28 (275.63)

注：#表示所研究的植被面积占不同类型多年冻土面积的比例；H'为Shannon-Wiener指数；S为物种丰富度；J_{si}为均匀度指数；PV为冰缘植被；AM为高寒草甸；AMM为高寒沼泽草甸；AS为高寒草原；BSBG为"黑土滩"草地；DG为沙化草地；TS为温性草原。

资料来源：Chen等（2012）。

伴随多年冻土退化，植物组成由湿生型逐渐向中旱生乃至旱生型转变，植被类型由高寒沼泽草甸演替为高寒草甸、"黑土滩"草地及高寒草原，最终成为沙化草地，群落盖度不断降低、生物量不断减少；功能类群中高饲用价值的莎草科植物不断减少，而禾本科、豆科及杂类草植物先增加后减少，物种多样性表现出同样的变化趋势。其中，植物物种多样性中Shannon-Wiener（H'）和物种丰富度（S）先增加后降低，在SSP阶段表现最高，而均匀度指数J_{si}表现出降低的趋势；群落盖度和总生物量同样先增加后降低，在TP阶段表现出最高（表2-4）。

随多年冻土退化，活动层厚度逐渐增加，变化幅度由H-SP阶段的1.5m至UP阶段的3.2m。0~40cm土壤水含量呈现出先升高后降低的趋势，在TP阶段表现出最高，而在H-SP阶段表现出最低。土壤电导率基本呈现出逐渐增大的趋势，表明土壤盐度不断增大，土壤盐渍化加重。此外，0~40cm土壤温度呈明显增加的趋势，而土壤粒径组成的变化规律不明显。0~20cm土壤细菌、真菌和放线菌可培养数量的变化趋势基本一致，随着多年冻土稳定性下降均呈现出先降低后增加的趋势，3种微生物可培养数量在H-SP阶段最高，而在TP阶段最低（表2-5）。

表 2-5　疏勒河上游不同类型多年冻土区活动层土壤环境

冻土类型		H-SP	SSP	TP	UP	EUP
可培养微生物/10^8 cfu (0~20cm)	BT (±SE)	1.61 (0.06)	1.21 (0.05)	0.25 (0.03)	0.27 (0.02)	0.40 (0.02)
	FG (±SE)	1.03 (0.07)	0.19 (0.02)	0.18 (0.03)	0.29 (0.04)	0.22 (0.03)
	AMs (±SE)	1.22 (0.09)	0.32 (0.02)	0.29 (0.02)	0.42 (0.02)	0.47 (0.04)
水热特性 (0~40cm)	SW/% (±SD)	9.1 (0.6)	30.5 (0.7)	32.0 (0.2)	10.3 (0.4)	18.8 (0.3)
	ST/°C (±SD)	5.9 (0.6)	14.4 (3.8)	19.4 (4.4)	20.0 (3.3)	20.3 (1.0)
	Ecb/(mS/m) (±SD)	1.9 (2.3)	18.8 (1.8)	37.5 (4.9)	36.1 (1.9)	148.9 (12.9)
粒径组成/% (0~40cm)	sandy (±SD)	77.4 (17.1)	41.1 (1.4)	56.6 (3.6)	58.1 (3.7)	33.2 (1.8)
	silty (±SD)	16.2 (1.4)	41.8 (1.3)	35.5 (2.7)	28.0 (6.0)	48.7 (2.4)
	clay (±SD)	6.4 (0.3)	17.2 (2.7)	7.9 (0.9)	13.9 (2.4)	18.1 (4.2)
碳/氮密度/ (kg/m²) (0~40cm)	SOCD (±SD)	7.44 (1.42)	5.66 (0.14)	6.53 (4.68)	7.38 (2.12)	7.22 (3.16)
	TND (±SD)	0.81 (0.23)	0.70 (0.05)	0.75 (0.48)	0.73 (0.21)	0.76 (0.27)
储量/Tg (0~40cm)	SOC	8.371	1.401	1.518	1.901	1.761
	TN	0.912	0.173	0.174	0.188	0.185
活动层厚度/m (±SD)		1.5 (0.14)	2.45 (0.21)	2.78 (1.03)	3.2 (0.58)	—

注：BT 为细菌；FG 为真菌；AMs 为放线菌；Ecb 为电导率；SW 为土壤含水量；ST 为土壤温度；sandy 为土壤砂粒组分；silty 为土壤黏粒组分；clay 为土壤黏粒组分；SOCD 为土壤有机碳密度；TND 为土壤总氮密度；SOC 为土壤有机碳含量；TN 为土壤总氮含量。

资料来源：Chen 等（2012）。

高寒草甸土壤环境和植被特征研究表明，随着多年冻土由 SSP 阶段、TP 阶段至 UP 阶段发生退化，土壤温度明显升高，土壤含水量先增加后减少（图 2-28）。土壤水热条件的改变导致土壤粗粝化显著，粒径组成中砂粒组分显著增加而粉粒组分明显减少，从而进一步导致土壤电导率及碳氮含量先增加后降低，而土壤细菌、真菌和放线菌可培养数量呈相反的变化趋势（图2-29），进而导致高寒草甸面积显著减少，群落盖度和总生物量都表现出先增加后降低的趋势，而植物物种多样性中Shannon-Wiener指数和物种丰富度呈现出先降低后增加的相反趋势（图2-30）。进一步分析发现，土壤含水量同群落盖度和总生物量具有显著的相关关系（图2-31）。可见，土壤含水量是该地区高寒草甸植被生长的关键性因素（图2-31）。总之，SSP和TP阶段的土壤环境有着较高的土壤含水量和养分含量，可为植物生长提供相对良好的环境。

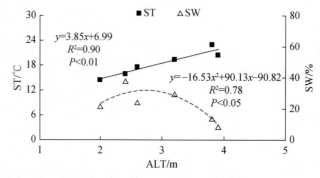

图 2-28　高寒草甸活动层厚度和0～40cm土壤温度及含水量的相关性

ALT为活动层厚度；ST为土壤温度；SW为土壤含水量

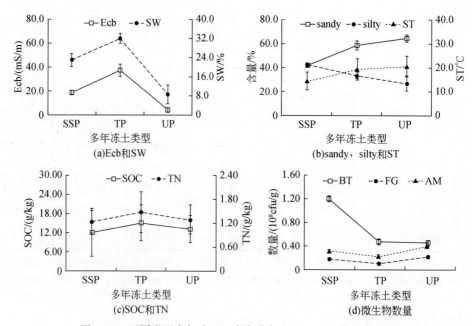

图 2-29　不同类型多年冻土区高寒草甸0～40cm土壤理化性质

Ecb为电导率；SW为土壤含水量；sandy为土壤砂粒组分；silty为土壤黏粒组分；ST为土壤温度；SOC为土壤有机碳含量；TN为土壤总氮含量和0～20cm土壤可培养微生物（BT为细菌；FG为真菌；AM为放线菌）数量

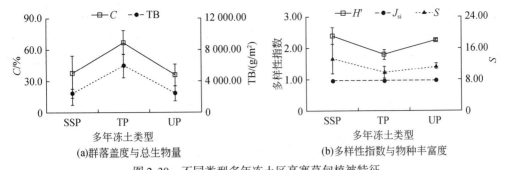

图 2-30 不同类型多年冻土区高寒草甸植被特征

C 为群落盖度；TB 为总生物量；H' 为 Shannon-Wiener 指数；S 为物种丰富度；J_{si} 为均匀度指数

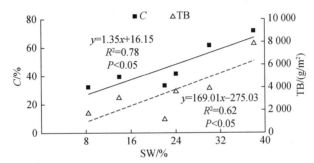

图 2-31 高寒草甸土壤含水量与群落盖度、总生物量的相关性

SW 为土壤含水量；C 为群落盖度；TB 为总生物量

2.5 冻土变化对高寒草地生态系统影响的阈值分析

2.5.1 冻土对草地植被生态的影响存在阈值的一些宏观证据

在祁连山多年冻土区，基于 1982～2006 年长时间序列 8km 空间分辨率的 GIMMS AVHRR NDVI 数据对植被变化与研究区的气温和降水量关系进行分析的结果表明，祁连山区 NDVI 变化在不同高程带存在显著差异性，在高海拔地带（3000～4100m）NDVI 以增加趋势为主，而低海拔地带（<3000m）则以减少趋势为主，当海拔高于 4000m 时，由于主要景观为冰缘植被，NDVI 没有明显变化（图 2-32），进一步分析表明，在低海拔地带，NDVI 值与气温呈负相关，与降水量呈正相关，而在高海拔地带与气温呈正相关，与降水量没有显著相关性。这一结果表明，在低海拔地带，较少的降水量是植被生长的主要限制因素，降水的增加不足以弥补因气温升高而导致的下垫面蒸散发损失，进而影响了低海拔地带植物的生长；在高海拔地带，较大的降水量已满足植物的生长需求，气温的升高促进了植物的生长，表现出 NDVI 值与气温呈正相关（谢霞等，2010）。然而，这种不同海拔 NDVI 变化的空间格局，既反映了气候垂直梯带分布格局及其变化的直接结果，也与下垫面冻土条件作用有密切关联。在海拔 4100m 以上稳定多年冻土区，NDVI 基本处于稳定

状态，但在多年冻土分布下界以及过渡带（海拔为4000～3500m），NDVI增加显著，但同时退化率也增加，显示出波动变化相对剧烈的现象。多年冻土的存在直接关系上层土壤水分状况及抑制蒸散发的能力，与活动层厚度（冻土埋深上限）密切相关，因此，上述现象也表明，冻土对NDVI的影响存在一定的活动层厚度或冻土上限分布的阈值范围，超过这一阈值，冻土的作用将不再明显而是完全取决于气候条件及其变化。

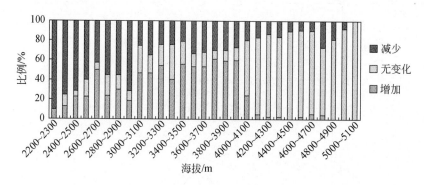

图2-32　1980～2006年祁连山区不同高度带植被变化趋势

资料来源：谢霞等（2010）

同样的证据也从祁连山区疏勒河流域上游多年冻土分布区得以发现。基于1986～2000年的LANDSAT TM遥感资料，并结合最新获得的疏勒河流域冻土分布图和流域DEM分析结果，对疏勒河流域多年冻土退化区（多年冻土与季节冻土边界向多年冻土区延伸1km区域）的植被变化情况进行分析，结果表明：草地退化与逆转面积比最大的地带在海拔3700～3900m（图2-33），而这一海拔带正是冻土分布下界附近。使用多光谱相机在样方尺度（50cm×50cm）估算高寒草地群落盖度情况，并以此为基础，通过中国HJ卫星资料（30m精度），升尺度到MODIS尺度（1km），分析了不同类型多年冻土区植被盖度，以及植被盖度和地表温度的关系，结果表明：高寒草地植被盖度在亚稳定多年冻土区和过渡型多年冻土区最高；植被盖度和地表温度的关系由极稳定多年冻土区的正相关，逐步过渡到季节冻土区的负相关，即草地生长的限制条件由极稳定多年冻土区的温度因子过渡到季节

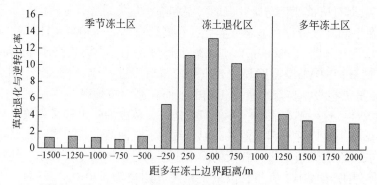

图2-33　疏勒河上游1986～2000年高寒草地逆转率随多年冻土边界距离的关系

冻土的水分因子（谢霞等，2010）。同样揭示出亚稳定多年冻土区和过渡型多年冻土区成为冻土影响植被生态的阈值范围，这些区域冻土活动层厚度一般为 2.0～3.0m。

为了进一步说明上述现象的普遍性，选择两个不同气候条件的多年冻土分布流域进行比较分析，结果如图 2-34 所示。在亚稳定态–极稳定态多年冻土区，冻土活动层厚度一般小于 3.0m，冻土温度保持稳定，这种环境下，无论是干旱或半干旱区域，还是湿润地区，伴随冻土类型从极稳定态演变到亚稳定态，冻土活动层厚度增大（从小于 1.0m 到 3.0m 左右），植被盖度均呈现较为一致的递增趋势（图 2-34）。但当多年冻土由亚稳定逐渐向不稳定态转换，不同气候区植被盖度变化出现截然相反趋势：在湿润和半湿润区，随冻土类型由亚稳定态退化到不稳定态乃至季节冻土区，植被盖度持续递增，并在季节冻土区达到最大；但与此相反，在干旱和半干旱地区，植被盖度在亚稳定态和过渡区达到最大，随冻土继续退化直至季节冻土区，植被盖度较大幅度递减。上述现象直接反映出维持多年冻土稳定，即维持活动层厚度不超过一定范围，多年冻土将有利于干旱或半干旱地区维持较高的植被盖度，超过这一范围，冻土提供的水热条件及对蒸散发的抑制作用将消失，干旱气候导致植被退化，最终演变为干旱区的荒漠景观或低覆盖干旱草原类型。

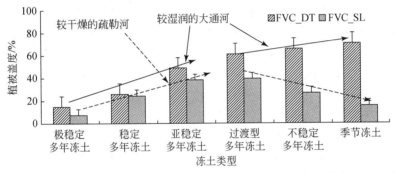

图 2-34 不同气候区冻土类型变化与植被盖度变化的关系

2.5.2 多年冻土变化对草地植被生态的阈值初步分析

选择典型多年冻土流域冬克玛底和疏勒河上游区域，通过空间代替时间的区域样地调查，分析冻土上限埋深和植被盖度的关系，如图 2-35 所示。随冻土上限增加，即活动层厚度增加，高寒草地植被盖度线性递减，在 3.0～3.50m 以后，植被盖度不再随活动层厚度增加而降低，二者之间不再存在统计意义上的依赖关系（陈生云等，2011；王增如等，2011）。这些区域样地的大部分属于高寒草甸草地，部分极高盖度草地位于高寒沼泽草甸类型区，少量低盖度草地位于草原化草甸类型区，一般视作高寒草甸退化区域。长江源区的冬克玛底子流域和疏勒河上游区域属于半干旱地区，除了河谷低洼汇水区非地带性的植被外，发育于这些区域的高寒草甸甚至高寒沼泽草甸本身就是冻土因素作用的产物，因此，冻土活动层厚度增大导致浅层土壤水分减少，不足以支撑高盖度植被较大的蒸散发水分需求，最终导致植被盖度下降。

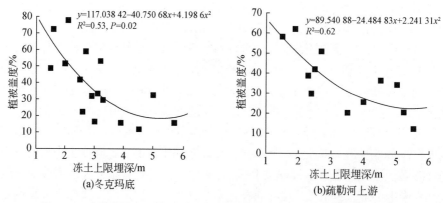

图 2-35　青藏高原不同流域典型区域样地尺度冻土上限与植被盖度关系

利用同样的技术手段，在高原面上连续多年冻土集中分布的昆仑山-唐古拉山区域，沿青藏公路两侧依据冻土条件，随机选取不同冻土活动层厚度的植被样地，调查植被盖度与现存生物量，统计分析结果如图 2-36 所示。与上述调查结果几乎一致，植被盖度和现存生物量均随冻土上限增加而线性递减。虽然活动层厚度>3.0m 的样地较少，但仍然表现出在 2.5m 以后的变化与之前的变化明显不同的特征，2.0m 以下时，冻土上限（活动层厚度）的微小增加与生物量微小增加相对应；当>2.5m 时，植被生物量随冻土上限增大而减小。这一结果也支持了上述初步结论（王根绪等，2010）：高寒草地植被盖度对冻土退化的响应方式存在阈值，以 2.0~3.0m 为界，超过这一阈值，植被生产力变化趋势与幅度取决于降水条件，与冻土环境条件关系不明显。

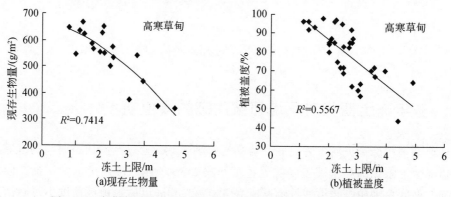

图 2-36　青藏高原昆仑山-唐古拉山段连续多年冻土区样地调查结果

2.5.3　冻土影响植被生态阈值的群落结构变化证据

冻土上限阈值，不仅决定草地植被盖度和生产力，而且也对植被群落组成结构产生影响。上述样地调查结果显示，冻土上限埋深对地上植物群落类型及物种的分布具有重要影响（图 2-37）。从疏勒河和冬克玛底典型流域调查结果来看 [图 2-37（a）]，当冻土上限埋深较浅（<2m）时，两区均是以莎草科为优势种的植物群落，而冻土上限埋深为 2.5 ～ 3m 或>3m 时，地上植物群落的优势种为禾本科或非莎草科的其他科物种。随着冻土上限埋深的增加，莎草科物种重要值降低，禾本科或其他非莎草科物种重要值增加，地表植被物种组成具有从湿生型物种向中旱生型物种转变的趋势。同样物种结构变化也体现在青藏高原面上的调查结果［图 2-37（b）］，活动层厚度<2.5m 时，群落以莎草科为绝对优势物种，重要值甚至达到近 80%，当活动层厚度为 2.5～5.0m 时，莎草科重要值减少至 55% 左右，而禾本科由低于 10% 上升至超过 30%；活动层厚度>5.0m 时，其他杂类草的重要值占据优势，莎草科重要值降低到不足 10%。上述多个地带样地调查结果表明，冻土上限埋深（或活动层厚度）与植被群落组成结构关系密切，其优势物种及重要值变化也可以间接指示冻土退化程度。

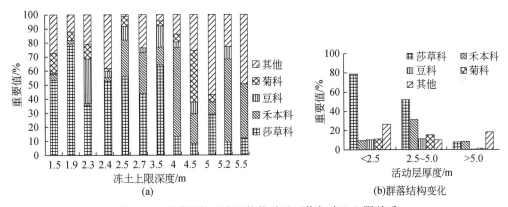

图 2-37　群落结构组成及优势种重要值与冻土上限关系

2.6　本章结论

伴随多年冻土退化，植物组成由湿生型逐渐向中旱生乃至旱生型转变，植被类型由高寒沼泽草甸演替为高寒草甸、"黑土滩"草地及高寒草原，最终成为沙化草地，群落盖度不断降低、生物量不断减少；功能群类型中高饲用价值的莎草科植物不断减少，而禾本科、豆科及杂类草植物先增加后减少，物种多样性表现出同样的变化趋势。

高寒草甸土壤环境和植被特征研究表明，随着多年冻土逐步退化，土壤温度明显升高，土壤含水量先增加后减少。土壤水热条件的改变导致土壤粗粝化显著，粒径组成中砂粒组分显著增加而粉粒组分明显减少，从而进一步导致土壤电导率及碳氮含量先增加后降低，而土壤细菌、真菌和放线菌可培养数量呈相反的变化趋势，进而导致高寒草甸面积显著减少，群落盖度和总生物量都呈现出先增加后降低的趋势，而植物物种多样性中 Shannon-Wiener 指数和物种丰富度呈现出先降低后增加的相反趋势。此外，土壤含水量同群落盖度和总生物量具有显著的相关关系，土壤含水量是该地区高寒草甸植被生长的关键性因素之一。当冻土活动层厚度在 1.0～2.0m 时，冻土融化补给的液态水以及冻土对蒸散的抑制作用等，维持了土壤较高的含水量，同时活动层较高的地温促进养分转化而形成较多的有效的可利用养分,因此,亚稳定和过渡型多年冻土阶段的土壤环境有较高的土壤含水量和有效养分含量,可为植物生长提供相对良好的环境。总之,维持多年冻土稳定,即维持活动层厚度不超过一定范围,多年冻土将有利于干旱或半干旱地区维持较高的植被盖度,超过这一范围,冻土提供的水热条件及其对蒸散发的抑制作用将消失,干旱气候导致植被退化,最终演变为干旱区的荒漠景观或低覆盖干旱草原类型。我们的结果预测高寒草地植被盖度对冻土退化的响应方式存在阈限,在 2.0~3.0m,超过这一阈值范围,生态系统的变化趋势与幅度将更多取决于降水条件。

多样地尺度的研究结果揭示年降水量是影响青藏高原高寒草地植被生产力的主要因子,冻土存在与否显著影响温度升高对植被生产力和物种多样性的影响程度。单个样地尺度的研究结果显示,温度升高对青藏高原高寒草甸植被生产力和多样性的影响受冻土存在的影响。在多年冻土区,短期增温增加植被生产力并降低物种多样性;在季节性冻土区,增温前期增加植被生产力并降低物种多样性,但是在连续几年的增温处理后,这种增温效应趋于平缓,差异消失。考虑到冻土存在的因素,基于更多样点的样地数据分析结果显示,年降水量是影响高寒草地植被生产力的最显著解释变量。尽管增温引起全区域物种多样性降低,但是温度升高在多年冻土存在区域对物种多样性的影响程度显著高于季节性冻土区。

区域近几十年 NDVI 与地表温度结果显示,年均尺度上,青藏高原高寒草地 NDVI 自 20 世纪 80 年代以来持续递增,以 2000 年以后递增最为显著,温度是影响高寒草甸的主要影响因子,水分是影响高寒草原的主要因子。基于空间差异的样地尺度和基于时间序列的 NDVI 结果出现了矛盾,这种不同的结果主要源于两个方面的影响:首先,由于青藏高原近几十年来温度持续上升,但是降水量仅仅从 2004 年开始逐步增加;增温幅度最大的是 1985~2000 年,NDVI 变幅较小,而 2004 年以后降水驱动 NDVI 变幅持续增大,该时段 NDVI 显著性增加掩盖了 2000 年以前的不显著变化态势。青藏高原冬季降水量增大,有效缓解了春季高寒草地 NDVI 增大对水分的需求(春季 NDVI 变化与水分关系密切,水分贡献较大)。其次,基于空间差异的样地尺度的研究结果,分两种情形,一是完全依据空间代替时间的样地尺度观测数据,对气候条件的考虑是静态的,空间上本身的降水量差异导致植被生产力的差异,直接引起模型分析倾向于降水量占据重要性;二是定位模拟试验结果,基于 OTC 或其他增温设施,短期增温的幅度要显著大于年度之间降水量的差异。因此,如果能积累更长时间尺度上的样地数据,考虑到时空变化的温度和降水共同变化特征,分析结果有助于更准确评估过去和预估未来青藏高原高寒生态系统植被净初级生产力(net primary productivity,NPP)与环境的关系。

第3章　冻土变化对我国东北森林生态系统的影响

作为陆地生态系统的重要组成部分，冻土的冻融过程对生态系统结构、功能及生态过程有深刻的影响。国外生态学家对冻土的相关研究较早，但研究成果多体现在20世纪90年代以后。研究显示，冻土的退化引起植被过程的变化（Camill，1999；Osterkamp and Romanovsky，1999；Camill and Clark，1998，2000），气温升高导致冻土活动层增加进而使得土壤干燥，增加了植被枯落物的分解和野火的频率（Moore，1994）；冻土与植被的关系对生态系统的效应要比简单的碳释放更为复杂（Camill et al.，2001；Oechel et al.，2000），气候变暖导致土壤分解释放二氧化碳的同时也释放氮的化合物，从而使生态系统的生产力增加（Clark，1990）。Camill等（2001）在加拿大多年冻土区比较了植被与气候变化对碳积累的贡献，认为生物量、生长速率和初级生产力会随着群落的功能变化而变化；Sugimoto等（2002）利用同位素标记法，在以西伯利亚落叶松林为主要群落的多年冻土区，从生理上探讨了植被与冻土的关系，结果显示落叶松蓄水量较少，具有较高的气孔导度，当降水无法满足落叶松对水的需求时，冻土中的水将是落叶松生长的重要水源，因此，冻土消失将导致落叶松无法生长，继而被具有相对低的气孔导度的其他针叶林所取代。

在我国东北多年冻土区，沼泽湿地植被层和泥炭层都具有隔热和保水功能，使下层冻土不易融化，对冻土的保护具有一定的作用（孙广友，2000a，2000b），东北地区大片的森林受多年冻土的影响而变成"老头林"（周梅等，2004；徐崇刚等，2004）。冻土环境对森林是一把双刃剑，冻土作为一种胁迫因子阻碍落叶松生长的同时又部分促进了落叶松的生长，冻土融化为落叶松的生长提供了必要的水源（张齐兵，1994）。此外，多年冻土还具有湿地的生态功能，如补充地下水、减少沉积物的转运、调节洪水、作为野生动物栖息地和保护生物多样性等（Cronk，1996；Sparks，2001；庄凯勋和侯武才，2006），在防止冻土退化（戴竞波，1982；孙广友，2000b；张艳等，2001；吕久俊等，2007）和碳储存（段晓男等，2006，2008）等方面也起着重要的作用，因此，冻土具有很高的保护价值（庄凯勋和侯武才，2006）。

植物多样性对某一环境因子的响应是指在群落水平上物种组成在这一生态环境因子影响下有规律的变化（贺金生和陈伟烈，1997），研究群落水平上物种多样性对生态因子的响应能够探究生物多样性与生态因子之间的相互关系，进而预测生态因子变化后对生物多样性变化的影响。目前，纬度梯度、海拔梯度、水分梯度、演替梯度和土壤养分梯度等生态因子对物种多样性梯度变化影响的研究较多（Goldberg and Miller，1990；Rohde，1992；娄彦景等，2007；冯云等，2008）。由于冻土融深体现了水热条件等多种环境因子的梯度效应，复杂难以区分，冻土融深与植物群落多样性关系的研究鲜见报道（Bubier et al., 1995；Costello and Schmidt，2006；娄彦景等，2007），大部分研究集中在冻土分布、冻土的退化模拟、资源保护等（Lawrence and Slater，2005；Lawrence et al.，2008；Pewe，1973；Yi et al.，2007）。为此，本章开展的东北多年冻土区森林生态系统物种多样性分析，旨在研究森林物种多样性对冻土融深的响应，包括植物群落的优势种、生活型、水分生态类型和物种多样性随冻土融深的变化，为深入探究冻土区物种保护以及冻土退化后群落类型的变化预估提供依据。

3.1 冻土区植物群落组成分析

3.1.1 样地设置与调查方法

在内蒙古自治区额尔古纳市北部的莫尔道嘎镇周围，选择 5 个样区，在每个样区沿海拔梯度设置样地，共设置 30 个样地，地理位置为 120°40′11.907″E ~ 120°58′29.660″E，51°08′38.427″N ~ 51°31′26.745″N，海拔为 660 ~ 855m（表3-1）。

表 3-1 样地基本情况

样地	经度	纬度	海拔/m	土壤含水量/%	坡度/(°)	冻土融深/cm
1	120.676°E	51.312 4°N	732	0.390 21	0	50.0
2	120.677°E	51.313 7°N	856	0.346 59	16	120
3	120.675°E	51.311 0°N	885	0.243 76	30	—
4	120.677°E	51.312 1°N	798	0.325 89	25	60.0
5	120.679°E	51.313 9°N	630	0.402 12	0	3.00
6	120.680°E	51.315 3°N	625	0.420 58	0	7.00
7	120.675°E	51.315 4°N	905	0.316 44	20	14.0
8	120.673°E	51.314 8°N	942	0.263 99	30	—
9	120.672°E	51.314 0°N	938	0.198 79	28	—
10	120.677°E	51.316 5°N	638	0.409 87	7	12.0
11	120.676°E	51.317 1°N	670	0.405 88	9	15.0
12	120.671°E	51.518 4°N	921	0.196 87	28	—
13	120.670°E	51.517 7°N	951	0.201 45	37	—
14	120.699°E	51.517 2°N	871	0.339 46	28	108
15	120.716°E	51.524 1°N	774	0.354 77	20	58.0
16	120.715°E	51.523 4°N	687	0.394 77	0	42.0
17	120.975°E	51.251 1°N	705	0.385 74	0	45.0
18	120.975°E	51.254 4°N	893	0.297 45	19	128

续表

样地	经度	纬度	海拔/m	土壤含水量/%	坡度/(°)	冻土融深/cm
19	120. 972°E	51. 262 9°N	807	0. 310 53	20	75. 0
20	120. 735°E	51. 144 0°N	665	0. 392 11	12	18. 0
21	120. 733°E	51. 146 1°N	643	0. 396 78	8	27. 0
22	120. 729°E	51. 148 6°N	921	0. 305 39	16	142
23	120. 728°E	51. 149 7°N	933	0. 298 56	14	147
24	120. 954°E	51. 173 3°N	908	0. 256 44	32	—
25	120. 955°E	51. 175 3°N	889	0. 298 54	29	90. 0
26	120. 957°E	51. 176 5°N	652	0. 373 28	7	29. 0
27	120. 951°E	51. 177 5°N	941	0. 254 78	30	—
28	120. 953°E	51. 175 8°N	903	0. 207 96	25	—
29	120. 952°E	51. 178 6°N	699	0. 386 67	10	34. 0
30	120. 950°E	51. 178 8°N	690	0. 396 23	13	40. 0

　　每个样地设置20m×20m乔木样方1个，在乔木样方内设置2m×2m灌木样方3个、1m× 1m草本样方3个，保证覆盖每个样地90%以上的植物种类。对于高度<2m，或胸径<2.5cm的乔木，作为灌木调查。2014年8月，采用群落学调查方法，记录每个样方中的植物种的名称、多度、盖度、高度、频度，以及地上生物量等数量指标，并通过GPS记录样地的纬度、经度和海拔等地理数据。

　　冻土融深即冻土活动层厚度的调查通过土钻法、钢钎法和直接挖掘法确定。本研究基于前人研究资料的假设和野外实际调查情况，认为150cm以下的多年冻土活动层对上层植物群落影响较小，因此对于活动层厚度>150cm的多年冻土未予以考虑，采样数据的阈值为0~150cm。同时，每个样点的活动层厚度值通过3m×3m样方的4个顶点和1个中心位置的平均值计算得到（吕久俊等，2007）。根据本研究的调查方法，所谓冻土融深实际上是野外调查时（2014年8月）的冻土活动层厚度。

3.1.2　植物群落科属组成分析

　　调查30个样地乔木、灌木、草本植物，共记录85种植物，隶属于29个科，55个属。其中，蕨类植物1种，占种组成的1.2%；裸子植物1种，占种组成的1.2%；被子植物83种，占种组成的97.6%（表3-2）。

表3-2　大兴安岭冻土群落植物组成

类群	科数/个	占科数比例/%	属数/个	占属数比例/%	种数/个	占种数比例/%
蕨类植物	1	3. 4	1	1. 8	1	1. 2
裸子植物	1	3. 4	1	1. 8	1	1. 2

类群	科数/个	占科数比例/%	属数/个	占属数比例/%	种数/个	占种数比例/%
被子植物	27	93.2	53	96.4	83	97.6
合计	29	100	55	100	85	100

大兴安岭冻土群落植物隶属 29 个科，按科内所含属数排序：蔷薇科（9 个属）>菊科（6 个属）>豆科（5 个属）>禾本科（4 个属）等（表 3-3）。含有 3 个属和 3 个属以下的科有 25 个，占总科数的 86.2%。按科内所含植物种数对组成科的多样性进行分析：含 10 个种以上的科有 2 个，即蔷薇科、菊科，各含 13 个种；含 5~10 个种的科有 2 个，即豆科 7 个种、大戟科 6 个种；含 5 个种及以下的科有 25 个；仅含有 1~2 个种的科有 17 个，占科总数的 58.6%，而植物种数共计 19 个，占植物种总数的 22.4%。

表 3-3　大兴安岭冻土群落植物科的组成　　　　　　（单位：个）

属数	科数	种数	科名
9	1	13	蔷薇科
6	1	13	菊科
5	1	7	豆科
4	1	5	禾本科
3	1	3	伞形科
2	4	13	莎草科、杜鹃花科、石竹科、木贼科
1	20	31	牻牛儿苗科、大戟科、松科、桔梗科、玄参科、桦木科、兰科、茶藨子科、毛茛科、百合科、鸢尾科、鹿蹄草科、柳叶菜科、虎耳草科、十字花科、景天科、金莲花科、龙胆科、车前科、茜草科
合计	29	85	—

大兴安岭冻土群落植物隶属 55 个属，按照不同的属所含有的物种数进行分析，结果表明：柳属是含有植物种最多的属，共含有 6 个种；其次是蒿属，含 4 个种；含 2~3 种的属有 17 个，占总属数的 30.9%；含 1 种的属有 36 个，占总属数的 65.5%（表 3-4）。

表 3-4　大兴安岭冻土群落植物属的组成　　　　　　（单位：个）

属的类别	属数	种数	属名
含 6 个种的属	1	6	柳属
含 4 个种的属	1	4	蒿属
含 3 个种的属	5	15	薹草属、蚊子草属、绣线菊属、沙参属、马先蒿属
含 2 个种的属	12	24	地榆属、悬钩子属、野青茅属、越桔属、蟹甲草属、蒲公英属、石竹属、老鹳草属、山藜豆属、野豌豆属、木贼属、桦木属
含 1 个种的属	36	36	羊胡子草属、珍珠梅属、路边青属、蔷薇属、龙芽草属、委陵菜属、草莓属、沼兰属、早熟禾属、莎草属、披碱草属、杜鹃属、漏芦属、风毛菊属、蝇子草属、落叶松属、毒芹属、前胡属、柴胡属、黄耆属、草木犀属、黄芩属、茶藨属、问荆属、芍药属、鹿药属、鸢尾属、鹿蹄草属、北极花属、金腰属、薲菜属、费菜属、金莲花属、龙胆属、车前属、拉拉藤属
合计	55	85	—

综上调查分析，大兴安岭冻土区由于地处寒温带，植物群落受高寒严酷气候的胁迫作用明显，植物组成多属于耐寒性的物种，相对其他气候带而言，种类较少，多样性相对较小（傅沛云等，1995）。

3.1.3 植物物种组成的生态学分析

植物的某一生态特征是一个植物种对某一组或某一个环境因子长期适应的结果。植物的生态特征可根据外貌特征和生理特征分为多种类型，如生活型、生长型以及根据水、光、土壤、温度等不同的生态因子划分为多种生态类型。目前，国内外在植物的生活型和生态类型等方面研究较多（陈世品，2003；黄梓良，2008；张存厚等，2009）。植物生态特征的研究对深入了解植物的起源、分布、群落结构有重要的参考价值（李建东，1979）。

（1）植物物种的生活型分析

物种的生活型是植物对环境长期适应所表现的外部特征，相同生活型的物种除了体态相似之外，它们所适应的环境特点也极其相似。根据丹麦生态学家 Raunkiaer（1934）所提出的生活型，把着生芽在生长恶劣的季节所着生的位置作为划分标准。

将调查记录到的 85 种植物划分为高位芽植物、地上芽植物、地面芽植物、地下芽植物 4 类（表3-5）。其中，以地面芽植物的种类最多，为 51 个种，占总植物种数的 60%；地下芽植物和高位芽植物次之，分别为 12 个种和 19 个种，分别占总植物种数的 14.1% 和 22.4%；地上芽植物较少，为 3 个种，占 3.5%（图3-1）。

表3-5 大兴安岭冻土区植物种的生活型

生活型	植物种
高位芽植物	珍珠梅（*Sorbaria sorbifolia*）、北悬钩子（*Rubus arcticus*）、山刺玫（*Rosa davurica*）、金露梅（*Potentilla fruticosa*）、笃斯越桔（*Vaccinium uliginosum*）、小叶杜鹃（*Rhododendron lapponicum*）、柳叶绣线菊（*Spiraea salicifolia*）、贫齿绣线菊（*Spiraea salicifolia* var. *oligodonta*）、土庄绣线菊（*Spiraea pubescens*）、兴安落叶松（*Larix gmelinii*）、细叶沼柳（*Salix rosmarinifolia*）、五蕊柳（*Salix pentandra*）、筐柳（*Salix linearistipularis*）、卷边柳（*Salix siuzevii*）、粉枝柳（*Salix rorida*）、蒿柳（*Salix viminalis*）、水葡萄茶藨子（*Ribes procumbens*）、柴桦（*Betula fruticosa*）、白桦（*Betula platyphylla*）
地上芽植物	北极花（*Linnaea borealis*）、石生悬钩子（*Rubus saxatilis*）、越桔（*Vaccinium vitis-idaea*）
地面芽植物	白毛羊胡子草（*Eriophorum vaginatum*）、玉簪薹草（*Carex globularis*）、羊须草（*Carex callitrichos*）、大穗薹草（*Carex rhynchophysa*）、蚊子草（*Filipendula palmata*）、槭叶蚊子草（*Filipendula purpurea*）、翻白蚊子草（*Filipendula intermedia*）、路边青（*Geum aleppicum*）、东方草莓（*Fragaria orientalis*）、沼兰（*Malaxis monophyllos*）、泽地早熟禾（*Poa palustris*）、小叶章（*Deyeuxia angustifolia*）、大叶章（*Deyeuxia langsdorffii*）、香附子草（*Cyperus rotundus*）、老芒麦（*Elymus sibiricus*）、野艾蒿（*Artemisia lavandulaefolia*）、柳蒿（*Artemisia integrifolia*）、水蒿（*Artemisia selengensis*）、裂叶蒿（*Artemisia tanacetifolia*）、山尖子（*Parasenecio hastatus*）、耳叶蟹甲草（*Parasenecio auriculata*）、祁州漏芦（*Rhaponticum uniflorum*）、龙江风毛菊（*Saussurea amurensis*）、兴安石竹（*Dianthus versicolor*）、女菀（*Turczaninowia fastigiata*）、石竹

续表

生活型	植物种
地面芽植物	(*Dianthus chinensis*)、兴安女娄菜（*Melandrium brachypetalum*）、兴安老鹳草（*Geranium maximowiczii*）、灰背老鹳草（*Geranium vlassowianum*）、细叶毒芹（*Cicuta virosa* f. *angustifolia*）、刺尖石防风（*Peucedanum elegans*）、兴安柴胡（*Bupleurum sibiricum*）、五脉山黧豆（*Lathyrus quinquenervius*）、毛山黧豆（*Lathyrus palustris* var. *pilosus*）、广布野豌豆（*Vicia cracca*）、黄耆（*Astragalus membranaceus*）、草木犀（*Melilotus officinalis*）、并头黄芩（*Scutellaria scordifolia*）、三叶鹿药（*Smilacina trifolia*）、马蔺（*Iris lactea* var. *chinensis*）、兴安鹿蹄草（*Pyrola dahurica*）、互叶金腰（*Chrysosplenium alternifolium*）、风花菜（*Rorippa islandica*）、费菜（*Sedum aizoon*）、短瓣金莲花（*Trollius ledebouri*）、东北龙胆（*Gentiana manshurica*）、车前（*Plantago asiatica*）、东北拉拉藤（*Galium manshuricum*）、毛返顾马先蒿（*Pedicularis resupinata* var. *pubescens*）、黄花马先蒿（*Pedicularis flava*）、野苏子（*Pedicularis grandiflora*）
地下芽植物	草问荆（*Equisetum pratense*）、东北蒲公英（*Taraxacum ohwianum*）、戟叶蒲公英（*Taraxacum asiaticum*）、长白沙参（*Adenophora pereskiifolia*）、地榆（*Sanguisorba officinalis*）、龙芽草（*Agrimonia pilosa*）、轮叶沙参（*Adenophora tetraphylla*）、木贼（*Equisetum hiemale*）、山芍药（*Paeonia obovata*）、兴安木贼（*Equisetum variegatum*）、狭叶沙参（*Adenophora gmelinii*）、小白花地榆（*Sanguisorba tenuifolia*）
合计	85 个

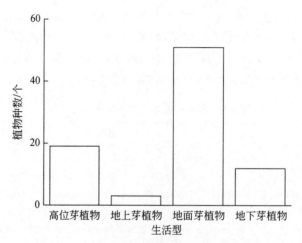

图 3-1　大兴安岭冻土区植物生活型的数量分布

　　为了分析不同生活型的植物在群落中的地位，图 3-2 展现了不同生活型植物的重要值。可见，高位芽植物的重要值最大，为 1.028±0.045，占 51.4%；其次是地面芽植物，为 0.738±0.092，占 36.9%；再次是地上芽植物，为 0.214±0.073，占 10.7%；地下芽的重要值最小，为 0.02±0.015，占 1%。

　　一般而言，在水热条件组合较好的低纬度地区，高位芽植物占据优势的生活型；干旱地区，地下芽植物往往占据优势；在酷寒的高海拔或高纬度地区，地面芽植物占据优势（刘守江等，2003；郭正刚等，2004）。在大兴安岭冻土区植物的生活型分析也验证了这一结论。

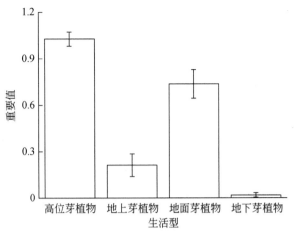

图 3-2   大兴安岭冻土区植物生活型的重要值结构

（2）植物物种的水分生态类型分析

依照植物对水分的需求程度，将长期生活在潮湿环境中的植物称为湿生植物；将没有依赖性，既不喜欢阴湿又不特别喜光的植物称为中生植物；生长在干旱环境中，且能依靠发达的根系从土壤中汲取水分维护生长发育的植物称为旱生植物；将那些根系及近于基部地方浸没水中的植物称为沼生植物（刘家琼等，1987）。

将调查记录到的 85 种植物划分为沼生植物、湿生植物、中生植物和旱生植物 4 类（表 3-6）。其中，以中生植物种类最多，为 50 个种，占植物种数的 58.8%；湿生植物次之，为 26 个种，占植物种数的 30.6%；沼生植物为 7 个种，占植物种数的 8.2%；旱生植物最少，为 2 个种，占植物种数的 2.4%（图 3-3）。

表 3-6   大兴安岭冻土区植物的水分生态类型

水分生态类型	植物种
沼生植物	白毛羊胡子草、柴桦、笃斯越桔、大穗薹草、野苏子、兴安木贼、细叶毒芹
湿生植物	玉簪薹草、小白花地榆、水蒿、木贼、草问荆、北悬钩子、粉枝柳、蒿柳、卷边柳、筐柳、柳叶绣线菊、并头黄芩、水葡萄茶薦心、大叶柳、细叶沼柳、小叶杜鹃、短瓣金莲花、互叶金腰、黄花马先蒿、龙江风毛菊、马蔺、兴安落叶松、白桦、泽地早熟禾、沼兰、小叶章
中生植物	羊须草、珍珠梅、地榆、蚊子草、槭叶蚊子草、翻白蚊子草、路边青、石生悬钩子、山刺玫、龙芽草、金露梅、东方草莓、香附子、老芒麦、越桔、野艾蒿、柳蒿、裂叶蒿、山尖子、耳叶蟹甲草、贫齿绣线菊、土庄绣线菊、东北蒲公英、戟叶蒲公英、石竹、女菀、兴安女娄菜、兴安老鹳草、灰背老鹳草、狭叶沙参、长白沙参、轮叶沙参、五蕊柳、刺尖石防风、兴安柴胡、五脉山黧豆、毛山黧豆、广布野豌豆、黄耆、草木犀、山野豌豆、山苟药、鹿蹄草、北极花、风花菜、费菜、东北龙胆、车前、东北拉拉藤、毛返顾马先蒿
旱生植物	祁州漏芦、兴安石竹

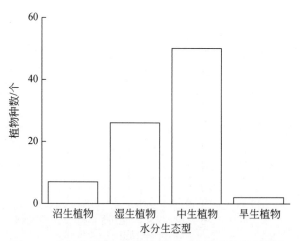

图 3-3　大兴安岭冻土区植物水分生态类型的数量分布

主要的沼生植物为笃斯越桔、柴桦、白毛羊胡子草等；主要的湿生植物为柳叶绣线菊、小白花地榆、北悬钩子、玉簪薹草、大叶章等；主要的中生植物为狭叶杜香（*Ledum palustre* var. *angustum*）、珍珠梅、龙芽草等；主要的旱生植物为兴安石竹、祁州漏芦（表 3-6）。

为了分析不同水分生态类型的植物在群落中的地位，图 3-4 展示了不同水分生态类型植物的重要值。可见，湿生植物的重要值最大，为 0.926±0.197，占 46.3%；其次是沼生植物，为 0.597±0.229，占 29.9%；再次是中生植物，为 0.408±0.302，占 20.4%；旱生植物的重要值最小，为 0.069±0.003，占 3.4%。

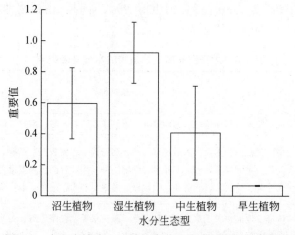

图 3-4　大兴安岭冻土区植物水分生态类型的重要值结构

沼生和湿生植物的高重要值体现了其在大兴安岭冻土区植被组成中的不可替代作用，两者重要值共占 76.2%，反映了冻土生境潮湿的环境特征。但是，中生植物的种类最多，物种数为 50 个，占植物种数的 58.8%，这一研究结果表明冻土的土壤条件虽然偏重于湿生，但有向中生性发展的趋势。近年来，由于气候变化和人为干扰的加剧，大兴安岭多年冻土不断退化（常晓丽等，2008；顾钟炜和周幼吾，1994；金会军等，2000；鲁国威等，

1993），冻土融深随之变大，冻土土壤水分含量降低，一些喜湿的植物减少甚至消失，逐渐被中生植物取代。

（3）植物物种的分布区型分析

植物某分类单位（科、属、种等）在地球表面分布的区域即为植物的分布区，相对一致的植物分布区就是植物分布区型。分布区型相同的植物类群有着相似的分布范围和形成历史，而同一个地区的植物可以有各种不同的植物分布区型（吴征镒等，2003）。将某地区的植物类群进行分布区型划分便于对这一地区植物区系各种成分的特征进行探究。

调查记录到的 85 种植物中有 84 种为种子植物，本研究将其归于亚寒带–寒带性和温带性两种分布区型。根据《中国东北部种子植物种的分布区类型》，细化植物分布区型，见表 3-7，结果表明，在大兴安岭冻土区种子植物中，温带性质分布型的种数大于亚寒带–寒带性质分布型的种数，为 49 个，占种子植物（84 种）的 58.3%，亚寒带–寒带性质分布型的种数为 35 个，占种子植物（84 种）的 41.7%。没有发现热带性质和世界分布型的物种。

表 3-7　大兴安岭冻土区种子植物的分布区型

分布区型及亚型	种数/个	植物种
Ⅱ亚寒带–寒带性质分布型	35	
2 北温带–北极分布	11	大叶章、北悬钩子、广布野豌豆、笃斯越桔、东北拉拉藤、互叶金腰、金露梅、北极花、石生悬钩子、越桔、狭叶杜香
2-1 旧世界温带–北极分布	3	柳叶绣线菊、细叶毒芹、贫齿绣线菊
2-2 亚洲–北美–北极分布	2	小叶杜鹃、毛山鬃豆
2-3 亚洲温带–北极分布	1	山尖子
3 西伯利亚分布	7	柳蒿、三叶鹿药、珍珠梅、并头黄芩、毛返顾马先蒿、水葡萄茶藨子、粉枝柳
3-1 东部西伯利亚分布	11	龙江风毛菊、柴桦、蚊子草、兴安落叶松、兴安拉拉藤、东方草莓、灰背老鹳草、山刺玫、兴安老鹳草、兴安柴胡、卷边柳
Ⅲ温带性质分布型	49	
4 北温带分布	8	香附子、沼兰、老芒麦、路边青、泽地早熟禾、地榆、裂叶蒿、风花菜
5 旧世界温带分布	9	白毛羊胡子草、蒿柳、玉簪薹草、细叶沼柳、大穗薹草、五蕊柳、龙芽草、沼柳、兴安石竹
7 温带亚洲分布	7	山野豌豆、费菜、祁州漏芦、兴安女娄菜、草木犀、白桦、石竹
8 东亚分布	2	野艾蒿、轮叶沙参
10 中国–日本分布	5	鹿蹄草、五脉山藜豆、小白花地榆、槭叶蚊子草、山芍药
11 中国东部分布	2	水蒿、东北龙胆
12 中国东北–中国华北分布	2	土庄绣线菊、戟叶蒲公英
14 中国东北分布	2	林风毛菊、刺尖石防风
14-1 中国东北–俄罗斯远东区分布	3	羊须草、耳叶蟹甲草、小叶章

分布区型及亚型	种数/个	植物种
14-2 中国东北–达乌里分布	4	长白沙参、翻白蚊子草、野苏子、短瓣金莲花
14-4 中国东北–蒙古国草原分布	1	东北蒲公英
15-2 中国华北–蒙古国草原分布	1	筐柳
17-1 中亚东部分布	1	马蔺
19 达乌里–蒙古国分布	2	狭叶沙参、黄花马先蒿
合计	84	

通过分布亚型分析，所含种数最多的亚寒带–寒带性质分布型中的北温带–北极分布亚型和东部西伯利亚分布亚型，为 11 个；其次是温带性质分布型中的旧世界温带分布亚型，含 9 个；种数在 5~10 个的类型还有亚寒带–寒带性质分布型中的西伯利亚分布亚型（7个种）、温带性质分布型中的北温带分布亚型（8 个种）以及温带亚洲分布亚型（7 个种）；仅含 1~3 个种植物的分布区型有 12 个亚型，占所有分布区亚型的 60%。可以看出，研究区植物分布区型比较丰富。

研究表明，科、属、种的不同层次对分布区型的分析能够较客观地反映生物群落所处的区系成分，同时种分布区型能够反映小尺度地域的区系性质和特点（张桂宾，2004），鉴于本研究涉及的地理区系以及研究区域范围较小，将种的分布区型作为重要的分析对象，对研究区的物种进行植物区系的划分。

大兴安岭冻土区的植物与很多地区均有联系。其中，温带性质分布型的种数占据最重要的位置，是组成本地区种子植物区系的主体。由于海拔和高纬度等的影响，亚寒带–寒带性质分布型的种数其次，它们主要是第四纪几次冰期以来为适应寒冷气候从北方逐步迁移分化至该地区形成的。

随着全球气温的升高，大兴安岭冻土范围将进一步缩小，尤其是岛状冻土地带的冻土将发生严重的退化甚至消失（金会军等，2000）。多年冻土面积的不断退化，可能导致植被带缓慢北移（谭俊和李秀华，1995）。

植物的生态特征是对环境因子长期适应的结果，对环境具有指示作用。对大兴安岭冻土区组成植物的生态特征和分布区型跟踪研究，对深入研究该区的环境变化以及冻土和冻土湿地的退化有重要意义，对预估大兴安岭冻土区植物群落在气候变暖条件下的变化趋势具有一定的参考价值。

3.2 冻土对物种多样性的影响

3.2.1 植物生活型对冻土融深的响应

（1）不同生活型植物种数对冻土融深的响应

如 3.1.3 节所述，在大兴安岭冻土区调查的 30 个植被样地中，地面芽植物种数较多，占总植物种数的60%，是大兴安岭冻土区植物的主要生活型。其次是高位芽植物，占总植物种数的22.4%，地下芽植物种数的占总植物种数的14.1%，地上芽植物占有的比例最小，为3.5%。与之相应，3种不同的冻土融深下依然是地面芽植物居多，高位芽植物次之，地上芽植物最少。植物分布的地形部位不同，冻土融深不同，植物生活型对冻土融深有不同的响应，结果见表3-8和图3-5。

表 3-8 大兴安岭冻土区不同生活型植物种数对冻土融深的响应

冻土融深/cm	高位芽植物种数/个	地上芽植物种数/个	地面芽植物种数/个	地下芽植物种数/个
0~50	16	3	27	4
50~150	11	3	38	9
>150	7	1	45	11

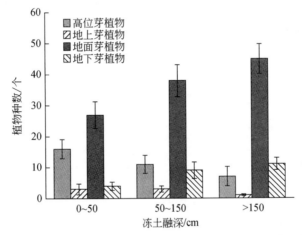

图 3-5 大兴安岭冻土区不同生活型植物种数对冻土融深的响应的变化趋势

从图3-5中可以看出，随着冻土融深的增加，地面芽植物种数显著增大（$P<0.01$），地面芽植物种数方差量的47.9%可以被冻土融深这一变化量所解释；高位芽植物种数显著减小（$P<0.01$），高位芽植物种数方差量的52.4%可以被冻土融深这一变化量所解释；地上芽植物和地下芽植物的种数随冻土融深的变化不显著（$P>0.05$），但是，随着冻土融深的增大，地下芽植物种数呈增多趋势，地上芽植物种数呈减少趋势。

（2）不同生活型植物重要值对冻土融深的响应

为了进一步阐明各生活型植物在大兴安岭冻土区植物群落中的地位，表3-9列出了不同冻土融深下4种生活型植物的重要值，高位芽植物虽然种数较少，但重要值在每个不同冻土融深下较大，所占的比例都在40%以上，因此，大兴安岭冻土区植被群落占主要地位的是高位芽植物，如笃斯越桔、柴桦等；其次是地面芽植物，所占的比例为30%～40%；地下芽植物在3种冻土融深下的比例变化较大，随冻土融深的增大，该生活型的植物由20%逐渐增大到34%和48%；地上芽植物所占的比例最小，在10%以下。大兴安岭冻土不同生活型植物的重要值对冻土融深的响应显示，3种不同的冻土融深下高位芽植物占有主要地位，其次是地面芽植物和地上芽植物，地下芽植物对群落组成的贡献最低。

表3-9　大兴安岭冻土区不同生活型植物重要值对冻土融深的响应

冻土融深/cm	高位芽植物	地上芽植物	地面芽植物	地下芽植物
0~50	0.83	0.01	0.68	0.24
50~150	0.72	0.003	0.53	0.42
>150	0.75	0.001	0.47	0.65

对4种生活型的重要值对冻土融深的响应分别做柱形图，分析其变化趋势（图3-6），从图3-6中可以看出，随着冻土融深的增加，地面芽植物的重要值显著降低（$P<0.01$），地面芽植物重要值方差量的38.4%可以被冻土融深这一变化量所解释；地下芽植物的重要值显著增大（$P<0.01$），地下芽植物重要值方差量的61.5%可以被冻土融深这一变化量所解释；高位芽植物和地上芽植物的重要值随冻土融深的变化不显著（$P>0.05$），但是，随着冻土融深的增大，高位芽植物和地上芽植物的重要值呈减小趋势。

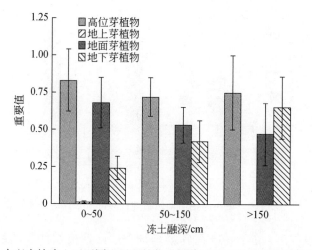

图3-6　大兴安岭冻土区不同生活型植物重要值对冻土融深的响应的变化趋势

3.2.2　植物水分生态类型对冻土融深的响应

（1）不同水分生态类型植物种数对冻土融深的响应

在3种不同冻土融深的植物群落中，植物种数最多的是冻土融深为50~150cm，植物种数为67个；其次是冻土融深>150cm，植物种数为58个；冻土融深为0~50cm最少，植物种数仅47个。沼生植物主要分布在冻土融深较小的冻土地段，如笃斯越桔等，旱生植物主要分布在冻土融深>150cm的冻土地段，如兴安石竹和祁州漏芦等（表3-10）。

表 3-10　大兴安岭冻土区不同水分生态类型植物种数对冻土融深的响应

冻土融深/cm	沼生植物种数/个	湿生植物种数/个	中生植物种数/个	旱生植物种数/个
0~50	7	21	19	0
50~150	4	25	38	0
>150	2	13	41	2

对 4 种不同水分生态类型的物种数对冻土融深的响应分别做柱形图，分析其变化趋势（图 3-7），从图 3-7 中可以看出，随着冻土融深的增加，沼生植物的种数显著降低（$P<0.01$），沼生植物种数方差量的 47.4% 可以被冻土融深这一变化量所解释；中生植物的种数显著增大（$P<0.01$），中生植物种数方差量的 52.3% 可以被冻土融深这一变化量所解释；湿生植物和旱生植物的种数随冻土融深的变化不显著（$P>0.05$），但是，随着冻土融深的增大，湿生植物有减少的趋势，旱生植物种数有增多的趋势。

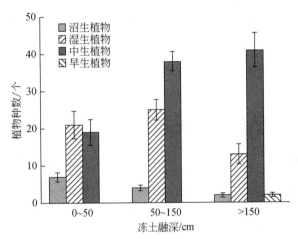

图 3-7　大兴安岭冻土区不同水分生态类型植物种数对冻土融深的响应的变化趋势

（2）不同水分生态类型植物重要值对冻土融深的响应

为了进一步阐明各水分生态类型植物在大兴安岭冻土区植物群落中的地位，表 3-11 列出了不同冻土融深下 4 种水分生态类型植物的重要值，沼生植物虽然种数较少，但重要值在每个不同冻土融深下较大，尤其是在冻土融深较小的冻土地段，狭叶杜香、笃斯越桔等生物量较大（大于其他的湿生植物和中生植物），所占的比例为 55.3%，因此，大兴安岭冻土区植被群落在冻土融深较小的冻土地段沼生植物对构成群落具有重要的作用，随着冻土融深的增加，沼生植物有降低的趋势，分别降低到冻土融深 50~150cm 的 38.8% 和冻土融深>150cm 的 22.4%；其次变化较为明显的是中生植物，随着冻土融深的增加，中生植物的重要值由冻土融深 0~50cm 的 6.5% 变为冻土融深>50cm 的 43.5%，中生植物种数和重要值都是变化范围最大的一种水分生态类型；湿生植物在 3 种不同冻土融深的植被群落中变化不明显，但均是植被的重要组成部分，如北悬钩子、小叶杜鹃、薹草和大叶章等，约占 35%；旱生植物占的比例最小，不到 5%，且在冻土融深<150cm 的冻土地段内没有发现旱生植物，但在冻土融深>150cm 的冻土地段发现了旱生植物，如兴安石竹和祁州漏芦两种植物。

表 3-11　大兴安岭冻土区不同水分生态类型植物重要值对冻土融深的响应

冻土融深/cm	沼生植物	湿生植物	中生植物	旱生植物
0~50	0.94	0.65	0.11	0
50~150	0.66	0.62	0.42	0
>150	0.38	0.56	0.74	0.02

对 4 种水分生态类型植物重要值对冻土融深的响应分别做柱形图，分析其变化趋势（图 3-8），从图 3-8 中可以看出，随着冻土融深的增加，沼生植物的重要值显著降低（$P<0.01$），沼生植物重要值方差量的 65.3% 可以被冻土融深这一变化量所解释；中生植物的重要值显著增大（$P<0.01$），中生植物重要值方差量的 68.4% 可以被冻土融深这一变化量所解释；湿生植物和旱生植物的重要值随冻土融深的变化不显著（$P>0.05$），但是，随着冻土融深的增大，湿生植物的重要值有减小趋势，旱生植物在冻土融深>150cm 的冻土区开始出现。

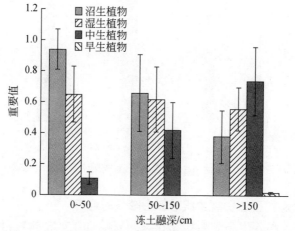

图 3-8　大兴安岭不同水分生态类型植物重要值对冻土融深的响应的变化趋势

3.2.3　冻土区植物群落物种多样性对冻土融深的响应

（1）植物群落科、属和种数对冻土融深的响应

在 3 种不同冻土融深中，植物的科、属和种数的变化范围分别为 8~21 个、27~43 个和 38~76 个（表 3-12）。其中，科、属和种数最多的为冻土融深在 50~150cm，其次是冻土融深>150cm，冻土融深较小（0~50cm）的科、属和种数最少，因此物种最丰富的冻土融深为 50~150cm，而冻土融深较小的冻土地段不利于物种丰富度的增加。

表 3-12　大兴安岭冻土区植物的科、属和种数对冻土融深的响应

冻土融深/cm	科数/个	属数/个	种数/个
0 ~ 50	8	27	38
50 ~ 150	21	43	76
>150	16	34	49

　　对科、属、种数对冻土融深的响应分别做柱形图，分析其变化趋势（图 3-9），从图 3-9 中可以看出，随着冻土融深的增加，植物的科、属和种数都呈现一致的趋势，即先增加后减小的趋势，且冻土融深 50 ~ 150cm 的冻土地段植物的科、属和种数明显高于冻土融深 0 ~ 50cm 和 >150cm 的冻土地段相应的科、属和种数（$P < 0.01$），科数方差量的 62.3% 可以被冻土融深这一变化量所解释；属数方差量的 47.6% 可以被冻土融深这一变化量所解释；种数方差量的 52.6% 可以被冻土融深这一变化量所解释。因此，冻土融深为 50 ~ 150cm 最有助于物种丰富度的增加。

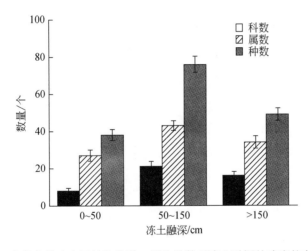

图 3-9　大兴安岭冻土区植物的科、属和种数对冻土融深的响应的变化趋势

（2）α 多样性对冻土融深的响应

　　数据分析时将每个样地的若干样方的调查结果进行平均，选择能反映群落状况的多样性指数，本研究采用 Patrick 指数、Shannon-Wiener 指数、Pielou 指数、Simpson 指数，表 3-13 列举了大兴安岭冻土区 30 个样点的冻土融深以及 4 个 α 多样性指数，根据物种多样性对冻土融深的响应，将冻土融深划分为 3 个梯度，即 0 ~ 50cm、50 ~ 150cm 和 >150cm。将同一冻土融深下的各样地的平均值作为该融深物种多样性指数，在用 SPSS 13.0 软件进行单因素方差分析（one-way ANOVA）之前，对数据进行正态和方差齐次性检验。对于非正态或方差不齐的数据经过平方根转化后再进行单因素方差分析和多重比较（LSD）。

表 3-13　大兴安岭冻土区植物群落的 α 多样性对冻土融深的响应

样点编号	冻土融深/cm	Patrick指数	Shannon-Wiener指数	Pielou指数	Simpson指数
5	3	21	1.56	0.51	0.63
6	7	24	1.71	0.54	0.81
10	12	19	1.79	0.61	0.75
7	14	28	2.42	0.72	0.73
11	15	23	1.72	0.54	0.73
20	18	22	1.63	0.52	0.83
21	27	25	1.68	0.52	0.84
26	29	23	1.73	0.55	0.79
29	34	24	1.82	0.57	0.86
30	40	26	2.11	0.64	0.93
16	42	25	2.43	0.75	0.89
17	45	26	2.21	0.68	0.94
1	50	28	1.84	0.55	0.96
15	58	23	2.12	0.67	0.91
4	60	29	2.74	0.81	0.9
19	75	26	2.3	0.7	0.83
25	90	28	2.83	0.85	0.86
14	108	27	2.51	0.76	0.85
2	120	29	1.83	0.54	0.79
18	128	26	1.99	0.61	0.81
22	142	25	2.14	0.66	0.74
23	147	26	2.75	0.84	0.71
3	>150	24	1.59	0.5	0.67
8	>150	23	2.19	0.7	0.62
9	>150	22	1.65	0.53	0.58
12	>150	20	1.71	0.57	0.61
13	>150	21	1.6	0.52	0.6
24	>150	21	1.9	0.62	0.63
27	>150	19	1.47	0.5	0.62
28	>150	21	1.95	0.64	0.59

Patrick 指数与冻土活动层埋深具有显著的相关性（$R^2 = 0.58$，$P < 0.01$）。当冻土融深为 0~50cm 时，物种种类较为丰富，Patrick 指数为 23.83±2.44；当冻土融深为 50~150cm 时，Patrick 指数为 26.36±2.01；当冻土融深为 >150cm 时，Patrick 指数急剧下降至 21.14±1.57。

Pielou 指数和 Shannon-Wiener 指数随冻土融深的增加呈现先升高后降低的趋势，且当冻土融深为 50~150cm 时，Pielou 指数和 Shannon-Wiener 指数值显著高于其他冻土融深下的指数值，冻土融深为 0~50cm 与冻土融深>150cm 时，两指数差异不显著。Simpson 指数在冻土融深为 0~50cm 和冻土融深为 50~150cm 两个层次上差异不显著，但在冻土融深>150cm 后有显著降低的趋势。这说明冻土活动层埋深对物种丰富度和多样性指数影响并非单调性降低，但总体规律是当冻土融深为 50~150cm 时，物种丰富度和多样性指数较高，当冻土融深为 0~50cm 和冻土融深>150cm 时，物种的丰富度和多样性指数较低，且差异显著（图 3-10，表 3-14）。

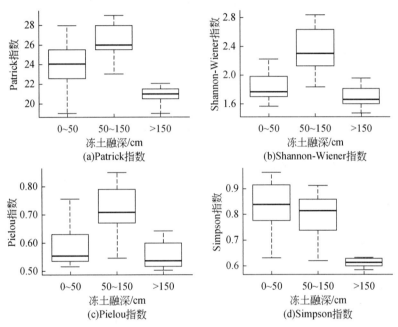

图 3-10 大兴安岭冻土区植物群落的 α 多样性对冻土融深的响应

表 3-14 不同冻土融深梯度下物种多样性变化（平均值±标准差）

物种多样性指数	冻土融深		
	0~50cm	50~150cm	>150cm
Patrick 指数	23.83±2.44[b]	26.36±2.01[c]	21.14±1.57[a]
Pielou 指数	0.5857±0.0741[a]	0.7190±0.0910[b]	0.5578±0.0575[a]
Shannon-Wiener 指数	1.8564±0.2613[a]	2.3518±0.3158[b]	1.7003±0.1737[a]
Simpson 指数	0.8335±0.0097[b]	0.7981±0.0840[b]	0.6176±0.0296[a]

（3）β 多样性对冻土融深的响应

β 多样性是指沿着某一环境因子的梯度变化群落之间的差异程度，向异性指数的含义可以很好地表示相邻两个群落之间的差异程度。在大兴安岭冻土区 30 个样点中，根据冻土融深由小到大，每两个相邻的群落之间得到一个向异性指数值，共计 29 个。本研究采取的向异性指数为草本向异性指数、灌木向异性指数和群落向异性指数（表 3-15）。

表 3-15　大兴安岭冻土区植物群落的 β 多样性对冻土融深的响应

样点	草本向异性指数	灌木向异性指数	群落向异性指数
1～2	0.7600	0.3400	0.5500
2～3	0.5400	0.3900	0.4650
3～4	0.3800	0.5200	0.4500
4～5	0.5900	0.3500	0.4700
5～6	0.3000	0.2300	0.2650
6～7	0.3200	0.2700	0.2950
7～8	0.5600	0.3200	0.4400
8～9	0.6800	0.6800	0.6800
9～10	0.4700	0.3900	0.4300
10～11	0.3500	0.2200	0.2850
11～12	0.5100	0.1600	0.3350
12～13	0.4400	0.3800	0.4100
13～14	0.5300	0.3800	0.4550
14～15	0.4100	0.5000	0.4550
15～16	0.5600	0.3000	0.4300
16～17	0.6800	0.6200	0.6500
17～18	0.6100	0.2700	0.4400
18～19	0.3800	0.3200	0.3500
19～20	0.4600	0.1500	0.3050
20～21	0.4000	0.1300	0.2650
21～22	0.6300	0.2800	0.4550
22～23	0.4200	0.7200	0.5700
23～24	0.5500	0.7000	0.6250
24～25	0.5500	0.2800	0.4150
25～26	0.5200	0.4100	0.4650
26～27	0.4100	0.4400	0.4250
27～28	0.3200	0.4200	0.3700
28～29	0.5300	0.1800	0.3550
29～30	0.5500	0.5600	0.5550

　　本研究利用这 3 个向异性指数求出 Jaccard 指数，由图 3-11 可以看出，随着冻土融深差异的增大，Jaccard 指数呈明显的上升趋势（$P<0.01$），说明冻土融深的差异能够导致群落之间的差异增大，在景观尺度上其他环境因子差异较小，因此，冻土这一环境因子能够很好地影响群落的 β 多样性。

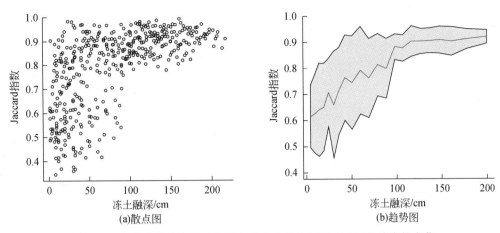

图 3-11　大兴安岭冻土区植物群落的 β 多样性对冻土融深的响应的变化

3.3　东北多年冻土区 NDVI 的时空变化及其驱动因素

北半球中高纬度地区持续冻结时间在两年或两年以上的冻土分布广泛（Schuur et al.，2008；Ran et al.，2012），成为冰冻圈的重要研究地区和部分（Cheng and Wu，2007；Li et al.，2008），对气候变化响应十分敏感（Li and Cheng，1999；Guglielmin et al.，2008；Cheng and Jin，2013），尤其是多年冻土区的植被，易受气候变化影响（Tutubalina and Rees，2001）。因此，气候变化引起的多年冻土区植被变化特征往往表现为植被覆盖（Yang et al.，2011）、NPP（Mao et al.，2015）、生物量（Hudson and Henry，2009）、植被物候（Sun et al.，2015）、植被群落结构（Camill et al.，2001；Walker et al.，2006）等方面的变化。

东北多年冻土区位于北半球中高纬度地区，是我国第二大多年冻土区，同时也是欧亚大陆多年冻土带的南缘（Wei et al.，2011），是典型的地带性多年冻土分布区。近年来，由于气候变暖，多年冻土已经发生了显著的退化（Jin et al.，2000；Li et al.，2008；Cheng and Jin，2013）。国内有研究表明，东北多年冻土退化主要表现为地温升高、冻土厚度减薄、最大季节融化深度增加、岛状多年冻土消失、多年冻土南界北移等（Jin et al.，2007）。随着多年冻土退化，植物物种丰富度增加（Sun and Zheng，2010；郭金停等，2016）。然而，在气候变化背景下的东北多年冻土区植被覆盖变化的研究鲜有报道，尤其是在像元和不同多年冻土类型尺度上的研究。为避免由冬季雪覆盖而导致异常 NDVI 值的出现，本研究选择植被生长季（4～10 月）平均 NDVI 进行研究（Piao et al.，2004，2006；Bao et al.，2014）。利用 1981～2014 年的卫星以及气象数据对东北多年冻土区植被生长季 NDVI 的时空变化特征进行分析，主要解决两方面的问题：一方面是 1981～2014 年我国东北多年冻土区生长季植被覆盖时空变化特征如何；另一方面是哪种气候因子（气温和降水）对植被覆盖变化起到决定性作用。研究结果可以加强对冻土退化所引起的生态环境影响的理解，同时为寒区生态系统对气候变化的响应研究提供科学依据。

3.3.1 研究区概况

东北多年冻土区（46°30′N～53°30′N，115°52′E～135°09′E）是我国第二大多年冻土分布区，地跨黑龙江省和内蒙古自治区的最北部。按照影响多年冻土空间分布的地理以及气候条件，将东北多年冻土区划分为连续多年冻土区（7.6×10⁴km²）、不连续多年冻土区（4.3×10⁴km²）以及稀疏岛状多年冻土区（3.0×10⁵km²）（Guo et al.，1981），结合 Jin 等（2007）的研究成果，整理出了 2000 年以来多年冻土分布区划图（图 3-11）。该区属于寒温带大陆性气候，冬季漫长、干冷，夏季短暂、湿热。研究区的年平均气温为−5～2℃，年平均降水量为 260～600mm。植被类型数据来自中国科学院中国植被图编辑委员会 2001 年编制的《1:1 000 000 中国植被图集》的东北地区部分，经扫描矢量化和属性添加得到。该区植被盖度高，主要的覆被类型为森林，还有少部分的灌丛、草原、草甸、沼泽以及耕地（图 3-12）。主要树种为兴安落叶松以及白桦。

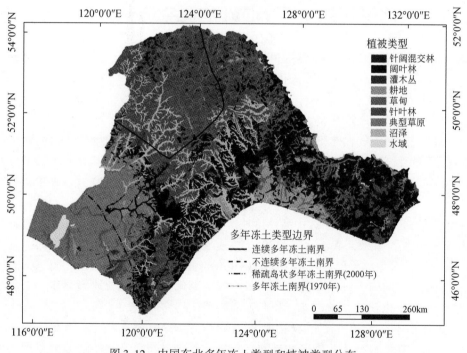

图 3-12　中国东北多年冻土类型和植被类型分布

3.3.2 数据与方法

（1）数据来源与处理

采用 Land Term Data Record（LTDR）NDVI（AVH13C1）（1981～1999 年）和 MODIS NDVI（MOD13C2）（2000～2014 年）两种 NDVI 数据集进行研究。其中 LTDR 是美国国家

航空航天局 (National Aeronautics and Space Administration, NASA) 进行的"陆地长期数据"项目, 该项目的主要目标是从 NOAA 卫星的 AVHRR 传感器上反演生产长期的陆地数据产品。LTDR AVH13C1 产品属于日 NDVI 数据, 其空间分辨率为 0.05°, 本研究采用的数据时间为 1981 ~ 1999 年。数据获取网址为 http://ltdr. nascom. nasa. gov/cgi-bin/ltdr/ltdrPage. cgi。MODIS NDVI 数据来自 NASA 的地球观测系统 EOS/MODIS 数据集。MOD13C2 NDVI 产品属于半月合成数据, 其空间分辨率为 0.05°, 采用的 MODIS 数据时间为 2000 ~ 2014 年。数据获取网址为 https://ladsweb. nascom. nasa. gov/。获得的上述两种 NDVI 数据均已经过几何校正、辐射校正、大气校正等预处理 (Fensholt and Proud, 2012), 并且均采用最大合成法 (MVC) (Holben, 1986) 以减少云、大气、太阳高度角等的影响。为了保证两种 NDVI 数据集时间分辨率的一致性, 本研究将 LTDR AVH13C1 产品的日 NDVI 数据以及 MOD13C2 NDVI 产品的半月合成数据通过 MVC 方法生成月 NDVI 数据产品。

为验证两种数据集的连续性和一致性, 本研究基于 LTDR (1995 ~ 1999 年)、MODIS (2000 ~ 2005 年) 以及 GIMMS (1995 ~ 2005 年) 分析了东北多年冻土区逐月 NDVI 数据 [图 3-13 (a) 和 (b)]。同时基于 LTDR、MODIS 以及 GIMMS 分析了 1982 ~ 2014 年东北多年冻土区年平均 NDVI [图 3-13 (c)]。结果表明, 由 LTDR 和 MODIS 生成的空间分辨率为 0.05° 的长时间序列 (1981 ~ 2014 年) 的逐月 NDVI 产品数据可靠, 可以应用到本研究中。考虑到东北多年区冬季降雪的影响, 本研究选择植被生长季 (4 ~ 10 月) 平均 NDVI 进行研究。生长季平均 NDVI 值小于 0.05 的区域被定义为非植被区域, 不参与结果分析。

东北多年冻土区附近的 35 个气象站点的 1981 ~ 2014 年的月平均气温、月降水量以及月平均地温数据来源于中国气象数据网 (http://cdc. cma. gov. cn/)。对月气象数据进行统计获取生长季数据, 如生长季平均气温、生长季总降水量和生长季平均地温。应用 GIS 软件克里格插值方法获取与 NDVI 数据同样空间分辨率的栅格数据。

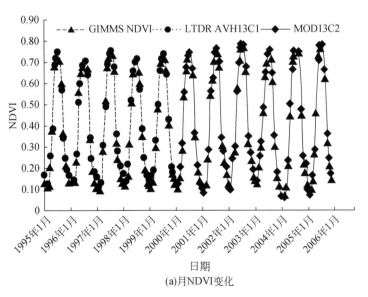

(a)月NDVI变化

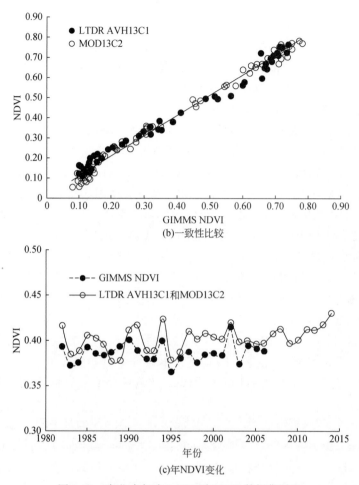

(b)一致性比较

(c)年NDVI变化

图 3-13　东北多年冻土区三种 NDVI 数据集对比

（2）研究方法

1）植被盖度特征分析方法。采用 1981～2014 年生长季平均 NDVI 数据研究东北多年冻土区植被盖度的动态变化情况，并结合植被类型图分析 NDVI 空间分布特征。在整个研究区尺度上，利用普通最小二乘回归分析方法计算 NDVI 和气候因子年际变化趋势（Piao et al., 2003；Mao et al., 2012），公式为

$$y = at + b + \varepsilon \tag{3-1}$$

$$a = \frac{\sum\limits_{i=1}^{34}(y_i - \bar{y})(t_i - \bar{t})}{\sum\limits_{i=1}^{34}(y_i - \bar{y})^2} \tag{3-2}$$

式中，y 为 NDVI 或气候因子值；a 为全区的 NDVI 或气候因子年际变化趋势；t 为时间；b 为截距；ε 为随机误差；$\bar{y}$ 和 $\bar{t}$ 分别为 NDVI（气候因子）和时间的平均值。

在研究区像元尺度上，本研究利用趋势线分析法模拟 NDVI 和气候因子年际变化趋势（Stow et al., 2003；Liu et al., 2014，2015），即最小二乘法拟合直线，其变化趋势的计算

公式为

$$\text{Slope} = \frac{n \times \sum\limits_{i=1}^{n} i \times \overline{\text{NDVI}_i} - \sum\limits_{i=1}^{n} i \sum\limits_{1}^{n} \overline{\text{NDVI}_i}}{n \times \sum\limits_{i=1}^{n} i^2 - \left(\sum\limits_{i=1}^{n} i\right)^2} \tag{3-3}$$

式中，Slope 为 NDVI 或气候因子的变化趋势；n 为监测年数；$\overline{\text{NDVI}_i}$ 为第 i 年生长季 NDVI 的平均值。一般来说，Slope>0，代表植被有增加的趋势，反之则减少。

2）植被与气候相关分析方法。本研究对 1981～2014 年东北多年冻土区生长季平均 NDVI 与气候因子（生长季平均气温和总降水量）进行逐像元相关分析，通过相关系数反映气候因子与 NDVI 的相关程度。相关系数计算公式为

$$r_{xy} = \frac{\sum\limits_{i=1}^{n}(x_i - \bar{x})(y_i - \bar{y})}{\sqrt{\sum\limits_{i=1}^{n}(x_i - \bar{x})^2}\sqrt{\sum\limits_{i=1}^{n}(y_i - \bar{y})^2}} \tag{3-4}$$

式中，r_{xy} 为 x 和 y 的相关系数，其值为 -1～1；x_i 和 y_i 为第 i 年 x 和 y 的值；$\bar{x}$ 和 $\bar{y}$ 为两个要素样本值的平均值；n 为监测年数。

3.3.3 东北多年冻土区植被生长季 NDVI 变化趋势

（1）植被生长季 NDVI 空间分布特征

图 3-14 展示了东北多年冻土区植被生长季平均 NDVI 的空间分布特征。全区 NDVI 值

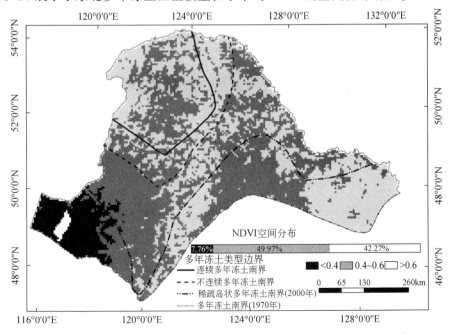

图 3-14　1981～2014 年东北多年冻土区植被生长季平均 NDVI 空间分布

较高，植被生长状态总体良好，研究区从西向东，NDVI 逐渐增加。NDVI>0.6 的区域占全区的 42.27%，主要分布在大兴安岭以及小兴安岭南部，针叶林、阔叶林以及针阔混交林是该区的主要植被类型。研究区中西、中东部分地区，NDVI 值为 0.4~0.6，面积占全区的 49.97%，主要的植被类型为耕地、草甸、沼泽湿地。研究区西南部为温带草原集中区，该区 NDVI 值<0.4，占全区的 7.76%。

（2）植被生长季 NDVI 时空动态变化特征

对整个研究区生长季平均 NDVI 做回归分析，如图 3-15（a）所示，1981~2014 年，东北多年冻土区植被生长季 NDVI 呈极显著增加的趋势（$P<0.01$），即从 1981 年的 0.48 增加到 2014 年的 0.648。研究区生长季平均气温虽然有所波动，但增加趋势十分显著，平均每年增加 0.05℃ [图 3-14（b）]，与 NDVI 增加趋势一致。如图 3-15（c）所示，生长季降水量具有减少的趋势，但不显著，平均每年减少 1.412mm。NDVI 的空间动态及变化趋势的面积比例如图 3-16（a）和表 3-16 所示，研究区 87.78% 的区域 NDVI 具有增加的趋势（表 3-16），其中 80.57% 的区域具有显著增加的趋势（$P<0.05$）[图 3-16（b）]。研究区 12.22% 的区域，NDVI 呈现减少的趋势，其中 7.72% 具有显著减少的趋势 [图 3-16（b）]，该区域主要分布在研究区西部，是典型的温带草原地区。NDVI 增加趋势最大值（NDVI>0.004）所占的面积比例依次为连续多年冻土区>不连续多年冻土区>稀疏岛状多年冻土区

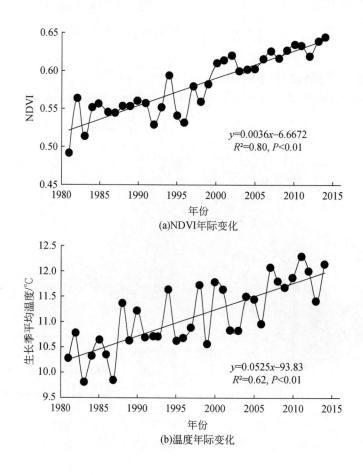

(a)NDVI年际变化

(b)温度年际变化

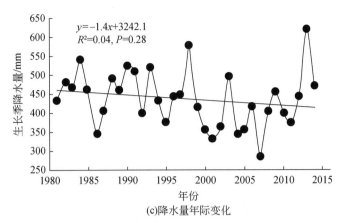

(c)降水量年际变化

图 3-15 1981~2014 年植被生长季平均 NDVI 和温度与降水量变化趋势

>多年冻土完全退化区；NDVI 减少趋势（NDVI<0）所占的面积比例中，多年冻土完全退化区 NDVI 减少所占的面积比例最大，为 24.51%，而连续多年冻土区 NDVI 减少所占的面积比例最小，为 0.38%（表 3-16）。

生长季是植被整个物候循环中最活跃的阶段，通常被用于探求除常绿林外的植被动态研究（Jeong et al.，2011）。因此，生长季的平均 NDVI 可以很好地反映植被盖度变化特征（Piao et al.，2003）。与气候变化相关的植被生长季 NDVI 在全球以及区域尺度均显现出显著增加趋势。例如，Piao 等（2004）研究表明，1982~1999 年，中国植被生长季平均 NDVI 呈现显著增加趋势，每年的增加量为 0.0015。与此同时，一些研究表明，植被 NPP 以及植被盖度在多年冻土区呈现显著增加的趋势（Yang et al.，2011；Raynolds et al.，2013；Mao et al.，2015），这与本研究结果一致。

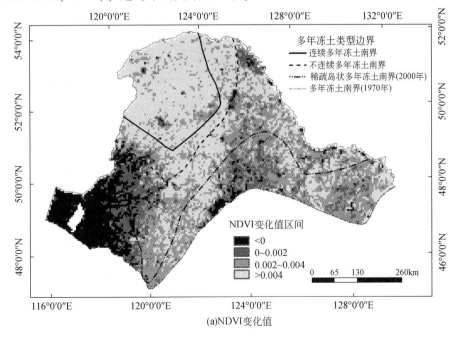

(a)NDVI变化值

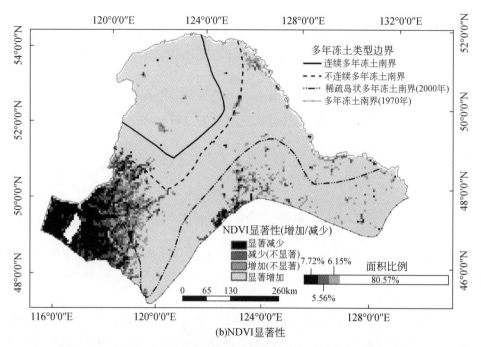

图 3-16　1981～2014 年东北多年冻土区植被生长季平均 NDVI 变化趋势

表 3-16　不同多年冻土类型区 NDVI 变化趋势的面积比例

多年冻土类型区	NDVI 变化值区间			
	<0	0～0.002	0.002～0.004	>0.004
整个研究区	12.22%	15.28%	32.46%	40.04%
连续多年冻土区	0.38%	2.17%	14.55%	82.90%
不连续多年冻土区	1.45%	6.39%	27.45%	64.71%
稀疏岛状多年冻土区	9.27%	20.78%	39.32%	30.63%
多年冻土完全退化区	24.51%	19.76%	37.47%	18.26%

(3) 不同多年冻土类型区植被生长季 NDVI 变化特征

为进一步了解研究区植被生长季 NDVI 变化特征，本研究分析了不同多年冻土类型区植被生长季 NDVI 年际变化趋势。如图 3-17 所示，与整个多年冻土区一样，4 种类型区的 NDVI 均呈极显著增加的趋势（$P<0.001$），然而增加的趋势不尽相同。连续多年冻土区 NDVI 增加的趋势最大（0.0048），而多年冻土完全退化区 NDVI 的增加趋势最小，为 0.0018。不连续多年冻土区 NDVI 的增加趋势与连续多年冻土区的相近，为 0.0041，稀疏岛状多年冻土区 NDVI 的增加趋势为 0.0028。

通过分析不同多年冻土区植被生长季 NDVI 的年际变化趋势可知，连续多年冻土区与不连续多年冻土区的 NDVI 增加趋势基本相等，主要是因为两个多年冻土区的生长季平均气温增加的趋势基本一致。多年冻土完全退化区 NDVI 增加趋势最小，主要是因为此区域气温增加幅度小于上述两个区域。

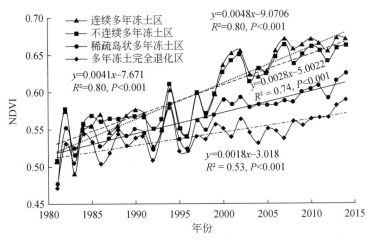

图 3-17 不同多年冻土类型区植被生长季 NDVI 年际变化趋势

3.3.4 植被生长季 NDVI 与气候因子的相关性分析

（1）不同多年冻土类型区植被生长季 NDVI 与气候因子的相关性分析

表 3-17 分析了不同多年冻土类型区生长季平均 NDVI 与气温和降水的相关性。对整个多年冻土区而言，植被生长季 NDVI 与气温间相关系数呈现极显著、较强的正相关关系（$R=0.79$，$P<0.01$），但与降水表现出弱负相关关系，且相关性不显著（$R=-0.211$，$P=0.232$）。不同多年冻土类型区植被生长季 NDVI 与气温均呈现极显著正相关关系，除多年冻土完全退化区，植被生长季 NDVI 与降水均呈现负相关。总体而言，东北多年冻土区植被生长季 NDVI 与气温之间的相关系数明显大于植被生长季 NDVI 与降水之间的相关系数，这在一定程度上表明，气温是东北多年冻土区植被生长季 NDVI 变化的主控因子。

表 3-17 1981～2014 年东北不同多年冻土类型区植被生长季 NDVI 与气候因子相关系数

多年冻土类型区	相关系数	
	气温	降水
整个研究区	0.79**	−0.211
连续多年冻土区	0.718**	−0.155
不连续多年冻土区	0.795**	−0.191
稀疏岛状多年冻土区	0.583**	−0.121
多年冻土完全退化区	0.576**	0.125

** 表示 0.01 显著性水平。

（2）研究区像元尺度植被生长季 NDVI 与气候因子的相关性分析

为进一步研究植被生长季平均 NDVI 与气候因子的相关性，本研究对植被生长季 NDVI 与气温和降水进行逐像元相关分析（图 3-18）。研究结果表明，大部分多年冻土区植被生长季 NDVI 与气温呈极显著（$P<0.01$）的正相关关系，面积占全区的 62.6% ［图 3-18（a）］。多年冻土区西部区域，植被生长季 NDVI 与气温呈显著的负相关关系，面积占全区的 6.7%。

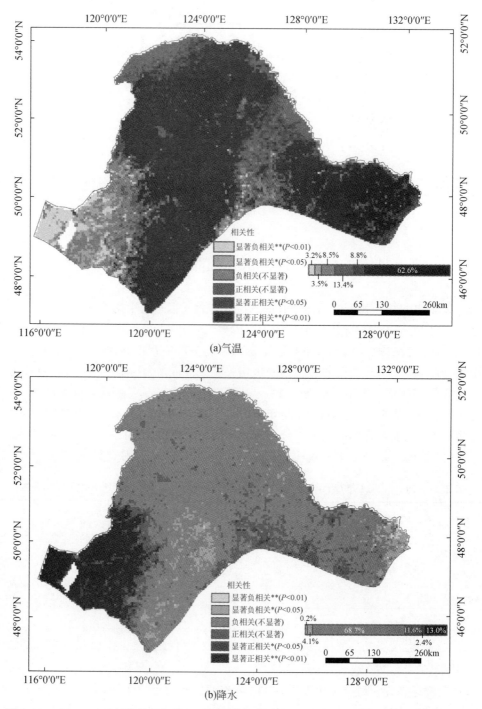

图 3-18　1981~2014 年东北多年冻土区植被生长季平均 NDVI 与气温和降水相关性空间分布

植被生长季 NDVI 与降水的相关性呈现同植被生长季 NDVI 与气温相关性相反的空间格局［图 3-18（b）］。稀疏岛状多年冻土区的西部典型草原区域，NDVI 与降水呈显著的正相关关系，面积约为全区的 17.8%。除西部区域之外的多年冻土区，植被生长季 NDVI 与降水相关性不显著。

植被变化与气候因子密切相关（Goetz et al., 2005；Piao et al., 2010；Song and Ma, 2011）。东北多年冻土全区植被生长季 NDVI 与气温具有显著的正相关关系，而与降水呈现较弱的负相关关系，说明了气温是东北多年冻土区植被生长季 NDVI 的主控因子，这一结果与一些研究结果相吻合（Myneni et al., 2001；Fang et al., 2003；Lotsch et al., 2005；Piao et al., 2014；Liu et al., 2015）。东北多年冻土区位于中国最北部，植被处于属于寒区生态系统，随着气温的增加，植被的光合作用增强，促进了植被的生长（Piao et al., 2004）。像元尺度植被生长季 NDVI 与气温和降水的相关性呈现相反的空间格局。大部分东北多年冻土区植被生长季 NDVI 与气温呈现显著的正相关关系，主要是由于这些区域对气温变化极为敏感，随着气温增加，植被光合作用增强，生长季延长，部分区域植被活动增强（Myneni et al., 1997；Los et al., 2001；Jeong et al., 2011；Xu et al., 2013）。植被生长季 NDVI 与气温呈现显著的负相关关系，主要是因为在研究区的西部区域，即呼伦贝尔草原为半干旱区，气温升高限制了植被的生长（Piao et al., 2004；Mao et al., 2012）。气温升高，加强了植被蒸腾作用，减少了植被生长所需要的土壤水分，降低了植被盖度。然而，植被生长季 NDVI 与降水在研究区西部呈现显著的正相关关系，降水是该区域的主要控制因子（Sun et al., 2015），该区域植被盖度降低，主要是由于该区域降水的减少，降低了植被生长可利用的水分。另外，除西部的大部分多年冻土区，植被生长季 NDVI 与降水呈现负相关关系，但相关性不显著。一方面，该区域气候寒冷（Fang and Yoda, 1990）、湿润，降水增加会导致云覆盖增加，减少太阳辐射，阻碍植被生长（Song and Ma, 2011）。另一方面，多年冻土季节性冻融可以为植被生长提供充足水分，因此该区域植被生长对降水响应不敏感。

3.3.5　东北多年冻土退化对 NDVI 的影响分析

多年冻土退化的表现特征包括地表温度的升高、活动层厚度增加、连续多年冻土退化区成为不连续甚至稀疏岛状多年冻土区等。本研究将地表温度作为冻土退化的表征。多年冻土区地表温度的年际变化特征及与 NDVI 的关系如图 3-19 所示，地表温度呈极显著增加趋势，且随着地表温度增加，NDVI 显著增加。活动层厚度与地表温度呈很强的正相关关系（Guglielmin et al., 2008），因此，连续多年冻土区具有最小的活动层厚度，稀疏岛状多年冻土区具有最大的活动层厚度。结合多年冻土区地表温度和活动层厚度，连续多年冻土区到稀疏岛状多年冻土区在一定程度上代表冻土退化过程（空间代替时间方法）。表 3-18 表明不同多年冻土区植被生长季平均 NDVI 与地表温度的相关关系。东北多年冻土区全区植被生长季平均 NDVI 与地表温度呈现显著的正相关，表明随着地表温度的增加，植被生长季平均 NDVI 具有增加的趋势。具体来看，植被生长季 NDVI 与地表温度的相关系数在连续多年冻土区为 0.754，不连续多年冻土区达到最大值，为 0.821，稀疏岛状多年冻土区相关系数为 0.718，多年冻土完全退化区为 0.661。

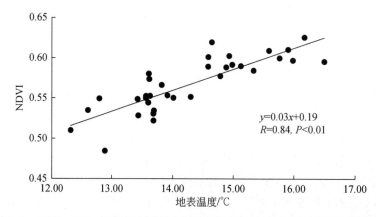

图 3-19　1981～2014 年东北多年冻土区植被生长季平均 NDVI 与地表温度关系

表 3-18　1981～2014 年东北不同多年冻土类型区植被生长季平均 NDVI 与地表温度相关系数

多年冻土类型区	相关系数
连续多年冻土区	0.754 **
不连续多年冻土区	0.821 **
稀疏岛状多年冻土区	0.718 **
多年冻土完全退化区	0.661 **

＊＊表示 1% 显著性水平检验。

本研究表明，多年冻土退化在植被生长过程中起到积极的作用，与一些研究结果一致（Kelley et al.，2004；Schuur et al.，2007；Chen et al.，2013）。然而，也有一些研究结果表明，随着多年冻土活动层增加，植被盖度降低（Wang and Cheng，2000；Wang et al.，2012）。多年冻土区地表温度升高，多年冻土融化，活动层厚度增加，可为该区植被生长提供更多土壤水分、营养物质（Schuur et al.，2007）。在本研究中，连续多年冻土区、不连续多年冻土区、稀疏岛状多年冻土区以及多年冻土完全退化区代表多年冻土的退化过程，植被生长季平均 NDVI 与地表温度的相关系数从连续多年冻土区到不连续多年冻土区呈现增加的趋势，从不连续多年冻土区到稀疏岛状多年冻土区和多年冻土完全退化区呈现降低的趋势。多年冻土退化是长期动态过程，并且存在滞后效应（Yang et al.，2011）。多年冻土退化初期，增加的地表温度弱化了多年冻土区低温对植被生长的消极作用，增加了土壤水分，延长了植被生长季，加快了植被生长（Jonasson et al.，1999；Mack et al.，2004；Schuur et al.，2007）。随着多年冻土进一步退化，植被生长季 NDVI 与地表温度正相关关系减弱，可能是长期的多年冻土退化减少了土壤水分的供应（Peng et al.，2003；Zhang et al.，2004）。因此，短期来看，多年冻土退化可以促进植被生长，增加植被盖度，但是长期来看，多年冻土退化甚至消失会阻碍植被生长。

3.4 多年冻土区森林土壤碳排放过程及时空变化

3.4.1 观测和分析方法

本研究区位于内蒙古自治区根河市阿龙山镇根满公路 175km 处（51.53′37.68″N，121.55′5.88″E），处于草地生态系统与森林生态系统的过渡带，植物群落的垂直结构比较简单，成层现象明显，包括乔木层、灌木层、草本层和地被层 4 个层次。其中乔木层郁闭度约为 80%，由大量兴安落叶松和少量白桦组成；灌木层盖度为 40% ~ 50%，主要物种为柴桦、狭叶杜香和笃斯越桔；草本层物种较多，盖度为 10% ~ 20%，其中薹草为草本层的优势种；地被层主要被中位泥炭藓和白齿泥炭藓等各种泥炭藓所覆盖，盖度可达 90% 以上。土壤类型主要是棕色针叶林土和暗棕壤，有机质含量较高，水分、养分丰富，土质较疏松。2008 年的一场大火，导致研究区约 478hm² 的森林被严重烧毁，植物地上部分全部死亡，并且烧掉约 5cm 厚的地被物。经过 7 年的自然更新、演替，火烧迹地内植被有一定程度恢复。

在该火烧迹地内（处于次生演替初期），选择距离相近的坡地和洼地，并在火烧迹地附近的非火烧森林内选取与火烧迹地内研究样地地形相似的坡地和洼地作为对照样地（火烧前植被组成相似，均为兴安落叶松成熟林），即演替初期–坡地，演替初期–洼地，成熟林–坡地和成熟林–洼地，采用 UGGA 超便携温室气体分析仪（Los Gatos Research，CA，USA）观测土壤呼吸和土壤 CH_4 通量。2015 年 6 月初，分别在各样地土壤中安放 PVC 管，PVC 管安放过程尽量减轻土壤扰动，同时剪去地上植被部分，因此，测得的数值代表土壤呼吸速率及土壤 CH_4 通量。测定时间为 2015 年 6 ~ 11 月及 2016 年 5 ~ 10 月。根据植被物候变化将观测时间分成春季（5 ~ 6 月）、夏季（7 ~ 8 月）、秋季（9 ~ 11 月）。夏季和秋季每 7 天测定 1 次，春季每 3 天测定 1 次；日变化观测在间日 8:00 ~ 20:00 每 2 小时测定一次，在夜间 20:00 ~ 次日 8:00 每 3 小时测定一次。

土壤呼吸与土壤温度关系采用如下公式计算（Zhang et al.，2015）

$$SR = \alpha e^{bST} \tag{3-5}$$

$$Q_{10} = e^{10b} \tag{3-6}$$

式中，SR 为土壤呼吸；ST 为土壤 5cm 温度；α 和 b 为恒定系数；Q_{10} 为土壤呼吸温度敏感性，表示温度每升高 10℃，土壤呼吸升高倍数。

土壤累积碳排放量采用如下公式计算

$$F_C = \sum F_{m,k} \Delta t_k \tag{3-7}$$

式中，F_C 为土壤累积碳排放量；$\Delta t_k = (t_k - t_{k-1})$ 为相邻两次测定间隔天数；$F_{m,k}$ 为两次相邻测定的土壤碳通量速率平均值。

采用重复测量方差分析（repeated-measures ANOVA）检验处理间土壤呼吸差异；双因素方差分析（two-way ANOVA）检验演替阶段和地形对累积土壤碳排放的影响，基于 $P=0.05$ 水平；线性回归检验土壤碳排放与土壤温度、含水量间相关性。

3.4.2 多年冻土森林土壤碳排放的时间动态

（1）日变化特征

土壤呼吸速率日动态观测结果表明，多年冻土区森林不同演替阶段及地形条件下，土壤具有相似的土壤呼吸日变化趋势，均呈单峰曲线变化（图3-20）。这是因为，土壤呼吸速率日动态主要受气温或土壤温度动态的控制，受样地自身特性的限制较小。各样地土壤呼吸最大值出现在12:00～14:00，最小值出现在5:00。在成熟林–洼地、成熟林–坡地、演替初期–洼地和演替初期–坡地内，土壤呼吸速率在8:00～11:00的均值分别占全天土壤呼吸速率均值的99.9%、99.2%、117.4%和115.3%，说明该时段土壤呼吸速率可以代表全天土壤呼吸的平均情况，但对火烧演替初期土壤呼吸速率存在一定程度的高估。这主要是由于演替初期林冠层缺乏和地表苔藓盖度较低，增加了太阳辐射，有利于地表温度的升高，而温度是土壤微生物活动的主要影响因素（Lloyd and Taylor，1994），演替初期较快升高的土壤温度使其土壤呼吸速率升高更为迅速，8:00～11:00的土壤呼吸速率均值会

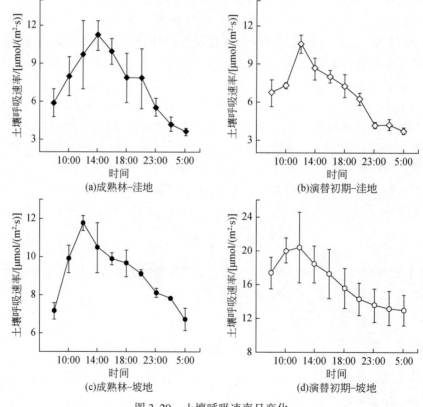

图 3-20　土壤呼吸速率日变化

一定程度高估土壤呼吸速率日均值。

土壤 CH$_4$ 通量日动态观测结果表明，不同演替阶段及地形条件下，冻土区森林土壤 CH$_4$ 通量均表现为吸收，且出现相似的双峰曲线日动态（图 3-21）。土壤 CH$_4$ 吸收在温度最高的 12：00 ～ 14：00 达到峰值，在 18：00 ～ 20：00 达到另一个峰值。第一个峰值与土壤中 CH$_4$ 氧化菌的活动受温度控制有关，而 18：00 ～ 20：00 的土壤 CH$_4$ 吸收峰值可能与植被驱动的以下过程有关：①CH$_4$ 从土壤向空气的运输过程；②O$_2$ 从空气向土壤和根系的运输供土壤呼吸及 CH$_4$ 氧化；③土壤中 CH$_4$ 代谢所需的来自根系和排放物的 C 供应。但是，单因素方差分析结果显示，一天中不同测量时间点的土壤 CH$_4$ 通量无显著变化。目前，就土壤 CH$_4$ 通量的日动态规律，学界仍未得出一致的认识。因此，土壤 CH$_4$ 的日动态趋势需要进一步的研究说明。

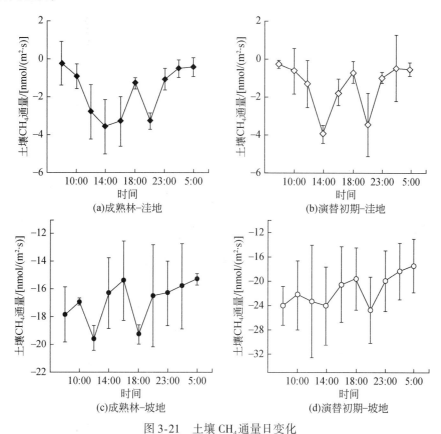

图 3-21　土壤 CH$_4$ 通量日变化

（2）季节变化特征

不同火烧演替阶段及地形条件下，土壤呼吸速率的季节变化趋势基本一致，均呈显著的单峰变化趋势（图 3-22）。土壤温度是土壤呼吸速率季节变化的主要驱动因子。回归分析结果表明，土壤 5cm 温度可以解释土壤呼吸速率变化的 62.2% ～ 78.7%（图 3-23）。随着春季温度的升高，冻结土壤融化，温度和水分条件都利于植被生长和土壤微生物活动，土壤呼吸速率逐渐升高，到夏季达到最高，当秋季温度降低，植被枯萎，微生物活动减弱，土壤呼吸速率又显著降低。夏季土壤呼吸速率最高，成熟林–洼地、演替初期–坡地、成熟林–坡地、演替初期–坡地分别可达到 $13.97\pm0.70\mu mol/(m^2\cdot s)$、$18.79\pm2.79\mu mol/(m^2\cdot s)$、$19.4\pm3.02\mu mol/(m^2\cdot s)$、$25.92\pm2.88\mu mol/(m^2\cdot s)$。然而，洼地内土壤呼吸速率达到峰值的时间比坡地早10d左右。这可能与坡地的土壤水分动态有关。当洼地达到土壤呼吸速率峰值时，坡地土壤呼吸速率却由于受水分限制而未能达到峰值（图3-23）。随后，充足的降水使坡地土壤水分限制得以解除，土壤呼吸速率达到峰值（图3-23）。因此，土壤呼吸速率的季节动态主要受温度的控制，同时受土壤水分动态影响（Allison and Treseder，2008）。

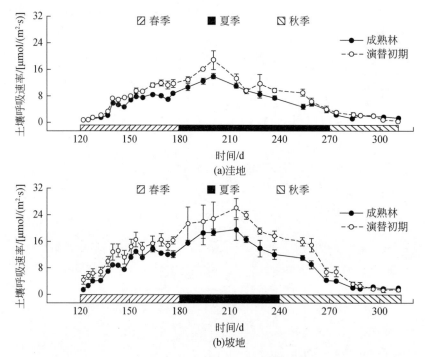

图 3-22　土壤呼吸速率季节变化

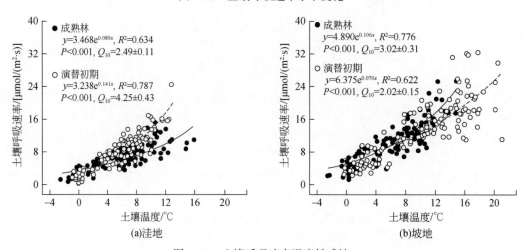

图 3-23　土壤呼吸速率温度敏感性

坡地土壤 CH_4 通量表现为持续的吸收状态，且演替初期随时间的变化更显著。而洼地土壤 CH_4 通量既有排放又有吸收，其中成熟林在夏季后期出现由吸收向排放的转换（图 3-24）。重复测量方差分析结果表明，土壤 CH_4 通量仅在春季表现出显著的时间变化（表 3-19）。在春季，温度的升高趋势明显而剧烈，同时伴随冻结土壤解冻，土壤表层 CH_4 氧化菌的活动增强，土壤 CH_4 吸收随时间显著增加（Yvon-Durocher et al.，2014）。同时，土壤 CH_4 通量是产 CH_4 和 CH_4 氧化两个相反过程的最终体现，对土壤温度、水分、通气状况及维管草本植物运输等因子均非常敏感（Olefeldt et al.，2013）。夏季和秋季土壤温度、水分与通气状况之间复杂的相互作用使土壤 CH_4 通量未表现出明显的季节动态。

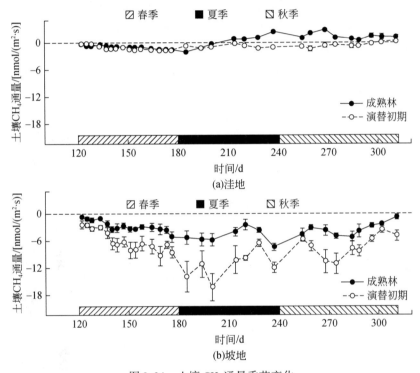

图 3-24　土壤 CH_4 通量季节变化

表 3-19　土壤呼吸速率、CH_4 通量、5cm 温度和 0～10cm 体积含水量的重复测量方差分析结果

	土壤呼吸速率			土壤 CH_4 通量			土壤 5cm 温度			土壤 0～10cm 体积含水量		
	春季	夏季	秋季	春季	夏季	秋季	春季	夏季	秋季	春季	夏季	秋季
测量日期	0	0	0	0	0.35	0.21	0	0	0	0	0	0.02
演替阶段	0.05	0	0	0.52	0.01	0	0	0	0	0	0	0
地形	0	0	0	0.30	0	0	0	0	0	0	0	0
演替阶段×地形	0.06	0	0.25	0.28	0.11	0.10	0	0	0.03	0.81	0	0

（3）演替阶段特征

森林火灾增强是气候变化引发的重要变化之一，其长期效应也是全球碳循环预测的难

点。本研究利用空间代替时间方法，阐明了演替阶段是影响土壤呼吸速率的重要影响因子（Kurzw et al.，2013）。火烧演替初期（7~8a），土壤呼吸速率显著高于成熟兴安落叶松林地[表3-19，图3-22（a）]。火烧破坏地上植被和土壤表面有机层，引发新一轮次生演替过程。火烧会直接降低土壤呼吸速率，但随着演替的推进，大量落叶性灌木及草本恢复，使输入的有机碳具有较高的分解性能，利于土壤生物分解活动及丰富微生物群落，产生更强土壤呼吸速率。冻土融化和土壤温度升高也是土壤呼吸速率的主要影响因子。在坡地上，演替初期与成熟林相比，水分条件差异很小，加之深埋的冻土对土壤呼吸的影响很弱，所以土壤温度差异是其土壤呼吸速率差异的主要来源（图3-25）。从土壤5cm温度对土壤呼吸速率较高的解释度也可以看出温度的关键作用（图3-23）。同时，演替初期-坡地较高的土壤温度可能也是土壤温度敏感性降低的主要原因。因为土壤呼吸速率温度敏感性在10~20℃随土壤温度升高而降低（Kirschbaum，1995）。在洼地上，演替初期，由于火烧过程强烈的热量释放过程及随后地表覆盖的改变使得冻土活动层加深，扩大了土壤微生物和根系的活动范围，使得冻土中冻结的有机碳释放，从而使得演替初期-洼地土壤呼吸速率及累积土壤呼吸排放量较成熟林-洼地高（图3-26）。同时，在洼地内，演替初期土壤呼吸速率温度敏感性显著高于成熟林（图3-23）。这与火烧后冻土融化，火烧迹地土壤水分剧烈升高有关（Brown et al.，2015）。由于土壤水分对土壤呼吸速率温度敏感性具有强烈的干扰作用（Kim，2015），演替初期-洼地较高水分含量显著提高了其土壤呼吸速率温度敏感性。

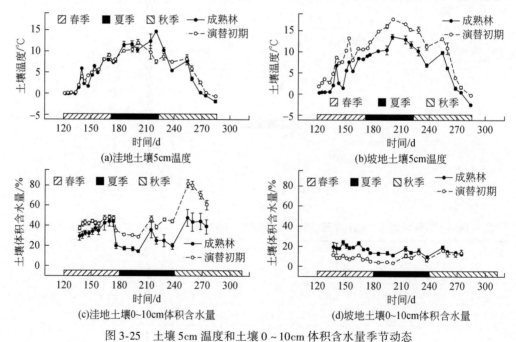

图3-25 土壤5cm温度和土壤0~10cm体积含水量季节动态

演替阶段也显著影响土壤CH_4通量，总体表现为演替初期土壤CH_4的吸收高于成熟林（表3-19，图3-24）。由于坡地和洼地不同的土壤水分、冻土、植被格局，演替阶段对土壤CH_4通量的影响机制存在差异。在坡地通气良好的土壤条件下，土壤中CH_4氧化过程占

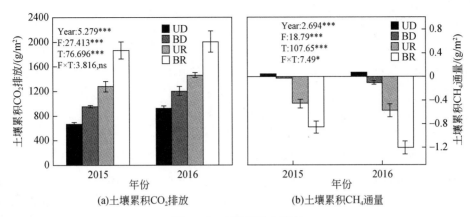

图 3-26　土壤累积 C 通量

Year，年份；F，演替阶段；T，地形；F×T，演替阶段与地形的交互作用；
UD，成熟林–洼地，BD，演替初期–洼地；UR，成熟林–坡地；BR，演替初期–坡地

优势，土壤 CH_4 吸收量主要受 CH_4 氧化菌活动的影响，与土壤温度紧密相关（Olefeldt et al.，2013）。演替初期较高的土壤温度是其土壤 CH_4 吸收高于成熟林的主要原因。但在洼地上，土壤排水较差，多年冻土埋深较浅，土壤 CH_4 通量受水分、冻土和温度的复杂影响。不同季节土壤水分、活动层深度和温度不同，演替阶段对土壤 CH_4 通量的影响也不同，说明了不同演替阶段的土壤 CH_4 通量差异在不同季节受不同因子的控制，以夏季和秋季的演替阶段差异最为明显（表 3-19）。首先，土壤水分是土壤 CH_4 吸收的重要影响因子（$R^2=0.869$）（图 3-27），夏季和秋季显著升高的土壤水分使洼地上的成熟林由长期的好氧环境转化为厌氧环境，刺激了土壤产 CH_4 过程而抑制了土壤 CH_4 氧化菌活动。与此同时，夏季和秋季土壤融化至深层活动层，该处可能存在一个 CH_4 气体的聚集层（Miao et al.，2012），促使土壤中 CH_4 气体的大量释放。因此，洼地上的成熟林土壤在夏季和秋季由吸收 CH_4 转化为释放 CH_4（图 3-24），与演替初期土壤 CH_4 通量表现出显著差异。而演替初期–洼地内长期维持着较高的土壤水分含量，土壤 CH_4 通量一直保持弱的吸收（图 3-23）（Sun et al.，2011）。

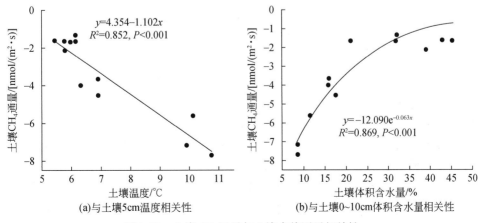

图 3-27　土壤 CH_4 通量与土壤水热因子相关性

3.4.3 多年冻土区森林土壤碳排放的空间格局

本研究表明，多年冻土区兴安落叶松林土壤碳排放具有明显的空间差异。土壤呼吸速率受地形控制，不管演替初期还是成熟林内，坡地土壤呼吸速率均显著高于洼地。这与地形对土壤水分及性质、植被组成、养分循环和碳储量等方面的影响有关。坡地较好的排水性能及较高的石砾含量，使得土壤通气性好。加之坡地冻土埋深较深或没有冻土，具有较高的土壤温度条件。坡地通气良好的土壤及较高的温度都有利于维持较高的土壤呼吸速率（Gulledge and Schimel，2000）。同时，坡地较高的土壤呼吸速率还与较高的植被生产力有关。大兴安岭多年冻土区兴安落叶松林植被组成及碳库受地形的控制，坡地上落叶松–兴安杜鹃植被碳库最大，而洼地上落叶松–杜香植被碳库最小，却具有最大的生态系统总碳库（Wang et al.，2001）。由此，我们可以看出坡地落叶松–兴安杜鹃植被光合作用固碳较多，同时，土壤呼吸排放 CO_2 也较强，生态系统具有较快的碳周转速率。相反，冻土发育较好的洼地落叶松–杜香植被则维持着较慢的碳周转，较低的土壤呼吸速率使其土壤碳被大量储存，形成巨大的土壤碳库，对全球碳循环具有重要影响（Wang et al.，2001）。洼地冻土中巨大的碳库储量使其成为全球气候变化关注的焦点之一（Schuur et al.，2009）。本研究中，火烧演替初期–洼地伴随冻土退化，活动层加深，土壤呼吸速率较成熟林显著增加，同时具有更高的温度敏感性（图3-23）。这说明洼地中火烧演替初期森林生态系统对全球变暖更为敏感，可能加快洼地中巨大的冻结土壤碳库的释放。

地形决定着土壤 CH_4 通量格局，且不同演替阶段表现一致，均表现为坡地土壤显著吸收 CH_4，洼地土壤 CH_4 通量较小且其源汇效应受季节因子影响（表3-19，图3-24）。土壤 CH_4 通量取决于产 CH_4 过程和 CH_4 氧化过程，受土壤水分的强烈影响（$R^2=0.869$）（图3-27）。不同地形条件下土壤水分格局的差异决定着土壤 CH_4 通量（Gulledge and Schimel，2000；Olefeldt et al.，2013），同时地形还通过控制土壤发育和植被组成等影响土壤 CH_4 通量。坡地土壤良好的通气性使 CH_4 氧化过程占优势，土壤 CH_4 通量表现为显著的吸收（Gulledge and Schimel，2000）。洼地土壤含氧状况随着降水、植被和温度等季节因子而变化，从而使土壤在 CH_4 的吸收和排放之间转换（图3-24）。因此，大兴安岭多年冻土区，坡地兴安落叶松林土壤是显著的 CH_4 汇，而洼地对 CH_4 的源汇效应受水分、植被和温度因子的调节，且通量相对较小。

虽然 CH_4 具有 25 倍于 CO_2 的增温潜力（Solomon et al.，2007），对全球变暖具有重要影响，但大兴安岭多年冻土区兴安落叶松林土壤 CH_4 通量相对于 CO_2 而言非常微弱，土壤含碳温室气体排放以 CO_2 为主（图3-26）。在大兴安岭多年冻土区，土壤碳排放表现出强烈的时空变异，不仅具有明显的日动态和季节动态，同时，对于地形和火烧演替阶段极为敏感。若不考虑地形要素，忽略坡地，则会很大程度上低估大兴安岭冻土区土壤碳排放；相反，忽略洼地，则会高估大兴安岭冻土区土壤碳排放。大兴安岭森林受到火因子的强烈干扰，火后演替初期具有更高的土壤碳排放。同时，演替初期洼地冻土退化，水分条件改变可能引发洼地碳排放格局的强烈变化。因此，地形和火烧演替阶段应是准确预测和评估区域碳循环必须考虑的重要因子。

3.5 增温和土壤水分变化对森林土壤碳排放的影响

3.5.1 观测和分析方法

在研究区（51.53′37.68″N，121.55′5.88″E）火烧迹地内，于 2014 年 6 月通过安装 OTC 和挖掘排水沟实现增温和水分降低，形成对照、增温、排水和增温+排水 4 种处理（$n=5$）。增温（1~2℃）和水分改变（土壤 0~15cm 含水量显著降低）处理一年后（2015 年 6 月），在各处理土壤中安放 PVC 管用于土壤碳排放的测定。PVC 管安放过程尽量减轻土壤扰动，同时剪去地上植被部分，排除植物呼吸对土壤呼吸的干扰。利用 UGGA 超便携温室气体分析仪观测 4 种处理下土壤呼吸及土壤 CH_4 通量情况。测定时间为 2015 年 6~11 月及 2016 年 5~10 月。根据土壤水分的变化将观测期分成融化前期（5 月）、低水分期（6~7 月）、高水分期（8~9 月）、冻结前期（10~11 月）。5~6 月约每周测定 2 次，其余时间约每周测定 1 次。土壤呼吸速率温度敏感性 Q_{10} 及土壤累积碳排放计算同 3.4.1 节。

采用重复测量方差分析检验各时期增温和排水处理对土壤碳排放的影响；单因素方差分析检验处理间累积土壤碳排放差异，基于 $P=0.05$ 水平；线性回归检验土壤碳排放与土壤温度、含水量间的相关性。

3.5.2 增温对土壤碳排放的影响

（1）增温对土壤碳排放速率的影响

本研究根据土壤水分的季节变化，将观测期划分为融化前期、低水分期、高水分期和冻结前期（代替季节）（图 3-28）。在融化前期、低水分期及冻结前期，增温后土壤呼吸速率均显著增加（表 3-20，图 3-29）。然而，在高水分期，增温对土壤呼吸速率没有显著影响（表 3-20）。该结果一方面体现了冻土对增温效应可能产生的放大作用，另一方面体现了土壤水分变化对增温效应的影响。在融化前期和冻结前期及低水分期，模拟增温通过加速冻土融化或减缓土壤冻结，表现出显著的增温效应。而在高水分期，冻土埋深较深，无法对增温效应做出有效反馈；同时土壤水分饱和，土壤通气状况受影响，水分代替温度成为土壤呼吸速率的主要控制因子，此时增温对土壤呼吸速率无显著影响，体现了增温对土壤呼吸的影响受土壤水分的限制（Allison and Treseder，2008）。从生物角度来讲，增温可以加快土壤微生物活动（Lloyd and Taylor，1994），使植被物候提前（朱军涛，2016），从而增加该时期土壤呼吸速率。

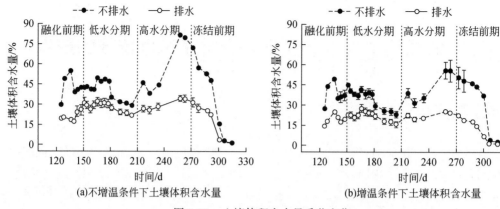

图 3-28　土壤体积含水量季节变化

表 3-20　土壤呼吸速率和 CH₄ 通量的重复测量方差分析结果

项目	土壤呼吸速率/$[\mu mol/(m^2 \cdot s)]$				土壤 CH₄ 通量/$[nmol/(m^2 \cdot s)]$			
	融化前期	低水分期	高水分期	冻结前期	融化前期	低水分期	高水分期	冻结前期
测量日期	384.05***	20 986.06***	103.30***	58.94***	57.83***	134.96***	49.84***	23.194***
增温	25.41***	66.07**	2.42	12.09**	2.70	28.09**	11.77**	2.85
排水	0.89	1947.55***	28.74***	1.31	1.29	10.71*	51.07***	12.27**
增温+排水	0.97	142.08**	2.97	2.01	2.75	6.19	12.80**	1.60

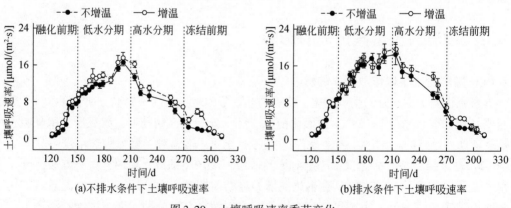

图 3-29　土壤呼吸速率季节变化

　　增温处理在低水分期和高水分期对土壤 CH₄ 通量产生显著影响（表 3-20）。土壤 CH₄ 通量是土壤微生物活动产生和消耗 CH₄ 及维管植物运输的综合结果。低水分期，土壤 CH₄ 氧化过程占优势。当温度升高，由于微生物活动对温度的依赖性，表层土壤微生物消耗 CH₄ 进一步增强，使土壤 CH₄ 吸收增强（Olefeldt et al., 2013）。在高水分期，增温与排水处理存在交互作用（表 3-20）。自然条件下增温增加高水分期土壤 CH₄ 吸收（图 3-30）。而排水条件下，高水分期土壤 CH₄ 通量由吸收变为排放，增温加速土壤 CH₄ 排放（图 3-30）。

该结果表明，土壤水分是土壤 CH_4 通量的重要控制因子，而增温可通过加快微生物活动，加速土壤 CH_4 的吸收或排放过程（Peltoniemi et al., 2016）。

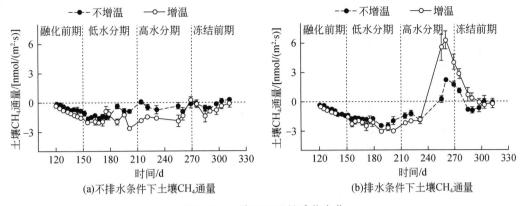

图 3-30　土壤 CH_4 通量季节变化

（2）增温对累积土壤碳排放的影响

伴随多年冻土区冻土融化和土壤水分条件改变，土壤 CH_4 通量对气候变化的响应变得日益关键（Kwon et al., 2017）。但本研究结果表明，增温对多年冻土区土壤累积 CH_4 通量无显著影响。同时，本研究中土壤碳排放形式以 CO_2 占绝对优势，土壤 CO_2 累积排放量超过 CH_4 累积排放量几个数量级（表 3-21）。因此，土壤 CO_2 累积排放量可反映土壤累积碳排放情况。在不排水处理条件下，增温使 2015 年观测期内累积土壤 CO_2 排放由 931.84 ± 39.92 g/m^2 升高到 1036.25 ± 79.75 g/m^2，使 2016 年观测期内累积土壤 CO_2 排放由 1513.71 ± 76.62 g/m^2 升高到 1787.48 ± 60.99 g/m^2。排水条件下，增温使 2015 年观测期内累积土壤 CO_2 排放由 1049.92 ± 81.21 g/m^2 升高到 1181.80 ± 68.28 g/m^2，使 2016 年观测期内累积土壤 CO_2 排放由 1909.10 ± 105.67 g/m^2 升高到 2117.40 ± 77.01 g/m^2。增温导致多年冻土区冻土退化，加速土壤 CO_2 排放已成为公认的事实（Schuur et al., 2009）。与前人研究一致，本研究中较低的增温幅度（气温升高 1~2℃）便可导致生长季累积土壤 CO_2 排放增加 11%~18%，说明增温可能对多年冻土区土壤碳排放产生显著影响。但是，值得注意的是，本研究的增温模拟试验开展于火烧迹地内，可能无法准确反映北方针叶林土壤 CO_2 排放对增温的响应。

表 3-21　土壤累积 CO_2 排放及 CH_4 通量　　　　（单位：g/m^2）

处理	土壤累积 CO_2 排放		土壤累积 CH_4 通量	
	2015 年 6~11 月	2016 年 5~10 月	2015 年 6~11 月	2016 年 5~10 月
对照	931.84±39.92[a]	1513.71±76.62[b]	−0.036±0.008[a]	−0.127±0.035[ab]
增温	1036.25±79.75[a]	1787.48±60.99[ab]	−0.098±0.023[a]	−0.253±0.024[b]
排水	1049.92±81.21[a]	1909.10±105.67[b]	−0.019±0.016[a]	−0.168±0.017[ab]
增温+排水	1181.80±68.28[a]	2117.40±77.01[a]	−0.012±0.036[a]	−0.055±0.049[a]

（3）增温对土壤碳排放温度敏感性的影响

土壤呼吸受温度条件改变的强烈影响。土壤呼吸的季节动态体现了土壤呼吸受水热条件的影响，特别是温度的控制（图3-29）。土壤呼吸速率均与温度显著相关，土壤5cm温度能够解释土壤呼吸速率变化的61%~78%（R^2），土壤5cm温度每升高10℃土壤呼吸速率升高为原来的2.65~3.85倍（Q_{10}）（图3-31）。该Q_{10}值与北方针叶林土壤呼吸速率Q_{10}的早期研究结果相近（Gulledge and Schimel，2000），但小于极地苔原（Elberling，2007）和青藏高原（Zhang et al.，2015）。土壤呼吸速率的Q_{10}值受水热条件的影响（图3-30）。本研究中，对照样地土壤呼吸速率Q_{10}最高（3.85），增温使土壤呼吸速率Q_{10}降低，仅增温处理下土壤呼吸速率Q_{10}降低为3.35，增温+排水处理下土壤呼吸速率Q_{10}降低到2.65（图3-31）。土壤呼吸由根系呼吸和土壤微生物呼吸两部分组成，二者具有不同的温度敏感性（Boone et al.，1998），土壤呼吸组成比例发生变化会改变土壤呼吸速率Q_{10}值。土壤水分降低及增温处理后的细根生物量结果基本支持这一现象（图3-32）。但增温作用并没有使细根生物量降低，相反呈增加趋势。该结果说明增温后土壤呼吸速率温度敏感性的改变可能不是来源于土壤呼吸组成的改变，而是受到温度的控制。Kirschbaum（1995）认为土壤呼吸速率温度敏感性在10~20℃随土壤温度升高存在降低的趋势。一般在极地等低温区域或冬季等低温时段，土壤呼吸速率Q_{10}值较高（Elberling，2007；Zhang et al.，2015）。因此，温度升高可能是模拟增温后土壤呼吸速率Q_{10}降低的重要原因。

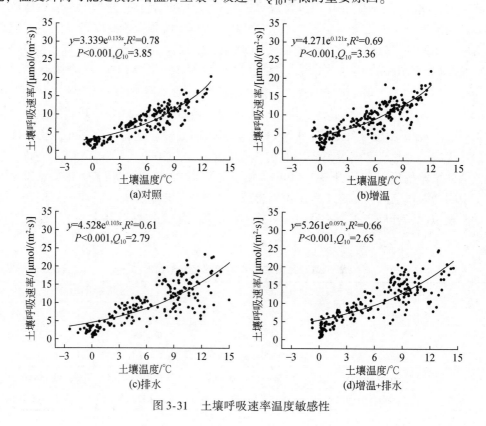

图3-31　土壤呼吸速率温度敏感性

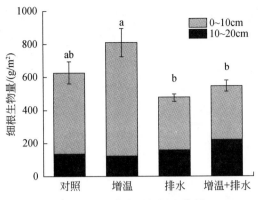

图 3-32 土壤表层细根生物量

本研究中，土壤 CH_4 通量与土壤 5cm 温度无显著相关性。这是因为土壤 CH_4 通量较小，且整个观测期土壤 CH_4 通量在吸收和排放之间转化。该结果与 Sun 等（2011）在小兴安岭的结果一致，当土壤中产 CH_4 菌和 CH_4 氧化菌对彼此无明显的优势，即在观测期内土壤中既有 CH_4 排放又有 CH_4 吸收，土壤 CH_4 通量与温度的相关性变得复杂，无明显的相关性。

3.5.3 土壤水分改变对土壤碳排放的影响

（1）土壤水分改变对土壤碳排放季节变化的影响

土壤水分状况在排水处理后发生显著改变（图 3-28），对土壤呼吸速率和 CH_4 通量季节动态产生重要影响。土壤呼吸速率季节动态均呈明显的单峰变化趋势，排水处理后土壤呼吸速率峰值出现的时间推后（图 3-31）。排水处理下土壤呼吸速率的峰值紧随土壤水分条件的改善出现（图 3-28 和图 3-29）。该结果说明，虽然土壤呼吸速率主要受温度的驱动，土壤 5cm 温度能够解释土壤呼吸速率变化的 61%～78%（R^2）（图 3-31），同时也可能受水分限制。

土壤 CH_4 通量对土壤水分变化尤为敏感。自然条件下，土壤 CH_4 通量表现为弱的吸收或排放，整个观测期没有明显的季节动态，该结果与 Sun 等（2011）在小兴安岭的研究结果一致。这是由于在观测期内土壤中既有 CH_4 排放又有 CH_4 吸收，土壤中产 CH_4 菌和 CH_4 氧化菌对彼此无明显的优势，土壤 CH_4 通量与温度的相关性变得复杂，无明显的相关性（Sun et al.，2011）。但排水后，土壤 CH_4 通量在高水分期（秋季）出现明显的排放峰值。这是由于高水分期土壤融化至深层活动层，该处可能存在一个 CH_4 气体的聚集层（Miao et al.，2012），促使土壤中 CH_4 气体的大量释放。同时，高水分期土壤厌氧环境刺激了土壤产 CH_4 过程而抑制了土壤 CH_4 氧化菌，使得土壤由吸收 CH_4 转化为释放 CH_4（图 3-24）。与本研究结果类似，Mastepanov 等（2008）也在苔原地区发现了土壤 CH_4 在秋季末的释放峰，且数量巨大，相当于整个夏季的总排放量。因此，水分条件改变下土壤 CH_4 通量季节动态的改变不容忽略，可能引起土壤累积 CH_4 通量的改变，影响土壤碳的源汇格局。但为

什么 CH_4 通量只在排水条件下表现出明显的季节动态？进一步探究发现，这是由于排水条件下土壤 CH_4 通量与活动层淹水厚度具有较高的相关性（$R^2 = 0.490$）（图3-33），对活动层淹水厚度的季节变化敏感（图3-34），呈现出明显的季节动态。相反，不排水条件下则无明显的季节动态。

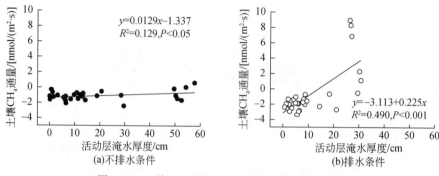

图 3-33　土壤 CH_4 通量与活动层淹水厚度相关性

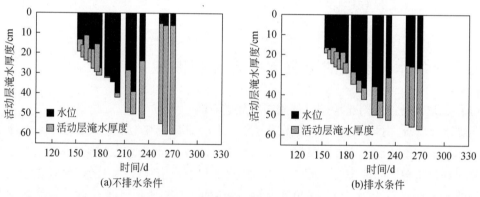

图 3-34　土壤活动层淹水厚度季节动态

（2）土壤水分改变对土壤碳排放速率的影响

土壤水分改变对土壤碳排放速率的影响主要集中在土壤活动层较深的低水分期和高水分期。排水显著增加土壤呼吸速率，这与排水后土壤通气性提高，利于土壤有氧呼吸有直接关系，同时，还可能与排水后生态系统植被群落改变有关。由于低水分期土壤水分限制，增温对土壤呼吸速率的促进作用在排水和自然条件下表现不一致（表3-20，图3-29），排水处理中增温导致更多水分流失会在一定程度上抑制土壤呼吸。

排水对土壤 CH_4 通量的影响受土壤水分季节动态的控制。在低水分期，土壤水位低，良好的氧化环境使 CH_4 氧化过程占优势，土壤表现为吸收 CH_4，而排水处理有利于土壤氧化环境的更优化，同时伴随土壤温度的升高，加快土壤 CH_4 氧化过程，使土壤 CH_4 吸收增强（Olefeldt et al.，2013）。而在高水分期，排水处理使土壤 CH_4 通量方向发生改变，土壤表现为释放 CH_4，这与 Kwon 等（2017）的研究结果一致。该时期（秋季）显著的土壤 CH_4 释放来源于土壤中储存的 CH_4 的释放（Miao et al.，2012；Kwon et al.，2017）及淹水环

境对产 CH_4 过程的刺激。增温使微生物活动加强，增温+排水处理下高水分期土壤 CH_4 的释放更为强烈，进一步凸显了土壤水分降低与增温作用叠加后，更强的反馈效应。冻结前期由于土壤水分延续着高水分期的状态，排水对土壤 CH_4 的影响与高水分期类似，直到土壤表层水分完全冻结，土壤对 CH_4 的吸收和释放均维持在极低的水平。

（3）土壤水分改变对土壤累积碳排放的影响

土壤水分降低在整体上增加了观测期内土壤累积碳排放，具体表现为增加了土壤累积 CO_2 排放，降低了土壤累积 CH_4 吸收（表3-21）。由于该多年冻土区洼地内土壤 CH_4 通量以弱吸收或弱排放为主，土壤累积 CH_4 通量较小，对于区域碳排放的贡献有限（表3-21），土壤水分降低对土壤累积碳排放的影响主要体现在对土壤累积 CO_2 排放上。土壤水分降低使土壤累积 CO_2 排放增加13%~26%，超过增温对土壤累积 CO_2 排放的影响（11%~18%），可看出土壤水分改变对土壤累积碳排放的重要作用（Peltoniemi et al.，2016）。

（4）土壤水分改变对土壤碳排放温度敏感性的影响

由图3-31可知，排水后土壤5cm温度对土壤呼吸的敏感度由0.69~0.78降低到0.61~0.66，土壤呼吸速率 Q_{10} 由3.35~3.85降低到2.65~2.79。排水对土壤呼吸速率温度敏感性的影响，一方面可能来源于排水后呼吸组分的改变，其中具有较大 Q_{10} 的根呼吸所占比例下降（Boone et al.，1998）。本研究虽未对土壤呼吸进行分组，但排水后降低的土壤细根生物量为此提供了间接的证据（图3-32）。另一方面可能来源于排水后升高的土壤温度。因为土壤呼吸速率温度敏感性在一定范围内随土壤温度升高而降低（Kirschbaum，1995）。同时，土壤水分会对土壤呼吸速率 Q_{10} 产生干扰。水分较高的情况下，土壤呼吸速率温度敏感性较高（Kim，2015），排水后降低的土壤水分条件使得土壤呼吸速率温度敏感性降低。

3.5.4 增温和水分改变对土壤碳排放的交互影响

模拟增温和土壤水分降低对土壤碳排放速率的影响在不同的时期表现各异（表3-20）。在低水分期，增温和排水对土壤呼吸速率的影响表现出显著交互作用。该时期较低的土壤水分条件使得排水条件下增温对土壤呼吸速率的促进作用受到限制，体现了土壤水分的限制作用（Allison and Treseder，2008）。在土壤水分充足的高水分期，排水对土壤通气状况的改善使得其土壤呼吸显著提高，而温度对土壤呼吸的影响则不显著。气候变化背景下，多年冻土区增温明显，而土壤水分格局的变化受土壤本身地形和冻土变化的影响，可能形成更干或更湿润的土壤环境。本研究结果表明，更干更暖的土壤环境可加速土壤呼吸排放，但变干的土壤环境也可能在低水分期通过水分的限制作用，抑制增温对土壤呼吸的促进。

模拟增温和土壤水分降低在高水分期对土壤 CH_4 通量表现出显著的交互影响，主要是由于排水处理改变了高水分期土壤 CH_4 通量的方向。温度通过影响土壤微生物活动改变土壤 CH_4 通量（Gulledge and Schimel，2000）。当土壤以 CH_4 氧化为主导，增温可增加土壤 CH_4 吸收，因此，自然条件下土壤 CH_4 吸收在增温下变强；当土壤以产 CH_4 为主导，增温

可增加土壤 CH_4 释放，因而增温加强了排水条件下土壤 CH_4 释放。所以，整体而言，增温对土壤累积 CH_4 通量的作用在不排水和排水处理下存在差异。同时，排水对土壤累积 CH_4 通量的影响在不增温和增温条件下存在差异：增温条件下，排水显著降低了土壤累积 CH_4 吸收，而在不增温条件下，排水对土壤累积 CH_4 通量的影响不显著。该结果表明，未来更干更暖的气候变化的耦合过程将会显著降低土壤累积 CH_4 吸收（78%~88%），这与前人的研究结果存在差异（Turetsky et al., 2008；Peltoniemi et al., 2016；Kwon et al., 2017）。这是由于已有研究主要针对土壤 CH_4 排放源进行（Turetsky et al., 2008；Peltoniemi et al., 2016；Kwon et al., 2017），其结果表明，排水后土壤 CH_4 菌和 CH_4 氧化菌活性均下降，土壤 CH_4 代谢降低，总体表现为排水后土壤 CH_4 排放减弱。而本研究中土壤 CH_4 通量较小，且在吸收和排放之间徘徊，其对土壤水分和温度的响应均表现得较为迟钝。同时，排水改变了高水分期土壤 CH_4 通量的方向，使得土壤 CH_4 通量的主导过程发生改变。

3.6 本章结论

随着冻土融深的增加，优势种的水分生态类型将由沼生物种、湿生物种逐渐过渡到中生物种；地面芽植物种数和地下芽植物种数显著增加，地上芽植物种数显著减少；沼生植物种数显著降低，湿生植物种数有减少的趋势，旱生植物种数有增多的趋势；多样性指数显著降低，但并不是随着冻融深度的增加简单递减，即当冻融深度为 50~150cm 时物种丰富度和多样性指数较高，冻融深度<50cm 和冻融深度>150cm 时物种的丰富度和多样性指数较低，且差异显著。

大兴安岭多年冻土区兴安落叶松林土壤碳排放表现出强烈的时空变异，具有明显的日动态和季节动态，同时，存在显著的地形和火烧演替阶段差异。在预测该区域土壤碳排放过程中，若不考虑地形要素，忽略坡地，会很大程度低估大兴安岭冻土区土壤碳排放；相反，忽略洼地，则会高估大兴安岭冻土区土壤碳排放。火烧是大兴安岭森林相对普遍的干扰因素，演替初期具有更高的土壤碳排放。同时，演替初期洼地冻土退化，水分条件改变可能引发洼地碳排放格局的强烈改变。因此，地形和火烧演替阶段应是准确预测和评估区域碳循环必须考虑的重要因子。

增温和土壤水分改变是大兴安岭多年冻土区正经历的最明显的气候变化过程，该过程对土壤碳排放产生显著影响。模拟增温通过加快微生物活动，或通过加速冻土融化或延后土壤冻结等物理过程，增加土壤呼吸速率，增加土壤累积 CO_2 排放；土壤水分降低通过改善土壤通气状况，总体增加土壤 CO_2 排放。增温的同时降低土壤水分，土壤 CO_2 排放量最大，但在低水分期表现出水分的限制作用。土壤水分是土壤 CH_4 通量的重要控制因子，而增温可通过加快微生物活动，加速土壤 CH_4 的吸收或排放过程。土壤水分降低后，土壤 CH_4 通量季节动态变化显著，加之增温的放大作用，可能对该区域土壤 CH_4 通量源汇格局产生显著影响。整体而言，增温和土壤水分降低体现出协同作用，二者耦合会更大程度地增加该区域土壤碳排放。

总体而言，东北多年冻土区 NDVI 与气温之间的相关系数明显大于 NDVI 与降水之间的相关系数，且 NDVI 与气温显著正相关，与降水具有较弱的负相关，说明了气温是东北多年冻土区植被生长季 NDVI 的主控因子。大部分东北多年冻土区，植被生长季 NDVI 与气温呈现显著的正相关关系，主要是由于这些区域对气温变化极为敏感，随着气温增加，植被光合作用增强，生长季延长，植被活动增强。植被生长季 NDVI 与气温呈现显著的负相关关系主要出现在研究区的西部区域，即呼伦贝尔草原，该区域为半干旱区，气温升高，限制植被的生长。

第4章 积雪变化对高寒草地生态系统的影响

积雪是气候系统中一个重要的组成部分，对气候变化十分敏感，而气候的变化总是伴随着冰雪的演变（李培基，1996）。随着全球变暖，北半球春、夏、秋三季积雪面积自1987年以来显著减少，并且与北半球温度呈负相关（李培基，1996）。1973～1992年，北半球的积雪范围大致下降7%，并导致春季温度上升。然而值得注意的是，虽然冬季增温最为显著，但是冬季积雪仍维持在多年平均值上下，并未出现减少趋势。与此同时，青藏高原积雪变化趋势、格陵兰冰盖表面高程以及南极大陆冰盖雪积累率的增加，表明全球气候变暖将在极寒冷地区会伴随着积雪量的增加（柯长青等，1997）。

全球变化进程的日益加剧势必将对高寒草甸生态系统的植物物种、种群、群落和生态系统产生重要的影响，同时，植物种、种群、群落和生态系统结构与功能的动态演替能够敏感地反映全球气候变化。而积雪是所有可变的地表条件中一个关键的可变因子，它可以作为人类经济活动引起气候变化的一个指示器，其细微的改变可能对生态系统产生重大影响。青藏高原积雪对东亚乃至全球气候的影响一直为科学家所瞩目，研究青藏高原积雪变化已成为探测全球变暖、诊断气候与积雪相互作用的重要手段（孙秀忠等，2010）。因此，研究青藏高原积雪变化以及对高寒生态系统的影响是十分必要的，而且也是刻不容缓的。

截至目前，对于青藏高原雪生态学进行了大量研究，但是主要集中在积雪的变化。例如，韦志刚和黄荣辉（2002）发现青藏高原尤其是东部地区的积雪情况发生了显著的改变；王澄海等（2009）发现青藏高原的积雪深度和积雪日数同步增加的趋势；朱玉祥等（2009）发现青藏高原的冬季积雪会影响夏季季风进而改变中国夏季降水。此外，青藏高原雪被厚度变化甚至会明显影响印度洋夏季季风和降水量（李培基，1996；吴彦，2005）。在过去乃至未来的一段时间内，青藏高原地区的积雪量、积雪面积整体上呈现增加的趋势（郭建平等，2016）。但是对于积雪变化后植物、土壤等系统改变的研究较少。而仅有的研究表明，季节性积雪堆积与消融对青藏高原川西北地区高寒草甸的土壤理化性质、土壤微生物活动以及高寒草甸群落均产生了深刻的影响（胡霞等，2012；Mikan et al.，2002；Schimel and Mikan，2005）。但是青藏高原降雪格局的改变如何影响青藏高原高寒草甸生态系统以及会造成怎样的后果，高寒草甸植被群落、土壤细菌群落以及土壤环境又会如何响应积雪的变化，目前还不得而知。为了回答这些问题，本研究采用人工堆积模拟积雪量的变化对高寒草甸植物群落和土壤微环境的响应情况与机制进行研究，从而提高对青藏高原雪生态学的认识以及了解植被群落与土壤微环境对积雪变化的响应，为预估青藏高原高寒草甸生态系统在积雪变化后的状态提供数据与理论基础。

4.1 研究方法

4.1.1 研究区概况

研究区位于青藏高原东缘四川省红原县西南民族大学青藏高原生态保护与畜牧业高科技创新实践研发基地（32°49.823′N，102°35.237′E），海拔为3494m。该区气候类型属于高原寒温带半湿润季风气候，年降水量为650～730mm，80%的降水量集中在5～9月。年均蒸发量为1255.10mm，年均相对湿度为70%。年平均气温为1.1℃，年平均雪覆盖超过76d。高寒草甸植被平均盖度超过80%，植物群落平均高度约为30cm，其生长期为120～140d，主要集中在每年的5～9月。主要莎草科植物有四川嵩草（*Kobresia setchwanensis*）和高山嵩草（*Kobresia pygmaea*），禾本科植物主要有发草（*Deschampsia caespitosa*）、川西剪股颖（*Agrostis clavata*）和垂穗披碱草（*Elymus nutans*），杂类草植物中条叶银莲花（*Anemone trullifolia*）、钝苞雪莲（*Saussurea nigrescens*）和鹅绒委陵菜（*Potentilla anserina*）为优势种。该地区土壤类型是亚高山草甸土（subalpine meadow soil），其土层深度达40cm以上，土壤有机质（soil organic matter，SOM）含量高（215～280g/kg），总氮（total nitrogen，TN）含量低（6～10g/kg），速效磷（available phosphorus，AP）含量在3～7mg/kg，土壤pH为4.6左右（王润，2005）。

4.1.2 积雪变化对高寒草甸生态系统的影响

如图4-1所示，本书参考前人的研究方法，在青藏高原东缘红原县高寒草甸开展积雪量野外控制试验。采用降雪后人工堆积方式设置不同的积雪水平对高寒草甸样方进行处理。地上植物群落特征的调查采用经典生态学方法——样方法；植物根系生长动态特征连续观测运用微根窗法（minirhizotron method）；常规的实验室分析法测定土壤养分含量，同时，运用高通量测序技术测定土壤微生物群落组成和多样性；此外，运用土壤温湿度记录仪测定不同土层土壤温度、湿度。通过观测不同积雪处理后高寒草甸植物群落和土壤微环境的变化规律以及探究植物群落–根系–土壤生物群落–土壤养分之间的相互作用，从而阐明高寒草甸地上–地下生态过程对气候变化的响应机制，为高寒草甸生态系统自然资源的合理利用、碳汇管理和可持续发展以及退化草地恢复与重建提供科学依据。

（1）样地的设置

在试验区内选择地势相对一致、植物分布相对均匀的高寒草甸作为样地。采用随机区组试验，在30m×30m的区域内均匀布设20个2m×2m的样方，样方间距至少1.5m作为缓冲区。

红原地区主要是季节性积雪，而且降雪主要发生在冬季。因此，2013～2015年，每年11月至次年3月，在降雪后开展积雪量野外控制试验。共设置4个积雪量处理，即CK、

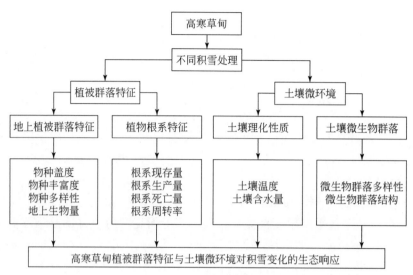

图 4-1 技术路线

S1、S2 和 S3，样地布置如图 4-2 所示。其中，CK 为自然积雪量，S1、S2 和 S3 的积雪量分别为自然积雪量的 2 倍、3 倍和 4 倍。每个处理设置 5 个重复。具体操作方法如下：①在样地周围建立积雪场。在积雪场上均匀铺设 2m×2m 防水布若干，并用地钉固定；②降雪结束后，拔出地钉，收集防水布上的积雪分别均匀堆积在 S1、S2 和 S3 的样方中，S1、S2 和 S3 每个样方中的堆积量分别为 1 块、2 块和 3 块防水布上的全部积雪。

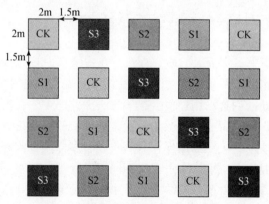

图 4-2 积雪控制试验样地示意图

（2）植物群落调查、取样与多样性计算

每年 8 月上旬，在积雪试验样地的每个样方内选取一个 0.25m² （50cm×50cm） 的小样方，共计 25 个，对每个小样方内的植物群落数量特征进行调查，记录小样方内所有的植物种类、高度（生殖枝高度和营养枝高度）和盖度等。记录完所有物种后，将地上植被按照功能群分为四大类，包括禾本科、莎草科、豆科和杂类草，记录其盖度后齐地面刈割，65℃、48h 烘干至恒重。

物种丰富度是指物种在群落中的个体数目。采用"目测估计法"调查记录小样方（50cm×50cm）内每种植物种名（李博，2000）。

株高是指在样方内物种体长的一个指标。测量时取其自然高度和生殖高度，至少选取10 株。

盖度是指植物地上部分在小样方（50cm×50cm）内垂直投影面积占样地面积的比例，即投影盖度，估测其中各种植物的分盖度、总盖度（李博，2000）。

重要值是指物种在群落中的地位和作用的综合数量指标（李博，2000）。

$$IV = (相对盖度 + 相对高度 + 相对频度)/3 \tag{4-1}$$

式中，IV 为重要值。

生物量是指单位面积各功能群植物烘干后的总质量。

Simpson 指数（D）

$$D = 1 - \sum_{i=1}^{S} P_i^2 \tag{4-2}$$

Shannon-Wiener 指数（H）

$$H = -\sum_{i=1}^{S} P_i \ln P_i \tag{4-3}$$

Pielou 指数（J）

$$J = (-\sum P_i \ln P_i)/\ln S \tag{4-4}$$

式中，P_i 为样方中第 i 种植物在群落中所占的重要值；S 为第 i 植物在样方的物种总数（马克平等，1994）。

（3）高寒草甸土壤理化性质测定

在积雪量野外控制试验期间，用 4 台智能多点土壤温湿度记录仪（YM-01A，Handan，China）分别记录每个处理 0～10cm 和 10～20cm 土层的土壤温度与土壤水分。温度测量精度为±0.2℃，温度分辨率为 0.01℃；水分测量精度为±3%，水分测量分辨率为 0.1%。

将植物群落齐地面刈割后，在每个小样方中用内径为 5cm 的土钻分两层（0～10cm 和 10～20cm）按照 S 形钻取 5 钻土壤样品，将每个小样方内的土壤样品做好标记，其中一部分样品风干后过 0.25mm 土壤筛，用于土壤 pH 和养分的测定；另一部分拣去枯枝落叶和石块等，迅速放入保鲜盒，带回实验室放入 4℃冰箱保存，用于土壤微生物测定。

本书土壤化学性质测定主要采用以下方法：用电极法测定土壤 pH，丘林法测定土壤有机质含量，凯氏定氮法测定 TN 含量，康惠法测定土壤碱解氮（available nitrogen，AN）含量，钼锑抗比色法测定土壤总磷（total phosphorus，TP）含量，碳酸氢钠浸提–钼锑抗比色法测定土壤速效磷（available phosphorus，AP）含量，醋酸铵法测定土壤总钾（total potassium，TK）含量，四苯硼钠法测定土壤速效钾（available potassium，AK）含量。土壤 pH 和土壤理化性质均进行 3 次重复。

（4）植物根系的测定

微根窗法主要用于观测土壤中真实、一般难以接近的植物根系生长情况。微根窗管安装方法参照文献（Vamerali et al.，2000）进行，具体方法如图 4-3 所示。采用土钻法钻取一个与地面角度为30°，深度为60cm，直径大小为7cm的孔，然后将微根窗管密封的一端缓慢插入孔中，未密封一端盖上不透光的黑盖子，露出地上部分的微根窗管部分用黑色布和塑料薄膜包裹，避免光的射入影响根系的生长，微根窗管周围用钻出的土填平，使微根窗管与土壤紧密接触，同时尽量做到减小对微根窗管周围的土壤扰动，在不取数据时将微根窗管包裹以减少微根窗管的热量传导，根系图片采集使用 CI-600 Root Scanning System（CID Bio-Science Inc.，Camas，WA，USA）（Vamerali et al.，2000）。

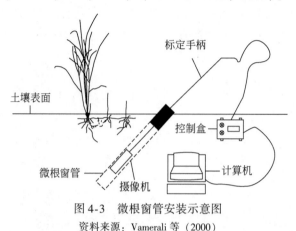

图 4-3　微根窗管安装示意图

资料来源：Vamerali 等（2000）

于2014年5月14日~9月20日、2015年5月23日~9月27日进行数据读取，每次间隔15d 左右，具体方法如下。

将微根窗管外包裹的黑色塑料袋打开，并打开盖子，用棉布将管壁内的水汽擦拭干，等待10min 后，待微根窗管内的温度与外界相同时，将标定好的摄像机放入微根窗管内，并在微根窗管上标记第一次摄像头的位置，在计算机上用 CI-600 Root Scanner 软件进行图像采集，一个微根窗管一次采集 2 个斜坡深度，分别为 0~20cm 和 20~40cm，按角度换算成 0~10cm 和 10~20cm 垂直土层深度，每次测定完后，都需要将露出地上部分的微根窗管按照第 1 次的方法包裹好。

根系时空动态分析软件 WinRHZIO Tron MF（CID Bio-Science Inc.，Camas，WA，USA）用于测量和分析 CI-600 扫描的图像，分析根系的各形态特征指标，所有根系长度的数据精确到 0.1mm。通过观察图像中根系颜色来区分活根和死根，所有褐色和白色的根系作为活根，黑色的和消失的根系作为死根（Vamerali et al.，2000），所有活根和死根根系的图像和数据采集都必须完整保存。

根系现存量、生产量和死亡量估算方法参照 Majdi 和 Öhrvik（2004）。根系现存量是通过 t 时刻测定的活根根系长度来估算的。根系生产量是通过 t 时刻不存在而在 $t+1$ 时刻所增加的新鲜根长总和，再加上所有在 t 时刻原有根系上延长的长度来估算的。根系死亡量是通过 t 时所有活根和新鲜根在 $t+1$ 时死亡和消失掉的根长总和来估算。根系现存量根据季节性生产和死亡的差异来估算的（吴伊波等，2014）。

首先，通过图像分析得到的根系长度，利用如下公式计算单位体积的根长密度 RLD_V

（m/m³）

$$RLD = L/(A \times DOF) \tag{4-5}$$

式中，L 为微根窗中观察到的根长（m）；A 为观测窗面积（m²，图像大小）；DOF 为微根窗管到周围土壤的距离（m），DOF 一般在 0.002 ~ 0.003m，由于人工草地细根直径小，本研究在计算中 DOF 取 0.003m（吴伊波等，2014）。

然后，通过比根长（SRL，m/g）将 RLD_V 转化为单位体积的生物量（RBD，g/m³）。

$$RBD = RLD_V/SRL \tag{4-6}$$

式中，SRL 为土钻法所得每克根（<1mm）生物量的根长（m/g）。

最后，以上单位体积根长密度通过乘以取样土壤剖面深度（D）转换成单位面积根系生物量（RBD，g/m²）

$$RBD = RBD \times D \tag{4-7}$$

运用上述介绍的方法，计算出单位面积根系生物量（RBD）在每次微根窗管取样时能够作为细根现存量的估计值。根系生产量、死亡量和现存量都是用单位面积根系生物量（RBD）来表示。

根系周转率的计算（Majdi and Andersson，2005）参考下式

$$T = P/Y \tag{4-8}$$

式中，T 为根系周转率（times/a）；P 为年根系生产量（一年的根系生产量）（g/m²）；Y 为年平均根系现存量（g/m²）。

（5）数据统计分析

数据采用 Excel 2010 对原始数据进行整理和分析，然后用 SPSS 19.0 对数据进行单因素方差分析，用最小显著差数法（least significant difference，LSD）进行多重比较。使用 CANOCO for Windows 4.5（Micro-computer Power，Ithaca，NY）对土壤理化特征与植物根系特征和地上植被特征分别进行冗余分析（redundancy analysis，RDA）。使用 SPSS 19.0 软件对植物根系特征和地上植被特征与土壤理化性质进行 Pearson 相关性分析。使用 R 2.9.1 软件下的 gbmplus 程序包进行邻接树分析（aggregated boosted tree analysis，ABT）来计算土壤理化性质对地上植被特征和植物根系特征的相对重要性。

4.2　研　究　结　果

4.2.1　积雪变化对土壤物理和养分特性的影响

土壤是地下生态系统的载体，参与生态过程中的营养物质循环、水分平衡、凋落物分解等过程，土壤结构和养分状况是衡量草地退化和退化后恢复的关键指标之一。其中，土壤含水量能被植物根系直接吸收利用，可以调节土壤温度，促进土壤中有机物的分解与合成。土壤化学性质包含土壤 pH、有机质含量、土壤全效养分以及有效养分的含量，土壤 pH 直接影响着土壤养分的存在状态、转化和有效性，土壤有机质对土壤结构的形成和土

壤温度具有重要作用，影响植物的生长发育，土壤中氮和磷元素均是植物生长发育所必需的营养元素。因此，通过研究不同积雪条件下高寒草甸土壤理化性质的变化特征，有助于我们了解积雪对高寒草甸土壤理化性质的影响，进而推测土壤质量和健康状况的变化。

（1）土壤温度

如图 4-4 所示，2013～2014 年，不同积雪梯度下不同土层土壤温度发生了改变。在 0～10cm 土层，2013 年 11 月～2014 年 4 月，土壤温度整体上表现为积雪量越大土壤温度越低；此后随着大气温度逐渐回暖，各处理间土壤温度差异逐渐减小，如图 4-4（a）所示。在 10～20cm 土层，2013 年 11 月各处理间土壤温度无显著差异；随后的 12 月、1 月及 2 月土壤温度随着积雪量的增加而呈现先降后升的趋势；3～6 月，土壤温度随着积雪量的增加而降低；7 月各处理间土壤温度无显著差异，如图 4-4（b）所示。

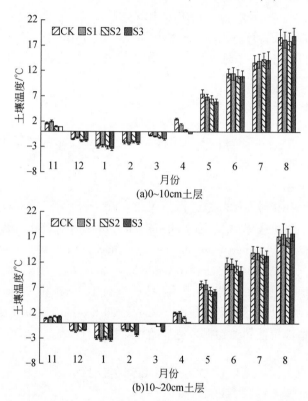

图 4-4　2013～2014 年不同积雪量对高寒草甸土壤温度动态变化的影响

如图 4-5 所示，2014 年 11 月～2015 年 8 月，不同积雪梯度下不同土层温度发生了改变。在 0～10cm 土层，2014 年 11 月～2015 年 1 月以及 2015 年 3～6 月，土壤温度整体上随着积雪量的增加而降低；2015 年 2 月，土壤温度随着积雪量的增加呈现先降后升的趋势，而 2015 年 7～8 月，土壤温度随着积雪量的增加呈现先升后降的趋势，如图 4-5（a）所示。在 10～20cm 土层，2014 年 11 月～2015 年 1 月，各处理间土壤温度并无明显差异，而 2015 年 2～7 月，土壤温度整体上随着积雪量的增加而降低，随后的 8 月中，温度变化并无明显规律，如图 4-5（b）所示。

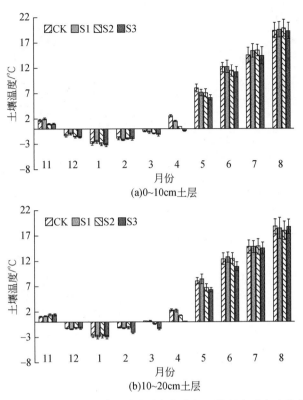

(a)0~10cm土层

(b)10~20cm土层

图 4-5　2014~2015 年不同积雪量对高寒草甸土壤温度动态变化的影响

（2）土壤含水量

如图 4-6 所示，不同的积雪量对土壤含水量造成不同的影响。在 0~10cm 土层，2014 年3~6 月，土壤含水量随着积雪量的增加显著上升 [图4-6（a）]。而 10~20cm 土层，相似的现象出现在 2014 年 3~5 月，但是持续时间有所缩短 [图4-6（b）]。

2014~2015 年，土壤含水量的变化规律与 2013~2014 年类似（图4-7）。0~10cm 土层，2015 年 3~6 月，土壤含水量明显随着积雪量的增加而增加 [图 4-7（a）]，而在 10~20cm土层，这一现象的持续时间缩短到了 4~5 月 [图 4-7（b）]。

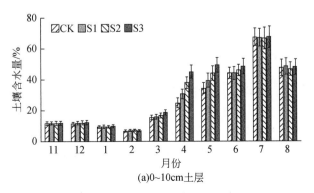

(a)0~10cm土层

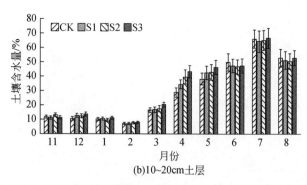

图 4-6　2013～2014 年不同积雪量对高寒草甸土壤含水量动态变化的影响

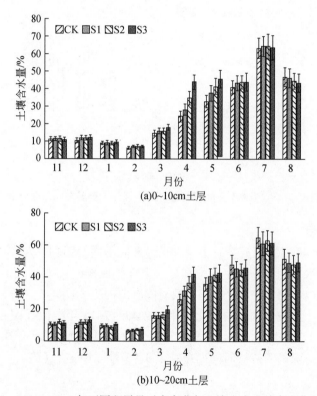

图 4-7　2014～2015 年不同积雪量对高寒草甸土壤含水量动态变化的影响

4.2.2　积雪变化对土壤养分特性的影响

表 4-1 展示了积雪变化对不同土层土壤化学性质的影响。在 0～10cm 土层，积雪变化导致土壤 pH、速效磷、速效钾、总氮、总磷以及土壤有机碳增加，其中，pH、速效磷、总磷以及土壤有机碳的增加尤为显著（$P<0.05$）；总钾随着积雪量的增加呈现出先增加后降低的趋势，并在 S3 处理下显著低于 CK（$P<0.05$）；其余指标对积雪变化的响应不显

著。在 10～20cm 土层，各指标均发生了显著变化，其中，土壤速效氮、速效钾、总氮、总磷以及有机碳含量随着积雪量的增加而显著增加（$P<0.05$），而总钾则恰恰相反，其含量随着积雪量的增加而显著降低（$P<0.05$），此外，pH、速效磷也发生了显著变化（$P<0.05$），随着积雪量的增加表现出先增加后降低的趋势。

表 4-1　不同积雪量对高寒草甸土壤化学性质的影响

土壤深度/cm	处理	pH	速效氮/(mg/kg)	速效磷/(mg/kg)	速效钾/(mg/kg)	总氮/(g/kg)	总磷/(g/kg)	总钾/(g/kg)	有机碳/(g/kg)
0～10	CK	5.62±0.17[b]	206.04±6.8[a]	2.9±0.56[c]	136.3±35.4[a]	4.18±0.35[a]	0.39±0.06[b]	15.46±0.07[a]	37.03±1.69[b]
	S1	5.72±0.02[ab]	208.7±11.8[a]	6.4±0.56[a]	178.67±9.1[a]	4.2±0.21[a]	0.83±0.07[a]	15.5±0.16[a]	44.57±3.08[a]
	S2	5.91±0.07[a]	193.5±6.3[a]	4.3±0.36[b]	183.3±4.16[a]	4.67±0.31[a]	0.89±0.03[a]	15.69±0.05[a]	43.2±0.87[ab]
	S3	5.89±0.08[a]	213.3±10.5[a]	4.3±0.36[b]	165.33±13.[a]	4.43±0.21[a]	0.76±0.04[a]	14.31±0.22[b]	42.47±2.6[ab]
10～20	CK	5.81±0.03[ab]	178.55±9.7[b]	2.87±0.65[b]	65.33±11.0[b]	3.22±0.1[b]	0.82±0.05[b]	15.49±0.14[a]	31.77±1.43[b]
	S1	5.94±0.05[a]	153.1±4.8[bc]	4.3±0.2[a]	90.33±4.9[ab]	3.47±0.09[b]	0.86±0.04[ab]	15.46±0.15[a]	32.68±1.67[b]
	S2	5.94±0.04[a]	128.97±2.6[c]	3.2±0.23[b]	95.67±5.5[ab]	3.72±0.3[b]	0.76±0.03[b]	14.45±0.18[a]	32.27±1.88[b]
	S3	5.55±0.12[b]	272.3±16.3[a]	3.56±0.2[ab]	104.67±8.1[a]	5.39±0.25[a]	0.98±0.02[a]	14.6±0.27[b]	57.09±1.24[a]

注：a、b 表示不同处理间在 0.05 水平上的差异显著性。

4.2.3　积雪变化对植物群落数量特征的影响

植物生态特征和植物群落多样性可以作为判断高寒草甸质量和退化阶段的指标之一，与整个生态系统的状态有密不可分的关系，环境的改变会导致植被的变化，而植被的变化同时也会对生态系统中其他组分产生影响。此外，积雪是自然界中常见的现象，它通过改变环境中温度、水分以及光照条件等众多因素对生态系统产生影响。本研究拟以积雪变化对高寒草甸植物群落特征的影响为出发点，人工设置 4 个不同积雪梯度对高寒草甸植被物种丰富度、盖度和初级生产力进行研究，为研究高寒草甸生态系统对气候变化的响应与适应机制寻找强有力的技术手段。

（1）对生物量的影响

根据表 4-2 可知，2014 年和 2015 年，植物群落地上总生物量均随着积雪量的增加呈现先增加后降低的趋势，表现为S1>CK>S2>S3，各个处理间存在显著差异（$P<0.05$）。从功能群来看，各功能群的生物量对不同积雪处理的影响存在差异（表4-2）。

表4-2 不同积雪量处理对川西北高寒草甸群落和主要功能群生物量的影响

年份	处理	群落总生物量	功能群生物量			
			豆科	禾本科	莎草科	杂类草
2014	CK	121.75±12.00[b]	10.26±1.70[a]	4.15±1.03[c]	16.18±2.50[b]	91.16±10.19[b]
	S1	177.13±16.56[a]	7.58±1.21[b]	10.05±1.00[a]	30.20±2.54[a]	129.30±15.23[a]
	S2	110.86±12.97[bc]	7.01±1.25[bc]	7.69±0.48[b]	13.26±2.49[b]	82.90±11.96[b]
	S3	98.94±14.07[c]	5.69±0.49[c]	7.46±13.8[b]	8.61±2.56[c]	77.17±15.80[b]
2015	CK	212.53±15.52[a]	10.88±2.48[a]	15.69±5.23[ab]	63.66±23.57[a]	122.3±17.37[a]
	S1	219.54±24.05[a]	13.38±5.33[a]	24.71±5.62[a]	34.23±6.4[b]	147.22±27.21[a]
	S2	176.27±20.65[b]	7.56±1.38[b]	11.49±3.49[b]	45.74±12.93[b]	111.48±12.98[a]
	S3	168.42±16.7[b]	9.97±2.02[b]	17.83±3.21[ab]	36.18±4.9[b]	104.44±18.07[a]

豆科植物的生物量在2014年随着积雪量的增加而呈显著降低的趋势（$P<0.05$）；而2015年，与CK相比，S1处理生物量增加但无显著差异（$P>0.05$），S2和S3处理生物量显著下降（$P<0.05$），其中S3处理生物量大于S2处理生物量。禾本科植物除了2015年的S2处理外，其生物量整体高于CK且都以S1处理时最大。其中，2014年各处理组均与CK呈显著差异（$P<0.05$），但是随着处理时间延长，这种差异缩小，2015年仅S1处理生物量显著高于CK。莎草科植物在2014年生物量对积雪变化的响应与群落总生物量一致，表现为S1>CK>S2>S3，其中S1和S3处理与CK呈显著差异（$P<0.05$），而2015年各处理组的生物量均显著低于CK（$P<0.05$），其中以S1处理的下降幅度最大，但各处理组之间均无显著差异。杂类草植物生物量随着积雪量的增加而呈现先增加后降低的趋势，仅2014年S1处理的生物量具有显著差异。

（2）对盖度的影响

表4-3表明，积雪变化在一定程度上导致高寒草甸植物群落的总盖度下降，2014年和2015年的S3处理总盖度均显著低于CK（$P<0.05$），与S2处理部分存在差异，但整体差异不大。

表4-3 不同积雪量处理对川西北高寒草甸群落和主要功能群盖度的影响

年份	处理	群落总盖度	功能群盖度			
			豆科	禾本科	莎草科	杂类草
2014	CK	85.20±5.26[a]	12.00±7.18[a]	33.80±6.10[a]	24.40±7.92[a]	68.80±2.68[ab]
	S1	85.00±5.00[a]	13.20±2.49[a]	32.00±3.39[a]	14.00±5.20[b]	71.80±7.76[a]
	S2	74.00±8.22[b]	7.40±2.30[ab]	28.80±10.99[a]	14.60±7.89[b]	61.20±8.04[b]
	S3	76.4.±5.41[b]	5.00±1.87[b]	28.00±4.74[a]	14.40±5.22[b]	63.80±4.207[ab]

续表

年份	处理	群落总盖度	功能群盖度			
			豆科	禾本科	莎草科	杂类草
2015	CK	88.4±5.94^a	3.8±2.56^b	43.4±4.56^a	13.4±2.82^{ab}	72.4±5.94^a
	S1	88±5.43^a	12.2±4.32^a	26.6±8.57^b	16.8±5.97^a	68±9.85^a
	S2	79±7.42^{ab}	7.8±2.17^{ab}	22.8±6.83^{bc}	11.1±1.98^{ab}	64.6±13.63^a
	S3	73.2±4.09^b	4.5±3.32^b	16.7±3.51^c	9.1±3.71^b	51.6±9.91^b

根据表 4-3 可知，2014 年，豆科植物盖度随着积雪量的增加呈现先增加后降低的趋势，S1 处理下其盖度最高，而 S3 处理下盖度最低，并与 CK、S1 间差异显著（$P<0.05$）；2015 年，S1 处理豆科植物的盖度显著高于 CK，其余积雪处理豆科盖度平均值均高于 CK，但未达到显著水平。

禾本科植物盖度整体表现为随着积雪量的增加而逐渐降低（表 4-3），2014 年各处理间并无显著差异，但 2015 年各处理组与 CK 之间、各处理组之间的差异增大。莎草科植物盖度在积雪处理下随积雪量增加呈下降趋势（表 4-3），2014 年各处理组的盖度均显著小于对照组，2015 年这一差异变小。杂类草植物盖度在积雪处理下均低于对照组，仅 2014 年的 S1 处理高于 CK，但差异不显著。整体来看，杂类草植物盖度受积雪影响较小。

（3）对丰富度的影响

不同积雪处理均增加了群落的丰富度（表 4-4），但 2014 年和 2015 年各处理间丰富度均无显著差异（$P>0.05$）。同时，各功能物种的丰富度变化规律与群落丰富度的变化规律基本一致（S1>S2>S3>CK）。与 2014 年相比，2015 年功能群丰富度的变化幅度减少。

表 4-4　不同积雪量处理对川西北高寒草甸群落和主要功能群丰富度的影响

年份	处理	群落总丰富度	功能群丰富度			
			豆科	禾本科	莎草科	杂类草
2014	CK	16.4±1.14^a	2±0^a	1.8±0.55^{ab}	2.6±0.45^a	10±1.48^a
	S1	18.6±2.79^a	1.6±0.55^a	2.8±1.3^a	2.4±0.89^a	11.8±3.03^a
	S2	17.6±1.52^a	1.8±0.45^a	2.0±1.22^{ab}	2.8±1.1^a	11±1.58^a
	S3	17±1.41^a	1.75±0.5^a	1.25±0.5^b	2.75±0.96^a	11.25±1.5^a
2015	CK	22.8±1.48^a	2±0^a	3.0±0.71^a	2±0.71^a	15.8±1.48^a
	S1	25.8±1.3^a	2±0^a	3.4±0.89^a	2.4±1.14^a	18±2^a
	S2	24.4±1.67^a	2±0^a	2.8±0.45^a	2.4±0.55^a	17.2±1.3^a
	S3	24.4±1.67^a	2±0^a	3±1^a	2.2±1.48^a	17.2±3.35^a

（4）对植物群落物种多样性的影响

不同积雪量显著的改变了川西北高寒草甸群落生物多样性（表 4-5）。2014 年，高寒草甸植物群落 Simpson 指数随着积雪量的增加表现为先增加后降低，且在 S1 处理下最高，同时，CK、S1 与 S2、S3 处理间存在显著差异（$P<0.05$）；Shannon-Wiener 指数随着积雪

量的增加而增加，但各处理间并无显著差异；Pielou 指数随着积雪量的增加表现为先降低后增加，但各处理间均无显著差异。2015 年，川西北高寒草甸植被群落多样性变化与2014 年类似，随着积雪量的增加，Simpson 指数表现为先增加后降低，整体表现为 S1>S2>S3>CK，其中 S1、S2 与 S3、CK 间存在显著差异（$P<0.05$）；Shannon-Wiener 指数随着积雪量的增加先降低后增加，其中，CK、S1 与 S3 间存在显著差异（$P<0.05$）；Pielou 指数随着积雪量的增加先增加后降低，且在 S1 处理下最高，CK、S1 与 S2、S3 处理间存在显著差异（$P<0.05$）。

表 4-5 不同积雪量处理对川西北高寒草甸植物群落多样性的影响

年份	处理	Simpson 指数	Shannon-Wiener 指数	Pielou 指数
2014	CK	0.954±0.004[a]	2.428±0.184[a]	0.868±0.043[a]
	S1	0.956±0.003[a]	2.477±0.177[a]	0.850±0.031[a]
	S2	0.946±0.005[b]	2.488±0.101[a]	0.872±0.021[a]
	S3	0.943±0.003[b]	2.552±0.196[a]	0.891±0.048[a]
2015	CK	0.957±0.01[c]	2.525±0.06[b]	0.864±0.033[a]
	S1	0.976±0.003[a]	2.423±0.097[b]	0.871±0.038[a]
	S2	0.971±0.002[a]	2.702±0.147[ab]	0.797±0.016[b]
	S3	0.963±0.005[c]	2.830±0.143[a]	0.761±0.017[b]

4.2.4 积雪对植物根系的影响

植物根系在植物的生长发育和新陈代谢中发挥着至关重要的作用，是植物生长的重要器官，具有储藏营养物质、供给植物营养和水分、调节植物生长发育、支持植物躯体等基本功能外，还对生态系统功能（如固碳、养分循环、物质分解等）的正常发挥有重要影响，有研究表明根系的分布和生长形态可以反映出植物的生长状况受大气温度、光照、水分、土壤等外界因素的影响程度。由此可见，研究积雪变化对青藏高原高寒草甸生态系统的影响，根系生物量、年生长和死亡动态和周转率等因子的变化是必不可少的一部分。

（1）不同积雪梯度下高寒草甸根系现存量与死亡量的动态变化

2014～2015 年不同积雪梯度下高寒草甸根系现存量与死亡量具有明显的季节动态。根系现存量是衡量植物根系生长状况的一项重要指标，图 4-8 反映了 2014 年不同积雪梯度处理下高寒草甸不同土层根系现存量与死亡量的动态变化过程。

研究表明，在表层（0～10cm）土壤中，CK、S1、S3 处理的根系现存量峰值均出现于 8 月 5 日，分别为 558.33±50.80g/m²、617.47±42.75g/m²、413.33±39.41g/m²，而 S2 处理根系现存量峰值则出现于 9 月 5 日（612.62±47.80g/m²）［图 4-8（a）］。整体看来，表层土壤中 S1 处理下根系生长明显提前（5 月 14 日～7 月 20 日），而 S3 处理下根系生长则明显受到抑制［图 4-8（a）］。

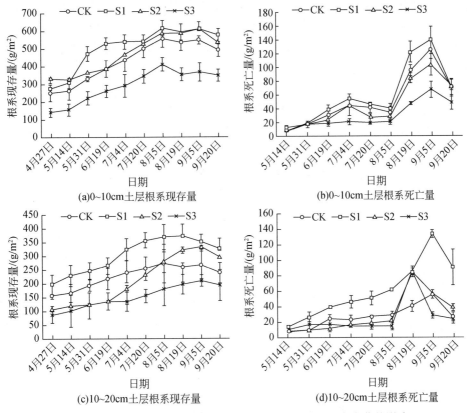

图 4-8　积雪变化对高寒草甸根系现存量与死亡量的动态变化的影响

深层（10~20cm）土壤中，CK 的根系现存量峰值出现在 8 月 5 日（272.71±69.75g/m²），S1 处理的根系现存量峰值出现在 8 月 19 日（373.77±41.96g/m²），S2 和 S3 处理下根系现存量的峰值出现在 9 月 5 日，分别为 334.53±21.11g/m² 和 210.74±20.82g/m²［图 4-8（c）］。同时，在 S1 处理下，根系生长整体高于其他处理；S2 处理下根系生长在最初的一段时间内（4 月 27 日~6 月 19 日）受抑制，随后则迅速生长，分别于 8 月 5 日与 9 月 5 日前后超过 CK 及接近 S1 处理；S3 处理下根系生长则始终受到抑制［图 4-8（c）］。

根系死亡量从另一个角度反映了植物根系的生存状况。从图 4-8（b）中可以看出，在表层土壤中，各处理中植被根系死亡量峰值均出现在 9 月 5 日，CK、S1、S2 以及 S3 处理下根系死亡量分别为 124.97±13.20g/m²、141.13±17.75g/m²、103.56±15.97g/m² 以及 66.99±11.64g/m²。整体看来，S1 处理下根系死亡量最高，随后分别是 CK、S2、S3。深层土壤中根系死亡量高峰则发生了变化［图 4-8（d）］，其中 S2、S3 处理下根系死亡量高峰出现在 8 月 19 日，分别为 84.95±5.98g/m²、84.95±4.58g/m²；CK、S1 处理下根系死亡量峰值出现在 9 月 5 日，分别为 56.75±2.15g/m² 和 134.00±4.55g/m²。整体来看，深层土壤 S1 处理下，根系死亡量整体较高。而 8 月 5 日前，CK、S2、S3 处理下根系死亡量整体类似且变化平缓，而 8 月 5 日~9 月 5 日 S2、S3 处理则出现大幅度的波动并在 9 月 20 日恢复与 CK 类似的情况。

图 4-9 反映了 2015 年不同积雪梯度处理下高寒草甸不同土层根系现存量与死亡量的动态变化过程。研究表明，表层土壤中［图 4-9（a）］，CK、S1 处理的根系现存量峰值均出现于 9 月 3 日，分别为 478.49±25.75g/m²、577.99±47.64g/m²，S2 处理根系现存量峰值出现于 9 月 12 日 467.71±41.24g/m²，S3 处理根系现存量峰值出现于 8 月 16 日 344.36±57.21g/m²。整体看来，表层土壤中 S1 处理下根系现存量明显高于其他处理，S2 与 CK 现存量动态较为接近，而 S3 处理下根系生长则明显受到抑制。

深层土壤中［图 4-9（c）］，CK、S1、S2 以及 S3 处理下根系现存量峰值分别出现在 9 月 12 日（260.56±66.77g/m²）、9 月 3 日（345.86±22.52g/m²）、8 月 16 日（276.19±48.21g/m²）以及 9 月 3 日（193.00±34.64g/m²）。深层土壤中，各处理间根系现存量的变化规律与表层一致。从图 4-9（b）中可以看出，在表层土壤中，CK、S1、S2 处理下植被根系死亡量峰值均出现在 9 月 3 日，分别为 92.74±5.55g/m²、118.63±16.20g/m²、69.21±13.85g/m²，而 S3 处理下根系死亡量峰值则出现在 9 月 12 日（57.97±2.91g/m²）。整体看来，S1 处理下根系死亡量最高，随后则分别是 CK、S2、S3。深层土壤中［图 4-9（d）］，CK、S1 处理下根系死亡量高峰出现在 9 月 3 日，分别为 46.63±1.36g/m²）、57.08±12.08g/m²）；S2、S3 处理下根系死亡量峰值出现在 9 月 12 日，分别为 41.71±4.08g/m²）、24.98±4.58g/m²。整体上看，深层土壤中 S1 处理下根系死亡量最大，而 CK、S2 处理根系死亡量变化情况类似，但 S2 处理根系死亡量高峰有所推迟，S3 处理根系死亡量最低。

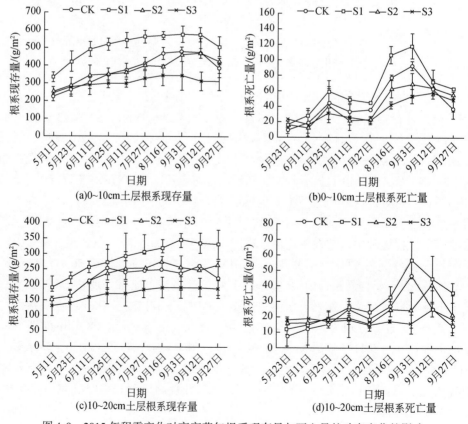

图 4-9　2015 年积雪变化对高寒草甸根系现存量与死亡量的动态变化的影响

（2）不同积雪梯度对高寒草甸植物根系累积生产的影响

平均根系现存量能够更加直观地反映出不同积雪梯度对高寒草甸植物根系状况的影响。2014 年 [图 4-10（a）]，在 0~10cm 土层，各处理间平均根系现存量均存在显著差异（$P<0.05$），平均根系现存量从大到小依次为 S1、S2、CK、S3。在 10~20cm 土层，除 CK 与 S2 处理外，其余各处理间也都存在显著差异，平均根系现存量从大到小依次为 S1、CK、S2、S3。2015 年 [图 4-10（b）]，植物根系平均现存量变化规律与 2014 年相同，但各处理间差异显著性有所降低。在 0~10cm 土层，S1 处理下根系平均现存量显著高于其他处理（$P<0.05$），其余处理中，根系现存量从大到小依次为 S2、CK、S3，且各组间并无显著差异。在 10~20cm 土层，各处理下平均根系现存量的大小关系与 0~10cm 土层一致，S1 与 S3 处理间存在显著差异（$P<0.05$）。

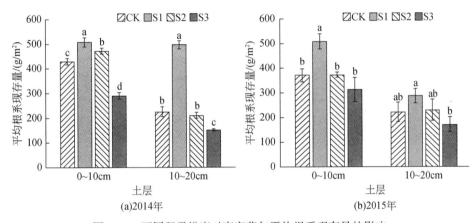

图 4-10　不同积雪梯度对高寒草甸平均根系现存量的影响

平均根系死亡量能够更加直观地反映出不同积雪梯度对生长季根系死亡量的影响。2014 年 [图 4-11（a）]，在 0~10cm 和 10~20cm 土层，各处理下平均根系死亡量均表现为 S1>CK>S2>S3，且除 CK 与 S2 外，其余各处理间均存在显著差异（$P<0.05$）；2015 年 [图 4-11

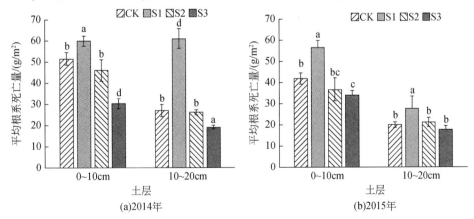

图 4-11　不同积雪梯度对高寒草甸平均根系死亡量的影响

(b)]，在 0～10cm 土层，各处理下平均根系死亡量均表现为 S1>CK>S2>S3，各处理间存在显著差异。在 10～20cm 土层，S1 处理下根系平均死亡量显著高于其他处理（P<0.05）。

平均根系生产量反映了不同积雪条件下高寒草甸植被群落根系的生产能力。2014 年 ［图 4-12（a）］，在 0～10cm 土层，各处理平均根系生产量表现为 S1>CK>S2>S3，各处理间均存在显著差异（P<0.05）。在 10～20cm 土层，各处理平均根系生产量表现为 S1>S2>CK>S3，各处理间均存在显著差异（P<0.05）。2015 年 ［图 4-12（b）］，在 0～10cm、10～20cm 土层各处理平均根系生产量变化规律与 2014 年相同，但各处理间差异显著性有所差别，在 0～10cm 土层，仅 S1 与 S3 处理间平均根系生产量存在显著差异（P<0.05），而在 10～20cm 土层，S1 与 CK、S3 处理间存在显著差异（P<0.05），其余各处理间不存在显著差异。

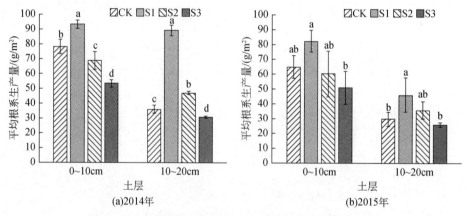

图 4-12　不同积雪量对高寒草甸平均根系生产量的影响

平均根系周转率能够更加直观地反映出不同积雪量对生长季根系周转率的影响。2014 年 ［图 4-13（a）］，在 0～10cm 土层，S2 处理下根系周转率显著低于其他处理（P<

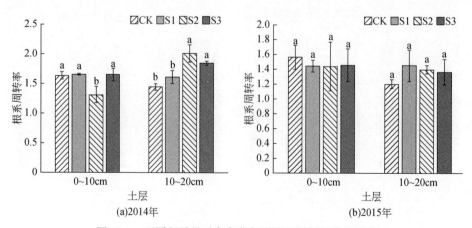

图 4-13　不同积雪量对高寒草甸平均根系周转率的影响

0.05），而其余各处理间无显著差异。在 10～20cm 土层，随着积雪量的增加，根系周转率呈现先增加后降低的趋势，S2 处理下根系周转率最高，S1、CK 与 S2、S3 处理间存在显著差异（$P<0.05$）。2015 年［图 4-13（b）］，在 0～10cm 土层，积雪量的增加降低了根系周转率，但各处理间差异并不显著。而在 10～20cm 土层，积雪量的增加则使根系周转率增加，但各处理间也没有显著差异。

4.2.5 积雪变化对草地群落生物量的影响

研究表明，积雪变化对高寒草甸总生物量产生显著的影响。2014 年，S1 处理下总生物量最高，其次分别为 S2、CK、S3，各处理间存在显著差异（$P<0.05$）；而 2015 年也有着相似的结果，总生物量从高到低分别为 S1、CK、S2、S3，各处理间存在显著差异（$P<0.05$）。两年的研究都取得了相似的结果，即随着积雪量的增加，总生物量表现出先增加后降低的趋势，且最大生物量均出现在 S1 处理下。但同时，两年的生物量组成上也存在明显差异，2015 年地上生物量有所增加，而地下生物量则有所降低，尤其是在 S1 处理中最为明显（图 4-14）。

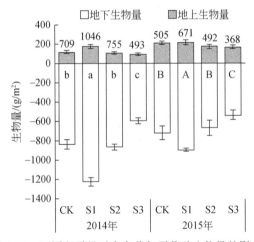

图 4-14　不同积雪量对高寒草甸群落总生物量的影响

4.2.6 积雪变化条件下植被群落特征与土壤理化性质的相互关系

（1）地上植被特征与土壤理化性质的相关性分析

土壤理化性质与植被特征间的 RDA 分析表明（图 4-15），轴 1 与轴 2 的解释度分别为 54.0% 与 5.6%。从图 4-15 可知，高寒草甸植物群落总盖度、总生物量、Shannon-Wiener 指数以及 Pielou 指数与土壤温度、总钾均存在显著的正相关关系；植物群落总丰富度则与土壤速效磷存在显著正相关；高寒草甸植物群落 Simpson 指数则与总氮、土壤含水量及土壤总氮存在显著正相关。

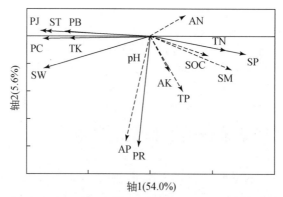

图 4-15　积雪变化条件下高寒草甸地上植被特征与土壤理化性质间 RDA 分析

PB 为植物群落总生物量；PC 为植物群落总盖度；PR 植物群落总丰富度；SW 为 Shannon-Wiener 指数；SP 为 Simpson
指数；PJ 为 Pielou 指数；ST 为土壤温度；SM 为土壤含水量；pH 为土壤 pH；AN 为土壤速效氮；AP 为土壤速效磷；
AK 为土壤速效钾；TN 为土壤总氮；TP 为土壤总磷；TK 为土壤总钾；SOC 为土壤有机碳

　　植被特征与土壤理化性质的 Pearson 相关性分析表明（图 4-16），在 0～10cm 土层中，土壤温度与植物群落总盖度、Shannon-Wiener 指数及 Pielou 指数呈极显著正相关（$P<0.01$），而与 Simpson 指数呈极显著负相关（$P<0.01$）；此外，土壤温度还与植物群落总生物量呈显著正相关（$P<0.05$）；土壤含水量与植物群落总盖度、Pielou 指数呈极显著负相关（$P<0.01$），而与 Simpson 指数呈极显著正相关（$P<0.01$），同时还与 Shannon-Wiener 指数呈显著负相关（$P<0.05$）；土壤 pH 与高寒草甸植物群落总盖度、Shannon-Wiener 指数及 Pielou 指数呈显著负相关（$P<0.05$），同时与 Simpson 指数呈极显著正相关关系（$P<0.01$）；速效磷与植物群落总丰富度呈极显著正相关（$P<0.01$）；土壤总钾与 Shannon-Wiener 指数、Pielou 指数呈显著正相关（$P<0.05$）、与 Simpson 指数间呈显著负相关（$P<0.05$）；土壤有机质与植被群落总丰富度呈显著正相关（$P<0.05$）。此外，速效氮、速效钾、总氮及总磷与各植被特征不存在显著相关性。在 10～20cm 土层，土壤温度与高寒草甸植物总生物量呈显著正相关（$P<0.05$），同时和植物群落总盖度、Shannon-Wiener 指数、Pielou 指数呈极显著正相关（$P<0.01$），并与 Simpson 指数呈极显著负相关（$P<0.01$）；土壤含水量与植物群落总盖度、Pielou 指数呈极显著负相关（$P<0.01$），而与 Simpson 指数呈显著正相关（$P<0.05$）；pH 与植物群落总盖度、Shannon-Wiener 指数、Pielou 指数呈显著正相关（$P<0.05$）；速效氮与 Shannon-Wiener 指数、Pielou 指数呈显著负相关（$P<0.05$）；速效磷与植物群落总丰富度呈极显著正相关（$P<0.01$）；速效钾与植物群落总盖度呈显著负相关（$P<0.05$），与 Pielou 指数呈极显著负相关（$P<0.01$），同时与 Simpson 指数呈极显著正相关（$P<0.01$）；土壤总氮与植物群落总盖度、Shannon-Wiener 指数、Pielou 指数呈极显著负相关（$P<0.01$），而与 Simpson 指数呈极显著正相关（$P<0.01$）。土壤总磷与各植被特征间不存在显著相关性；土壤总钾与植物群落总生物量呈显著正相关（$P<0.05$），与植物群落总盖度、Shannon-Wiener 指数、Pielou 指数呈极显著正相关（$P<0.01$），同时与 Simpson 指数间呈极显著负相关（$P<0.01$）；土壤有机质与植物

群落总盖度呈显著负相关（$P<0.05$），与 Shannon-Wiener 指数、Pielou 指数呈极显著负相关（$P<0.01$），与 Simpson 指数呈极显著正相关（$P<0.01$）。

	生物量	盖度	丰富度	Simpson指数	Shannon-Wiener指数	Pielou指数	
土壤温度	0.60	0.76	0.03	−0.85	0.84	0.86	
土壤含水量	−0.47	−0.81	0.29	0.80	−0.61	−0.76	
pH	−0.50	−0.62	0.03	0.79	−0.70	−0.66	
速效氮	0.22	0.03	−0.03	0.30	−0.09	−0.14	
速效磷	0.19	0.15	0.85	0.05	0.46	0.15	0~10cm
速效钾	−0.10	−0.29	0.55	0.15	0.12	−0.10	
总氮	−0.46	−0.51	−0.04	0.20	−0.31	−0.50	
总磷	−0.16	−0.44	0.52	0.56	−0.14	−0.33	
总钾	0.34	0.57	0.03	−0.67	0.66	0.70	
土壤有机质	−0.01	−0.31	0.58	0.49	0	−0.26	
土壤温度	0.60	0.75	0.07	−0.77	0.82	0.85	
土壤含水量	−0.43	−0.75	0.05	0.68	−0.57	−0.76	
pH	0.45	0.60	0.24	−0.57	0.67	0.70	
速效氮	−0.27	−0.51	−0.18	0.56	−0.59	−0.64	
速效磷	0.11	0.03	0.72	0.06	0.41	0.04	10~20cm
速效钾	−0.44	−0.69	0.35	0.82	−0.55	−0.73	
总氮	−0.49	−0.79	0.07	0.86	−0.79	−0.85	
总磷	−0.21	−0.42	0.13	0.50	−0.32	−0.48	
总钾	0.59	0.79	0.08	−0.76	0.80	0.73	
土壤有机质	−0.43	−0.69	−0.01	0.79	−0.76	−0.83	

−1.00　−0.60　−0.20　0.20　0.60　1.00

图 4-16　积雪变化条件下高寒草甸地上植被特征与土壤理化性质的 Pearson 相关性分析

通过对土壤理化性质与植物群落特征进行 ABT 分析，可以明确高寒草甸生态系统中土壤环境因子对植物群落特征的相对影响（图 4-17）。分析结果表明，对高寒草甸植物群落总生物量相对影响最大的土壤环境因子为土壤温度，相对影响达到了 36.48%，其次分别为 pH、总钾、土壤含水量、总氮等；对高寒草甸植物群落总盖度相对影响最大的土壤环境因子为土壤温度，其相对影响为 53.93%，其次分别为土壤含水量、总钾、总氮、速效磷等；对植物群落总丰富度相对影响最大的土壤环境因子为速效磷，相对影响为 54.75%，其次分别为土壤含水量、土壤温度、总磷、pH 等；对高寒草甸植物群落 Simpson 指数相对影响最大的土壤环境因子为土壤温度，相对影响为 38.70%，其次分别为土壤含水量、总钾、速效氮、土壤有机质等；对高寒草甸植物群落 Shannon-Wiener 指数相对影响最大的土壤环境因子为土壤温度，相对影响为 49.63%，其次分别为土壤含水量、总钾、速效磷、速效氮等；对高寒草甸植物群落 Pielou 指数相对影响最大的土壤环境因子为土壤温度，相对影响为 48.38%，其次分别为土壤含水量、总钾、总氮、速效氮等。

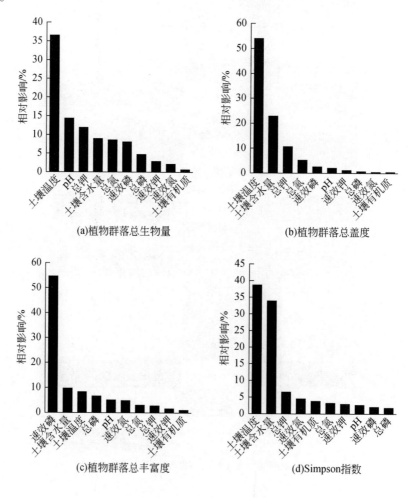

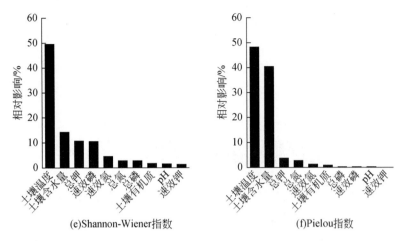

(e)Shannon-Wiener指数　　(f)Pielou指数

图 4-17　土壤理化性质对地上植被特征的相对影响（ABT 分析）

（2）地下根系特征与土壤理化性质的相关性分析

RDA 分析表明（图 4-18），高寒草甸植物群落根系现存量、死亡量、生产量与土壤速效钾、速效磷、总钾间存在正相关关系，而根系周转率则与总氮、速效氮、pH 等因素关系较为紧密。

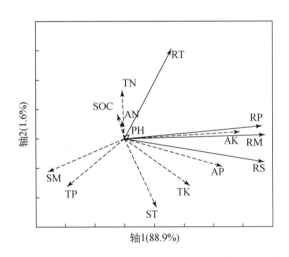

图 4-18　积雪变化条件下高寒草甸植被根系特征与土壤理化性质间 RDA 分析
RT 为根系周转率；RP 为平均根系生产量；RM 为平均根系死亡量；RS 为平均根系现存量

Pearson 相关性分析表明，高寒草甸植被根系与土壤理化性质间存在显著相关性（图 4-19）。在 $0 \sim 10 \mathrm{cm}$ 土层，土壤温度与根系现存量、根系死亡量呈显著正相关关系（$P<0.05$）；速效磷与根系现存量呈极显著正相关关系（$P<0.01$），而与根系死亡量呈显著正相关关系（$P<0.05$）。此外，其余土壤理化性质与植被根系特征间并不存在显著相关关系。在 $10 \sim$

20cm 土层，土壤温度与根系现存量呈显著正相关关系（$P<0.05$）；土壤 pH 与根系的现存量、死亡量及生产量均呈显著正相关关系（$P<0.05$）；速效氮与根系现存量呈显著负相关关系（$P<0.05$）；速效磷与根系死亡量呈显著正相关关系（$P<0.05$）；土壤有机质与根系现存量呈显著负相关关系（$P<0.05$）。此外，土壤含水量、速效钾、总磷与植被根系特征并不存在显著相关关系。

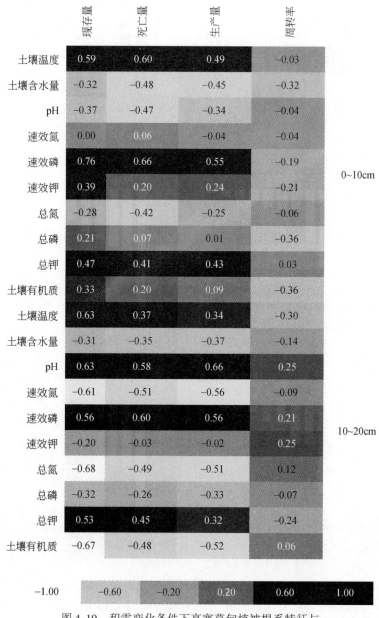

图 4-19　积雪变化条件下高寒草甸植被根系特征与
土壤理化性质间 Pearson 相关性分析

ABT 分析表明（图 4-20），对高寒草甸植物群落平均根系现存量影响最大的土壤环境因子为速效钾，相对影响为 37.87%，其次分别为速效磷、总钾、土壤含水量等；对根系死亡量影响最大的土壤环境因素为速效钾，相对影响为 40.31%，其次分别为土壤含水量、pH、总钾等；对根系生产量影响最大的土壤环境影子为速效钾，相对影响为 36.89%，其次分别为土壤含水量、速效磷、pH、总钾、总磷等；对根系周转率影响最大的土壤环境因子为 pH，相对影响为 27.71%，其次分别为土壤含水量、总磷、速效钾、速效氮、土壤有机质等。

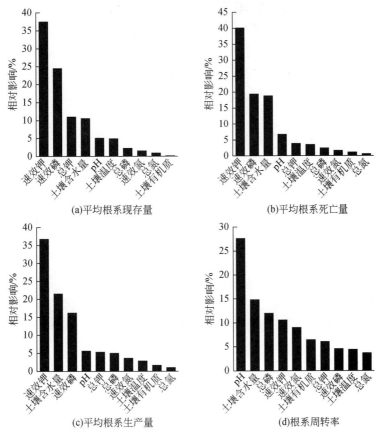

图 4-20　土壤理化性质对植被根系特征的相对影响（ABT 分析）

4.3　积雪变化对多年冻土区草地植被生物量和多样性的影响

4.3.1　观测试验方法与数据获取

在青藏高原典型多年冻土区风火山，选择典型高寒草甸和高寒沼泽草甸类型，采用国际上广泛推行的雪栅栏技术（图 4-21），构建积雪自然不同厚度分梯度堆积试验场，形成自然条件下的不同积雪厚度分布梯度，布设生态样地，开展积雪厚度变化对生态系统影响的观测试验。

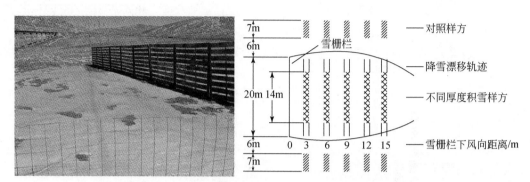

图 4-21 多年冻土区积雪厚度变化自然分带观测试验场

积雪对高寒草甸和高寒沼泽草甸土壤温度和含水量的影响是显著的。在观测期内，有积雪覆盖的土壤温度显著高于无积雪覆盖的土壤温度，有积雪覆盖的土壤剖面不同深度地温要明显高于无积雪的情况。尤其是在融化期（3~6 月），由于积雪量较大，地温差异更为显著。当地表有积雪覆盖时地温受降雪的时间、积雪的厚度和积雪在地表持续的时间等影响，其中降雪时间的不同用气温做替代指标，构建地表有积雪时地温关于气温、积雪持续时间、雪深的计算公式如下

$$T_{si} = 1.043 + 0.474T_{ai} - 0.011D_i - 0.122S_i \tag{4-9}$$

式中，T_{si}、T_{ai} 分别为第 i 时刻的地温和气温；D_i 为从地表开始有积雪覆盖至有积雪覆盖的第 i 时刻；S_i 为第 i 时刻的雪深（cm）。不足 10cm 厚的积雪对地温影响不是很明显。

积雪变化同样影响土壤水分含量及动态，积雪融化期间（5~6 月），草地上覆盖的积雪是植物生长初期土壤水分的重要补给源，为植物的返青创造了较好的水分条件。

4.3.2 不同积雪厚度对高寒草地生态系统的影响

在植物生长初期，对不同积雪厚度处高寒草甸和高寒沼泽草甸植物地上和地下生物量进行的测定。结果如图 4-22 所示，通过一个非生长季不同厚度积雪的作用，两种草地地上和地下生物量发生了明显变化。随积雪厚度的减小，植物的地上或地下生物量表现出下降的趋势。随积雪厚度增加、积雪时间延长，高寒草甸和高寒沼泽草甸植被均表现出明显的生物量增加趋势。

基于观测数据，获得不同积雪厚度地带植被群落物种多样性指数的变化情况，结果发现，物种丰富度指数显示出积雪厚度增加将导致物种数减少，群落结构趋于简单，优势物种的控制地位进一步加强。从多样性指数来看，中等积雪厚度地带物种多样性最低。

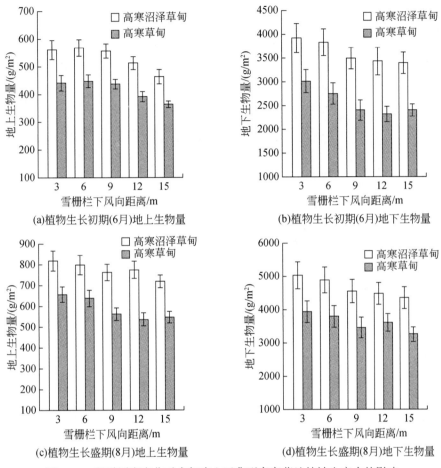

图 4-22　积雪厚度变化对多年冻土区典型高寒草地植被生产力的影响

　　高寒草甸和高寒沼泽草甸土壤有机碳和总氮对短期不同厚度积雪的响应不明显，如图 4-23 所示，但积雪厚度对两种草地土壤的有效氮（硝态氮和氨态氮）的影响比较明显。一般而言，较厚积雪处土壤的有效氮高于无积雪或积雪较少的土壤有效氮含量。不同积雪厚度对土壤酶活性和微生物量碳氮的影响不尽一致，但总体上表现出积雪厚度对土壤微生物活性具有潜在的影响。

　　另外，观测物候变化初步得到以下认识：积雪弧度增加推迟了高寒草甸和高寒沼泽草甸的植被返青期（9~12d）。然而，增温和积雪厚度增加协同作用下，高寒草甸植被返青期提前了 23d，高寒沼泽草甸植被返青期提前了 28d。可见，单独的温度增加只能适当引起物候变化，而单独的积雪厚度增加反而延缓返青期到来，只有当温度和水分条件共同作用的时候，植物返青期才能显著提前于自然状况。初步观测结果显示出，土壤水分和温度共同作用对高寒草甸早期生长的协同作用。

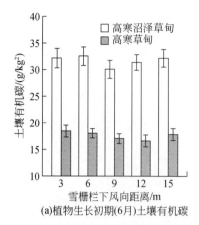

(a)植物生长初期(6月)土壤有机碳

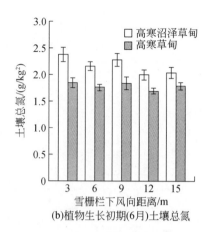

(b)植物生长初期(6月)土壤总氮

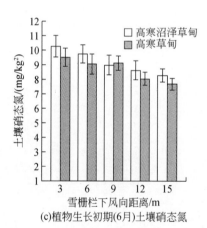

(c)植物生长初期(6月)土壤硝态氮

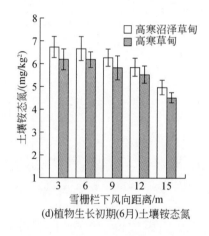

(d)植物生长初期(6月)土壤铵态氮

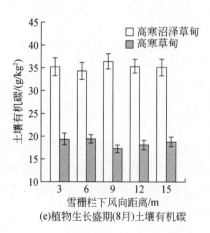

(e)植物生长盛期(8月)土壤有机碳

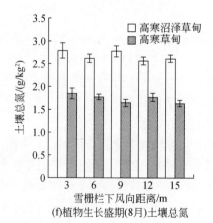

(f)植物生长盛期(8月)土壤总氮

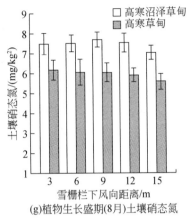
(g)植物生长盛期(8月)土壤硝态氮

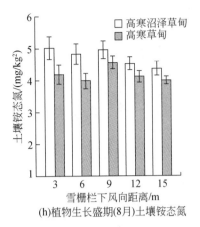
(h)植物生长盛期(8月)土壤铵态氮

图 4-23　积雪厚度变化对高寒草地土壤碳氮含量的影响

4.4　讨　论

(1) 积雪变化对高寒草甸土壤理化性质的影响

土壤是植物生长的最基本条件，土壤的形成、发展和植被的发育、演变之间存在着密切的关系，二者相互影响、相互作用、相互制约。一方面，土壤中储存着植物生长发育所必需的营养物质，如氮、磷、钾等所必需的元素和水分，同时土壤中庞大的种子库在适宜的水温条件下可以重新发芽，维持植物群落的稳定；另一方面，植物体的凋落物、根系及动物体的排泄物和尸体等，经过土壤微生物的分解作用，重新变为无机物返回土壤，因此构成了土壤-植物-动物之间的物质循环有机系统（赵新全，2009）。

土壤含水量和温度是反映土壤物理性质的重要指标，土壤水分能被植物根系直接吸收利用，同时适宜的水分有利于土壤矿物质的分解、溶解和转化，有利于土壤中有机物的分解与合成，增加土壤养分，有利于植物根系的吸收转换。同时，土壤水分还能够调节土壤温度（牛翠娟等，2002）。在本研究对土壤含水量与土壤温度两年的观测中发现，不同积雪条件下，土壤含水量与土壤温度均在每年的 3~6 月发生剧烈的变化，土壤温度随着积雪量的增加而逐渐降低，同时土壤含水量却随着积雪量的增加而增加。由于积雪是热的不良导体，具有较低的导热性与较大的热容量（魏丹等，2007），可通过影响能量平衡、大气循环、土壤水分蒸发等过程，对土壤温度产生一定的影响。积雪覆盖深度、雪层密度以及积雪覆盖时间均会强烈地影响冻结期土壤的冻结速率和融化期土壤升温状况（Mellander et al.，2005）。积雪覆盖在冬季可防止土壤热量的散失，使土壤温度高于大气温度；春季温度回升时则阻止土壤温度升高，使回升时间滞后（常娟等，2012）。在本书研究中，通过实际观测发现，尽管大气温度低于 0℃，但青藏高原较高的热辐射水平（陈继等，2006）依旧使得积雪迅速融化，导致研究区内积雪覆盖时间缩短，积雪对地面的保温作用大幅降低。积雪融化后渗入地下迅速冻结形成地下冰，这些地下冰能够有效阻止地表水和土壤水分的下渗（Niu and Yang，2006），使得地下冰在土壤表层聚集。与此同时，青藏高原昼间较高的热辐射水平以及巨大的昼夜温差（刘志民等，2000），导致地下冰的反复冻融，地下冰储量的不同也影响了反复冻融过程的持续时间。综上，本研究认为积雪量的增加直接导致冬季高寒草甸土壤地下冰储量增加，而冬季地下冰储量的增加对土壤温度与土壤含水量也造成了长远的影响，这种影响在每年 3～6 月尤为明显，在此期间，地下冰储量的增加使得土壤含水量增加的同时降低了土壤温度。值得注意的是，3～6 月是高寒草甸植被返青的重要季节，积雪变化引起的土壤含水量与温度的变化必然会对高寒草甸植被返青造成一定影响。

土壤化学性质包含土壤 pH、有机质含量、土壤全效养分以及有效养分的含量。土壤 pH 直接影响着土壤养分的存在状态、转化和有效性（薛永伟，2011）；土壤有机质对土壤结构的形成和土壤温度具有重要作用，影响着植物的生长发育（侯扶江和南志标，2002）；土壤中氮和磷元素均是植物生长发育所必需的营养元素。土壤化学性质的可变性主要由 5 个因素决定，包括气候、生物活动、地形、成土母质以及时间（Mzuku et al.，2005）。而积雪作为重要的气候因素，其改变对高寒草甸土壤化学性质也造成显著影响，其中最值得注意的就是它能让碳氮比与氮磷比发生改变。土壤碳氮比通常被认为是土壤矿化的重要标志，较低的土壤碳氮比有利于微生物分解有机质并释放养分。同样，土壤氮磷比也是影响土壤营养结构、生物多样性以及地球化学循环的一项重要指标。研究结果表明，在 0～10cm 土层，积雪量的增加导致土壤碳氮比显著增加，同时导致土壤氮磷比明显降低；而在 10～20cm 土层，积雪量的增加则导致土壤氮磷比升高，同时土壤碳氮比的最大值出现在 S3 处理下。虽然这种变化的机制尚未可知，但这种变化势必对土壤微生物群落、植被及根系的生存状态造成很大影响。

（2）积雪变化对高寒草甸植物群落的影响

积雪与植被间的相互关系一直是生态学研究中最受关注的领域之一，前人的研究发现，积雪的覆盖与融化过程及分布格局会对植物群落的生长、分布、组成、功能以及植被覆盖等造成很大影响（王计平等，2013）。

川西北地区冻土分布广泛，本研究结合对土壤、大气温度的监测和实际观察发现，川西北地区较高的太阳辐射水平影响下（陈继等，2006），即使大气温度低于 0℃，积雪也会很快消融，雪水渗入地下后迅速冻结形成地下冰（周幼吾，2000），在返青季节，这些地下冰对土壤温度具有显著的影响。植物生长季节初期（4～5 月），一方面，地下冰融化为土壤提供大量水分，同时土壤解冻时大量积雪融化，使表层土壤相对湿度增大；另一方面，冰融化消耗能量减缓了土壤温度回升的速度。川西北高寒草甸返青早期处于相对干燥状态下，植物对水分需求量相对较低，而对温度需求可能较高，地下冰融化和积雪融化产生的水分虽然有利于返青（赵慧颖等，2007），但是对土壤温度回升的负面影响必然影响植物的生长。本研究表明，积雪变化对植物群落的生长发育具有明显的影响。积雪量增量较低时，土壤温度相对较高，植被总生物量、盖度及各功能群植被的盖度和生物量明显高于积雪量较高的处理，这一结果与前人的研究结果类似。综合比较功能群植物盖度、生物量及群落多样性发现，当积雪量为自然积雪量的 1 倍时，高寒草甸地上植被生长状况最佳，随着积雪量进一步增加植被生长逐渐受到抑制，这与已有研究结果类似。推测当积雪量增加 1 倍时，土壤含水量与土壤温度以及二者之间的配合状况达到最适合植物生长的平衡位置，从而促进了植被发育，而当积雪量继续增加时这一平衡点被破坏，导致土壤温度过低而使植物生长受阻，甚至造成冻害。

（3）积雪变化对高寒草甸植物根系的影响

作为陆地生态系统重要组成部分的根系，其生长与根际环境密切相关。土壤含水量与温度直接控制着根系的生长与发育（Loik et al., 2001）。在一定范围内，温度升高有利于根系的生长发育，而低温胁迫则导致根系生长受阻甚至受损（刘鸿先等，1985）。本研究表明，积雪变化对生长季节的土壤温度产生了显著影响，随着积雪量增加，土壤温度逐渐降低。同时，不同积雪量也对根系的生长状况产生了较大的影响，S1 处理下，根系生长状况最佳；当积雪量进一步增加，在 S2 处理下，根系生长期延迟，但最终的生长状况仍略优于 CK；最终，当积雪量达到试验的最大值（S3 处理），地下根系的生长受到抑制。相关性分析表明，在不同土层中，根系生长均与土壤温度呈正相关关系，这与 Pregitzer 等（2000）的研究结果相似。一些研究认为，地下冰融化和积雪融化产生的水分有利于返青。但是，过高的土壤含冰量和低地温条件对植物根系生长十分不利，冻融对土壤结构的破坏会增加植物须根的死亡（杜子银等，2014）。生长季初期（4~5 月）草甸植物对水分需求量相对较少，但对温度要求较高，因此，地下冰融化和积雪融化对土壤温度回升的负面影响必然间接地影响植物及其根系的生长。同时，青藏高原特殊的气候条件引起的冻土层反复冻融过程中，融化时显著的淋溶作用和冻结时强烈的物理破坏作用以及对土壤微生物的间接作用，都会影响根系的生长和存活（Herrmann and Witter, 2002；Feng et al., 2007）。因此，积雪量适当增加，能满足植物生长初期对水分的需求，有利于植物根系的生长。但积雪量增加过多，会引起地下冰储量增加，进而加重土壤冻融过程引起的负面效应，导致土壤温度过低，从而抑制了根系的生长。

4.5 本章结论

（1）积雪变化对高寒草甸土壤理化性质的影响

积雪变化对土壤含水量、温度以及土壤化学性质都造成了较大影响。其中，积雪量增加会导致返青期（3~6 月）土壤温度降低，使得土壤含水量增加。同时，研究发现，积雪量变化对 0~10cm 土层土壤温度及水分的影响比 10~20cm 土层更加强烈，作用时间也更长。研究还发现，积雪量的增加使 0~10cm 土层土壤 pH、速效磷、速效钾、总氮、总磷以及土壤有机碳增加，而使总钾含量显著降低；而在 10~20cm 土层，随着积雪量的增加，土壤中速效氮、速效钾、总氮、总磷以及土壤有机碳含量显著上升，而总钾显著降低，同时 pH、速效磷表现出先增加后降低的趋势。整体而言，积雪量改变对 0~10cm 土层化学性质的影响力要弱于 10~20cm 土层。

（2）积雪变化对高寒草甸植物群落的影响

2014 年，积雪量的适当增加（S1 处理）使除豆科植物外的其他功能群植物生物量增加，同时带动植被群落总生物量显著上升。而随着积雪量的进一步上升，无论是各功能群还是植物群落总生物量均逐渐降低。积雪量的增加使得群落总盖度及各功能群盖度均有不同程度的降低，S2、S3 处理下，植物群落总盖度相比与 CK 有显著降低。而在各功能群中，莎草科植物对积雪量增加尤为敏感，当积雪量增加后，莎草科植物功能群盖度均显著降低。从植物群落物种丰富度上来看，积雪量的适当增加（S1 处理）使植物群落物种丰富度增加，而积雪量的进一步增加则会使物种丰富度降低。从功能群上来看，除 S1 处理下禾本科物种丰富度有显著增加外，其余各功能群并无显著变化。此外，研究还发现，在第一年（2014 年）的试验中，除 S2、S3 处理下 Simpson 指数显著降低外，积雪增加并未对高寒草甸植物群落生物多样性造成其他显著影响。

第二年（2015 年）的研究发现，植物群落生物量的变化与 2014 年类似，在 S1 处理下豆科、禾本科、杂类草以及群落总生物量最高，而积雪量的增加则显著降低了莎草科植物生物量。2015 年高寒草甸植物群落总盖度变化趋势与 2014 年一致，但豆科与莎草科植物群落盖度随着积雪量的增加先增加后降低，在 S1 处理下盖度最大，禾本科与杂类草则在积雪量增加的影响下逐渐降低。此外，2015 年植物群落物种丰富度的变化规律也与 2014 年相同。同时，研究发现，总体上来看，适当增加的降雪量会增加高寒草甸植物群落多样性，但积雪量进一步增加，植物群落多样性却会逐渐降低。

综上所述，积雪量的适当增加（S1 处理）有利于高寒草甸植物群落的生长发育、提高植物群落生物多样性，而当积雪量继续增加，超过某一阈值后，积雪将阻碍植物的生长，降低植物群落生物多样性。

（3）积雪变化对高寒草甸植物根系动态的影响

在 2014 ~ 2015 年的调查中，4 个不同积雪处理下高寒草甸根系现存量与死亡量均表现出明显的季节动态，随着时间的推移总体上呈现先增加后降低的趋势，根系现存量与死亡量在 5 ~ 6 月最低，随后逐渐增高，并在 8 ~ 9 月达到最高，随后逐渐回落。S1 处理下，2014 年 5 ~ 7 月根系现存量增长速率明显高于其他处理，而 2015 年则在整个生长季均高于其他处理；S3 处理下根系生长相对其他处理明显受到抑制；S2 与 CK 处理下除 2014 年 10 ~ 20cm 土层外并无明显差别。不同积雪量影响下，各处理间根系死亡量的变化规律与根系现存量类似，整体 S1 处理下根系死亡量最高，S3 处理下根系死亡量最低，0 ~ 10cm 土层 S2 处理下根系死亡量低于 CK，而 10 ~ 20cm 土层则较为接近。

根系平均现存量、死亡量以及生产量在不同积雪量影响下变化趋势相对一致，随着积雪量的逐渐增加呈现先增加后降低的趋势，三者的最高值基本都出现在 S1 处理下，而最低值出现在 S3 处理下，S2 与 CK 处理间互有高低。

关于根系周转率的研究结果表明，2014 年，随着积雪量的增加根系周转率出现由 0 ~ 10cm 土层向 10 ~ 20cm 土层转移的趋势，在 S2 处理下尤为明显。2015 年，积雪量的增加也导致根系周转率由 0 ~ 10cm 土层向 10 ~ 20cm 土层转移的情况发生。

综合以上研究结果，本书认为，适当增加积雪有利于植物根系的生长，而积雪量过高则会导致根系生长受阻，同时，积雪量的增加会导致根系周转率向深层土壤转移。

第5章 青藏高原高寒生态系统碳库及变化

5.1 引　言

植被生物量是地表碳循环的重要组成部分，是土壤碳库的主要输入源。在草地生态系统中，草地生物量是最为活跃的碳库，代表初级生产力的基本水平。精确地评估草地生物量碳库及变化规律有助于认识草地生态系统在全球变化中的作用，同时对于合理利用草地资源具有重要意义。在未来 50~100 年，地球表面温度可能升高 1.4~5.8℃，高纬度和高海拔地区温度升幅将会更大。

基于冻土环境的寒区生态系统对气候变化异常脆弱，冻土环境的动态变化对土壤物理性质、水分含量以及土壤养分状况都有较大影响，从而决定着地表植被群落结构和生产力的变化。对北极高纬度冻土区生态系统的研究表明，气温升高导致冻土活动层加深、生态系统各种生态要素（如植被群落结构、生产力以及生物多样性等）发生了显著变化，进而对整个地球系统产生一定影响。青藏高原多年冻土区总面积约为 1.5×10^6 km^2，与高纬度地区相比，青藏高原多年冻土温度较高、厚度较薄、热状态极不稳定（Zhao et al.，2010；Wu et al.，2016），生态系统更为脆弱。近年来，青藏高原多年冻土退化严重，主要表现在土壤温度升高、活动层深度增加和多年冻土面积减少。因此，青藏高原多年冻土区高寒生态系统生物量及土壤碳库的储量、分布及动态变化成为当前研究的热点，相关研究成果对于准确评估高寒生态系统碳汇能力及其对气候变化的响应具有重要价值。

目前关于青藏高原高寒草地植被碳库的研究取得了一定进展，但对于植被碳库的动态变化仍存在一定争议。土壤碳库更多集中在表层，对深层土壤碳储量的报道较少。本章内容考虑以青藏高原地质分布图估算 2~25m 深度冻土区有机碳库。此外，利用室内培养方式研究冻土区土壤有机碳的分解特征及稳定性。最后，对青藏高原森林生态系统植被和土壤碳储量的分布和变化进行分析。

5.2 流域尺度上多年冻土区生态系统碳库分布

以疏勒河上游冻土区为研究对象，沿海拔梯度选择 14 处生态样地研究区域和不同深度土壤有机碳密度分布特征。年均气温和降水量数据由研究区附近的 5 个气象站数据（2008~2010 年）插值来获取。基于研究区各植被类型的 NDVI 数据值，利用 2010 年 7 月 16 日的遥感影像图对流域植被类型进行划分。

选取 7 种典型植被类型进行土壤有机碳/总氮密度、碳氮比和储量的分布特征研究，各种植被类型面积、样地的优势物种、土壤类型和气象条件见表 5-1。研究区植被类型的分布较为复杂，但它们与降水量和气温具有很好的相关性。各植被类型中的优势植物种类详见陈生云等的论述。受低温和土壤侵蚀的影响，研究区土壤发育较年轻并且退化严重。根据中国土壤分类系统，研究区主要土壤类型包括寒钙土、沼泽土、棕钙土、灰棕漠土、寒冻土、冷钙土和草毡土，相关数据源自寒区旱区科学数据中心。

表 5-1 不同植被类型面积和样地的优势物种、土壤类型、年均气温和年均降水量

植被类型	优势物种	土壤类型	年均气温 /℃	年均降水量 /mm
高寒沼泽草甸	藏嵩草、小蒿草	沼泽土	-4.5	417
沙化草地	沙生风毛菊、昆仑蒿	冷钙土	-4.8	422
高寒草甸	线叶嵩草、青藏薹草	草毡土	-4.7	419
	青藏薹草、紫花针茅	寒钙土	-4.8	417
	粗壮嵩草、昆仑蒿	冷钙土	-5.2	400
	粗壮嵩草、青藏薹草	冷钙土	-6.0	476
荒漠	珍珠猪毛菜、野葱	灰棕漠土	6.3	67
荒漠化草原	短花针茅、臭蒿	棕钙土	2.7	89
高寒草原	紫花针茅、沙生风毛菊	寒钙土	-4.3	400
	紫花针茅、赖草	寒钙土	-3.5	368
	紫花针茅、火绒草	冷钙土	-2.5	324
	紫花针茅、火绒草	冷钙土	-0.3	168
冰缘植被	四裂红景天、早熟禾	寒冻土	-5.0	205
	早熟禾、沙生风毛菊	寒冻土	-5.6	209

5.2.1 植被和土壤碳储量

不同植被类型地上生物量、地下生物量和土壤有机碳密度见表 5-2。可见，不同植被类型地上生物量和地下生物量的差异较大。不同植被类型的 1m 深土壤有机碳密度为 4.39 ~ 19.84kg/m^2，而土壤总氮密度为 0.68 ~ 2.34kg/m^2，有机碳和总氮密度平均分别为 6.92kg/m^2 和 0.88kg/m^2。基于各种植被类型面积和有机碳/总氮密度，研究区土壤有机碳和总氮储量分别为 86.08Tg（1Tg = 10^{12}g）和 11.01Tg。其中，冰缘植被、高寒沼泽草甸、高寒草甸、高寒草原、沙化草地、荒漠和荒漠化草原 7 种植被类型土壤有机碳储量分别为 30.98Tg、4.50Tg、6.99Tg、16.58Tg、3.73Tg、0.80Tg 和 22.50Tg，总氮储量分别为 4.19Tg、0.53Tg、0.65Tg、1.92Tg、0.45Tg、0.12Tg 和 3.14Tg。可见，疏勒河上游冻土区有机碳和总氮储量在冰缘植被最大，荒漠化草原次之，荒漠最小。

表 5-2　不同植被类型 1m 深土壤的有机碳密度、总氮密度、地上生物量和地下生物量

植被类型	有机碳密度 /（kg/m²）	总氮密度 /（kg/m²）	地上生物量 /（g/m²）	地下生物量（0~10 cm，10~20 cm）[a] /（g/m²）
高寒沼泽草甸	19.84±1.81	2.34±0.55	168.48±0.94	12 261.09±299.20（66%，19%）
沙化草地	6.24±1.73	0.75±0.29	16.27±5.95	472.78±165.40（47%，52%）
高寒草甸	8.70±1.19	0.81±0.08	54.29±9.21	1 391.27±599.17（75%，17%）
荒漠	4.39±0.71	0.68±0.06	107.18±26.71	1 006.21±506.61（51%，31%）
荒漠化草原	7.09±0.65	0.99±0.14	41.86±3.06	1 860.35±171.43（64%，22%）
高寒草原	9.24±1.11	1.07±0.21	56.42±48.43	1 505.79±344.29（65%，21%）
冰缘植被	5.46±3.66	0.74±0.58	70.58±26.27	819.97±40.94（62%，26%）

注：a 为 0~10cm 和 10~20cm 生物量占总生物量的比例。

另外，寒钙土、沼泽土、棕钙土、灰棕漠土、寒冻土、冷钙土和草毡土 1m 深土壤有机碳密度分别为 8.11kg/m²、19.84kg/m²、7.09kg/m²、4.39kg/m²、9.46kg/m²、8.39kg/m² 和 6.13kg/m²，总氮密度分别为 0.84kg/m²、2.34kg/m²、0.99kg/m²、0.68kg/m²、1.15kg/m²、0.96kg/m² 和 0.80kg/m²（表 5-3）。根据各种土壤类型的面积和有机碳/总氮密度，进一步计算得出研究区土壤有机碳和总氮储量分别为 92.96Tg 和 10.85Tg。各类型土壤中寒钙土、沼泽土、棕钙土、灰棕漠土、寒冻土、冷钙土和草毡土有机碳储量分别为 24.63Tg、5.88Tg、4.07Tg、3.40Tg、15.93Tg、35.37Tg 和 3.68Tg，总氮储量分别为 2.56Tg、0.69Tg、0.57Tg、0.53Tg、1.97Tg、4.06Tg 和 0.48Tg。可见，研究区有机碳和总氮储量在冷钙土中最大，寒钙土次之，灰棕漠土和草毡土最小。

表 5-3　不同土壤类型中 1m 深土壤的有机碳和总氮密度

土壤类型（面积，km²）	有机碳密度/（kg/m²）	总氮密度/（kg/m²）
寒钙土（3038）	8.11±1.25	0.84±0.16
沼泽土（297）	19.84±1.81	2.34±0.55
棕钙土（574）	7.09±0.65	0.99±0.14
灰棕漠土（774）	4.39±0.71	0.68±0.06
寒冻土（1730）	9.46±1.77	1.15±0.16
冷钙土（4218）	8.39±1.67	0.96±0.14
草毡土（600）	6.13±1.72	0.80±0.01
其他（1270）	—	—

5.2.2　土壤碳储量的垂直分异及影响因素

高寒沼泽草甸、沙化草地和高寒草甸中 40cm 以下的土壤有机碳密度占 1m 深总量的比例分别为 25%、28% 和 23%（图 5-1）。以 20cm 为间隔分层研究土壤剖面中有机碳密度

分布特征，发现研究区土壤有机碳密度基本上随着土壤剖面深度的增加而降低，这与青藏高原其他区域以及其他生态系统（Jobbágy and Jackson，2000）土壤有机碳密度的变化规律一致。然而，荒漠植被土壤中 20～40cm 有机碳密度最高。

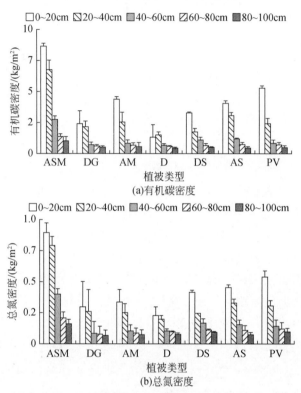

图 5-1 不同植被类型土壤剖面中有机碳密度和总氮密度的分布特征

ASM 为高寒沼泽草甸；DG 为沙化草地；AM 为高寒草甸；D 为荒漠；DS 为荒漠化草原；
AS 为高寒草原；PV 为冰缘植被

自然条件下，土壤有机碳来源于地表凋落物和细根系的周转。因此，荒漠植被土壤中 20～40cm 土壤有机碳含量高的可能原因包括：①地上生物量少，0～20cm 和 20～40cm 的地下生物量差异不大；②受高温和低降水量的影响（表 5-1），荒漠植被 0～20cm 表层土壤有机质分解速率高于 20～40cm。另外，也可能是因为含有腐殖层的表层土壤被风沙等沉积物覆盖，土壤腐殖层被掩埋成为 20～40cm 土层。值得注意的是，风成沉积过程与多年冻土密切相关，因为多年冻土退化受直接（如过度放牧、工程建设）和间接（气候变化）的人类活动影响（Zhang et al.，2006；Dai et al.，2011）。风成沉积过程不仅有助于解释荒漠植被样地土壤有机碳分布的原因，还能为解释土壤有效养分的剖面分布提供依据。土壤有机物质分解与土壤水热条件变化有关，且必须考虑的是风成沉积的不断输入削弱了环境因子对有机物质分解的影响（Baumann et al.，2009）。

7 种植被类型 0～20cm 表层土壤有机碳和总氮密度的平均值分别占 1m 深土壤的 43% 和 39%，分别低于青藏高原腹地平均值的 49% 和 43%（Yang Y H et al.，2010），而与全球的平均值（42%和38%）基本一致（Jobbágy and Jackson，2000）。土壤有机碳和总氮集中于土壤表层主要是因为其重要来源物质——植物根系分布在浅层土壤（Jobbágy and Jackson，2000），本研究地下生物量调查结果（表5-2）也支持这一观点。前期研究表明，与森林生态系统土壤有机碳分布特征不同（Sommer et al.，2000），高寒生态系统的植物根系主要分布在浅层，因此表层土壤由于有机物质输入更多而拥有较高的土壤有机碳和总氮。

对于研究区老虎沟小流域的4种植被类型：荒漠、荒漠化草原、高寒草原和冰缘植被，随着年均气温降低和年均降水量增加，土壤40cm以下的有机碳密度占1m深总量的比例逐渐降低（荒漠>荒漠化草原>高寒草原>冰缘植被）。一定深度（20cm、60cm和100cm）土壤有机碳密度随着年均气温降低和年均降水量增加而增加（表5-4），这与Jobbágy和Jackson（2000）等的研究结果一致。值得一提的是，它们之间的相关性系数随着土壤深度增加而逐渐降低（表5-4），在青藏高原腹地的研究也发现了类似的结果（田玉强等，2007）。

表5-4 老虎沟小流域4种植被类型（荒漠、荒漠化草原、高寒草原和冰缘植被）不同土壤深度的有机碳密度与气候因子的关系

深度 /cm	年均气温		年均降水量	
	线性方程	相关系数	线性方程	相关系数
0~20	$y=-0.32x_1+3.65$	$R=0.97^*$	$y=0.02x_2+0.35$	$R=0.93^*$
0~60	$y=-0.44x_1+6.99$	$R=0.86$	$y=0.03x_2+2.03$	$R=0.90$
0~100	$y=-0.46x_1+8.19$	$R=0.85$	$y=0.04x_2+2.99$	$R=0.89$

注：y为一定深度的总有机碳密度；x_1为年均气温；x_2为年均降水量；R为相关系数。
* 表示0.05显著性水平。

前期有研究表明，气候因子对土壤有机碳的影响随着土壤深度而变化，其中气候因子对表层土壤有机碳的影响最大（Jobbágy and Jackson，2001；田玉强等，2007）。这可能是由于深层土壤中难以分解的有机碳组分所占比例增加所致（Jobbágy and Jackson，2000；Rumpel and Kögel-Knabner，2011）。Yang Y H等（2010）认为具体有3个原因：①深层土壤中有机碳难分解；②土壤的缓冲能力减弱了气候因子的影响；③深层土壤中的有机碳含量很低，变异性很小。

5.3 青藏高原多年冻土区植被碳库空间分布及变化

陆地生态系统作为全球碳循环的重要组成部分，在全球碳收支平衡中占有主导地位。陆地生态系统碳库不仅是生态系统碳循环的主要组成要素之一，同时也是估算地球承载能力的一个重要指标，因此研究陆地生态系统碳库对了解全球碳平衡和评价陆地生态系统的可持续发展有极大的帮助。草地生态系统是陆地生态系统中最重要且分布最广泛的生态系统类型之一，草地面积占全球地表面积的1/5，在全球碳循环和气候调节中起重要作用

（Scurlock et al., 2002）。中国草地主要分布在东北平原、内蒙古高原、黄土高原、青藏高原及新疆山地，是全球草地生态系统的重要组成部分。我国可利用草地面积（331×10^6 hm^2）占世界草地面积的 6%~8%，但是碳储量占世界草地总碳储量的 9%~16%（Ni, 2001）。青藏高原独特的地理、气候和自然条件孕育了世界上独具特色的草地生态系统，其面积占青藏高原总面积的 50.9%（Yu et al., 2007）。因此，准确估算青藏高原高寒草地生态系统碳储量及其空间分布格局对碳循环和草地生态系统管理均具有重大的科学意义。

青藏高原是世界上海拔最高、面积最大的高原，冻土广泛分布于青藏高原地区，冻土面积占青藏高原总面积的一半左右（Wang et al., 2016）。近年来，青藏高原经历了显著的气候变暖及相应的冻土退化问题。冻土退化会影响土壤的渗透率和地下水位的高度。基于样点尺度的研究结果表明，冻土退化会导致高寒草地的退化，也可能会更有利于非水分限制地区植被的生长，气候变暖会抵消草地生长的低温限制，同时提高养分循环（Shen et al., 2014）。因此，冻土及其空间分布格局对气候变化的响应，将会直接影响高寒草地生物量碳库的空间格局和变化趋势。

估算草地生态系统的碳储量受缺乏直接观测方法和其自身较强的空间异质性的限制，因此不同估算方法的差异也较大。生物量收割法是调查草地生物量和碳储量的常用方法，但并不适合时空尺度生物量格局及其变化的研究（Jobbágy et al., 2002）。基于生物量与遥感获取的 NDVI 指数之间的相关关系方法，可以较好地表现生物量的空间格局及年际的序列变化，为生物量和碳储量研究提供了一个切实可行并且有效的研究方法。遥感数据的应用在很大程度上可以弥补地面调查取样的不足，特别是结合地面实测数据和遥感信息所建立的遥感统计模型，可以更好地解决草地碳储量估算中的尺度转换问题。遥感数据可以提供全球自 20 世纪 80 年代以来较好空间分辨率的植被指数特征参数，在区域和全球尺度上均证明该方法适合生物量和生产力的估算研究。

5.3.1 研究方法

选择青藏高原为研究区，将区域内冻土空间分布图与植被类型空间分布图相叠加，得到青藏高原多年冻土高寒草原区、多年冻土高寒草甸区、季节冻土高寒草原区、季节冻土高寒草甸区的空间分布。

GIMMS NDVI3g 和 MOD13A3 NDVI 数据集分别是从 NOAA AVHRR 和 TERRA MODIS 遥感传感器获取的，由于两种传感器的波段范围、过境时间等存在差异，两种 NDVI 产品在绝对数值上也会存在差异。在联合使用 GIMMS NDVI3g 和 MOD13A3 NDVI 两种数据集之前需要进行转换和一致性检验。已有研究表明 GIMMS 和 MODIS NDVI 之间存在很好的相关关系（Gallo et al., 2005），因此可以利用两种 NDVI 产品在其重合时间段（2000~2013 年）生长季内的相关关系，建立两种数据源之间的一元线性回归模型，从而将 GIMMS NDVI3g 产品和 MOD13A3 产品整合在一起。将 1km 空间分辨率的月尺度 MODIS NDVI 数据进行重采样，获取 1/12° 空间分辨率的 NDVI 数据，使其与 GIMMS NDVI 数据相匹配。利用 GIMMS 和 MODIS 两种数据源重合时间段（2000~2013 年）的 NDVI 月尺度数据建立两种数据源间基于像元的一元线性回归模型，在此对这两种数据源采取如下方式进行整合，以构建 1982～2015 年长时间序列 NDVI 数据集（图 5-2）。

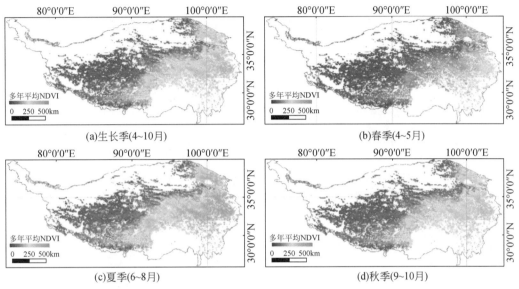

图 5-2　青藏高原多年（1982～2015 年）平均 NDVI

草地的样点生物量数据来自相关文献和我们的野外调查资料。Yang Y H 等（2009）2001～2004 年夏季在青藏高原共计调查了 112 个样地的地上和地下生物量，其中高寒草原 73 个，高寒草甸 39 个。为了估算草地生物量，我们根据该地区的植被分布图，在 2008 年 7～8 月开展了野外调查，选取了 25 个高寒草原和 14 个高寒草甸样地。基于土地覆盖类型、地貌特征等，在不同的地点建立了 3～5 个 1m×1m 的调查样地。收割新鲜的草地地上生物量，使用电子秤在野外进行称重，然后放置在保温箱中。从土壤中获得的根样品同时放置在保温箱中，同地上生物量一起带回实验室。在实验室中用去离子水润洗根部土壤，直至清除根部的全部残留土壤。活根通过颜色、一致性和附着的细根来区分。将地上和地下草地样品在 65℃下烘干至恒重，然后称重以获得样品干重。使用 0.45 的转换因子将地上生物量转化为碳储量。

为了估计青藏高原草地地上生物量和碳储量的大小和时空变化，拟合了生长季平均 NDVI 和地上生物量之间的关系函数。本研究中所用的生物量是在 2001～2004 年和 2008 年测量的，因此利用相同时期每个像素的生长季平均 NDVI 和生物量建立相关关系。方程如下

$$\text{Log}\,(\text{Biomass}_m) = 1.5584 \times \text{NDVI} + 1.1762 \quad R^2 = 0.4444, \ P < 0.001 \tag{5-1}$$

$$\text{Log}\,(\text{Biomass}_s) = 1.047 \times \text{NDVI} + 1.4388 \quad R^2 = 0.3286, \ P < 0.001 \tag{5-2}$$

式中，m 和 s 分别代表高山草甸和高山草原。

为了评估从统计模型导出的生物量估计的误差，使用以下方程来测试预测值

$$\text{RMSE} = \frac{100}{\overline{O}} \sqrt{\sum_{i=1}^{n} (P_i - O_i)^2 / n} \tag{5-3}$$

139

式中，RMSE 为均方根误差；P_i 和 O_i 分别为预测值和观测值；$\overline{O}$ 为观测值的平均值；n 为样本数。

5.3.2 青藏高原多年冻土区高寒生态系统植被碳库空间分布

通过 NDVI 与地上生物量的关系方程以及地上生物量和地下生物量的相关关系，计算得到了青藏高原碳密度的空间分布格局。图 5-3 表示 1982～2015 年青藏高原的平均碳密度。从图 5-3 中可以看出，青藏高原高寒草地碳密度的分布格局表现为显著的空间异质性，自东南向西北碳密度逐渐减小。这与高寒草甸和高寒草原的分布格局比较相近，青藏高原东南部为高寒草甸的主要分布区，向西北方向，高寒草原所占比例逐渐增加。季节冻土高寒草甸区的碳密度最高，多年冻土高寒草原区的碳密度最低。总体而言，草甸区的碳密度高于草原区的碳密度。碳密度空间分布格局主要受温度和降水量的影响。

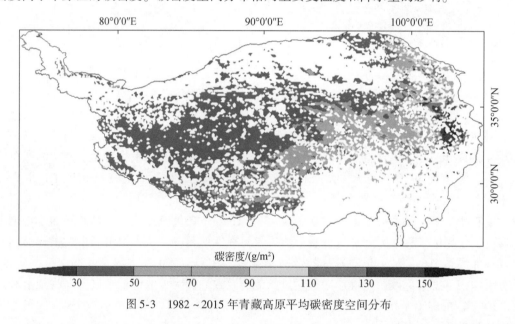

图 5-3 1982～2015 年青藏高原平均碳密度空间分布

我国草地主要分布在北方干旱、半干旱地区和青藏高原。以面积计算，西藏的草地面积占我国草地总面积的 25.0%；而以草地地上生物量的大小计算，西藏、青海的地上总生物量分别居全国第二位、第三位，分别占全国草地地上总生物量的 15.6%、14.2%。我国草地分布地域受水热条件、土壤以及草地类型的影响，单位面积地上生物量的空间分布也呈现高度的异质性。青海省东南部、川西高原等地，受印度洋季风的影响，降水充沛、日照充足、土壤肥沃，该地区的草地生物量和碳密度均比同纬度地区要高，最大值可以达到160g/m^2；西藏西北地区为单位面积地上生物量最少的区域，碳密度在30g/m^2以下。青藏高原隆升导致印度洋和太平洋的气流受阻，大部分地区干旱寒冷，温度降低和降水减少对草地的生长造成不利影响，因此随着海拔的进一步升高，单位面积地上生物量呈减小趋势。

根据计算结果，青藏高原 1982～2015 年多年平均地上碳储量为 46.4Tg，地上与地下总碳储量为 441.1Tg，地下碳储量所占比例较大。我国草地地下生物量为 898.60Tg，生物量碳密度为 271.14g/m²，是地上生物量密度的 6.15 倍。而青藏高原高寒草原和高寒草甸地下与地上生物量比值分别为 5.86 和 7.07。从全国范围来看，我国草地地上与地下生物量比值存在明显的区域差异。与东部地区比较，西部地区具有地下生物量高、生物量碳密度低的特点。西藏、青海的地下总生物量分别居全国第二位、第三位，但青藏高原草地的平均碳密度较低，且 60% 以上的草地分布在我国北方干旱地区和青藏高原，因此我国草地植被的平均碳密度低于世界平均水平。我国草地植被生物量约为森林的 1/4，因此草地碳储量在中国的碳储量贡献中仍然十分重要。

5.3.3 青藏高原多年冻土区高寒生态系统植被碳库变化

1982~2015 年青藏高原碳储量的空间分布格局变化及年际变化如图 5-4 所示。与 1982~1989 年平均值相比，青藏高原不同冻土类型下的草地生态系统碳密度 2010~2015 年平均值均有不同程度的增加，其中季节冻土高寒草甸碳密度增加幅度最大，达到 5.96%，而多年冻土高寒草原增加幅度最小，仅为 2.26%（图 5-4）。另外，季节冻土区及多年冻土区高寒草地生态系统碳密度的年际变化也不尽相同，气候变暖背景下，季节冻土区草地生态系统碳密度增加幅度高于多年冻土区（图 5-4）。但是，在 1982~2015 年，季节冻土高寒草甸（$y = 0.3575x - 516.5088$，$R^2 = 0.1924$，$P = 0.0095$）和多年冻土高寒草原（$y = 0.1063x - 60.6806$，$R^2 = 0.2559$，$P = 0.0023$）的生物量碳密度增加趋势显著（$P < 0.05$），而多年冻土高寒草甸（$y = 0.0904x - 19.8384$，$R^2 = 0.0216$，$P = 0.4070$）和季节冻土高寒草原（$y = 0.1325x - 90.2954$，$R^2 = 0.0836$，$P = 0.0972$）的生物量增加趋势均不显著（$P > 0.05$）（图 5-4）。

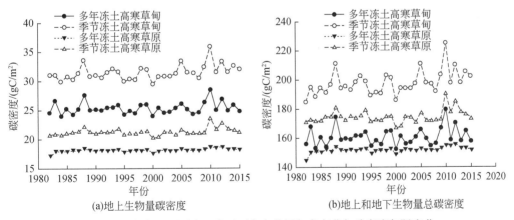

图 5-4 青藏高原不同冻土类型下高寒草原与高寒草甸碳密度年际变化

空间分布上，季节冻土区高寒草甸在 1982~2015 年生物量碳密度的增加量最高，而多年冻土区高寒草甸碳密度减小最多（图 5-5）。相对来讲，季节冻土区碳密度的变化幅度要高于多年冻土区，多年冻土区碳密度空间变化幅度主要在 ±2.5g/m²。近半个世纪以来，青藏高原气温呈显著增加趋势，但是降水量变化并不显著。气候变化对季节冻土区草地碳密度的影响要显著高于多年冻土区。青藏高原冻土环境变化对高寒草甸和高寒草原生态系统影响强烈，随着冻土上限深度增加，高寒草地植被盖度和生物生产量均表现为显著变化趋势。土壤有机质含量呈指数形式下降，土壤表层砂砾石含量增加并且呈显著粗粝化。

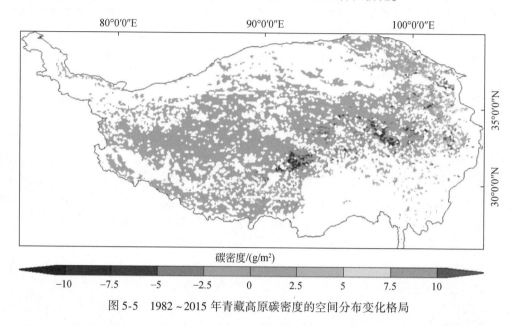

图 5-5　1982～2015 年青藏高原碳密度的空间分布变化格局

　　基于遥感方法的研究表明，1982～1999 年青藏高原草地生物量呈增加趋势。杨元合和朴世龙（2006）基于 NDVI 的研究结果表明，青藏高原草地植被生物量在春季增加显著，但夏季增加相对缓慢。其他基于遥感的研究结果均表明，近几十年来青藏高原草地生物量总体呈增加趋势，但局部地区有所下降。例如，毛飞等（2007）利用 NDVI 数据研究了藏北地区 1982～2000 年草地的动态变化，结果发现该地区总体植被变化不显著，局部地区植被活动减弱了。同时，青藏高原一些固定样地的长期监测结果也表明，高寒草甸的活动趋于平稳，与青藏高原总体变化趋势不一致。而观测尺度效应可能是遥感监测结果和定位监测结果产生差异的根本原因。另外，高寒草地不同生态系统类型对温度和降水的反馈机制也不同。水热条件控制草地类型的空间分布格局，而高寒草原受降水量的影响程度要大于高寒草甸地区。

　　温度对高寒草地生物量的影响则存在一定的争议，如前文所述，温度升高导致冻土变化，进而影响水热条件、土壤物理特征等。另有研究发现，温度升高还会加快土壤中氮素的矿化作用进而提高其对植物的有效性（Melillo et al.，2002），而在物候方面则延长了植物的生长季（White et al.，1999；杨元合和朴世龙，2006）。小尺度控制试验虽然得到了上述结论，但仍有相关研究表明，增温处理对土壤氮素含量的影响在 5 年内没有变化。基于遥感影像的研究结果同样发现，高寒草地生物量与温度的相关关系较弱（马文红等，2010）。因此，仍然需要从不同的空间和时间尺度探讨温度和降水变化及相应的环境因子变化对高寒草地生物量碳库的研究工作。除上述因素外，太阳辐射、地形条件及草原鼠害和人类活动等因素对青藏高原草地生物量碳库也具有显著影响。

5.4 青藏高原多年冻土区高寒草地土壤碳库分布及性质

关于青藏高原浅层土壤有机碳库的研究，目前已相继开展了系列工作（Wang et al.，2002；Yang Y H et al.，2010；Wu et al.，2012）。这些研究结果表明，青藏高原多年冻土区土壤有机碳含量差异较大。总体上，青藏高原西部高寒草原和荒漠草原土壤有机碳含量较低，东部高寒草甸有机碳含量较高，而高寒沼泽草甸碳含量最高。

由于控制表层土壤有机碳分布的主要因素是植被类型和气候，而植被类型与气候条件密切联系（Jobbágy and Jackson，2000），基于植被类型分布可以估算多年冻土区浅层土壤碳库。国内较早的对青藏高原高寒草地生态系统碳估算结果表明，表层 75cm 的土壤碳储量约为 33.5Pg（Wang et al.，2002）。对于深层土壤，青藏高原多年冻土区有机碳储量的报道较少。深层土壤中，地貌和岩性在有机碳的分布过程中起着重要作用（Hugelius et al.，2014），因此可以考虑用青藏高原地质分布图估算 2～25m 深度有机碳库。

5.4.1 青藏高原多年冻土区土壤有机碳储量分布

近年来关于青藏高原浅层土壤有机碳密度的报道较多。青藏高原多年冻土区的采样点主要集中于青藏公路沿线及东部地区，而高原西部则是 2012 年以后才逐渐有发表资料。

通过综合青藏高原不同植被类型下多年冻土区面积及不同深度土壤有机碳密度数据，结合实测资料，根据有机碳的分布规律和影响因素，估算表层 1m 有机碳储量约为 17.3Pg（表 5-5）。对深层钻孔数据进行分析，发现深层土壤的有机碳含量变化较大，但是其与深度变化的规律比较明显，两者显著相关（图 5-6）。根据这一结果以及青藏高原地质分布图，可估算青藏高原多年冻土区不同植被类型土壤有机碳的储量。与环北极地区的研究类似，本研究也同时分析了 25m 深度的土壤有机碳储量。结果表明，2m 深度内土壤有机碳储量约为 27.9Pg，而在 2～25m 深度的有机碳储量约为 132Pg（表 5-6）（Mu et al.，2015a）。

表 5-5 青藏高原多年冻土区不同植被类型表层 1m 土壤有机碳储量

植被类型	参考文献	分析方法	研究区	采样点/个	面积/（×10⁶ km²）	有机碳密度/（kg/m²）	有机碳储量/Pg
高寒草甸	Yang Y H 等（2010）	湿法氧化	青藏高原	22	0.224	9.3±3.9	10.7±3.8
	Ohtsuka 等（2008）	高温燃烧	青藏高原	1		13.7	
	Dorfer 等（2013）	高温燃烧	青藏高原	2		10.4	
	Mu 等（2013）	高温燃烧	黑河流域	11	0.0065	39.0±17.5	0.3±0.1
	Liu 等（2012）	湿法氧化	疏勒河	42	0.013	8.7±1.2	0.1±0.02
高寒草原	Yang Y H 等（2010）	湿法氧化	青藏高原	33	0.772	3.7±2.0	5.3±2.8
	Wu 等（2012）	湿法氧化	高原西部	52		7.7±3.2	
	Liu 等（2012）	湿法氧化	疏勒河	42		9.2±1.1	

续表

植被类型	参考文献	分析方法	研究区	采样点/个	面积/(×10⁶ km²)	有机碳密度/(kg/m²)	有机碳储量/Pg
荒漠草原	Wu 等（2012）	湿法氧化	高原西部	25	0.175	3.3±1.5	0.7±0.3
	Liu 等（2012）	湿法氧化	疏勒河	42		4.4±0.7	

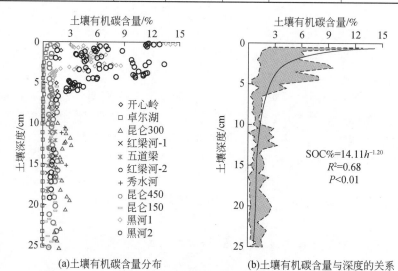

(a)土壤有机碳含量分布　　　　(b)土壤有机碳含量与深度的关系

图 5-6　青藏高原深层土壤有机碳含量分布及其与深度的关系

SOC% 为土壤有机碳含量；h 为土壤深度

表 5-6　青藏高原多年冻土区不同深度的土壤有机碳储量估算

土壤深度/m	高寒草甸			高寒草原		荒漠草原		合计/Pg
	土壤有机碳(kg/m²)	土壤有机碳储量/Pg		土壤有机碳/(kg/m²)	土壤有机碳储量/Pg	土壤有机碳/(kg/m²)	土壤有机碳储量/Pg	
		高原	黑河					
0～1	—	11.0±3.9	0.3±0.1	6.9±3.6	5.3±2.8	3.8±1.5	0.7±0.3	17.3±5.3
1～2	16.7±4.7	4.9±1.4	0.2±0.1	6.5±2.2	5.0±1.7	3.0±1.3	0.5±0.2	10.6±2.7
合计/Pg		16.4±5.2		10.3±2.7		1.2±0.3		27.9±6.2

地质类型	第四纪			三叠纪		二叠纪		
土壤深度/m	土壤有机碳(kg/m²)	土壤有机碳储量/Pg		土壤有机碳/(kg/m²)	土壤有机碳储量/Pg	土壤有机碳/(kg/m²)	土壤有机碳储量/Pg	合计/Pg
		QTP	HHRB					
2～3	9.8±8.4	1.9±1.6	0.1±0.06	9.6±4.5	2.3±1.1	5.6±0.9	0.8±0.1	5.1±1.4
3～25	134.9±115.3	26.2±22.4	2.3±1.4	281.9±191.7	67.1±45.6	234.2±86.0	31.6±11.6	127.2±37.3
合计/Pg		30.5±16.6		69.4±52.8		32.4±20.2		132.3±76.8

这一研究结果是依据植被类型或沉积类型进行的分析，是首次对青藏高原多年冻土区土壤碳库进行的估算，并报道了深层土壤有机碳库。近年来，研究者通过对青藏高原东部地区进行钻探采样，利用支持向量机对高原多年冻土区有机碳进行了估算，结果显示表层 0~3m 的土壤有机碳储量为 13.3~17.8Pg。这一结果与之前研究结果的最大不同在于其根据土壤颗粒组成、空间降水等信息并利用支持向量机进行分析。然而这一研究也存在不足：①一些采样点并不在多年冻土区；②碳储量的计算区间和多年冻土图不对应；③其间的物理过程，如土壤颗粒组成用差值法来计算，缺乏科学依据。

总之，目前人们对青藏高原多年冻土区土壤碳储量认识还存在着很大的差异和不确定性。即使土壤有机碳储量以 13.3~17.8Pg 来计算，其对区域气候变化的影响仍然是不可忽视的，在未来的气候变化研究中必须要加以考虑。

5.4.2 青藏高原多年冻土区土壤碳的性质及与环境因子的关系

多年冻土区土壤碳积累过程是与多年冻土的发育密切相关的。较低温度和高含水量能够减缓土壤有机质的分解过程，因此存储在多年冻土中的有机碳即使不稳定也能够缓慢积累并保存。低温能够抑制土壤酶的活性而减缓纤维素和相关化合物的分解过程，而高含水量能够限制物理过程。高山矿质土具有良好的排水条件和有氧环境，植被根系能够到达矿质土壤层，使土壤有机质与矿质颗粒混合。高山矿质土壤也有利于微生物分解作用，因而土壤碳密度较低。相比之下，湿地和泥炭地通常是厌氧环境，其分解速率较慢，排水条件较差，而且冻融扰动作用可能将有机质埋藏在深层土壤中。因此，一般湿地、泥炭地和多年冻土区土壤碳含量比高山矿质土要高（Davidson and Janssens，2006）。多年冻土区土壤有机碳的长期存储离不开低温环境，而土壤中丰富的有机质有利于多年冻土发育。可见，土壤有机碳的形成积累和未来的分解，都要考虑到与环境因子之间的关系。

通过祁连山多年冻土区土壤样品的分析，发现这一地区土壤有机碳含量并非简单地随深度呈递减变化规律（图 5-7）。多年冻土层土壤有机碳的含量甚至高于活动层，这表明了多年冻土区土壤有机碳在形成过程中的有机质埋藏效应（Mu et al.，2015b，2016a）。

利用回归分析，可以得到土壤有机碳含量与干容重、含水量、总氮、土壤总无机碳含量、土壤总有机碳和总氮的质量比（碳氮比）等因子之间的相互关系（表 5-7）。

结合土壤颗粒分析结果以及地下冰结构进一步分析，可以提出土壤有机碳和总氮环境因子相互作用的概念图（图 5-8）。可见，细颗粒土的含水量、土壤颗粒组成和地下冰对有机碳的积累有利，而较高的 pH、深度则与有机碳含量负相关，活动层厚度也与水溶性有机碳含量显著相关，即活动层较浅，其土壤水溶性有机碳含量较高。此外，这一结果还表明了土壤无机碳与有机碳之间的正相关关系。

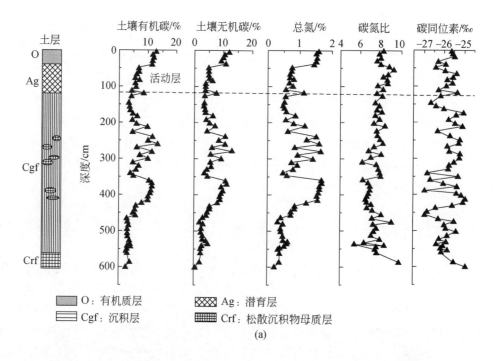

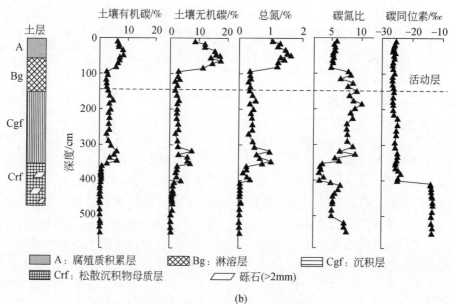

图 5-7　祁连山多年冻土区钻孔土壤有机碳、无机碳、
总氮、碳氮比和碳同位素随深度的分布特征

表 5-7　土壤碳氮等重要参数之间的回归关系

相关性	R^2	P
干容重 = −2.45 ×含水量+2.47	0.73	<0.001
有机碳含量 = 6.91×总氮+0.52	0.95	<0.001
碳氮比 = −2.12× pH+28.0	0.39	<0.001
无机碳含量 = −5.95×pH+48.5	0.72	<0.001

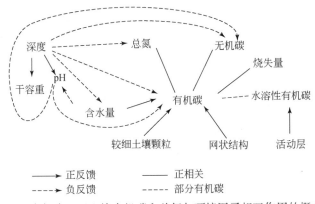

图 5-8　多年冻土区土壤有机碳和总氮与环境因子相互作用的概念图

通过分析土壤稳定碳同位素（$\delta^{13}C‰$）和水溶性有机碳，发现土壤有机碳的稳定性碳同位素差异不大，然而水溶性有机碳和热水提取有机碳的稳定碳同位素值随着深度增加而增大（图 5-9）。这表明，在多年冻土区随着深度增加，土壤有机碳的活性组分被微生物分解的程度较高。值得注意的是，在多年冻土层上限附近的水溶性有机碳含量较高，其稳定同位素值较低，说明了其具有很强的微生物分解潜力。通过 ^{14}C 测年，发现在 5m 深度处的土壤有机碳年代约为 7000 年 BP，表明了该地区土壤有机碳是在过去数千年时间内逐步积累的。

可见，青藏高原多年冻土区土壤有机碳是在过去数千年甚至万年时间内随着多年冻土的发育而逐步积累下来的。多年冻土的存在意味着较低的分解速率，从而导致有机碳的垂直分布明显不同于其他生态系统，如农田、森林和沙漠土壤。在多年冻土层，某些深度的土壤有机碳含量甚至会高于表层有机碳的含量，虽然其有机碳含量较高，但是在形成过程中，受到微生物分解的影响，从而导致其活性碳的 $\delta^{13}C‰$值较高。在多年冻土层上限附近土壤活性碳含量较高，微生物可利用潜力较大。多年冻土层上限地下冰的含量通常较高，因此在多年冻土退化的过程中可能会有大量的甲烷释放。

多年冻土区土壤有机碳与环境因子密切相关。简单而言，较深的活动层、较高的 pH、粗颗粒土、较大的土壤容重都是不利于土壤有机碳形成与存储的因素，而地下冰丰富的地区土壤有机碳含量较高。土壤有机碳含量与总氮、水溶性有机碳和无机碳含量都存在正相关关系。

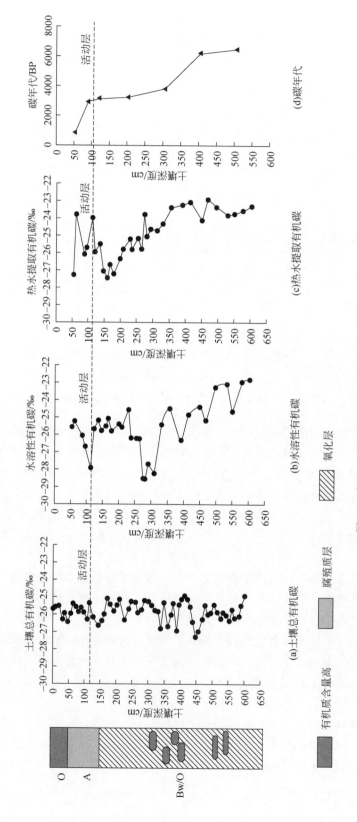

图 5-9 祁连山多年冻土区土壤有机碳含量及年代特征

土壤剖面 O 层为有机质层；A 层为淋溶层；Bw/O 层为淀积层与 O 层交叉分布层

5.5　青藏高原多年冻土区土壤有机碳分解特征与稳定性

全球变暖对多年冻土区土壤有机碳分解的影响主要是土壤温度升高后，有机碳分解加速。要定量认识全球变暖后有机碳的分解释放情况，需明确温度与有机碳分解之间的关系。多年冻土的退化并不是多年冻土突然消失，也不是简单的多年冻土面积减小。实际上，多年冻土退化是土壤温度逐渐升高、活动层厚度增加、多年冻土底板向上融化导致多年冻土变薄的过程。例如，当温度由−3℃变成−2℃时，土壤还是处于冻结状态，但是当温度由−1℃变成0℃时，土壤则融化，进而引起土壤结构、水分和微生物等发生一系列重大变化。

5.5.1　青藏高原多年冻土区土壤有机碳分解特征

为了研究不同温度状态下有机碳分解的变化情况，采用祁连山多年冻土区不同深度的土壤进行了一系列的温度梯度培养试验。可以发现，在活动层中，表层土壤的碳释放速率较高；在多年冻土层中，有机碳分解释放速率则与深度的关系不明显，深层土壤有机碳的分解速率还会高于上层土壤（图5-10）。

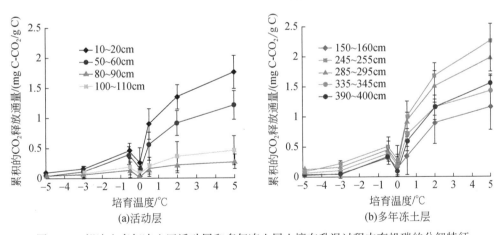

图 5-10　祁连山多年冻土区活动层和多年冻土层土壤在升温过程中有机碳的分解特征

土壤有机碳的分解速率与温度正相关，但是多年冻土层土壤温度为负温时的增温（如从−3℃增温到−2℃）对碳释放的增幅大于正温条件下的增温（如从2℃增温到3℃），而温度在0℃时碳释放的速率则有一个低谷。前者多年冻土层土壤微生物长期处于负温状态下，可适应低温环境。在0℃碳释放速率的低值可能是由于多年冻土融化，水分含量增加，导致土壤环境为厌氧状态，从而导致有机碳分解速率降低（Mu et al., 2016b）。

为了定量分析温度与土壤有机碳分解速率之间的关系，通常利用 Q_{10} 值来表示，即温度敏感性系数。这一参数是指温度增加10℃后，某个研究指标增加的倍数。这一概念广泛地被应用于生态系统呼吸、土壤异养呼吸等研究中。土壤有机碳分解速率的Q_{10}值是指温度增加10℃后，有机碳分解释放所增加的倍数。其他生态系统的呼吸，如草原、森林的生态系统呼吸的温度敏感性系数一般在2.0~5.0，而在相关的生物地球化学模型中Q_{10}值通常设定为2.0。

由于多年冻土区温度较低，土壤有机碳保存较好，其中活性碳含量较高，这就使得多年冻土区土壤有机碳在温度增加时分解速率更快，也就是说Q_{10}值可能会更高。利用在祁连山多年冻土区深层土样进行培养试验，发现多年冻土区土壤有机碳分解的Q_{10}值远远大于2，甚至超过100（图5-11）。这表明多年冻土区土壤有机碳的分解对温度变化非常敏感，可能在气候变暖的背景下会大量释放。此外，值得注意的是处于负温条件下的Q_{10}值也很高，这说明多年冻土退化和碳循环的研究不能仅仅考虑多年冻土退化后温室气体的释放情况，在处于冻结状态时的温度升高也会加速土壤有机碳的分解。

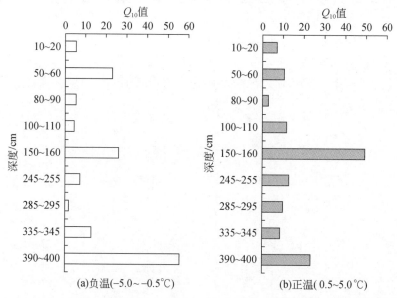

图5-11　在正温和负温条件下多年冻土区有机碳分解的Q_{10}垂直分布特征

5.5.2　青藏高原多年冻土区土壤有机碳稳定性

温度升高后土壤有机碳分解加快，但同时也促进了植被生长，抵消了一部分多年冻土所释放的碳，从而并不会显著影响土壤碳的释放量。大部分研究发现，温度增加主要在夏季，促进植被生长可以抵消所释放的碳，但是在春秋季，当植被处于休眠状态时，土壤微生物还在继续分解，从而产生大量的温室气体，因此温度升高会引起土壤碳的净释放。在2015年多年冻土碳网络（http://www.permafrostcarbon.org/）集合了全球数百名科学家的研究，认为到21世纪末，多年冻土区土壤有机碳的5%~15%将会被分解，释放温室气体。如果取其中间值 10% 计算，则意味着将有 1300 亿 ~ 1600 亿 t 碳进入到大气中。这一结果表明了多年冻土区土壤有机碳对气候变化的重要性，但 5% ~ 15% 这一较大的变化区间也说明了对其分解的认识存在着很大的不确定性。

这个不确定性很大程度上在于不清楚到底会有多少碳释放。土壤有机碳本身是非常复杂的混合物，已知的化学成分超过几千种，这其中必然有一些成分是微生物很难利用的，也可能有些碳永远都不会被分解。目前一般利用活性碳库、缓性碳库和惰性碳库来描述哪些碳会快速分解，哪些碳会缓慢分解，但是这 3 种碳库的划分缺少生物地球化学机制，通常是人为地设定 3 种碳库的比例进而通过模型模拟温室气体的释放。在海洋沉积物中，已知大量的碳库是与还原性铁结合固定的。这部分碳非常稳定，几乎不会被微生物分解。在多年冻土区可能也有类似的现象。通过对青藏高原大范围内样品分析，发现在高寒草甸土壤还原性铁的含量波动幅度较大，而高寒草原和荒漠草原土壤中还原性铁含量呈现随着深度增加而下降的趋势，但是还原性铁固定碳的比例随着深度变化的幅度不明显（图 5-12）。

综合青藏高原多年冻土区大量的样品分析结果，表明还原性铁固定的有机碳在表层 30cm 的比例在 0.9% ~ 59.5%，其固定的碳占全部碳库的 19.5% ±12.3%。研究结果表明，从化学机制角度来看，青藏高原多年冻土区有机碳库的 20% 是与还原性铁结合在一起的，微生物很难分解利用，属于惰性碳库（Mu et al., 2016c）。

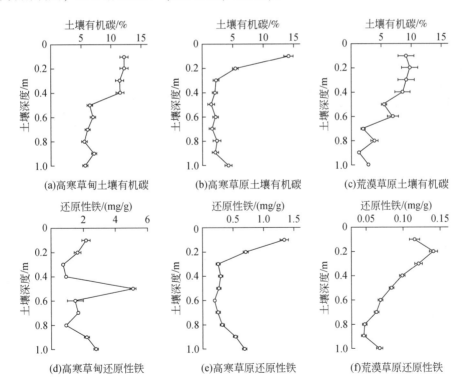

(a)高寒草甸土壤有机碳 (b)高寒草原土壤有机碳 (c)荒漠草原土壤有机碳

(d)高寒草甸还原性铁 (e)高寒草原还原性铁 (f)荒漠草原还原性铁

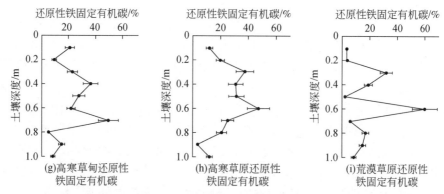

图 5-12　多年冻土区不同植被类型土壤有机碳、还原性铁和还原性铁固定有机碳的比例分布

5.6　热喀斯特地区土壤碳的生物地球化学循环特征

多年冻土退化包括土壤温度升高、活动层厚度增加及多年冻土面积减少。在多年冻土退化过程中，地下冰融化会导致地表沉陷，形成热喀斯特地貌。在大多数多年冻土区，热喀斯特地貌发育非常显著，包括热融湖塘、热融滑塌和热融侵蚀等过程。最近的研究表明热喀斯特影响面积约占北半球多年冻土区面积的 20%，而且约 50% 的有机碳储量存储于热喀斯特景观。热喀斯特不仅直接改变地表景观，而且使原本埋藏于地下富含有机质的土层直接暴露于空气中，因而导致土壤碳氮损失、土壤环境及生物化学条件改变，从而必然影响生态系统温室气体排放过程。

目前热喀斯特对土壤有机质及生态系统温室排放的影响在环北极地区已经引起了广泛关注。热喀斯特能够改变土壤温度和水分条件（Jensen et al.，2014），土壤温度升高，会增强微生物活动，进而增加有机质的分解速率（Dutta et al.，2006）。地下冰加速融化，土壤水分的空间格局发生变化，如高地处土壤水分降低，低凹处则出现积水（Schadel et al.，2014），且土壤水分含量也是制约有机质分解的重要因素（Treat et al.，2014）。热喀斯特过程影响有机质化学特征，并加速土壤碳氮的损失，尤其水溶性有机碳（Hodgkins et al.，2014）。这些土壤物理化学性质变化对微生物分解有机质及生态系统温室气体排放过程具有重要影响。

热喀斯特过程土壤水热条件和有机质特征的变化对土壤微生物群落分布具有重要影响。研究表明，热喀斯特地貌表层土壤由于较大的温度变化，其微生物丰富度较低，深层矿质土的细菌和古菌丰富度较高，如放线菌和噬几丁质菌属（Deng et al.，2015），而土壤微生物数量与多年冻土区有机质分解和生态系统呼吸速率密切相关。热喀斯特不仅影响生态系统 CO_2 和 CH_4 排放过程，对生态系统氮排放也具有重要影响。由于塌陷后土壤氧化还原条件的变化及电子受体物质的输入，生态系统 N_2O 排放速率增加，进而增强了多年冻土退化对气候变化的响应（Abbott and Jones，2015）。这些研究表明，多年冻土退化引起的热喀斯特对生态系统碳氮循环具有重要影响。与环北极地区相比，山地多年冻土区的热状态、土壤水热和植被特征差异性较大，因此山地多年冻土区热喀斯特过程对生态系统碳氮过程的影响必然不同。

热喀斯特直接改变景观类型的一个关键过程是形成热融湖塘，首先形成热融沉陷，然后慢慢地扩大并与其他湖塘融合，导致整个景观的变化，而且这个过程与碳循环过程紧密相关。热融湖塘是大气中温室气体的重要来源之一。其形成会增加溶解性有机碳浓度以及水体中 CO_2 和 CH_4 的释放通量 (Shirokova et al., 2013)。每年从西伯利亚热融湖塘释放的 CH_4 总量高达 3.8Tg C；高纬度地区通过鼓泡形式释放的 CH_4 占大气 CH_4 浓度升高的 33%~87%。

青藏高原热融湖塘数量达 1500 多个，最大面积可达几千平方米。距离青藏铁路约 200m 范围内约有 250 个热融湖塘，其分布面积约为 $139 \times 10^4 m^2$。对青藏公路沿线的热融湖塘进行研究，测定湖体底泥理化指标、水中溶解的 CO_2 和 CH_4 浓度及其稳定碳同位素，发现青藏高原热融湖塘的有机质分解程度很高，水体中溶解性有机碳、CO_2 和 CH_4 的含量及浓度分别为 1.2~49.6mg/L、3.6~45.0μmol/L 和 0.28~3.0μmol/L。青藏高原热融湖塘很多缺乏高等植物，且藻类含量很低，有相当一部分有机质是陆源输入。青藏高原多年冻土区热融湖塘底泥的有机碳含量并不与流域内的植被类型密切相关，说明有机质进入水体后，其分解可能受到其他过程的影响。热融湖塘水体中 CO_2 和 CH_4 的浓度变化范围很大，这一现象与北极地区一致。水体中溶解性有机碳的浓度在 7~9 月逐渐增大，反映了流域的外源输入过程（图 5-13）。这些有机碳可能在冬季湖面冰封后继续分解，从而形成大量可见的冰下气泡。

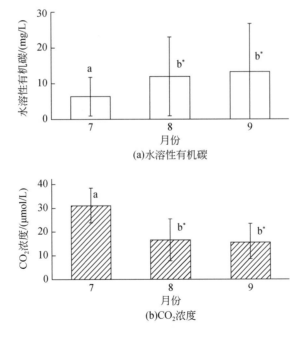

(a)水溶性有机碳

(b)CO_2浓度

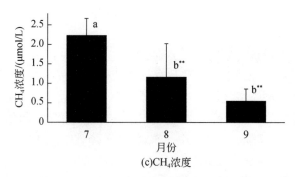

(c)CH₄浓度

图 5-13　热融湖塘水体中水溶性有机碳含量和温室气体浓度的分布特征

　　青藏高原热融湖塘水体中 CO_2 稳定碳同位素值变化范围相对较小（图 5-14），这说明了底泥中有机质分解程度较高，也说明水体中 CO_2 来源的单一性。CH_4 的稳定碳同位素值在 9 月显著低于 7 月和 8 月（图 5-14），说明 9 月产 CH_4 细菌的活性受低温的影响，这也与其在 9 月时的较低浓度相对应。由于这一结果并没有分析水体中无机碳的同位素特征，还不能排除无机碳在这个过程中的影响。总之，青藏高原多年冻土区热融湖塘水体中 CO_2 和 CH_4 的释放特征与环北极地区类似，全球变化会导致热融湖塘释放出更多的温室气体（Mu et al., 2016d）。

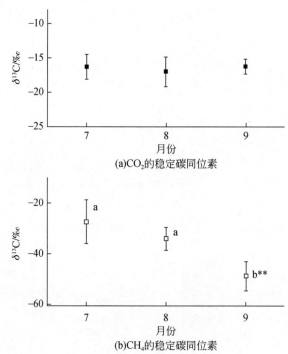

(a)CO_2的稳定碳同位素

(b)CH_4的稳定碳同位素

图 5-14　热融湖塘水体中温室气体稳定碳同位素分布特征

　　多年冻土区的热喀斯特除了形成热融湖塘，由陆地生态系统转化为水生态系统以外，还会通过地下冰融化而形成热融滑塌、热融沉降等典型喀斯特地貌。这些热喀斯特地貌会直接导致地下有机质暴露于空气中，加速土壤碳氮等营养物质流失，而且热喀斯特形成的微地貌也会改变土壤温度和水分，在这个过程中土壤微生物群落及植被分布特征必然发生变化（Deng et al.，2015），进而影响土壤有机质分解及生态系统温室气体排放过程。热喀斯特对土壤碳氮的影响在环北极地区已经开展了很多研究，如冰楔融化、地貌改变对碳释放和分解产生的影响（Abbott and Jones，2015）。与环北极地区相比，青藏高原多年冻土的热稳定性状态差、活动层厚度大，大部分地区地下冰含量低、土层薄、土壤发育程度差、植被覆盖率和生物量小、表层土壤碳含量低分解程度高，这些差异也导致了热喀斯特对土壤碳氮的影响与环北极地区明显不同。

通过在祁连山多年冻土区典型的热融滑塌地区开展研究，发现正滑塌的土壤表层 10cm 的有机碳含量减少了 29.6%±5.9%，总无机碳含量减少了 22.2%±2.6%，总氮含量减少了 28.9%±3.1%，而水溶性有机碳则减少了 48.8%±3.3%。对于 10~25cm 和 25~35cm 深度的土壤，土壤碳氮含量降低了 5.7%~27.2%，对于 35~50cm 深度土壤，土壤碳氮含量则变化相对不大（图 5-15）（Mu et al.，2016e）。热融滑塌不仅导致土壤碳氮损失，也影响了土壤有机碳的矿化特征（图 5-16）。在室内 10℃ 培养 40d 后，表层 10cm 的 CO_2 释放速率显著高于其他深度。正滑塌的 35~50cm 深度 CO_2 释放速率最低 [(0.07±0.01)μg/(g·d)]，未滑塌的表层 10cm 深度 CO_2 释放速率最高 [(4.38±0.64)μg/(g·d)]。总体上，热融滑塌地貌土壤有机碳的矿化过程表明了未滑塌区域土壤有机碳分解潜力较大，而正滑塌区域土壤有机碳分解潜力较小，进而表明多年冻土退化过程中热融滑塌会显著地加剧土壤有机碳的分解过程。

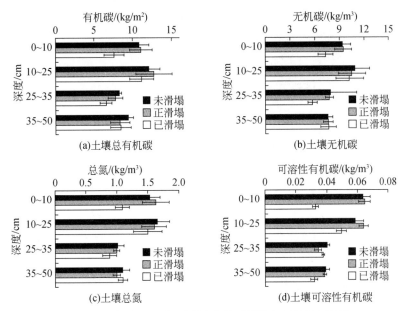

图 5-15　多年冻土区典型滑塌地貌不同深度土壤总有机碳、
无机碳、总氮和可溶性有机碳密度的分布特征

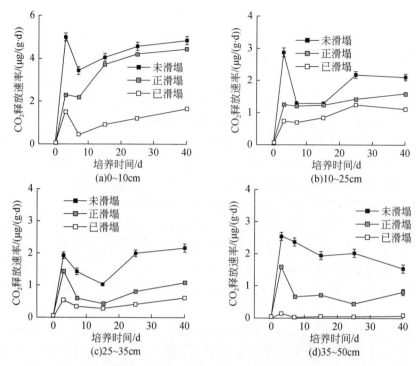

图 5-16 多年冻土区典型滑塌地貌特征下不同深度土壤有机碳矿化特征

热融滑塌对土壤有机碳的化学性质也产生了显著影响。利用傅里叶变换红外光谱（FTIR）对土壤有机质的化合物特征进行分析，发现对于表层 0 ~ 10cm 深度土样，已滑塌区域的有机质化合物相对含量要高于未滑塌和正滑塌区域（图 5-17）。已滑塌的有机质的碳水化合物、木质素及酚等含量要高于未滑塌和正滑塌的土样。对于 35 ~ 50cm 深度，不同滑塌程度的有机质化合物的相对含量较类似。这一结果说明已滑塌后由于地势较低，流域内其他区域水溶性物质的输入，其有机质的活性组分含量较高。

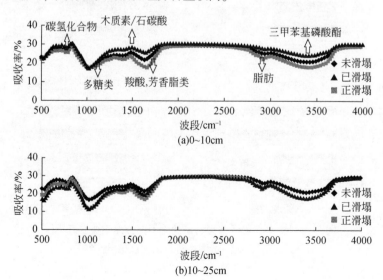

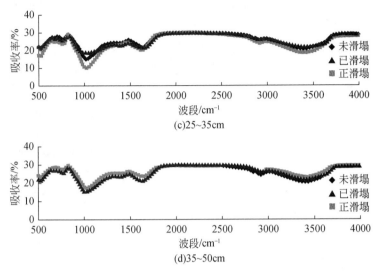

图 5-17 多年冻土区典型滑塌地貌特征下不同深度有机质的 FTIR 特征

可见，热融滑塌对土壤碳氮及化合物分子在垂直和水平方向进行了重分配，滑塌暴露引起的温度、水分、氧气和紫外光照等因素变化对有机质分解过程都产生了影响。总之，青藏高原多年冻土区温度高，热稳定性差，热喀斯特改变了地表景观，对土壤碳氮进行了重新分配，并且导致土壤水分和温度发生改变，从而极大地影响了多年冻土区碳循环过程。此外，最直观的景观类型改变破坏了草地，导致牧民的经济损失，加剧水土流失，引发环境保护方面的问题，因此需要予以重视。

5.7 青藏高原森林生态系统碳库分布与变化

在过去几十年中，认为原始森林的成熟林在减缓气候变化问题上的作用不重要，因为成熟林被定性为碳中性植被，其碳汇效率低于幼龄林和中熟林等。但是，近期的研究结果表明，即使林龄极老的森林虽然没有达到光合固碳和呼吸之间的平衡，但仍可以继续增加生物量碳储量和土壤碳储量（Luyssaert et al.，2008；Zhou et al.，2006）。成熟林和过熟林通常是生物量碳密度较大的森林，人为活动干扰和自然干扰较轻，相对偏低的温度和适合森林生长的降水量都有助于成熟林生物量碳的持续积累过程。当前生物量的碳储量和成熟林最大碳储量的差值可以用来预估区域和全球尺度上的碳汇潜力。但是，使用这种方法来评估碳汇潜力具有很大的不确定性，因为成熟林的选择可能并不完整，同时样本数据缺乏也会影响估算的精度。

目前对碳储量的估算方法还包括基于林业数据进行尺度上推，继而得到区域或国家尺度的碳储量数据。然而，这类估算方法并不能提供森林的生物量及变化的空间格局。另外，森林清查数据与遥感数据或卫星数据的耦合研究也被用于调查森林生物量的空间分布及变化。然而，这些方法并不能将森林类型进行详细划分，同时并不能有效地预测森林固碳的潜力。旨在减缓气候变暖的森林管理措施中，确定生物量的空间分布格局和相应的碳汇潜力对制定科学管理政策意义重大。

固碳能力和当前碳库之间的差值可以用来评价生态系统的碳汇潜力。生物量较高的森林被认为具有一定的碳源功能。但是，由于高碳密度森林资源的缺失，这种估算方法具有很大的不确定性。Xu 等（2010）在未考虑森林死亡率和更新的前提下，基于生物量和森林不同林龄组的关系，估算了中国 2000 年和 2050 年森林的碳储量。Hu 等（2016）基于国家森林资源清查数据，采用梯阶矩阵模型重新估算了中国的碳汇潜力，并证明了 Xu 等（2010）的方法高估了碳密度和碳汇潜力。但在以上的研究工作中，森林林龄的空间分布和生物量碳的空间分布均没有提及。同时，基于全国尺度的模型参数在碳密度较高地区可能并不适合，因为国家森林资源清查数据可能不适合估算生物群系尺度的碳储量。最可靠的方法是基于制订森林类型和生长条件的野外调查获取生物量碳数据。

在中国的大部分地区，森林具有林龄低、碳密度低和人工种植面积大等特点（FAO，2010），而西藏的森林具有林龄大、碳密度高和人工种植面积小等特点。此外，西藏的森林面积占青藏高原森林面积的 39.2%，是中国的核心碳汇区，在中国的森林碳汇功能中发挥着重要作用。虽然国家森林资源清查数据表明我国森林具有很大的碳储量和固碳潜力，但是对西藏碳密度较高的森林空间分布和碳汇潜力仍然缺乏认识，对区域和国家尺度上减缓气候变暖的森林管理方针政策的制定仍然提出了挑战。

5.7.1　研究方法

青藏高原在中国的气候、水文和生物学方面发挥着重要作用。本研究主要区域为西藏东南部和南部山区，包括林芝、昌都、日喀则、山南和玛多等地。森林面积为 $8.52 \times 10^4 \, \mathrm{km}^2$，占西藏土地总面积的 6.9%。由于特殊的地形条件，西藏的森林具有一些特有的森林类型，同时森林的垂直带谱分布格局比较显著。根据西藏土地类型图和野外调查中获取的森林类型分布情况选择森林调查样点。2011~2013 年，总共选择了 413 个森林地块进行森林调查。样地的进一步确定则根据当地的树木高度、森林类型的相对分布比例和森林管理措施等因子。每个调查样地大小为 50m×20m，设置 3 个重复样地。在每个样地内，对所有活的胸径大于 5cm 和树高大于 2m 的树木进行每木检尺。林龄利用钻取树心法进行确定，选择样地内具有代表性的树木代表样地内的平均林龄。生物量的确定采用样树的全树伐木法，在不同海拔梯度选择不同胸径的样树，采伐后，分别计算其叶、枝、干、根的生物量，使用树高和胸高直径（diameter at breast height，DBH）作为自变量开发物种特异性异速生长方程。使用最小二乘回归模型来确定异速生长方程中的高度和 DBH 的系数。校正因子、CF、适应性指数，FI 和标准误差用于校正系统偏差。使用不同森林类型的茎、枝、叶和根的野外采样数据，分别开发活体生物量的异速生长方程。生物量乘以叶、枝、茎和根的各个组分的碳含量可以计算碳储存量。全区平均碳密度则根据总碳储量除以森林面积计算得出。

有研究人员根据 1989~1993 年的国家森林资源清查数据，编制了 2001 年中国森林资源年龄图。森林林龄为每个像素的平均年龄和标准差的总和。根据每个省的多边形数据确定标准偏差，并假设森林林龄在每个多边形中为正态分布。2001 年中国森林资源年龄图基于 1∶400 万植被图进行编制，本研究采用的 1∶100 万的森林类型空间分布图，森林类型的分布在两个不同比例地图之间存在差异。因此，通过粒子滤波法用非线性模型对森林年龄的粗分辨率图进行重采样，进而得到 1∶100 万的林龄图。之后，将森林年龄增加 10a，以获得 2010 年森林林龄图。同时，将不同森林类型的 413 个调查样地的森林林龄整合到新的森林林龄图中，以提高林龄计算的准确性。

一般来说，森林调查地点经历了轻微和中度人类活动干扰，而严重干扰较少，森林更新和死亡率随森林年龄的增加而自然增加，因此，我们认为不同林龄的清查数据也代表了自然的更新和死亡过程。利用森林林龄和活体生物量的碳密度数据，我们建立了每种森林类型的碳密度和森林年龄之间的关系曲线。我们假设 2009 ~ 2011 年国家森林资源清查中的森林面积代表了 2010 年的森林分布，而在 2050 年之前，森林面积和覆盖面积均不会明显增加。根据中国的林业发展目标，人工植树造林面积在西藏所占比例较小。因此，我们利用林龄和碳密度关系曲线分别计算了 2010 ~ 2050 年西藏现有天然林中的总碳储量。

5.7.2　青藏高原森林生态系统碳库的空间分布

西藏森林林龄的空间分布在 11 ~ 250a。森林林龄的分布表现出明显的空间异质性，反映了地形条件和森林类型的差异对林龄的影响较大。通过对 0.01°×0.01° 森林分辨率网格图的统计分析，林龄在 11 ~ 20a、21 ~ 40a、41 ~ 60a、61 ~ 80a、81 ~ 100a、101 ~ 120a、121 ~ 140a、141 ~ 160a、161 ~ 180a 和 >181a 的森林分别占西藏森林总面积的 0.15%、0.19%、9.2%、18.2%、27.5%、25.8%、4.2%、14.6%、0.1% 和 0.1%。该空间分布格局表明，中龄林、近熟林、成熟林和过熟林的树木占据西藏森林的大部分。

我们使用碳密度与年龄关系方程估计了 2001 ~ 2050 年西藏森林地上和地下活生物量的碳储量。在 2010 年，总碳储量为 866.8Tg C（表 5-8），碳密度为 20 ~ 170t/hm²。冷杉林的平均碳密度最大，为 147.1t/hm²；而杨树的平均碳密度最小，为 31.8t/hm²。碳库的空间分布受林龄和森林类型的影响。西南地区的碳储量较低，因为该区域内主要生长了碳密度较低的森林类型。西藏森林总碳储量低于内蒙古、黑龙江、四川和云南的碳储量，但其碳密度几乎是这四个省（自治区）的两倍。中国现有森林的碳储量和碳密度分别为 7385Tg C 和 51.7t C/hm²。虽然西藏森林面积仅占全国天然林面积的 5.4%（$8.52×10^6hm^2$ 对 $15.86×10^8hm^2$），其碳储量占中国森林总面积的 11.7%（2010 年西藏森林碳储量为 866.8Tg）。

这些结果表明，西藏森林在中国陆地碳储存和碳循环中起着重要作用。西藏森林平均碳密度低于世界上大多数碳密度极高的森林样地。然而，有 11 个被调查的云杉、栎树和柏树森林样地，其碳密度大于 520t/hm²。1995 ~ 1999 年加拿大北部森林的平均碳密度为 43t/hm²，北美洲森林的平均碳密度为 68.7t/hm²，欧洲森林的平均碳密度为 60.5t/hm²；2007 年亚洲森林的平均碳密度为 42.0t/hm²，欧洲森林的平均碳密度为 60.8t/hm²。这些地区的碳密度均低于西藏森林的平均碳密度，也凸显了西藏森林的碳密度在全世界的重要性。

西藏森林碳密度高的原因可能是相对较低的温度和适宜的降水条件导致生长快速，但是分解过程缓慢。老龄林通常具有多年生和多层结构，并且人类活动干扰较少等特征。在西藏，由于道路交通网络稀疏、人口稀少和天然林保护措施，天然林的人类活动扰动很少，森林可以长期生长。总体而言，与中国其他地区的森林相比，西藏大部分地区的森林生长具有速度较快、寿命长、腐蚀慢等特点。同时，青藏高原独特的地理条件也比同纬度地区的太阳辐射更强，而冬季相对较低的夜间空气温度和寒冷干燥的气候条件导致呼吸相对较低。因此，尽管生长速率减慢，但是森林仍然可以继续积累碳。

5.7.3　青藏高原森林生态系统碳库的变化

西藏森林总碳储量从 2001 年的 831.1Tg C 增加到 2050 年的 969.4Tg C，增幅为 16.6%。平均碳密度将从 2001 年的 99.1t/hm² 增加到 2050 年的 115.6t/hm²（表5-8）。在 2050 年，碳密度的空间分布将在 54～174t/hm²。西南地区森林的变化较小。这意味着具有低碳密度的森林能更有效地固定碳，而高碳密度区域虽然能够继续固定碳，但是效率相对较低。碳储量的空间格局变化主要由森林类型和林龄决定。碳密度和碳储量的结果表明，西藏森林在未来 40 年仍将作为碳汇区。但是，碳汇速率将从 2001～2010 年的 3.6Tg/a 减少至 2050 年的 1.9Tg/a。云杉和冷杉的年龄较大，但仍然能够实现更强的碳汇功能（图5-18）。云南松、栎树等其他松具有较高的碳汇，其林龄也较低（图5-18）。西藏地区其他森林类型具有较低的碳汇速率。2001～2050 年，西藏森林平均碳汇速率为 2.8Tg C/a。Hu 等（2016）假设中国碳汇在 2005～2010 年为 0.29t C/(hm²·a)，2040～2050 年将达到 0.28t C/(hm²·a)。同一时期，西藏的碳汇分别为 0.36t C/(hm²·a) 和 0.19t C/(hm²·a)。这说明碳密度较高的森林仍然具有极强的碳汇潜力，并将在未来的碳循环中发挥重要作用。

表5-8　西藏森林 2001～2050 年碳密度、碳储量和碳汇变化

年份	碳密度 /(t/hm²)	碳储量 /Tg C	碳汇 /(Tg C/a)
2001	99.1	831.1	—
2010	103.4	866.8	3.6
2020	107.3	899.9	3.3
2030	110.7	928.0	2.8
2040	113.4	950.7	2.3
2050	115.6	969.4	1.9

西藏森林主要由中龄林、成熟林和过熟林组成。过熟林的碳密度仍然增加的原因一方面可以通过对过熟林的定义来解释。针叶林超过 160a 的森林被称为过熟林，其他森林类型，有些甚至林龄超过 80a 也被定义为过熟林。然而，森林碳汇的林龄阈值可达到 450～

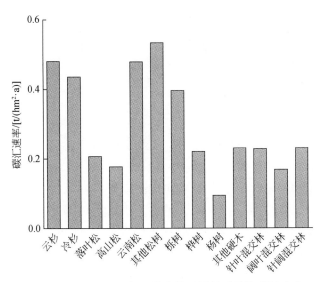

图 5-18　2001~2050 年西藏森林不同林型平均碳汇速率

500a，西藏森林林龄远未达到该年龄阈值，即使是西藏的过熟林，碳密度也不断增加。另一方面我们没有考虑火灾和毁林对碳密度突然减少的影响。其他环境因素，如二氧化碳浓度升高；氮沉积和气候变暖，也可以刺激成熟林的碳汇。这些影响都包括在碳密度年龄方程中，因为方程是基于原始森林资源清查数据，森林的长期增长本就受环境因素的影响。虽然碳储量从 2010 年到 2050 年逐渐增加，碳库变化的空间分布是异质的。在中国，温带阔叶落叶林是最大的碳汇，而温带针叶林作为碳源。在西藏自治区，阔叶混交林通常有较小的碳汇，而云杉、冷杉、松属和栎树则有较大的碳汇。其他森林类型作为较小的碳汇。然而，这些森林面积仅占西藏土地面积的 19.1%。

基于世界粮食及农业组织（Food and Agriculture Organization of the United Nations，FAO）的定义，西藏森林基本由原始森林组成，并且属于受保护森林。虽然全球森林的碳汇为 4.0Pg/a，但毁林排放量为 2.9Pg/a。因此，越来越迫切需要保护碳密度较高的森林和老龄林，避免森林砍伐和退化导致大量碳重新排放到大气中。科学有效管理的森林可以更长效地积累木材，而原始林往往储存更多的碳。与无管理的森林比较，科学有效管理的森林中，森林生态系统更多的光合作用固定的碳被分配至地上部分。

二氧化碳浓度升高、氮沉积和气候变暖可能对环境有害。然而，这些因素可以刺激树木生长，增强森林碳汇功能，特别是二氧化碳浓度增加的施肥效应效果更显著。当前的大气二氧化碳浓度仍然可以刺激树木的光合作用（Goulden et al.，2011）。根据 2013 年的 IPCC 报告，至 21 世纪末，空气中的二氧化碳浓度仍将持续增加。模型模拟和野外增温控制试验的结果表明，北半球和热带地区的年平均温度和 NPP 之间呈正相关，而高寒生态系统呈负相关。因此，森林的碳汇能力可能不受气候变化的限制，而是受气候变化的推动。

停止森林采伐可以防止向大气释放碳，同时森林的持续增长可以吸收大气中的二氧化碳。然而，成熟森林的碳汇能力随着森林的年龄而减弱，而人工植树造林将实现森林生态系统更有效地吸收二氧化碳。植树造林虽然是保持碳含量和年碳吸收速率的有效方法，但是人工林类型的选择也同样重要。与西藏其他森林类型相比，冷杉和云杉林具有更大的碳汇潜力（图5-24）。因此，人工造林应该首先选用这些森林幼苗。减少人类干扰、森林火灾和对碳密度较高森林的其他干扰，以减少森林生态系统的碳排放。同时，碳储存和木材生产之间仍然存在极大的不平衡。今后，森林管理仍然需要更多地关注碳密度较高森林的人类活动干扰和自然干扰对碳库的影响。

5.8 本章结论

祁连山疏勒河上游冻土区1m深土壤有机碳密度为4.39～19.84kg/m²。研究区内，土壤有机碳和总氮储量在冰缘植被最大，荒漠化草原次之，荒漠最小。以土壤类型区分，研究区有机碳和总氮储量在冷钙土中最大，寒钙土中次之，灰棕漠土和草毡土中最小。

基于遥感数据获取的NDVI和样地生物量及碳密度调查资料，青藏高原草地生态系统碳密度和碳储量的时空变化格局的分析结果表明：受水热条件控制，高寒草地碳密度自东南向西北逐渐减小，高寒草原和高寒草甸在季节冻土区碳密度均高于多年冻土区，青藏高原高寒草地多年平均碳储量为46.4Tg。1982～2015年，季节冻土草甸和多年冻土草原碳密度均表现为显著的增加趋势，而多年冻土草甸和季节冻土草原的碳密度虽有增加，但是趋势并不显著。冻土类型对不同类型的高寒草原碳密度的影响存在差异。

青藏高原多年冻土区表层1m有机碳储量约为17.3Pg，2m深度内土壤有机碳储量约为27.9Pg，而在2～25m深度内的有机碳储量约为132Pg。多年冻土区土壤有机碳与环境因子密切相关，较深的活动层、较高的pH、粗颗粒土、较大的土壤容重都是不利于土壤有机碳形成与存储的因素，而地下冰丰富的地区土壤有机碳含量较高。土壤有机碳含量与总氮、水溶性有机碳和无机碳含量都存在正相关关系。

培养试验发现多年冻土区土壤有机碳分解的Q_{10}值远远大于2，甚至超过100，表明多年冻土区土壤有机碳的分解对温度变化非常敏感。当然，多年冻土区土壤碳对温度升高敏感，并不意味着所有的碳都是可分解的，其中约有20%的有机碳被还原性铁所固定，这部分碳是微生物难以分解利用的。青藏高原多年冻土区的热融湖塘中的有机碳主要是来自于陆地生态系统，其温室气体排放与温度有关。同时，热融滑塌不仅导致土壤碳氮损失，也会显著地加剧土壤有机碳的分解过程。

目前西藏森林总生物量碳储量为866.8Tg C，平均碳密度为103.4t C/hm²。碳储量和碳密度将分别在2050年增加到969.4Tg C和115.6t C/hm²，西藏碳密集的森林将在未来几十年内继续作为重要的碳汇。

第6章 高寒草地温室气体排放过程及变化

全球高纬度和高海拔多年冻土区土壤有机碳储量约为1700Pg，约占全球土壤碳库的50%。低温下缓慢的有机质分解速率，导致冻土固存大量的有机碳，在全球变暖的背景下，多年冻土具有巨大的碳排放潜力（Dörfer et al., 2013）。在青藏高原高寒草地生态系统，Lu等（2013）就系统碳动态对试验增温的响应进行了研究。但是关于气候变暖如何影响高寒草地生态系统呼吸的机制目前还不明确，尤其是在多年冻土区。

青藏高原多年冻土区是当前及今后相当一段时期内增温最为迅速的区域（Wang et al., 2016），并且高寒生态系统巨大的碳库储量及高度的温度敏感性（第5章内容），增温可能引起多年冻土区生态系统呼吸碳排放的快速增加，造成碳库潜在的损失。此外，我国大气活性氮沉降持续增加，而氮沉降的增加与增温效应耦合可能会对高寒草地生态系统碳排放以及碳氮循环产生深刻影响，并对气候变化产生正/负反馈作用。例如，研究表明增温会增加高寒生态系统呼吸及氧化亚氮释放（Zhu et al., 2015；Frank et al., 2010；Hu et al., 2016；Lin et al., 2011）。但是氮沉降会促进甲烷吸收并有可能抑制土壤呼吸（Yan et al., 2010；Mo et al., 2007；Aronson and Helliker, 2010），因此增温背景下，氮沉降增加对温室气体排放的影响就变得复杂而不确定，系统试验以预测这一反馈显得尤为关键。本章内容介绍了高寒草地生态系统呼吸对人工模拟增温和氮沉降增加的响应研究，同时关注了甲烷（CH_4）和氧化亚氮（N_2O）等温室气体排放在增温和氮沉降下的变化。

6.1 研究方法与数据获取

6.1.1 研究区域介绍

依托青藏高原腹地的风火山典型多年冻土区的高寒草甸和高寒沼泽草甸试验样地［图6-1（a）］以及青藏高原东北缘祁连山多年冻土区的高寒草地及退化类型（高寒草原化草甸）长期观测样地［图6-1（b）］，研究不同草地类型二氧化碳及其他温室气体排放的日动态和季节动态变化。各研究样地均采用围封措施，以排除放牧的影响及其对观测的干扰。

风火山属于高原大陆性气候，常年寒冷干燥，大气压和年均温均较低，暖季一般为5月下旬至9月中旬，冷季时间长达半年以上，冻土一般在4月开始消融，在9月底开始冻结。根据该区气候资料记录，风火山地区年均温度约为-5.3℃，记录的最高极端温度为24.7℃，最低极端温度为-38.5℃；年均降水量约为269.7mm。高寒草甸群落优势种主要

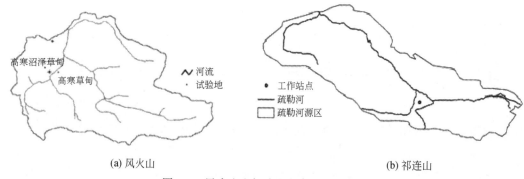

（a）风火山　　　　　　　　　　　　　　（b）祁连山

图 6-1　风火山和祁连山研究区地理位置

为嵩草属，物种组成主要为矮生嵩草（*Kobresia humilis*）、高山嵩草（*Kobresia pygmaea*）、线叶嵩草（*Kobresia capillifolia*），还有少量早熟禾（*Poa pratensis*）分布。此外还生长着一些杂类草，主要有鹅绒委陵菜（*Potentilla anserina*）、棘豆（*Oxytropis* sp.）、高山唐松草（*Thalictrum alpinum* L.）、沙生风毛菊（*Saussurea arenaria*）。该区寒区高寒沼泽草甸主要分布在河谷底部、湖畔、积水的滩地及洼地，生长在海拔为 3200～4800m 的地方。群落优势种同样为嵩草属，主要为藏嵩草（*Kobresia tibetica*），此外还分布着青藏薹草（*Carex moorcroftii*）、暗褐薹草（*Carex atrofusca*）等半生种以及珠牙蓼（*Polygonum viviparum*）、棘豆（*Oxytropis* sp.）等杂类草。

疏勒河源区流域位于祁连山中西段，海拔 3415～5767m。该区属于大陆性干旱荒漠气候，气候干冷、多风，冻土的融化期为 4 月初至 10 月中旬，广泛发育极大陆型冰川和多年冻土。年均气温 -4℃，年均降水量 200～400mm，主要集中在生长季的 5～9 月。该区植被类型按海拔高度从高到低分为 5 个垂直带：高寒荒漠、高寒草甸、高寒灌丛草甸、山地草原和山地荒漠草原。代表性植物主要有四裂红景天（*Rhodiola quadrifida*）、甘肃雪灵芝（*Arenaria kansuensis*）、高山嵩草、藏嵩草、粗壮嵩草（*Kobresia robusta*）、青藏薹草、紫花针茅（*Stipa purpurea*）、沙生风毛菊、西伯利亚蓼（*Pdygonum sibiricum*）、芨芨草（*Achnatherum splendens*）和盐爪爪（*Kalidium foliatum*）等。

6.1.2　增温及氮添加试验

在风火山高寒草甸和高寒沼泽草甸以及祁连山高寒草地试验样地，利用 ITEX 推荐采用的一种被动式增温装置——OTC 模拟增温（图 6-2）。OTC 以 8mm 厚的有机玻璃纤维为材料，制成八边形开顶式气室，采用不同高度及开口实现不同增温幅度。经过测定风火山两个草地类型的年均增温幅度约为 4.4℃，而祁连山试验的年均增温幅度约为 0.7℃。

氮添加试验。风火山典型多年冻土区在高寒草甸和寒区高寒沼泽草甸开展增温（2012年开始，增温幅度为 4.4℃）与氮添加（NH_4-NO_3，$4g/m^2$）的双因素交叉分组试验。增温装置永久固定在增温小区，氮添加时间在每年生长季开始前（5 月 15 日）。

(a) OTC (b) 便携式红外测定仪LI-8100A (c) 静态箱

图 6-2 增温方式以及温室气体采集方式

6.1.3 观测试验与数据采集

风火山及祁连山研究区均采用两种气体排放收集及检测方法，分别是便携式红外测定仪和静态箱法（图6-2）。便携式红外测定仪可以在线实时测定 CO_2 含量。该方法需要提前（半年以上）在研究样地布置 PVC 管。PVC 管插入时尽量避免扰动地上植物部分，测得生态系统呼吸。系统呼吸测定在 9:00～11:00 进行，其中 11 月至次年 3 月每月测定 1 次，4～10 月每月测定 3 次。在呼吸测定的同时，运用便携式红外测定仪配套的传感器测定 PVC 外土壤 5cm 温湿度。在土壤完全冻结期，土壤 5cm 水分数据采用该样地仪器自动观测数据。

静态箱包括手动操作密闭的暗箱连同带水槽的底座（嵌入地表5cm），规格为30cm×30cm×30cm，为了方便在 OTC 中的操作，底面积较小。静态箱中加装小风扇，外接 12V 的蓄电池供电，以混匀静态箱中气体。静态箱顶部开 3 孔，装防水电缆接头，一孔接电线，一孔为电子温度计（JM224，Jinming Crop，China）插孔，另一孔为采气通道。气体保存使用 100ml 铝箔气体采样袋（Delin Tech，China）。采样时间为北京时间的 9:00～12:00，在生长季前期（EG）和生长季后期（LG）每隔 3～5d 采样，在生长季中期（MG）每隔 7～10d 采样，采样间隔为 10min，依次采集箱体密闭后 0min、10min、20min、30min 的气体。气体样品在一周内送回实验室利用气相色谱（Agilent GC-7890B，Agilent Co.，Santa Clara，CA，USA）分析其 CO_2、CH_4 和 N_2O 含量。

利用壕沟法区分风火山高寒草甸和高寒沼泽草甸两类草地的土壤呼吸组分。在两类草地随机选取 4 个植被均匀平整的样方进行土壤呼吸观测，土壤呼吸观测采用 Li-8100A 便携式土壤呼吸测定仪器（LI-COR Inc. Lincoln，NE，USA）。在 2012 年生长季后期土壤冻结前将直径 20cm、高 5cm 的 PVC 管插入各样方中，地上部分保留 2cm，并齐地面剪掉地上植物部分，在剪植被时尽量避免扰动地表凋落物。土壤呼吸测定在 2013 年进行，将全年分为生长季和非生长季测定。生长季为 5 月下旬～9 月中旬；其余为非生长季，非生长季可分为冬季（11 月至次年 4 月中旬）及土壤冻融前期，土壤冻结前期一般为 9 月中旬至 10 月底，土壤融化前期为 4 月中旬至 5 月下旬（Wang G et al.，2014）。基于测定的土壤呼吸日动态变化数据，土壤呼吸在 9:00～11:30 进行测定以代表一天的平均值。生长季每月测定6次，冬季每月测定2次，而在变化明显的冻融前期每周测定2~3次。分别在冬季（2月16日、11月20日和12月20日），冻融前期（4月25日和10月20日）和生长季（8月22日）测定日动态，日动态白天每2h测定一次，晚上每3h测定一次。在土壤积雪期间，运用较长的PVC管连接到已插入的基座上，并用防水胶带黏合以防止漏气，待风力作用下，积雪重新填满PVC管后再进行测定。

采用TDR和FDR数据采集器，对增温和对照处理土壤水分和温度进行自动观测。每种处理设置2~3个重复观测，每隔30min采集数据一次。

6.1.4　统计分析

土壤呼吸和生态系统呼吸与土壤温度关系采用如下方程计算

$$ER = ae^{bST} \tag{6-1}$$
$$Q_{10} = e^{10b} \tag{6-2}$$

式中，ER为生态系统呼吸；ST为土壤5cm温度；a和b为恒定系数；Q_{10}为呼吸对温度的敏感性，表示温度每升高10℃，土壤呼吸或系统呼吸升高的倍数。

土壤呼吸和生态系统呼吸累积CO_2排放量采用如下方程计算

$$ER = \sum_{k=1}^{n-1} ER_{m,k} \Delta t_k \tag{6-3}$$

式中，ER为累积排放量；$\Delta t_k = t_{k+1} - t_k$为两次测定间隔天数；$ER_{m,k}$为每个间隔时间测定的呼吸平均值。

采用重复测量方差分析分别检验增温处理和采样时间对温室气体排放的影响。所有数据的统计分析均在在SPSS 17.0软件中完成，绘图在Origin 8.0软件中完成。

6.2　不同高寒草地生态系统碳排放动态及差异性

生态系统呼吸存在很强的季节性差异，主要受不同时期温湿度及植被物候的影响。以往大多数关于系统呼吸的研究都集中在生长季，而有关非生长季的研究较少（Trucco et al.，2012）。一般认为非生长季生态系统呼吸与生长季相比非常小，可忽略不计，所以以往对于系统年碳平衡的估算大多假设非生长季CO_2排放为0。然而近期研究表明，非生长季CO_2排放非常重要，在北极苔原可占全年排放总量的15%~28%（Merbold et al.，2012），非生长季CO_2排放可能导致其生态系统全年为净碳源。因此，精确估算非生长季CO_2排放对于探明多年冻土生态系统碳平衡尤为关键。另外，高寒草甸和高寒沼泽草甸是青藏高原多年冻土区的主要植被类型，对这两种类型草地生态系统呼吸进行对比研究，有利于探明多年冻土区生态系统呼吸的影响因子。

6.2.1　高寒草地碳排放的日动态变化

在青藏高原腹地的风火山地区的观测结果表明，高寒草甸和高寒沼泽草甸生态系统呼吸日变化趋势相似, 均呈单峰曲线变化 (图 6-3), 最小值为 $0.02\mu mol/(m^2 \cdot s)$, 最大值为 $7.41\mu mol/(m^2 \cdot s)$。在非生长季, 高寒草甸最小值出现在 $4:00 \sim 7:00$, 峰值出现在 $13:00 \sim 15:00$, 高寒沼泽草甸最小值出现在 $7:00 \sim 9:00$, 峰值出现在 $13:00 \sim 17:00$。在生长季, 两种草甸类型最小值均出现在 $7:00 \sim 9:00$, 最大值均出现在 $15:00 \sim 17:00$。高寒草甸系统呼吸日变异系数高于高寒沼泽草甸 [图 6-4 (a)], 且呈明显的季节变化, 在非生长季变异系数高于生长季, 在土壤完全冻结期振幅最大 (0.92), 然后逐渐减少, 在生长季旺盛期最低 (0.30); 高寒沼泽草甸系统呼吸日变化振幅较小, 变异系数为 $0.12 \sim 0.29$, 无明显的季节规律。两种草甸类型白天系统呼吸均高于晚上 [图 6-4 (b)], 高寒草甸和高寒沼泽草甸生态系统呼吸昼夜比分别为 $1.65 \sim 4.75$ 和 $1.22 \sim 1.54$。

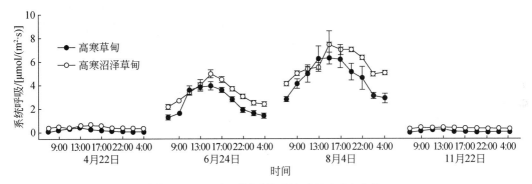

图 6-3 2013 年不同季节系统呼吸日动态变化

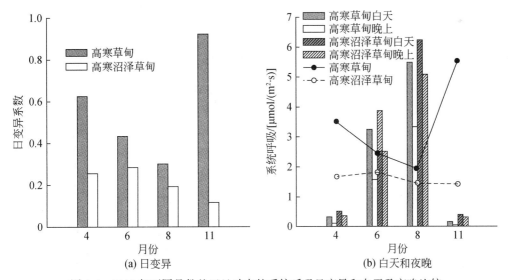

图 6-4 2013 年不同月份基于日动态的系统呼吸日变异和白天及夜晚比较

在祁连山多年冻土区的观测结果也反映出高寒草甸和高寒草原化草甸地表 CO_2 通量日变化表现出 "单峰" 形趋势, 表现为 CO_2 的源; 最大值均出现在 $15:00$ 左右, 最小值出现在6:00或9:00，日变化分别为23.79~481.00mg/(m^2·h) 和2.59~532.81mg/(m^2·h)（图6-5）。两种类型高寒草甸在不同观测期日均CO_2排放通量均表现为完全融化期>融化过程期>冻结过程期>完全冻结期。其中，高寒草甸完全融化期、融化过程、冻结过程期和完全冻结期的CO_2排放通量分别为251.25mg/(m^2·h)、78.27mg/(m^2·h)、56.01mg/(m^2·h)和36.15mg/(m^2·h)，相应高寒草原化草甸分别为251.37mg/(m^2·h)、75.17mg/(m^2·h)、67.21mg/(m^2·h) 和31.62mg/(m^2·h)。融化过程期的CO_2通量明显大于完全冻结期，一方面是因为青藏高原土壤微生物长期适应高寒环境，温度升高可能会增加微生物活性，进而导致CO_2通量增加；另一方面是因为融化过程期受表层土壤冻融交替作用的影响，青藏高原高寒草甸CO_2地表通量会明显增大（图6-6）。

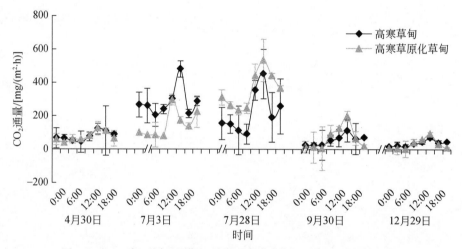

图6-5　2013年不同观测期两种类型高寒草甸CO_2地表通量日变化

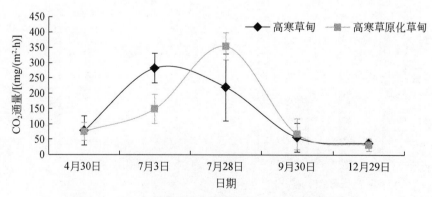

图6-6　2013年两种类型高寒草甸CO_2地表通量季节变化

高寒草甸和高寒草原化草甸CH_4通量日变化均表现出"V"形变化趋势，表现为CH_4的汇；高寒草甸CH_4地表日最大吸收通量出现在12:00左右，高寒草原化草甸CH_4日最大、最小吸收通量及高寒草甸CH_4日最小吸收通量出现的时间在不同观测期各不相同，高寒草甸和高寒草原化草甸日变化分别为$-101.83 \sim -6.73 \mu g/(m^2 \cdot h)$ 和$-394.94 \sim -0.03$ $\mu g/(m^2 \cdot h)$（图6-7）。两种类型高寒草甸在不同观测期日均CH_4地表吸收量均为完全融化期>冻结过程期>融化过程期>完全冻结期。其中，高寒草甸在完全融化期、冻结过程期、融化过程期和完全冻结期的CH_4吸收通量分别为$41.54 \mu g/(m^2 \cdot h)$、$24.50$ $\mu g/(m^2 \cdot h)$、$12.20 \mu g/(m^2 \cdot h)$ 和$10.73 \mu g/(m^2 \cdot h)$，相应高寒草原化草甸的$CH_4$吸收通量分别为$160.68 \mu g/(m^2 \cdot h)$、$107.95 \mu g/(m^2 \cdot h)$、$24.40 \mu g/(m^2 \cdot h)$ 和$2.62 \mu g/(m^2 \cdot h)$。在整个观测期CH_4地表日均通量均表现为CH_4的汇，与青藏高原东缘季节冻土区高寒草甸CH_4地表通量观测结果一致（图6-8）。

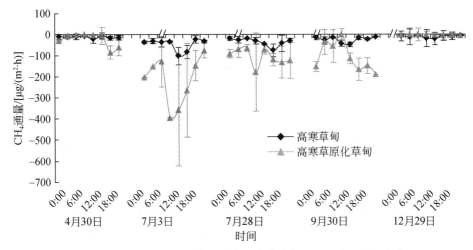

图6-7　2013年不同观测期两种类型高寒草甸CH_4地表通量日变化

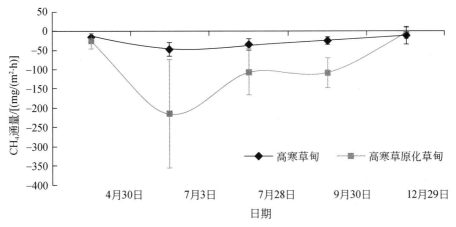

图6-8　2013年两种类型高寒草甸CH_4地表通量季节变化

6.2.2 高寒草地碳排放的季节动态变化

在风火山地区，高寒草甸和高寒沼泽草甸生态系统呼吸呈明显的季节变化，且与5cm地温变化趋势一致（图6-9）；生态系统呼吸在1月最小，为 $0.09 \sim 0.14\mu mol/(m^2 \cdot s)$，到4月中旬，表层土壤开始融化，系统呼吸逐渐增加，在生长季旺盛期达到最大，为 $2.65 \sim 4.22\mu mol/(m^2 \cdot s)$，到9月生长季后期，植被开始枯黄，逐渐减小。高寒沼泽草甸生态系统呼吸高于高寒草甸，其中高寒草甸和高寒沼泽草甸非生长季土壤呼吸分别为 $0.31\mu mol/(m^2 \cdot s)$ 和 $0.36\mu mol/(m^2 \cdot s)$，生长季分别为 $1.99\mu mol/(m^2 \cdot s)$ 和 $2.85\mu mol/(m^2 \cdot s)$（图6-9）。全年生态系统呼吸 CO_2 排放量高寒沼泽草甸显著高于高寒草甸，分别为 $1419g/m^2$ 和 $1042\ g/m^2$，其中高寒沼泽草甸非生长季排放比高寒草甸高27%，生长季高39%（表6-1）；虽然高寒沼泽草甸生态系统呼吸排放量显著高于高寒草甸排放，但两种草甸类型非生长季年排放量所占比例相似，分别为23.99%和25.71%，差异不显著。

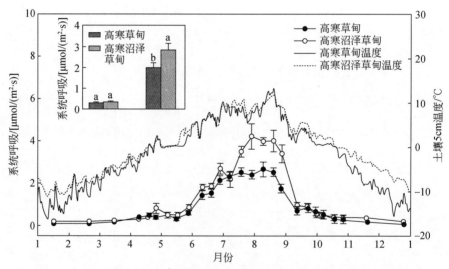

图6-9 高寒草甸和高寒沼泽草甸生态系统呼吸和土壤5cm温度季节变化

小图为平均系统呼吸

表6-1 高寒草甸和高寒沼泽草甸系统呼吸年排放

类型	非生长季/(g/m²)	生长季/(g/m²)	全年/(g/m²)	非生长季或全年/%
高寒草甸	268.13[b]	774.85[b]	1042.99[b]	25.71[a]
高寒沼泽草甸	340.40[a]	1078.61[a]	1419.01[a]	23.99[a]
平均	304.27	926.73	1231.00	24.85

注：表中同一列中a、b表示不同草地类型存在差异。

生态系统呼吸与气温和土壤 5cm、20cm 温度均呈指数相关关系（图 6-10）。非生长季，高寒草甸和高寒沼泽草甸生态系统呼吸与气温和土壤 5cm、20cm 温度均具有较高相关性（图 6-10），其中，高寒草甸和高寒沼泽草甸与土壤 5cm 温度相关性最好，R^2 分别为 0.72 和 0.64。生长季，高寒草甸系统呼吸与土壤 5cm 温度相关性最高（R^2 为 0.73），高寒沼泽草甸则与气温相关性最高（R^2 为 0.63）。生态系统呼吸对气温及不同土层温度敏感性（Q_{10}）不同（图 6-11），不同草甸类型及季节土壤 5cm-Q_{10} 变化趋势一致，均为高寒沼泽草甸高于高寒草甸，非生长季（4.34～5.02）高于生长季（2.35～2.75）[图 6-11（b）]，而两种草地类型气温-Q_{10} 与 20cm-Q_{10} 变化趋势一致，均为非生长季高寒草甸高于高寒沼泽草甸，生长季高寒草甸低于高寒沼泽草甸 [图 6-11（a）和（c）]。非生长季生态系统呼吸还与土壤 5cm 含水量显著正相关（R^2 为 0.21～0.40），而生长季生态系统呼吸与土壤水分无关（图 6-12）。

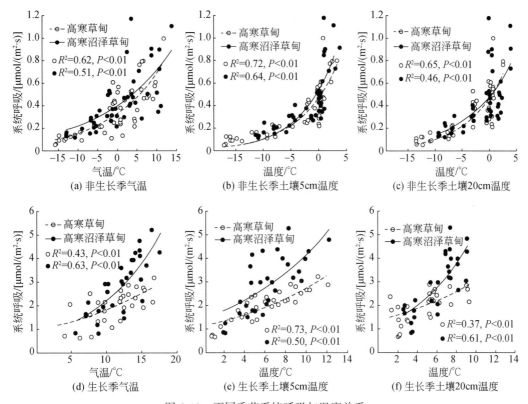

图 6-10 不同季节系统呼吸与温度关系

气温及土壤 5cm 温度为系统呼吸测试时 LI-8100A 自动记录的温度，
土壤 20cm 温度为相邻的自动气象站在测试相同时间时记录温度

在祁连山多年冻土区，两种类型高寒草甸 CO_2 地表通量均与空气温度、地表 2cm 和地下 10cm、20cm、30cm、40cm、50cm 土壤温度呈显著正相关关系，表明温度是影响 CO_2 地表通量的关键因子。在微生物最适温度达到之前，土壤温度升高对土壤微生物活性以及土壤有机质分解都有促进作用，因此土壤 CO_2 排放速率会随着温度的升高而增加，使得土壤

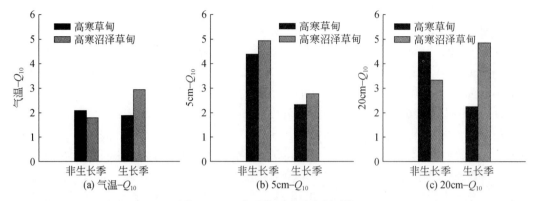

图 6-11　生态系统呼吸温度敏感性

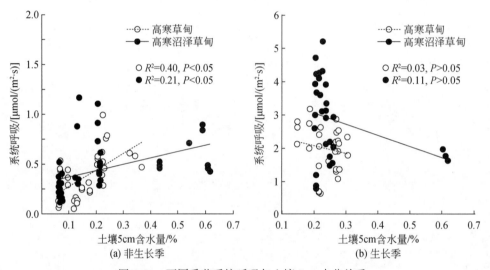

图 6-12　不同季节系统呼吸与土壤 5cm 水分关系

CO_2 排放量增加。另外，土壤含水量也是温室气体排放的重要影响因子。CH_4 地表通量与空气温度、地表 2cm 和地下 10cm、20cm、30cm、40cm、50cm 土壤温度表现出显著负相关关系，表明温度对研究区 CH_4 通量有显著的驱动作用。此外，高寒草甸 CO_2 通量及高寒草原化草甸 CH_4 和 CO_2 通量与其相应的地下气体浓度呈显著正相关，表明地下气体浓度也是影响地表气体通量的关键因素。

对两种类型高寒草甸 CH_4 和 CO_2 地表通量与环境因子进行回归分析（表 6-2）发现，太阳总辐射、空气相对湿度、2cm 和 30cm 土壤温度、10cm 土壤含水量及盐分是影响高寒草甸整个观测期 CH_4 和 CO_2 地表通量的最重要因子，分别能解释两种气体地表通量变化的 66.3% 和 91.0%。10cm 土壤温度、2cm 和 10cm 土壤含水量、地下 CO_2 浓度、2cm 和 50cm 土壤温度是影响高寒草原化草甸整个观测期 CH_4 和 CO_2 地表通量的最重要因子，分别能解释两种气体地表通量变化的 66.2% 和 87.6%。

表 6-2 两种类型高寒草甸 CH_4 和 CO_2 地表通量与环境因子回归分析

样地	回归方程	R^2	P
高寒草甸	$F_{CH_4} = -0.894ST_{2cm} - 0.029TR - 16.788$	0.663	<0.01
	$F_{CO_2} = 14.999ST_{30cm} + 1.871RH + 1.426SS_{10cm} - 28.855SM_{10cm} + 12.985ST_{2cm} + 435.603$	0.910	<0.01
高寒草原化草甸	$F_{CH_4} = -11.783SM_{2cm} + 26.679SM_{10cm} - 9.502ST_{10cm} - 179.572$	0.662	<0.01
	$F_{CO_2} = -11.532ST_{50cm} + 9.626ST_{2cm} + 0.144C_{CO_2} - 7.049$	0.876	<0.01

注：F 为地表通量；RH、TR、ST、SM 和 C_{CO_2} 分别为空气相对湿度、太阳总辐射、土壤温度、土壤含水量和 CO_2 浓度。

利用表 6-2 回归模型估算两种类型高寒草甸 CO_2 和 CH_4 地表年通量（图 6-13），CO_2 地表排放通量在两种类型高寒草甸均表现为完全融化期>完全冻结期>冻结过程期>融化过程期（在高寒草甸分别为 784.07g/m²、170.63g/m²、18.31g/m² 和 8.38g/m²，在高寒草原化草甸分别为 651.88g/m²、151.33g/m²、96.25g/m² 和 62.74g/m²）；CH_4 地表吸收通量在高寒草甸表现为完全融化期（108.97mg/m²）>完全冻结期（38.73mg/m²）>融化过程期（37.52mg/m²）>冻结过程期（10.78mg/m²），在高寒草原化草甸表现为完全融化期（364.48mg/m²）>融化过程期（105.94mg/m²）>完全冻结期（88.09mg/m²）>冻结过程期（66.15mg/m²）。除高寒草甸地表 CH_4 通量外，其他的模型模拟结果与实际观测结果基本一致。高寒草甸 CO_2 和 CH_4 地表通量模拟值与观测值拟合优度分别为 0.627 和 0.894，高寒草原化草甸分别为 0.897 和 0.972。同一观测期高寒草甸和高寒草原化草甸 CO_2 和 CH_4 地表通量比较来看，高寒草甸在融化过程期和完全冻结期 CO_2 地表排放通量均大于高寒草原化草甸，在完全融化期和冻结过程期均小于高寒草原化草甸，CH_4 地表吸收通量在 4 个冻融时期均小于高寒草原化草甸，表明同一观测期 CO_2 和 CH_4 地表通量在两种类型高寒草甸间存在差异（图 6-13）。从整个观测期来看，高寒草甸和高寒草原化草甸 CO_2 地表全年（2013 年 1 月 1 日~12 月 31 日）总排放通量分别为 982.03g/m² 和 962.20g/m²，年均排放量分别为 112.10mg/(m²·h) 和 109.84mg/(m²·h)；CH_4 地表全年总吸收量分别为 196.00mg/m² 和 624.67mg/m²，年均吸收量分别为 22.37μg/(m²·h) 和 71.31μg/(m²·h)（图 6-13）。由此可见，高寒草甸 CO_2 地表全年总排放量均明显高于高寒草原化草甸，而 CH_4 地表吸收量明显低于高寒草原化草甸。

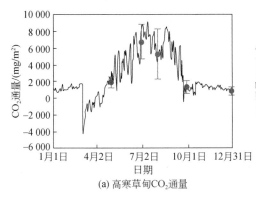

(a) 高寒草甸CO_2通量

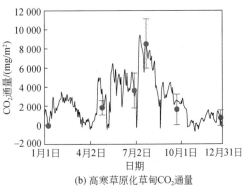

(b) 高寒草原化草甸CO_2通量

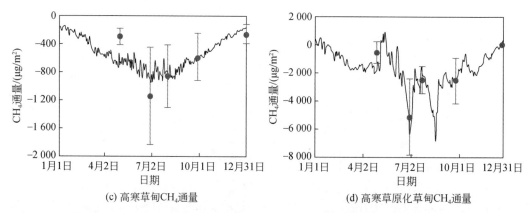

(c) 高寒草甸CH₄通量　　　　　　　(d) 高寒草原化草甸CH₄通量

图 6-13　2013 年两种类型高寒草甸 CH₄ 和 CO₂ 地表通量模拟与观测结果对比

在上述估算结果的基础上，进一步计算得到不同观测时期的 CH₄ 和 CO₂ 地表通量在全年总量所占的比例，结果如图 6-14 所示。高寒草甸冻融期（融化过程期和冻结过程期）CO₂ 地表排放量及 CH₄ 地表吸收量分别占全年总排放量和总吸收量的 2.71% 及 24.64%，完全冻结期 CO₂ 排放量及 CH₄ 吸收量分别占全年总排放量和总吸收量的 17.38% 及 19.76%。高寒草原化草甸冻融期 CO₂ 地表排放量及 CH₄ 地表吸收量分别占全年总排放量和总吸收量的 16.52% 及 27.55%，完全冻结期 CO₂ 排放量及 CH₄ 吸收量分别占全年总排放量和总吸收量的 15.73% 及 14.10%。总的来说，高寒草甸冻融期和完全冻结期土壤 CO₂ 排放量及 CH₄ 吸收量分别占全年总排放量和总吸收量的 20.09%、44.40%，高寒草原化草甸冻融期和完全冻结期 CO₂ 排放量及 CH₄ 吸收量分别占全年总排放量和总吸收量的 32.25% 及 41.65%。完全冻结期为冬季，高寒草甸和高寒草原化草甸土壤在冬季均表现为 CH₄ 的汇，吸收量分别占年总吸收量的 19.76% 和 14.10%。高寒草甸、高寒草原化草甸冻融期 CH₄ 和 CO₂ 通量分别占全年总通量的 24.64% 和 2.71%、27.55% 和 16.52%。

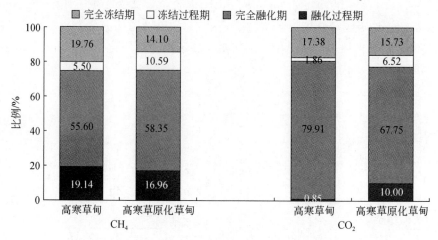

图 6-14　不同冻融时期高寒草甸 CH₄ 和 CO₂ 地表通量占全年总通量的比例

由此可见，疏勒河上游多年冻土区高寒草甸和高寒草原化草甸冻融期和完全冻结期的土壤 CO_2 排放量和 CH_4 吸收量均不容忽视，其在年内温室气体通量评估中占据重要份额。上述结果基于一年不同冻融时期观测数据进行估算，有待于进一步加强观测来提高估算精度。

6.3 高寒草甸土壤呼吸及其组分的季节动态

土壤呼吸主要受土壤温度和含水量影响，土壤底物供应、植物光合作用和根系生物量等也会影响土壤呼吸。青藏高原多年冻土区年平均气温多在 0℃ 以下，低温限制了植被的生长和植物凋落物及土壤有机质的分解，成为该区土壤呼吸的主要限制性因子。而气候变暖加速青藏高原冻土融化，促进了植物生长、增加了土壤中可利用的底物，使土壤呼吸增加。已有研究表明，土壤呼吸各组分对气候变暖的响应存在差异（Peng et al.，2015）。因此，准确区分青藏高原多年冻土区草地生态系统土壤自养呼吸和异养呼吸对于理解陆地生态系统呼吸各组分对气候变暖的响应具有重要意义。本节内容以风火山多年冻土高寒草甸和高寒沼泽草甸为研究对象，通过壕沟法区分两类草地的自养呼吸和异养呼吸组分及其比例。

6.3.1 高寒草甸类型土壤通量及其动态变化

高寒草甸土壤呼吸年累计通量为 903.10g CO_2/m^2，冬季 11 月至次年 4 月中旬、冻融前期［分为融化前期（4 月中旬至 5 月中旬）和冻结前期（9 月中旬至 10 月底）］和生长季（5 月中旬至 9 月中旬）分别占 10.45%、14.78% 和 74.77%；高寒沼泽草甸土壤呼吸年累计通量为 1358.96g CO_2/m^2，冬季、冻融前期和生长季分别占 12.15%、14.17% 和 73.6%；整个非生长季所占比例达到 25%，表明非生长季土壤 CO_2 排放在全年排放中占有重要比例，在预测该区域土壤年碳循环时不可忽视（表 6-3）。

表 6-3 不同季节土壤呼吸累积排放量 （单位：g CO_2/m^2）

草地类型	冬季	冻融前期	生长季	全年
高寒草甸	94.34±13.36	133.51±10.76	675.25±69.56	903.10±93.52
高寒沼泽草甸	165.11±16.82	192.48±13.86	1001.09±63.80	1358.69±91.01

通过方程模拟计算得出土壤呼吸年累计通量为 939～2214g CO_2/m^2，均高于实际测定值，但不同模拟方法间存在差异（图 6-15）。高寒沼泽草甸的全年、分季节和生长季指数方程模拟年通量分别比实测值高了 27.34%、22.71% 和 62.97%；高寒草甸分别高了 4.36%、3.97% 和 37.18%。这表明两种草地类型分季节方程模拟土壤呼吸年通量最接近实测值。

通过模拟土壤呼吸速率与其相对应日期实测土壤呼吸速率比较可以看出（图 6-16），分季节模拟土壤呼吸速率与实测值最为接近（R^2 为 0.90～0.93），其次为全年方程模拟（R^2 为 0.89～0.90）和生长季方程模拟（R^2 为 0.86～0.88），研究表明分季节模拟青藏高原多年冻土区土壤呼吸能够较好地预测该区土壤 C 排放，如果仅用生长季方程模拟则会严重高估该区非生长季土壤 C 排放。

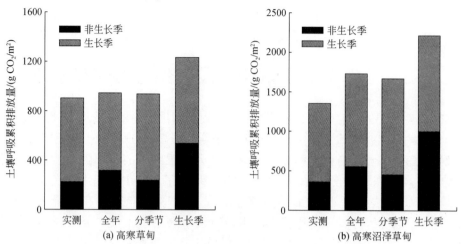

(a) 高寒草甸　　　　　　　　　　(b) 高寒沼泽草甸

图 6-15　土壤呼吸累计排放量实测值与不同模拟方式模拟值比较

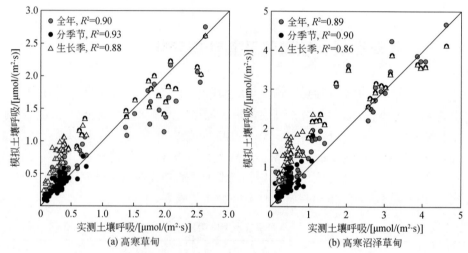

(a) 高寒草甸　　　　　　　　　　(b) 高寒沼泽草甸

图 6-16　模拟土壤呼吸速率与对应日期实测土壤呼吸速率关系

对角线为 1：1 线

6.3.2　土壤异养呼吸与自养呼吸特征

由图 6-17 可见，土壤自养呼吸（Ra）和异养呼吸（Rh）均呈明显的季节变化，土壤异养呼吸在土壤融化前期和冻结前期变化趋势和土壤呼吸（Rs）一致，且呼吸速率比较接近，而自养呼吸变化比较平稳。在生长季初期，自养呼吸开始增加，直到 9 月生长季后期，异养呼吸迅速降低，而后趋于平稳（图 6-17）。

通过将各个月份土壤呼吸平均可以看出，高寒草甸土壤自养呼吸从 4 月开始，逐渐增加，到 7 月达到最大，8 月和 7 月相同，而后逐渐下降［图 6-18（a）］；高寒沼泽草甸自

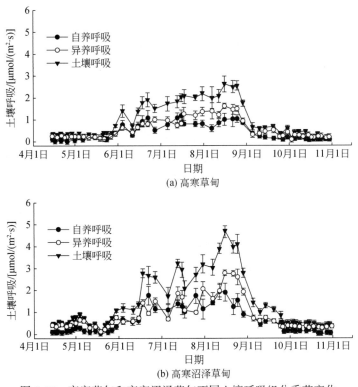

图 6-17　高寒草甸和高寒沼泽草甸不同土壤呼吸组分季节变化

养呼吸从 4 月开始逐渐增加，到 8 月达到最大，而后下降 [图 6-18（b）]。两种草甸类型异养呼吸变化趋势相同，4 月和 5 月保持不变，而后逐渐增加，到 8 月达最大，而后下降，且各个月份高寒沼泽草甸自养呼吸和异养呼吸均高于高寒草甸（图 6-18）。

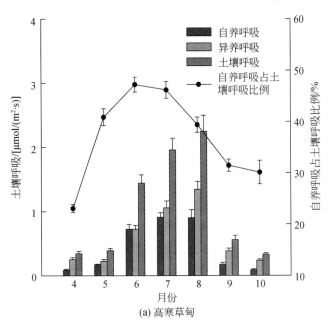

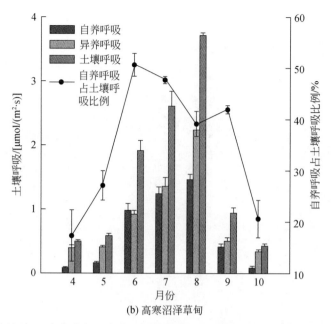

(b) 高寒沼泽草甸

图6-18　高寒草甸和高寒沼泽草甸不同土壤呼吸组分月平均变化

土壤异养呼吸在融化前期均高于自养呼吸，到生长季初期，开始出现土壤自养呼吸高于异养呼吸；在整个观测期间（52d），高寒草甸自养呼吸有6d高于异养呼吸［图6-17（a）］，高寒沼泽草甸有4d自养呼吸高于异养呼吸［图6-17（b）］，且均发生在6~8月，其余观测时间土壤异养呼吸均高于自养呼吸。

整个观测期间，高寒草甸土壤自养呼吸最小值发生在4月25日，为$0.02\mu mol/(m^2\cdot s)$，最大值发生在7月16日，为$1.18\mu mol/(m^2\cdot s)$，平均值为$0.44\mu mol/(m^2\cdot s)$；异养呼吸最小值发生在5月22日，为$0.10\mu mol/(m^2\cdot s)$，最大值发生在8月16日，为$1.62\mu mol/(m^2\cdot s)$，平均值为$0.60\mu mol/(m^2\cdot s)$。高寒沼泽草甸土壤自养呼吸最小值发生在10月22日，为0，最大值发生在8月12日，为$1.91\mu mol/(m^2\cdot s)$，平均值为$0.64\mu mol/(m^2\cdot s)$；异养呼吸最小值发生在10月15日，为$0.29\mu mol/(m^2\cdot s)$，最大值发生在8月16日，为$2.76\mu mol/(m^2\cdot s)$，平均值为$0.89\mu mol/(m^2\cdot s)$。高寒沼泽草甸自养呼吸和异养呼吸均高于高寒草甸，分别比高寒草甸高45.45%和48.33%。

由图6-19可见，两种草甸类型自养呼吸占土壤呼吸比例波动较大，但总体趋势均为生长季高于冻融前期。高寒草甸自养呼吸占土壤呼吸比例最小值为3.75%，最大值为73.95%；高寒沼泽草甸自养呼吸占土壤呼吸比例最小值为2.03%，最大值为63.18%（图6-19）。

将各月Ra/Rs平均发现，高寒草甸自养呼吸占土壤呼吸比例4月最低，为23.11%，而后逐渐升高，到6月生长季初期达最大（47.24%），随后逐渐下降；高寒沼泽草甸自养呼吸占土壤呼吸比例4月最低，为17.29%，到6月达最大，为50.60%，而后开始降低，但在9月有升高趋势。整个观测期高寒草甸和高寒沼泽草甸平均自养呼吸占土壤呼吸比例分别为

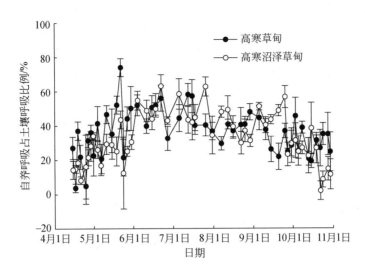

图 6-19　高寒草甸和高寒沼泽草甸土壤自养呼吸占土壤呼吸比例季节变化

36.91% 和 34.91%，高寒草甸比高寒沼泽草甸高 5.74%，但差异不显著（$P>0.05$），表明虽然两种草地类型植物组成和土壤理化性质差异巨大，但在相同的气候因子驱动下，两种草地自养呼吸占土壤呼吸比例响应一致。

　　土壤呼吸及其组分主要受土壤温湿度等非生物因子和植物生长状况等生物因子影响。由图 6-20 可见，高寒草甸和高寒沼泽草甸地上和地下生物量以及立枯物生物量季节变化趋势相同。地上和地下生物量 6～8 月逐渐增加，表明生长季适宜的温度有利于植物的生长；而立枯物生物量 6～8 月逐渐下降，表明立枯物的分解加快，从而为植物生长提供了更多的底物（图 6-20）。

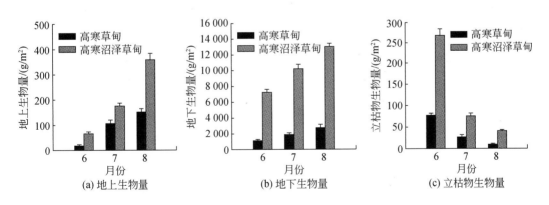

图 6-20　高寒草甸和高寒沼泽草甸地上、地下以及立枯物生物量季节变化

　　植物地上和地下部分的生长以及立枯物的分解也间接促进了土壤呼吸的增加，由表 6-4 可见，高寒草甸生长季异养呼吸和土壤呼吸均与地上生物量、地下生物量和立枯物

生物量显著相关（$P<0.05$），其相关系数（R^2）为 0.39~0.84。此外，自养呼吸也与地下生物量显著相关（$P<0.05$），相关系数为 0.53；高寒沼泽草甸土壤呼吸及其各组分与地上生物量、地下生物量和立枯物生物量显著相关（$P<0.05$），其相关系数为 0.48~0.94，此外，土壤呼吸、自养呼吸以及异养呼吸均与地下生物量相关性最高，其相关系数分别为 0.94、0.90 以及 0.71（表 6-4）。

表 6-4　高寒草甸和高寒沼泽草甸生长季土壤呼吸各组分与植物因子线性关系

因子		自养呼吸			异养呼吸			土壤呼吸		
		R^2	F	P	R^2	F	P	R^2	F	P
高寒草甸	地上生物量	0.24	3.20	0.10	0.76	31.52	0	0.60	14.77	0
	地上立枯物	0.11	1.23	0.29	0.55	12.34	0.01	0.39	6.31	0.03
	地下生物量	0.53	11.28	0.01	0.84	53.07	0	0.81	42.20	0
高寒沼泽草甸	地上生物量	0.54	11.68	0.01	0.83	47.77	0	0.81	43.52	0
	地上立枯物	0.48	9.22	0.01	0.64	18.03	0	0.66	19.12	0
	地下生物量	0.71	24.90	0	0.90	91.84	0	0.94	146.24	0

整个观测期间，土壤呼吸及其各组分与土壤 5cm 温度呈显著的指数相关关系（$P<0.05$）（表 6-5），土壤 5cm 温度分别可解释高寒草甸异养呼吸、自养呼吸和土壤呼吸的 67.28%、75.12% 和 82.97% 和高寒沼泽草甸的 67.88%、55.07% 和 72.73% 的季节变化。高寒草甸和高寒沼泽草甸土壤呼吸及其各组分温度敏感性（Q_{10}）变化趋势一致，自养呼吸对土壤温度最敏感，异养呼吸对土壤温度敏感性最低，其变化趋势为自养呼吸（4.91~5.17）>土壤呼吸（3.99~5.01）>异养呼吸（3.42~4.88）。高寒沼泽草甸异养呼吸、自养呼吸和土壤呼吸 Q_{10} 值均高于高寒草甸，分别高 42.69%、5.30% 和 25.56%，其可能原因是高寒沼泽草甸植物地下生物量以及土壤有机质含量均高于高寒草甸，使其对温度更敏感。

表 6-5　高寒草甸和高寒沼泽草甸不同组分土壤呼吸与土壤 5cm 温度关系及温度敏感性

组分	高寒草甸				高寒沼泽草甸			
	a	b	R^2	Q_{10}	a	b	R^2	Q_{10}
异养呼吸	0.34	0.12	0.67	3.42	0.45	0.16	0.68	4.88
自养呼吸	0.20	0.16	0.75	4.91	0.31	0.16	0.55	5.17
土壤呼吸	0.53	0.14	0.83	3.99	0.76	0.16	0.73	5.01

6.3.3　讨论与小结

（1）土壤呼吸速率季节变化

本研究中，土壤呼吸速率呈现出单峰曲线变化，与以往青藏高原高寒草甸（Lu et al.，

2013）和南极大陆（Ball et al., 2009）研究结论相同。研究发现，冬季土壤呼吸峰值出现时间要早于土壤 5cm 温度峰值时间，土壤呼吸峰值的提前可能是由于地表热量向下传递存在时间差，表现为土壤呼吸与地表热通量呈显著的负相关关系。青藏高原高寒草甸非生长季土壤呼吸主要受地表温度驱动，由于本研究区太阳辐射强烈，早上日出后，太阳直接辐射地面，并导致表层土壤趋于融化，使土壤呼吸快速增加，相反，在傍晚日落后，由于极低的空气温度，地表热量迅速散失，使土壤呼吸迅速下降。冬季高寒草甸还观测到土壤呼吸呈负值，而土壤吸收 CO_2 在一些其他研究中也有发现（Ball et al., 2009）。目前关于土壤吸收 CO_2 的机理还不是很明确，可能原因是土壤呼吸作用与 CO_2 消耗之间原有平衡的改变。Parsons 等（2004）研究指出，南极土壤呼吸负值主要发生在土壤降温过程，可能由土壤中无机碳的物理作用诱发，如 CO_2 在水中的溶解度和碳酸盐的分解均受温度影响（Ball et al., 2009）。

本研究中冬季土壤呼吸速率 $[0.11 \sim 0.23\mu mol/(m^2 \cdot s)]$ 在北极生态系统冬季土壤呼吸速率 $[0.01 \sim 0.29\mu mol/(m^2 \cdot s)]$ 范围内，与 Wang 等（2010）在中国草甸草原 $[0.15 \sim 0.26\mu mol/(m^2 \cdot s)]$ 的研究结果相近，但低于有关人员在挪威北极苔原 $[0.3 \sim 0.6\mu mol/(m^2 \cdot s)]$ 和美国亚高山森林的研究结果 $[0.35\mu mol/(m^2 \cdot s)]$。整个非生长季平均土壤呼吸为 $0.24 \sim 0.38\mu mol/(m^2 \cdot s)$，低于青藏高原海北高寒草甸 $[0.43 \sim 0.49\mu mol/(m^2 \cdot s)]$ 和拉萨农业生态系统 $[0.74\mu mol/(m^2 \cdot s)]$。这些差异主要由不同的微气候环境环境所致，如积雪厚度、植被类型、土壤理化性质差异和不同的测定方法等均会对土壤呼吸产生影响。在冻融前期，土壤呼吸显著高于冬季，其原因一方面可能是融化前期随着表层土壤开始融化，增加了土壤微生物活性和可利用的有机碳，从而增加了土壤异养呼吸；另一方面可能是在土壤冻结前期，大量掉落物输入土壤，而此时土壤还未完全封冻，土壤呼吸较高。有关人员研究发现，非生长季土壤呼吸在积雪和冬季早期最高，因为此时土壤为完全冻结，土壤中的水分有利于土壤呼吸。

本研究中冬季土壤呼吸总量为 $94 \sim 165g\ CO_2/m^2$，与前人在北极的研究（$53 \sim 194g\ CO_2/m^2$）相似，但高于已有的研究结果（$28g\ CO_2/m^2$）。整个非生长季土壤呼吸排放量（$228 \sim 358g\ CO_2/m^2$）和北极冻土生态系统相似（$224 \sim 531g\ CO_2/m^2$），但冬季（10% ~ 12%）和非生长季（25% ~ 26%）占全年比例均低于北极冬季（14% ~ 40%）（Elberling, 2007）和非生长季（30% ~ 81%）。其原因可能是本研究区生长季土壤呼吸（$675 \sim 1001g\ CO_2/m^2$）高于北极生长季土壤呼吸（$302 \sim 479g\ CO_2/m^2$）（Elberling, 2007），同时由于地理和气候环境存在差异，不同的研究关于季节时间的划分也会对结果产生影响。

除传统的原位观测外，模型在预测生态系统 C 排放中也广泛应用。虽然本研究中所有模拟结果均高于实测值，但分季节模拟更接近实际测定值，其次为全年方程模拟，而运用生长季方程模拟严重高估该区土壤呼吸全年排放量（37% ~ 63%）。分季节模拟可以更好地反映不同季节温度、水分、植被物候及底物供应的差异，其他学者在研究中也得出了类似结果。在北极研究发现，运用分季节模型（温度低于或高于 0℃ 时 Q_{10}）模拟结果与实测值相近，而运用单一 Q_{10} 模拟值比实测值高出 54%。运用分季节模型，我们预测得出本研究区 2014 年高寒草甸和高寒沼泽草甸土壤呼吸年排放量分别为 909g CO_2/m^2 和 1625gCO_2/m^2，其排放总量与 2013 年十分接近，因为两年的年均温变化较小（2013 年年均温为-4.3℃，2014 年年均温为-4.5℃）。有研究人员在青藏高原海北高寒草甸通过 4 年连续观测得出土壤呼吸年通量为 2468~2643g CO_2/m^2，年均温为-1.8~-0.8℃，变化幅度较小，与本研究结论相似。但也有研究发现，即使年际间温度变化较小，土壤呼吸也可能存在较大的年际差异（Peng et al.，2015）。因此，关于土壤呼吸年际间变化及其预测还需进一步研究。

一般情况下，当土壤水分不受限制时，土壤呼吸主要受温度影响。本研究中土壤 5cm 温度可以解释 76%~85% 的土壤呼吸季节变异，且土壤呼吸温度敏感性存在较大的季节差异。Q_{10} 在冻融前期最高，达到 5.7~9.4，表明土壤呼吸在该期对温度非常敏感，气候变暖可能加速冻土融化，使冻土融化提前、冻结延后，从而使冻土地区土壤呼吸呈现爆发式增长。有关人员在东北多年冻土区的研究指出，在土壤冻结期温度变化为-4~2℃时，Q_{10} 达到 10.5。土壤水分也是影响土壤呼吸的重要因子之一（Peng et al.，2015），在青藏高原区域尺度上，土壤水分和地下生物量对土壤呼吸起到决定性作用，可解释 82% 的空间变化。但本研究显示，土壤呼吸与土壤水分呈较低的指数相关（R^2 为 0.22~0.27），该区其他研究也发现土壤呼吸与土壤水分相关性较低或不相关（Lu et al.，2013），表明青藏高原多年冻土区土壤呼吸主要受温度影响。

（2）土壤呼吸不同组分差异

虽然土壤呼吸从 4 月冻土融化前期开始逐渐增加，但不同组分变化趋势存在差异。4 月冻土开始融化，土壤中可利用底物及水分增加，从而使土壤呼吸逐渐增加，但 5 月土壤异养呼吸与 4 月相比无变化，而高寒草甸和高寒沼泽草甸 5 月自养呼吸较 4 月分别增加了 94.91% 和 84.43%。其主要原因是 5 月极端降雪减缓了冻土融化，使土壤温度变化幅度较小，从而使自养呼吸降低，进入 5 月后，根据本研究物候观测发现，植物进入返青期，特别是 5 月下旬，植物开始发芽，地下根系开始活动，增加了不同组分呼吸对土壤营养的竞争，根系活动的加强减少了土壤中微生物碳库，从而使其自养呼吸增加，异养呼吸降低。两种草甸类型生长季异养呼吸和温度变化趋势一致，均在 8 月达到最大，而高寒草甸自养呼吸在 7 月达到最大，说明生长季土壤呼吸不同组分驱动因子存在差异。自养呼吸主要用于维持植物生长，与植物根系活动有关，一般在生长季最高，主要取决于植被物候所处阶段。7 月，植物进入完全展叶，促使更多的营养物从根系向叶片转运，从而使高寒草甸自养呼吸达到最大；而进入 8 月，植物进入繁殖旺盛期，植物光合作用合成物质主要聚集到植物种子中，从而导致向根系转移的 C 减少，所以自养呼吸保持稳定。其他学者在我国新疆荒漠和挪威云杉林生态系统也发现相似的结果。研究发现，高寒草甸和高寒沼泽草甸自养呼吸温度敏感性高于异养呼吸，表明自养呼吸对温度响应更激烈。Boone 等（1998）研究也发现自养呼吸 Q_{10} 高于异养呼吸。土壤呼吸 Q_{10} 还取决于植物生长状况，Q_{10} 不只是反映土壤呼吸温度敏感性，而是对温度、根系活动及其他未知因子相耦合的综合反映。

自养呼吸占土壤总呼吸的比例变化范围巨大，主要取决于各种生物或非生物因子及所用方法。本研究发现，自养呼吸占土壤呼吸比例在非生长季 4 月最低（17% ~23%），在生长季最高（47% ~51%）。非生长季植物枯黄，土壤呼吸主要来自于土壤微生物异养呼吸，所以自养呼吸占土壤呼吸比例较低，而生长季植物开始生长，根系活动增强，使自养呼吸增加，进而使自养呼吸占土壤呼吸比例较高。在黄土高原半干旱森林系统的研究也发现，自养呼吸占土壤呼吸比例在非生长季最低，为 6% ~12%，在生长季最高，为 46% ~60%。

相关人员在俄克拉荷马州高草草原的研究指出，自养呼吸占土壤呼吸比例在冬季最低（10%），在夏季最高（65%）；且草地生态系统自养呼吸占土壤呼吸比例为 10% ~75%。本研究发现，青藏高原风火山多年冻土区高寒草甸和高寒沼泽草甸自养呼吸占土壤呼吸比例月变化为 17% ~51%，但平均值分别为 37% 和 35%。虽然月变化幅度较大，但两种草地类型自养呼吸占土壤呼吸比例基本一致，表明在高寒低生产力生态系统中自养呼吸占土壤呼吸比例可能比传统认识更加稳定。本研究结论与相关人员在西格陵兰北极冻原生态系统的研究结论一致。本研究结果低于北极湿润冻原（75%）、瑞典亚北极灌木丛（53%）、西格陵兰北极冻原生态系统（40% ~48%）和俄罗斯亚北极季节性冻土生态系统；高于青藏高原北麓河高寒草甸（24% ~29%）（Peng et al., 2015），但与北麓河干旱高寒草甸相同（37%）（Peng et al., 2015）。目前，全球关于冻土生态土壤呼吸组分的研究还较为缺乏，但在其他生态系统中开展了很多研究，本研究结果低于爱尔兰人工草地（50%）、美国普列里草原（50%）和我国内蒙古自治区半干旱草原（46% ~50%）（Yan et al., 2010），与 Zhang 等（2014）在黄土高原半干旱草原（33%）和在内蒙古自治区羊草草原（30% ~37%）研究结果相似。本研究结果低于法国山毛榉森林（52%）、新疆白杨树（57%）和黄土高原旱地农业生态系统（67%），高于重庆缙云山森林生态系统（27%），与华北小麦玉米轮作系统（29% ~36%）相似。

由于采用壕沟法增加了样方内死根生物量和外生菌根的分解，使异养呼吸增加，从而低估了自养呼吸占土壤呼吸比例。有研究发现，壕沟内土壤呼吸增加可持续 5 个月，且在布置壕沟后 5 个月内，壕沟内 45% 的土壤呼吸由于人为干扰产生，其中 29% 来自于壕沟内外水分差异，16% 来自于壕沟内根系和菌根分解。本研究中采用微网对壕沟内外进行隔离，在防止壕沟外根进入的同时保持了壕沟内外水分流动，从而使壕沟内外水分保持一致，但无法避免壕沟内根的影响。也有研究指出，壕沟内根呼吸的贡献在第一年为 16%，但在第二年降低到 7%。本研究在试验开始前一年进行布置，从而尽可能降低了壕沟内根对异养呼吸的影响。若按第二年壕沟中根系影响占到 7% 估算，本研究自养呼吸占土壤呼吸比例则为 40% ~42%。所以，风火山多年冻土区自养呼吸和异养呼吸在生态系统 CO_2 排放中均不可忽视。

虽然本研究未开展增温条件下土壤呼吸各组分的响应，但研究发现自养呼吸和异养呼吸均占有重要比例。在风火山高寒草甸和高寒沼泽草甸研究发现，增温 2.1 ~5.7℃ 使生态系统 CO_2 排放增加 37% ~101%，两种草地类型地上生物量增加 31.1% ~175.2%，高寒草甸 0 ~40cm 地下生物量增加 31.8% ~71.3%，其增加部分可能来源于自养呼吸和异养呼吸两个部分。以往研究表明，热带草原自养呼吸占生态系统呼吸比例可达 49% ~76%，鄱阳湖高寒沼泽草甸自养呼吸占生态系统呼吸比例为 62%，青藏高原高寒草甸自养呼吸占生态系统呼吸比例在50%以上，北极阿拉斯加多年冻土和高寒沼泽生态系统自养呼吸占生态系统呼吸比例为40%，所以自养呼吸在草地生态系统中不可忽视。有研究指出，北极多年冻土冻原生态系统自养呼吸占生态系统呼吸的40%~79%，在生长季最高，而土壤异养呼吸占生态系统呼吸的6%~18%，冻土退化使自养呼吸和异养呼吸均增加。也有研究通过聚类分析发现，增温2℃使土壤异养呼吸增加21%，且持续多年。在北极多年冻土区，长期增温使生态系统自养呼吸和异养呼吸均增加，但自养呼吸增幅高于异养呼吸，从而增加了自养呼吸占生态系统总呼吸的比例。

6.4　气候变化对高寒草甸生态系统碳排放的影响

6.4.1　增温对高寒草甸土壤温湿度的影响

在祁连山试验区，增温和对照样地2012~2016年土壤温度和土壤水分含量如图6-21和图6-22所示[①]。同对照相比，增温处理导致土壤温度升高，但是增温对土壤水分的影响不大。增温和对照处理土壤温度的年际差异较大，2015年增温和对照土壤温度最低，生长季最高温度分别为12.21℃和12.80℃；2016年增温和对照土壤温度最高，生长季最高温度分别为14.09℃和14.69℃。但是土壤水分的年际差异较小，2012~2016年增温和对照土壤水分基本维持在35%左右。从不同年份来看，2012年生长季增温较对照土壤温度和水分分别增加了0.62℃和0.55%；2013年生长季增温较对照土壤温度和水分分别增加了0.76℃和0.91%；2015年生长季增温较对照土壤温度和水分分别增加了0.37℃和1.09%；2016年生长季增温较对照土壤温度和水分分别增加了0.89℃和1.46%。

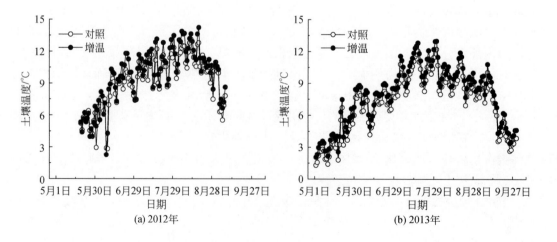

(a) 2012年　　　　　　　　　　(b) 2013年

---

　　① 因设备故障，2014年无有效数据

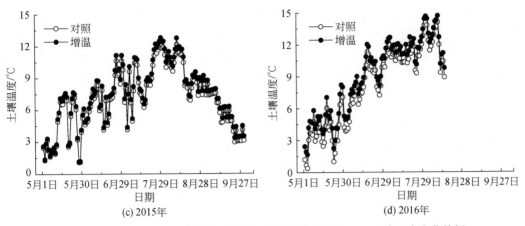

图 6-21 2012~2016 年生长季高寒草甸增温和对照样地 5cm 土壤温度变化特征

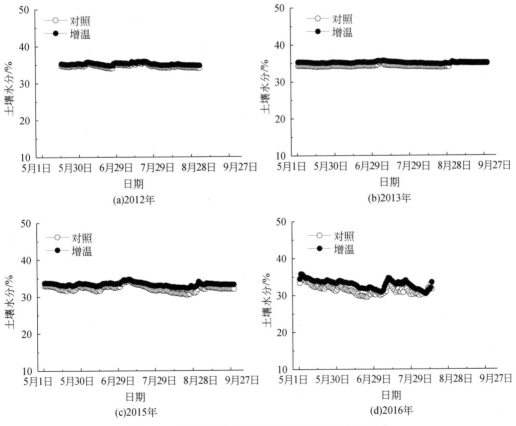

图 6-22 增温对祁连山高寒草甸土壤温湿度的影响

在风火山地区，高寒草甸气温在增温措施下增加了 4.4℃，5cm、20cm 和 40cm 土壤温度分别提升了 5.1℃、3.4℃ 和 1.9℃（图 6-23）。增温降低了土壤表层 5cm 的水分（降幅约为 2%），但增加了 20cm 和 40cm 土壤的水分含量。增温在生长季前、中、后期增加了表层 5cm 土壤温度（分别提升 5.7℃、5.2℃ 和 4.8℃），但降低了土壤水分含量，降幅分别为 6%、5% 和 3%，显示增温对土壤温湿度的作用存在季节差异（图 6-23）。

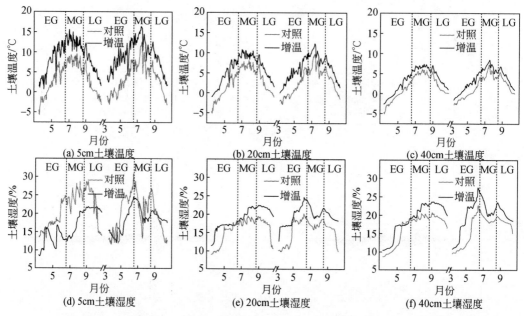

图 6-23　增温对风火山高寒草甸土壤温湿度的影响
EG 表示生长季前期（5 月 15 日至 6 月 30 日）；MG 表示生长季中期（7 月 1 日至 8 月 31 日）；
LG 表示生长季后期（9 月 1 日至 10 月 15 日）。后同

在高寒沼泽草甸区，增温增加了表层 5cm 土壤温度 2~3℃，在 20cm 及 40cm 层增温效果并不显著。这表明模拟增温装置在高寒沼泽草甸由于水体对热量的平衡，增温效果并不明显，且增温降低了表层 5cm 土壤水分 2%~5%，对 20cm 的影响并不明显，但显著增加了 40cm 的土壤水分（图 6-24）。

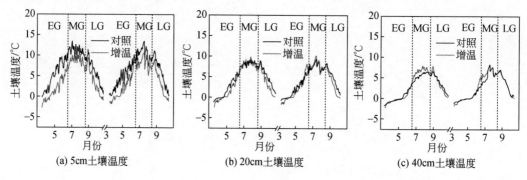

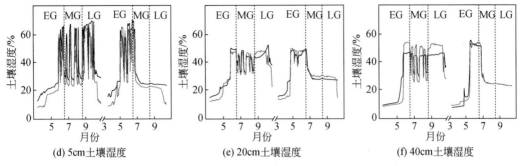

(d) 5cm土壤湿度　　　　　　　(e) 20cm土壤湿度　　　　　　　(f) 40cm土壤湿度

图 6-24　增温对高寒沼泽草甸土壤温湿度的影响

6.4.2　增温对祁连山高寒草甸生态系统呼吸的影响

高寒草甸系统呼吸具有显著的日变化特征（图 6-25）。在日尺度上，增温和对照样地系统呼吸的最大值和最小值分别出现在当地时间 10:00 ~ 16:00 和 4:00 ~ 8:00。和日变化特征相似，高寒草甸系统呼吸具有显著的月变化特征（图 6-26）。在月尺度上，2012 ~ 2016 年 6 ~ 8 月增温样地系统呼吸显著高于对照样地（$P<0.05$）（图 6-26），除 2013 年 9

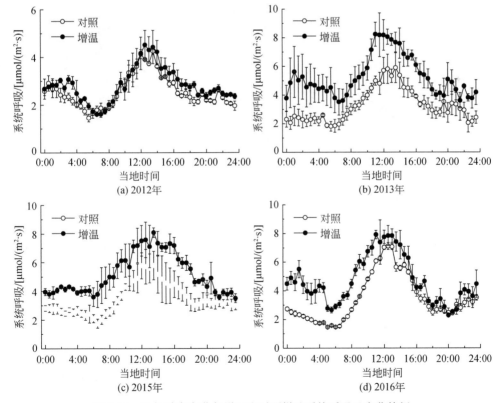

图 6-25　生长季高寒草甸增温和对照样地系统呼吸日变化特征

月外，其余年份 5 月和 9 月增温样地系统呼吸要高于对照样地，但是差异不显著（$P >$ 0.05）（图 6-26）。在年际尺度上，增温和观测时间对系统呼吸的影响具有显著差异，2012～2016 年增温和观测时间显著影响系统呼吸速率（表 6-6），但是只有 2016 年增温和观测时间二者的相互作用对系统呼吸速率有显著影响（表 6-6）。

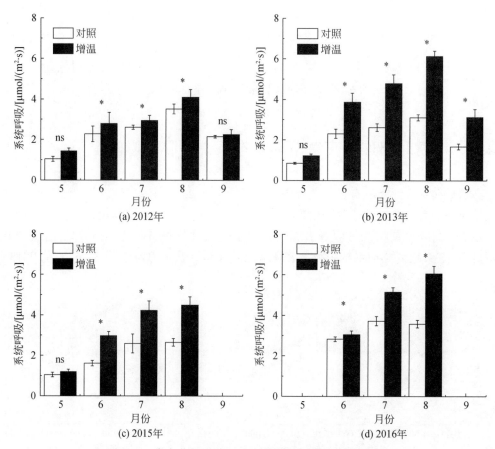

图 6-26　高寒草甸增温和对照样地系统呼吸月变化特征

表 6-6　增温对系统呼吸的影响

变异来源	2012 年		2013 年		2015 年		2016 年	
	F	P	F	P	F	P	F	P
增温	16.30	0.007	148.761	<0.001	93.200	<0.001	63.215	<0.001
时间	20.75	<0.001	26.712	<0.001	33.900	<0.001	37.234	<0.001
增温×时间	0.158	0.840	1.886	0.162	4.363	0.059	9.495	0.006

　　温度是影响增温和自然状况下高寒草甸系统呼吸的一个重要环境因子，在增温和对照样地，2012～2016 年生长季系统呼吸速率表现出随温度指数增加的趋势（图 6-27）。但是随着增温年限的增加，系统呼吸速率与温度的相关性呈下降趋势。例如，2012 年生长季土壤温度分别解释了对照和增温样地系统呼吸 50% 和 64% 的变异，2013 年生长季土壤温度

分别解释了对照和增温样地系统呼吸 56% 和 64% 的变异，2015 年生长季土壤温度分别解释了对照和增温样地系统呼吸 56% 和 42% 的变异，2016 年生长季土壤温度分别解释了对照和增温样地系统呼吸 46% 和 20% 的变异（图 6-27）。

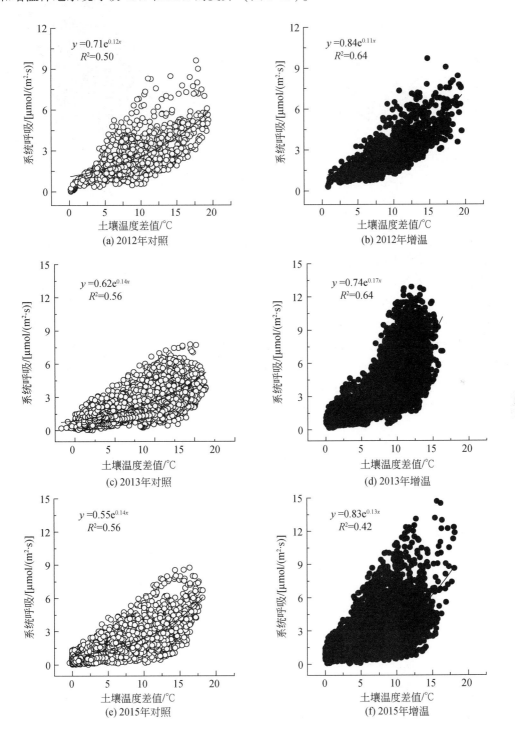

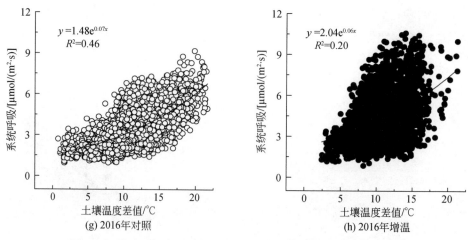

图 6-27　半小时尺度增温和对照土壤温度差值与系统呼吸的关系

　　增温后引起的土壤温度、土壤水分与系统呼吸的增加值呈现弱的正相关关系，而地上生物量和地下生物量的增加值与系统呼吸的增加值呈现显著的正相关关系（图 6-28）。Q_{10} 是衡量系统呼吸对温度敏感性的一个重要指标，在不同年份，Q_{10} 值呈现出随增温先增加后降低的趋势（图 6-29）。例如，2012 年对照和增温 Q_{10} 值分别为 2.36 和 2.61，2013 年对照和增温 Q_{10} 值分别为 2.94 和 3.71，2015 年对照和增温 Q_{10} 值分别为 3.16 和 2.97，2016 年对照和增温 Q_{10} 值分别为 1.99 和 1.80（图 6-29）。结果表明，温度在增温前期对系统呼吸起主导作用，但是随着增温年限的增加，系统呼吸对土壤温度表现出适应性，生物量的增加可能是增温后期系统呼吸增加的一个主要原因。

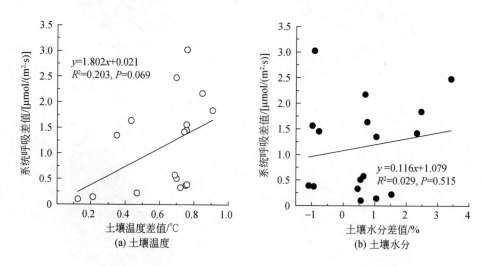

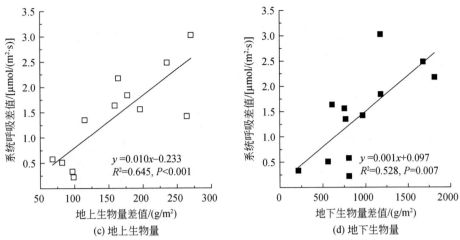

(c) 地上生物量   (d) 地下生物量

图 6-28　增温和对照土壤温度、土壤水分、地上生物量、
地下生物量差值与系统呼吸差值的关系

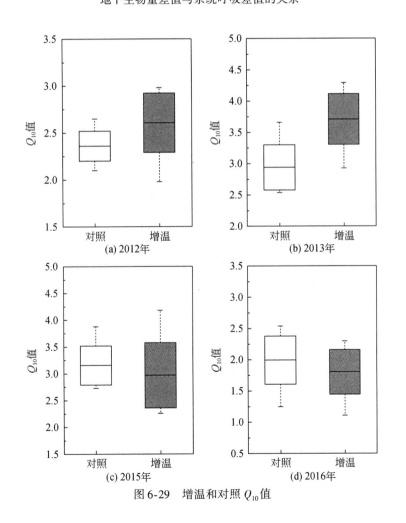

(a) 2012年   (b) 2013年

(c) 2015年   (d) 2016年

图 6-29　增温和对照 Q_{10} 值

6.4.3 增温和氮添加对典型高寒草地生态系统呼吸的影响

如图 6-30 所示，在 2014 年，高寒草甸生态系统呼吸在冻融节点出现了两个排放峰，分别在 7 月初和 8 月底 9 月初；但在 2015 年，生态系统呼吸季节变化基本呈现单峰形，排放峰出现在 7 月底 8 月初。生态系统呼吸在生长季前期和生长季后期，分别呈现逐渐上升和下降的趋势（图 6-30）。生态系统呼吸为 100 ~ 2200mg/（m² · h）。高寒草甸生长季平均生态系统呼吸通量为 132 ~ 774mg/（m² · h），而生长季平均通量为生长季前期<生长季中期<生长季后期。增温处理（图 6-30，W 和 WN）的排放值要明显高于未增温的处理（图 6-30，N 和 C）。

在生长季前期，生态系统呼吸与深层土壤温湿度的相关性强于与表层土壤温湿度的关系。表层土壤温度和体积含水量可以解释生长季前期生态系统呼吸 37% 的变化（表 6-7）。在生长季后期，土壤 5cm 温度可解释 59% 的生态系统呼吸变化，其土壤温度依赖性远大于生长季前期和生长季中期。

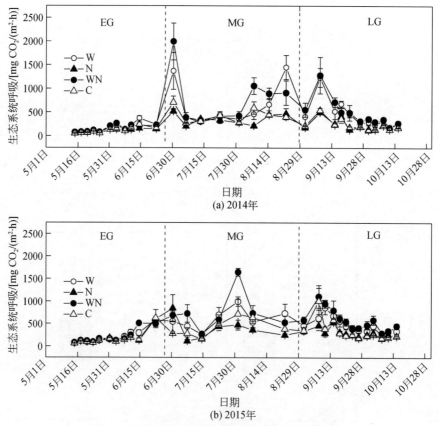

图 6-30 高寒草甸生态系统呼吸的季节变化规律

W 为增温；N 为氮添加；WN 为增温并氮添加；C 为对照；

EG 为生长季前期；MG 为生长季中期；LG 为生长季后期

表 6-7　高寒草甸生态系统呼吸与土壤温度和土壤体积含水量的关系

阶段	方法	因子	方程	n	R^2	P	备注
EG	SF	T_1	$F=81.067\ e^{0.0684\ T_1}$	264	0.14	<0.001	$Q_{10}=1.98$
	SF	T_2	$F=75.549\ e^{0.1313\ T_2}$	264	0.26	<0.001	$Q_{10}=3.72$
	SF	T_3	$F=87.461\ e^{0.2439\ T_3}$	264	0.37	<0.001	$Q_{10}=11.46$
	SF	W_1	$F=0.2523\ W_1^2-1.6274\ W_1+95.899$	264	0.07	<0.001	
	SF	W_2	$F=10.859\ e^{0.14\ W_2}$	264	0.23	<0.001	
	SF	W_3	$F=24.456\ e^{0.097\ W_3}$	264	0.33	<0.001	
	MS	T_1,W_1	$F=18.185\ T_1+20.742\ W_1-419.768$	264	0.37	<0.001	
MG	SF	T_1	$F=169.11\ e^{0.0968\ T_1}$	180	0.22	<0.001	$Q_{10}=2.63$
	SF	W_1	$F=1095.4\ e^{-0.043\ W_1}$	180	0.09	<0.001	
LG	SF	T_1	$F=146.15\ e^{0.1395\ T_1}$	288	0.59	<0.001	$Q_{10}=4.03$
	SF	W_1	$F=-4.5472\ W_1^2+199.78\ W_1-1764.6$	288	0.04	<0.01	
	MS	T_1,W_1	$F=57.795\ T_1+2.698\ W_1+1.28$	288	0.48	<0.001	
合计	SF	T_1	$F=117.85\ e^{0.1075\ T_1}$	732	0.23	<0.001	$Q_{10}=2.88$
	MS	T_1,W_1	$F=52.826\ T_1+22.53\ W_1-492.061$	732	0.31	<0.001	

注：生态系统呼吸通量单位为 mg/(m²·h)；SF 和 MS 代表单因子回归和多因子逐步回归；T_1、T_2 和 T_3 分别代表 5cm、20cm 和 40cm 层土壤温度；W_1、W_2 和 W_3 分别代表 5cm、20cm 和 40cm 土壤体积含水量；EG 代表生长季前期，MG 代表生长季中期，LG 代表生长季后期。后同。

增温在不同时期均显著促进了生态系统呼吸，但增温和氮添加交互作用对生态系统呼吸作用较小。采样时间以及增温和采样时间交互作用对生态系统呼吸影响明显（表 6-8）。

表 6-8　生态系统呼吸的重复测量方差分析结果

因子	EG			MG			LG			合计		
	df	F	P	df	F	P	df	F	P	df	F	P
W	1	20.90	<0.01	1	53.05	<0.01	1	50.62	<0.01	1	72.18	<0.01
N	1	0.42	0.53	1	5.14	0.05	1	2.43	0.16	1	4.58	0.06
W×N	1	0.11	0.75	1	0.76	0.41	1	0.70	0.43	1	0.76	0.41
Date	21	38.21	<0.01	14	12.93	<0.01	23	18.38	<0.01	60	26.79	<0.01
Date×W	21	3.10	<0.01	14	4.79	<0.01	23	3.26	<0.01	60	5.34	<0.01
Date×N	21	0.70	0.83	14	2.58	<0.01	23	1.59	<0.05	60	2.16	<0.01
Date×W×N	21	1.14	0.31	14	1.11	0.36	23	0.21	1.00	60	0.78	0.88

注：df 为自由度；W 为增温；N 为氮添加；Date 为时间；W×N 为增温和氮添加的交互作用；Date×W 为增温处理的季节动态；Date×N 为氮添加处理的季节动态；Date×W×N 为增温和氮添加交互作用的季节动态。

高寒沼泽草甸的生态系统呼吸季节变化规律与高寒草甸基本一致，呈现双峰形，两个排放峰分别在 7 月底 8 月初和 8 月底 9 月初，分别在生长季 3 个不同时期的临界期达到排放峰值。高寒沼泽草甸生态系统呼吸速率在 100～1500mg/(m²·h)。高寒沼泽草甸生态系统呼吸在 2015 年生长季波动要比 2014 年明显，表明在高寒沼泽草甸，生态系统呼吸同样受到水热状况年际变异的影响（图 6-31）。

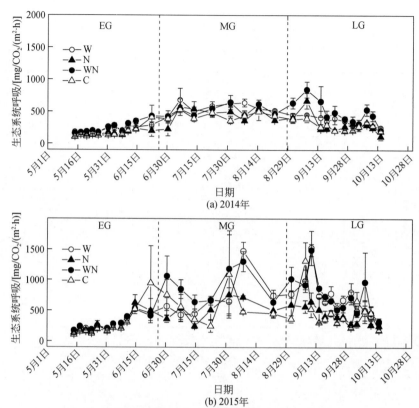

图 6-31　高寒沼泽草甸生态系统呼吸的季节变化规律

W 为增温；N 为氮添加；WN 为增温并氮添加；C 为对照；

EG 为生长季前期；MG 为生长季中期；LG 为生长季后期

与高寒草甸结果相反，高寒沼泽草甸生态系统呼吸的土壤温度敏感性为生长季前期>生长季中期>生长季后期。在生长季前期和生长季后期，土壤表层 5cm 温度及土壤水分可分别解释生态系统呼吸变化的 48%、57%，但在生长季中期并未发现土壤表层 5cm 温度和土壤水分与生态系统呼吸的相关性（表 6-9）。

表 6-9　高寒沼泽草甸生态系统呼吸与土壤温度和土壤体积含水量的关系

阶段	方法	因子	方程	n	R^2	P	备注
EG	SF	T_1	$F=95.022\ e^{0.2097\,T_1}$	264	0.33	<0.001	$Q_{10}=8.14$
	SF	T_2	$F=129.56\ e^{0.2099\,T_2}$	264	0.41	<0.001	$Q_{10}=8.16$
	SF	T_3	$F=179.71\ e^{0.4006\,T_3}$	264	0.43	<0.001	$Q_{10}=54.93$
	SF	W_1	$F=144.49\ e^{1.0466\,W_1}$	264	0.17	<0.001	
	SF	W_2	$F=103.87\ e^{1.8838\,W_2}$	264	0.20	<0.001	
	SF	W_3	$F=142.58\ e^{1.6059\,W_3}$	264	0.43	<0.001	
	MS	T_1，W_1	$F=20.219\ T_1+189.118\ W_1-21.347$	264	0.48	<0.001	

阶段	方法	因子	方程	n	R^2	P	备注
MG	SF	T_1	$F = 191.79\ e^{0.1162\ T_1}$	180	0.05	<0.001	$Q_{10} = 3.20$
	SF	T_2	$F = 127.33\ e^{0.1781\ T_2}$	180	0.07	<0.001	$Q_{10} = 5.94$
	SF	T_3	$F = 262.72\ e^{0.1086\ T_3}$	180	0.04	<0.001	$Q_{10} = 2.96$
	SF	W_1	$F = 5568.1\,W_1^2 - 4668\,W_1 + 1385.7$	180	0.04	<0.001	
	SF	W_2	$F = 39840\,W_2^2 - 31573\,W_2 + 6601.9$	180	0.10	<0.001	
	SF	W_3	$F = 12238\,W_3^2 - 9831\,W_3 + 2381.8$	180	0.11	<0.001	
LG	SF	T_1	$F = 253.92\ e^{0.1053\ T_1}$	288	0.25	<0.001	$Q_{10} = 2.87$
	SF	T_2	$F = 227.18\ e^{0.1221\ T_2}$	288	0.25	<0.001	$Q_{10} = 3.39$
	SF	T_3	$F = 199.75\ e^{0.1567\ T_3}$	288	0.23	<0.001	$Q_{10} = 4.79$
	SF	W_1	$F = 3181.3\,W_1^2 - 2955.8\,W_1 + 1031.2$	288	0.07	<0.01	
	SF	W_2	$F = 1042.05\ e^{-2.528\ W_2}$	288	0.16	<0.001	
	SF	W_3	$F = 749.54\ e^{-1.689\ W_3}$	288	0.18	<0.001	
	MS	T_1, W_1	$F = 64.574\,T_1 - 687.573\,W_1 + 410.836$	288	0.57	<0.001	
	MS	T_2, W_2	$F = 60.998\,T_2 - 1207.946\,W_2 + 635.285$	288	0.58	<0.001	
	MS	T_3, W_3	$F = 75.381\,T_3 - 782.571\,W_3 + 417.555$	288	0.56	<0.001	

与高寒草甸的结果基本一致，在整个生长季，增温增加了高寒沼泽草甸生态系统呼吸，单独氮添加对生态系统排放无显著影响。在生长季前期，处理效应与整个生长季结果保持一致，但在生长季中期增温和氮添加对高寒沼泽草甸生态系统呼吸均无显著交互作用（表6-10）。

表 6-10　高寒沼泽草甸生态系统呼吸的重复测量方差分析结果

因子	EG			MG			LG			合计		
	df	F	P	df	F	P	df	F	P	df	F	P
W	1	6.27	<0.05	1	18.72	<0.01	1	83.42	<0.01	1	84.19	<0.01
N	1	0.42	0.54	1	1.00	0.35	1	3.84	0.08	1	4.23	0.07
W×N	1	0.04	0.86	1	0.37	0.56	1	2.46	0.16	1	1.56	0.25
Date	21	9.86	<0.01	14	4.34	<0.01	23	15.24	<0.01	60	14.33	<0.01
Date ×W	21	1.11	0.34	14	1.33	0.20	23	3.60	<0.01	60	2.42	<0.01
Date× N	21	0.66	0.87	14	1.36	0.18	23	0.96	0.52	60	1.10	0.30
Date ×W×N	21	0.58	0.93	14	0.27	1.00	23	1.93	<0.01	60	0.87	0.75

6.4.4　增温和氮添加对典型高寒草甸生态系统碳平衡的影响

CO_2 的通量水平远高于 CH_4 和 N_2O，主导了温室气体通量对气候变化的反馈。明确气候变化背景下高寒草甸生态系统 CO_2 平衡结果，将为我们评估高寒草甸生态系统对气候变化的反馈提供重要依据。因此，在2016～2017年生长季，应用静态透明箱（图6-32）对典型高寒草甸生态系统净CO_2交换（net ecosystem CO_2 exchange，NEE）进行同步观测，之后进行分析，首先，通过NEE与表层土壤温、湿度的回归分析，构建生长季日间CO_2交换模型；其次，由于植物在夜间并无光合作用，以第3章中静态暗箱法观测的典型高寒草甸生态系统CO_2排放数据与土壤温度的回归关系，构建生长季夜间CO_2交换模型；最后，由于在非生长季，多年生草本植物地上部分处于死亡（生长点以上）或休眠（生长点以下）状态，以本课题组张涛在非生长季对典型高寒草甸土壤CO_2排放结果，构建非生长季CO_2交换模型（Zhang T et al.，2015）。通过以上3个数学模型，对2014年和2015年相对湿润和干旱两个生长季的CO_2交换进行反演，在年尺度上计算典型高寒草甸生态系统碳平衡。

图6-32 静态透明箱实物图

典型高寒草甸生态系统NEE的季节动态变化（图6-33）与其生态系统呼吸的季节动态规律相似，呈单峰形曲线，从5月底开始，其NEE表现为CO_2吸收，其吸收量逐渐升高；在8月中旬达到最大值，之后逐渐下降；从9月底开始，其NEE表现为CO_2排放。在5月底至9月底，典型高寒草甸生态系统CO_2吸收量在0～2000mg CO_2/（$m^2 \cdot h$）。

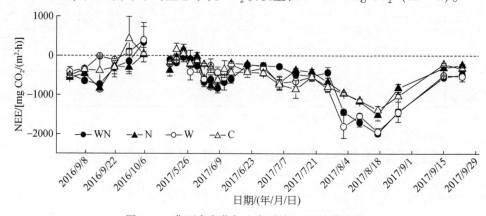

图6-33 典型高寒草甸生态系统NEE季节动态

通过对覆盖完整生长季的原位静态透明箱观测（28 次）数据进行统计分析，结果显示，增温显著影响典型高寒草甸生态系统 NEE，氮沉降增加对典型高寒草甸生态系统 NEE 无显著影响，模拟增温和氮沉降增加对典型高寒草甸生态系统 NEE 无显著交互作用（表 6-11）。

表 6-11 NEE 重复测量方差分析结果

处理	F	P
W	39.58	<0.01
N	0.12	0.74
W×N	1.39	0.27
Date	42.36	<0.01
Date×W	4.44	<0.01
Date ×N	1.33	0.14
Date ×W×N	1.10	0.34

从图 6-33 可以看出，增温处理（W 和 WN）和未增温处理（N 和 C）的 NEE 季节动态变化存在明显区别，尤其在 2017 年 8 月 1 日~9 月 15 日，增温处理 CO_2 吸收量较未增温处理明显要高，因为增温显著增加了典型高寒草甸地上植物生物量。氮沉降增加对典型高寒草甸生态系统 NEE 无显著影响，因为氮沉降增加对典型高寒草甸地上植物生物量无显著影响。这表明在年均温 –5℃ 的风火山地区，温度是限制植物光合速率的主要因子，因此增温促使其光合速率显著提高，提高其生长季 CO_2 吸收量。而在低温情境下，植物的光合速率较低，导致植物氮需求相对也较低，单独的氮沉降增加对植物光合速率无显著影响，因此氮沉降增加对典型高寒草甸生态系统 NEE 无显著影响。增温促进了土壤有机质矿化，提高了土壤可利用氮水平，在增温情境下，植物的氮需求可能与土壤中可利用氮供给水平相符，因此增温和氮沉降增加对典型高寒草甸生态系统 NEE 也无显著交互作用。

将覆盖完整生长季的原位静态透明箱观测（28 次）数据与土壤温度、体积含水量进行回归分析，得到以下模型，$y = -3430.22W - 80.35T + 912.46$（$R^2 = 0.33$，$P < 0.01$）。以该模型对 2014 年和 2015 年两个降水特征相反年份的生长季（5 月 16 日~10 月 15 日，共 153d）日间（12h）CO_2 吸收进行反演，得到典型高寒草甸生长季日间碳平衡数据。根据第 3 章中典型高寒草甸生态系统呼吸原位观测（61 次）数据，得到以下模型，$y = 117.85$ $e^{0.1057T}$（$R^2 = 0.23$，$P < 0.01$）。以该模型对 2014 年和 2015 年两个降水特征相反年份的生长季夜间（12h）CO_2 排放进行反演，得到典型高寒草甸生长季夜间碳平衡数据。根据本课题组张涛的研究报告（Zhang T et al., 2015），得到非生长季典型高寒草甸 CO_2 排放模型，$y = 54.91\, e^{0.11T}$，以该模型对 2014 年和 2015 年两个降水特征相反年份的非生长季（10 月 16 日至次年 5 月 15 日，共 212d，24h）CO_2 吸收进行反演，得到典型高寒草甸非生长季碳平衡数据。统计结果显示，只有增温显著影响典型高寒草甸生态系统 NEE，因此仅对增温和对照小区的碳平衡进行模拟。

模拟结果显示（图 6-34），在 2014 年，相对湿润年份，增温小区的典型高寒草甸生长季日间碳吸收量为9.81t $CO_2/(hm^2 \cdot a)$，其生长季夜间碳排放量为7.30t $CO_2/(hm^2 \cdot a)$，非生长季的碳排放量为2.23t $CO_2/(hm^2 \cdot a)$；对照小区高寒草甸生长季日间碳吸收量为6.11t $CO_2/(hm^2 \cdot a)$，其生长季夜间碳排放量为3.39t $CO_2/(hm^2 \cdot a)$，非生长季的碳排放量为2.04t $CO_2/(hm^2 \cdot a)$；在增温和对照小区，其碳交换量分别为-0.28t $CO_2/(hm^2 \cdot a)$ 和-0.68t $CO_2/(hm^2 \cdot a)$，表明典型高寒草甸是一个弱的碳汇，增温在湿润年份削弱其碳汇能力。

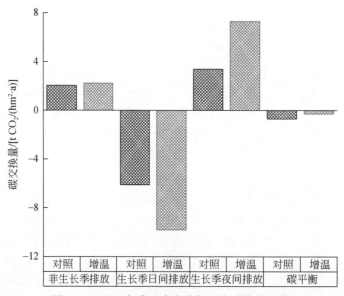

图6-34 2014年典型高寒草甸生态系统碳平衡

在2015年（图6-35），相对干旱年份，增温小区的典型高寒草甸生长季日间碳吸收量为12.07t $CO_2/(hm^2 \cdot a)$，其生长季夜间碳排放量为7.45t $CO_2/(hm^2 \cdot a)$，非生长季碳排放量为2.39t $CO_2/(hm^2 \cdot a)$；对照小区高寒草甸生长季日间碳吸收量为5.66t $CO_2/(hm^2 \cdot a)$，其生长季夜间碳排放量为3.43t $CO_2/(hm^2 \cdot a)$，非生长季碳排放量为2.09t $CO_2/(hm^2 \cdot a)$；在增温和对照小区，其碳交换量分别为-2.23t $CO_2/(hm^2 \cdot a)$ 和-0.12t $CO_2/(hm^2 \cdot a)$，表明典型高寒草甸是一个弱的碳汇，增温在干旱年份增强其碳汇能力。

综合相对湿润（2014年）和相对干旱（2015年）两年份碳平衡结果（图6-36），增温小区的典型高寒草甸生长季日间碳吸收量为10.94t $CO_2/(hm^2 \cdot a)$，其生长季夜间碳排放量为7.37t $CO_2/(hm^2 \cdot a)$，非生长季的碳排放量为2.31t $CO_2/(hm^2 \cdot a)$；对照小区高寒草甸生长季日间碳吸收量为5.88t $CO_2/(hm^2 \cdot a)$，其生长季夜间碳排放量为3.41t $CO_2/(hm^2 \cdot a)$，非生长季的碳排放量为2.07t $CO_2/(hm^2 \cdot a)$；在增温和对照小区，其碳交换量分别为-1.26t $CO_2/(hm^2 \cdot a)$ 和-0.41t $CO_2/(hm^2 \cdot a)$。增温促进了典型高寒草甸生态系统生长季日间 CO_2 吸收（增幅约为86%），但也促进了其生态系统生长季夜间 CO_2 排放（增幅约为116%）及非生长季 CO_2 排放（增幅约为12%）。最终结果显示，增温增强典型高寒草甸的碳储存能力，增幅约为210%。

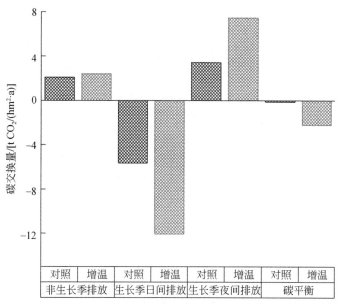

图 6-35　2015 年典型高寒草甸生态系统碳平衡

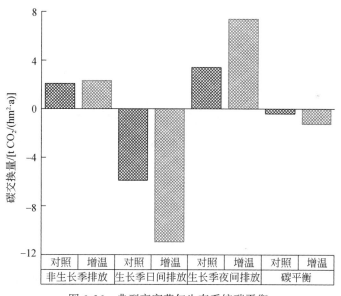

图 6-36　典型高寒草甸生态系统碳平衡

　　模拟增温对典型高寒草甸生态系统碳平衡的影响在相对湿润和相对干旱年份不同，主要在于两年份降水（2014 年比 2015 年多 195mm）和气温（2014 年比 2015 年低 0.38℃）的差距，对生长季日间 CO_2 吸收的影响较大。另外，试验的误差及结果的不确定性较高，很可能是两年份结果差异明显的原因之一。首先，由于生长季日间 CO_2 吸收模型仅仅基于一个生长季的数据来建立，尤其在 2017 年 6～7 月较为干旱，CO_2 吸收量较低，生长季日

间 CO_2 吸收模型可能并不够精确；其次，本课题组张涛根据非生长季观测数据构建的非生长季 CO_2 排放模型是基于 LI-8100 的观测数据，在方法上与本试验有所区别，试验方法上的差别导致我们所用的非生长季 CO_2 排放模型可能并不够精确。综上所述，我们还需要更多试验周期（多余两个生长季）的观测数据及静态箱法对非生长季生态系统 CO_2 排放观测的覆盖，对上述两个模型进行校准，以得到更加可靠的结果。

通过模型构建，来反演相对湿润（2014 年）和相对干旱（2015 年）两个降水特征相反年份的碳平衡结果，以更加准确地描述增温对典型高寒草甸生态系统碳平衡的影响，模拟结果如下：增温促进了典型高寒草甸生态系统生长季日间 CO_2 吸收，增幅约为 86%；但也促进了其生长季夜间 CO_2 排放（增幅约为 116%）及非生长季 CO_2 排放（增幅约为 12%）。模拟碳平衡结果显示，典型高寒草甸是一个碳汇，增温增强典型高寒草甸的碳储存能力，增幅约为 210%。

6.5 气候变化对高寒草地生态系统 CH_4 和 N_2O 通量的影响

CH_4 是仅次于 CO_2 的第二大长寿命温室气体，其增温潜势为 CO_2 的 23 倍，辐射增温强度占 20% ~ 30%。截至 2011 年，CH_4 自工业革命前 0.80ppm[①] 已上升至 1.81ppb[②]（WMO，2012）。但其增加原因尚不明确，因为 CH_4 源汇较为复杂，且对于 CH_4 浓度观测还很少，相比之下，CO_2 已经在全球范围内建立了规范的通量观测网络，因此对于 CH_4 通量的监测显得尤其重要。

N_2O 是第三大长寿命温室气体，其增温潜势为 CO_2 的 290 倍。在对流层可以直接截取长波辐射，造成直接温室效应；在平流层能够破坏 O_3 造成紫外辐射从而导致间接增温，因此 N_2O 是具有双重增温效应的温室气体。大气中 65% 的 N_2O 来源于土壤，以热带森林贡献最大。化石燃料燃烧、氮肥施用、生物质燃烧也是其重要的人为来源。截止到 2011 年，N_2O 浓度自工业革命前的 270ppb 上升至 342ppb。Davidson（2009）认为 N_2O 增加归因于氮肥施用，近期研究表明，气候变化本身（增温、氮沉降增加、CO_2 浓度升高）同样可以导致 N_2O 释放加剧，形成 N_2O 对气候变化的正反馈机制。因此对未来气候变暖和大气氮沉降水平增加情景下，N_2O 通量变化的研究，是人类准确预测未来生态系统对于气候变化反馈的一个重要环节。

6.5.1 模拟增温和氮沉降对高寒草甸 CH_4 和 N_2O 通量的影响

高寒草甸是一个净的 CH_4 汇，其 CH_4 吸收值在 5 ~ 45μg/(m^2·h)。CH_4 吸收的生长季平均通量在 9.53 ~ 28.51μg/(m^2·h)。在生长季不同阶段平均通量存在差异，其季节变

---

① 1ppm = 10^{-6} μl/L。

② 1ppb = 10^{-9} μl/L。

化规律呈单峰形,峰值出现在 7 月底 8 月初。CH_4 吸收在生长季前期和生长季后期,分别呈现逐渐上升和下降的趋势(图 6-37)。3 个处理(图 6-32,W、N 和 WN)的 CH_4 吸收通量均高于对照样地(C)。

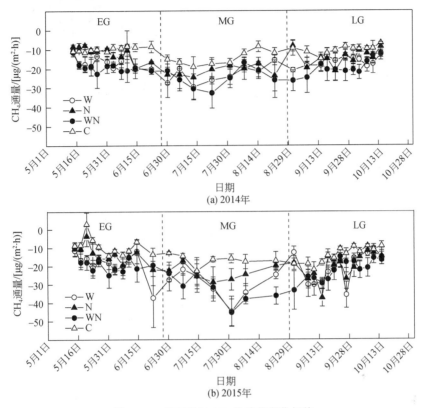

图 6-37 高寒草甸 CH_4 的季节变化规律

N_2O 的季节变化起伏不定,在 N_2O 的源与汇之间转换,并未呈现出特定规律,其通量为 $-20 \sim 40\mu g/(m^2 \cdot h)$。结合降水量的变化,发现在大雨过后高寒草甸会吸收大量 N_2O,表明高寒草甸 N_2O 通量与干湿交替有关(图 6-38)。

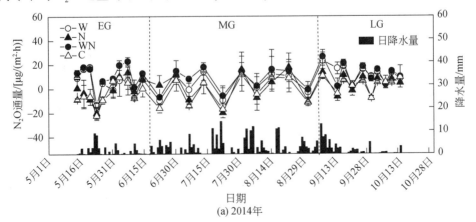

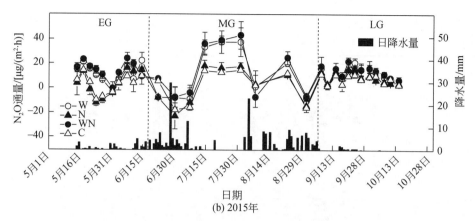

(b) 2015年

图 6-38　高寒草甸 N_2O 的季节变化规律

在生长季前期、生长季中期和生长季后期土壤 5cm 温度可分别解释 CH_4 吸收的 27%、21% 和 26%，基本保持一致（表 6-12），且土壤水分的解释度并不高（<10%），表明 CH_4 吸收还受其他环境因素或生物因素的影响。

表 6-12　CH_4 通量与土壤温度和土壤体积含水量的关系

阶段	方法	因子	方程	N	R^2	P	备注
EG	SF	T_1	$F = -7.936\,e^{0.0771\,T_1}$	264	0.27	<0.001	$Q_{10} = 2.16$
	SF	W_1	$F = -0.0202\,W_1^2 + 1.0769\,W_1 - 27.398$	264	0.04	<0.01	
	MS	T_1，W_1	$F = -1.463\,T_1 - 0.347\,W_1 + 1.674$	264	0.25	<0.001	
MG	SF	T_1	$F = -11.083\,e^{0.0647\,T_1}$	180	0.21	<0.001	$Q_{10} = 1.91$
	SF	W_1	$F = 0.0563\,W_1^2 - 1.7184\,W_1 - 13.223$	180	0.09	<0.001	
LG	SF	T_1	$F = -10.022\,e^{0.0772\,T_1}$	288	0.26	<0.001	$Q_{10} = 2.16$
	SF	W_1	$F = 0.1647\,W_1^2 - 7.137\,W_1 + 58.387$	288	0.06	<0.001	
	MS	T_1，W_1	$F = -1.278\,T_1 + 0.115\,W_1 - 12.628$	288	0.25	<0.001	
合计	SF	T_1	$F = -9.2611\,e^{0.0756\,T_1}$	732	0.30	<0.001	$Q_{10} = 2.13$
	MS	T_1，W_1	$F = -1.478\,T_1 - 0.282\,W_1 - 1.568$	732	0.29	<0.001	

注：CH_4 通量单位为 $\mu g/(m^2 \cdot h)$；SF 和 MS 代表单因子回归和多因子逐步回归；T_1、T_2 和 T_3 分别代表 5cm、20cm 和 40cm 层土壤温度；W_1、W_2 和 W_3 分别代表 5cm、20cm 和 40cm 土壤体积含水量；EG 代表生长季前期，MG 代表生长季中期，LG 代表生长季后期。

在整个生长季，增温促进了 CH_4 吸收，单独氮添加对 CH_4 排放均无显著影响，增温和氮添加对 CH_4 吸收具有显著的交互作用。在生长季前期，处理效应与整个生长季结果保持一致，但在生长季中期和生长季后期，增温和氮添加仅对 CH_4 吸收具有显著的交互作用（表 6-13）。

表 6-13 CH₄ 通量的重复测量方差分析结果

因子	EG			MG			LG			合计		
	df	F	P	df	F	P	df	F	P	df	F	P
W	1	89.21	<0.01	1	36.18	<0.01	1	30.65	<0.01	1	92.49	<0.01
N	1	1.27	0.29	1	2.68	0.14	1	1.88	0.20	1	3.92	0.08
W×N	1	10.57	<0.05	1	10.12	<0.05	1	16.83	<0.01	1	25.12	<0.01
Date	21	2.59	<0.01	14	2.93	<0.01	23	6.05	<0.01	60	6.20	<0.01
Date ×W	21	0.79	0.74	14	1.30	0.22	23	0.70	0.84	60	1.02	0.44
Date× N	21	0.95	0.52	14	0.52	0.92	23	1.87	<0.05	60	1.07	0.34
Date ×W×N	21	0.61	0.91	14	0.31	0.99	23	0.80	0.73	60	0.58	0.99

N_2O 通量与土壤 5cm 温度的相关性在生长季中期最高，可能由于在生长季中期降水较少而未引起太大的 N_2O 通量波动。总的而言，土壤表层 5cm 温度和土壤水分仅能解释不到 10% 的 N_2O 通量变化，表明 N_2O 的排放和吸收可能更多地受到其他环境因素的控制（表 6-14）。

表 6-14 N₂O 通量与土壤温度和土壤体积含水量的关系

阶段	方法	因子	方程	n	R²	P	备注
EG	SF	T_1	$F=-0.1498 T_1^2+3.3382 T_1-9.6856$	264	0.11	<0.001	
	SF	W_1	$F=-0.0574 W_1^2+1.7223 W_1-6.4967$	264	0.03	<0.01	
	SF	W_3	$F=-0.1 T_3^2+4.7246 W_3-45.852$	264	0.15	<0.001	
MG	SF	T_1	$F=0.6584 T_1^2-11.073 T_1+45.969$	180	0.20	<0.001	
	SF	W_1	$F=-0.2898 W_1^2+10.811 W_1-85.591$	180	0.20	<0.001	
LG	SF	T_1	$F=0.033 T_1^2+0.5027 T_1+3.3588$	288	0.09	<0.001	
	SF	W_1	$F=-0.1687 W_1^2+6.7898 W_1-58.664$	288	0.12	<0.001	
	MS	T_1，W_1	$F=0.784 T_1-0.713 W_1+18.634$	288	0.15	<0.001	
合计	SF	T_1	$F=0.113 T_1^2-0.6043 T_1+3.5415$	732	0.09	<0.001	
	SF	W_1	$F=-0.1451 W_1^2+5.2566 W_1-37.743$	732	0.09	<0.001	
	MS	T_1，W_1	$F=0.919 T_1-0.256 W_1+5.15$	732	0.08	<0.01	

注：N_2O 通量单位为 $\mu g/(m^2 \cdot h)$；SF 和 MS 代表单因子回归和多因子逐步回归；T_1、T_2 和 T_3 分别代表 5cm、20cm 和 40cm 层土壤温度；W_1、W_2 和 W_3 分别代表 5cm、20cm 和 40cm 土壤体积含水量；EG 代表生长季前期，MG 代表生长季中期，LG 代表生长季后期。

在整个生长季，增温增加了 N_2O 排放，单独氮添加对 N_2O 排放无显著影响，增温和氮添加对 N_2O 排放具有显著的交互作用（表 6-15）。但在生长季中期和生长季后期，可能有其他因素更大程度地影响了 N_2O 通量变化，而导致增温和氮添加对 N_2O 排放无显著的交互作用。增温增加了 436.1% 的 N_2O 排放，这与增温增加了土壤硝态氮有关。

表 6-15　N_2O 通量的重复测量方差分析结果

因子	EG			MG			LG			合计		
	df	F	P	df	F	P	df	F	P	df	F	P
W	1	74.87	<0.01	1	15.55	<0.01	1	59.25	<0.01	1	146.91	<0.01
N	1	1.70	0.23	1	0.07	0.80	1	0.01	0.92	1	0.84	0.39
W×N	1	8.57	<0.05	1	0.69	0.43	1	0.88	0.38	1	8.07	<0.05
Date	21	14.44	<0.01	14	12.73	<0.01	23	19.47	<0.01	60	13.65	<0.01
Date ×W	21	2.95	<0.01	14	1.17	<0.01	23	1.98	<0.01	60	1.77	<0.01
Date× N	21	1.23	0.23	14	0.09	1.00	23	0.55	0.95	60	0.47	1.00
Date ×W×N	21	1.05	0.41	14	0.15	1.00	23	0.74	0.80	60	0.50	1.00

6.5.2　模拟增温和氮沉降对高寒沼泽草甸 CH_4 和 N_2O 通量的影响

高寒沼泽草甸的 CH_4 通量变化起伏不定，在 CH_4 的源与汇之间转换，其变化为 $-20 \sim 20\mu g/(m^2 \cdot h)$，表明高寒沼泽草甸的 CH_4 通量变化更多决定于温度以外的其他环境因子，如土壤水分或降水的变化（图 6-39）。

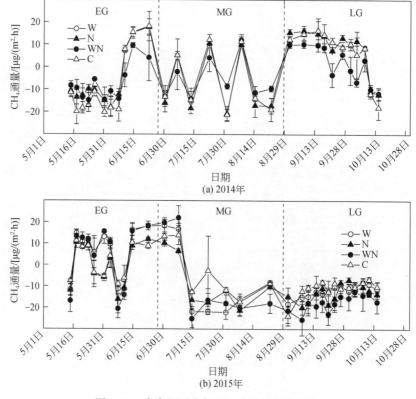

图 6-39　高寒沼泽草甸 CH_4 的季节变化规律

高寒沼泽草甸 N_2O 的季节变化与高寒草甸的结果一致（图 6-40），在 N_2O 的源与汇之间转换，其通量为 $-40 \sim 40\mu g/(m^2 \cdot h)$。结合降水量的变化，发现高寒草甸 N_2O 通量与降水引起的干湿交替有关。

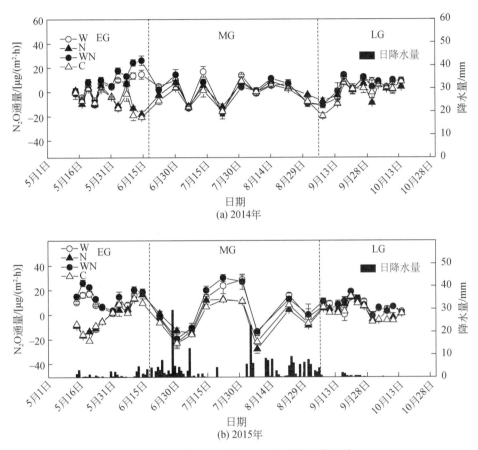

图 6-40 高寒沼泽草甸 N_2O 的季节变化规律

土壤表层 5cm 水分可解释 >60% 的 CH_4 通量变化，土壤表层 5cm 温度的解释度 <10%，表明高寒沼泽草甸 CH_4 通量变化更多由水分变化决定（表 6-16）。

表 6-16 CH_4 通量与土壤温度和土壤体积含水量的关系

阶段	方法	因子	方程	n	R^2	P	备注
EG	SF	T_1	$F = -0.0668\ T_1^2 + 3.6102\ T_1 - 14.289$	264	0.09	<0.001	
	SF	T_2	$F = 0.2116\ T_2^2 + 2.1059\ T_2 - 8.0738$	264	0.11	<0.001	
	SF	T_3	$F = 0.2769\ T_3^2 + 6.4265\ T_3 - 4.4108$	264	0.16	<0.001	
	SF	W_1	$F = -69.437\ W_1^2 + 113.15\ W_1 - 31.499$	264	0.64	<0.01	
	SF	W_2	$F = 729.22\ W_2^2 - 499.99\ W_2 + 53.642$	264	0.56	<0.001	
	SF	W_3	$F = -289.82\ W_3^2 + 206.54\ W_3 - 24.879$	264	0.20	<0.001	

阶段	方法	因子	方程	n	R^2	P	备注
MG	SF	T_1	$F=-4.1993\,T_1^2+74.065\,T_1-328.58$	180	0.10	<0.001	
	SF	T_2	$F=-5.8278\,T_2^2+92.443\,T_2-369.7$	180	0.11	<0.001	
	SF	T_3	$F=-1.2157\,T_3^2+11.035\,T_3-27.621$	180	0.05	<0.001	
	SF	W_1	$F=-160.97\,W_1^2+211.88\,W_1-54.675$	180	0.65	<0.001	
	SF	W_2	$F=1257.6\,W_2^2-825.46\,W_2+120.21$	180	0.70	<0.001	
	SF	W_3	$F=736.6\,W_3^2-474.25\,W_3+57.846$	180	0.69	<0.001	
	MS	T_2,W_2	$F=1.66\,T_2+160.595\,W_2-78.963$	180	0.81	<0.001	
	MS	T_3,W_3	$F=2.177\,T_3+96.591\,W_3-56.185$	180	0.74	<0.001	
LG	SF	W_1	$F=-177.81\,W_1^2+206.5\,W_1-49.698$	288	0.64	<0.001	
	SF	W_2	$F=2120.4\,W_2^2-1506.1\,W_2+245.94$	288	0.63	<0.001	
	SF	W_3	$F=395.14\,W_2^2-230.4\,W_2+18.844$	288	0.51	<0.001	
	MS	T_1,W_1	$F=-0.657\,T_1+67.946\,W_1-24.425$	288	0.78	<0.001	
	MS	T_2,W_2	$F=-0.568\,T_2+110.054\,W_2-48.986$	288	0.75	<0.001	
	MS	T_3,W_3	$F=1.089\,T_1+65.527\,W_1-33.957$	288	0.73	<0.001	

注：CH_4 通量单位为 $\mu g/(m^2\cdot h)$；SF 和 MS 代表单因子回归和多因子逐步回归；T_1、T_2 和 T_3 分别代表 5cm、20cm 和 40cm 层土壤温度；W_1、W_2 和 W_3 分别代表 5cm、20cm 和 40cm 土壤体积含水量；EG 代表生长季前期，MG 代表生长季中期，LG 代表生长季后期。

在整个生长季，单独氮添加对 CH_4 通量无显著影响，增温和氮添加对 CH_4 吸收具有显著的交互作用。在生长季前期，处理效应与整个生长季结果保持一致，但在生长季中期增温和氮添加对 CH_4 通量均无显著的交互作用，在生长季后期，增温和氮添加仅对 CH_4 吸收具有显著促进作用（表6-17）。

表6-17　CH_4 通量的重复测量方差分析结果

因子	EG			MG			LG			合计		
	df	F	P	df	F	P	df	F	P	df	F	P
W	1	2.49	0.15	1	6.01	<0.05	1	2.68	0.14	1	1.46	0.26
N	1	0.06	0.81	1	3.91	0.08	1	2.24	0.17	1	0.02	0.89
W×N	1	7.06	<0.05	1	1.45	0.26	1	12.89	<0.01	1	29.54	<0.01
Date	21	35.74	<0.01	14	37.48	<0.01	23	34.90	<0.01	60	35.87	<0.01
Date ×W	21	4.40	<0.01	14	3.53	<0.01	23	2.52	<0.01	60	3.48	<0.01
Date× N	21	0.09	1.00	14	0.92	0.55	23	0.29	1.00	60	0.46	1.00
Date ×W×N	21	0.63	0.89	14	0.44	0.96	23	0.86	0.65	60	0.67	0.97

N_2O 的通量变化仅在生长季中期与土壤 5cm 温度呈现较强相关关系（$R^2=0.20$），在生长季前期和生长季后期仍然更大程度地受到其他环境或非环境因素的制约（表6-18）。

表 6-18 N_2O 通量与土壤温度和土壤体积含水量的关系

阶段	方法	因子	方程	n	R^2	P
EG	SF	T_3	$F=-6.5305\,T_3^2+14.918\,T_3+1.0872$	264	0.10	<0.001
	SF	W_2	$F=-511.43\,W_2^2+380.62\,W_2-62.211$	264	0.05	<0.001
	SF	W_3	$F=-243.41\,T_3^2+163.36\,W_3-14.613$	264	0.06	<0.001
MG	SF	T_1	$F=5.9721\,T_1^2-103.61\,T_1+444.68$	180	0.17	<0.001
	SF	T_2	$F=8.6\,T_2^2-135.46\,T_2+529.68$	180	0.22	<0.001
	SF	T_3	$F=3.4174\,T_3^2-36.449\,T_3+93.516$	180	0.10	<0.001
	SF	W_1	$F=42.303\,W_1^2-90.092\,W_1+24.977$	180	0.29	<0.001
	SF	W_2	$F=-1376.2\,W_2^2+953.07\,W_2-155.9$	180	0.42	<0.001
	SF	W_3	$F=-748.04\,T_3^2+502.41\,W_3-71.973$	180	0.44	<0.001
LG	SF	T_1	$F=-0.3206\,T_1^2+2.6265\,T_1+0.068$	288	0.10	<0.001
	SF	T_2	$F=-0.4307\,T_2^2+3.6367\,T_2-2.1291$	288	0.10	<0.001
	SF	T_3	$F=-0.8086\,T_3^2+6.4308\,T_3+6.9653$	288	0.10	<0.01
	SF	W_1	$F=-98.878\,W_1^2+62.863\,W_1-4.5616$	288	0.12	<0.001
	MS	T_2,W_2	$F=-0.589\,T_2-15.036\,W_2+11.658$	288	0.23	<0.001
	MS	T_3,W_3	$F=-0.794\,T_3-8.028\,W_3+9.76$	288	0.21	<0.001

注：N_2O 通量单位为 $\mu g/(m^2\cdot h)$；SF 和 MS 代表单因子回归和多因子逐步回归；T_1、T_2 和 T_3 分别代表 5cm、20cm 和 40cm 层土壤温度；W_1、W_2 和 W_3 分别代表 5cm、20cm 和 40cm 土壤体积含水量；EG 代表生长季前期，MG 代表生长季中期，LG 代表生长季后期。

与高寒草甸的结果基本一致，在整个生长季，增温促进了 N_2O 排放，单独氮添加对 N_2O 通量无显著影响，增温和氮添加对 N_2O 排放具有显著的交互作用（表 6-19）。

表 6-19 N_2O 通量的重复测量方差分析结果

因子	EG			MG			LG			合计		
	df	F	P	df	F	P	df	F	P	df	F	P
W	1	1040.28	<0.01	1	19.60	<0.01	1	63.44	<0.01	1	393.53	<0.01
N	1	2.08	0.19	1	0.21	0.66	1	0.65	0.45	1	0.04	0.84
W×N	1	37.40	<0.01	1	0.43	0.43	1	4.18	0.07	1	16.29	<0.01
Date	21	23.86	<0.01	14	75.21	<0.01	23	20.65	<0.01	60	37.67	<0.01
Date ×W	21	33.11	<0.01	14	3.69	<0.01	23	1.57	0.05	60	12.62	<0.01
Date× N	21	1.50	0.08	14	0.68	0.79	23	0.69	0.85	60	0.90	0.69
Date ×W×N	21	1.58	0.06	14	1.27	0.24	23	1.18	0.27	60	1.32	0.06

6.5.3 讨论与小结

据风火山气象站观测资料，2014 年和 2015 年平均气温分别为 1.24℃和 1.59℃，年降水量分别为 341.0mm 和 264.6mm，因此，2014 年湿冷而 2015 年干热。Wang 等（2009）研究指出 CH_4 排放于植物群落存在关系。因此，两个年份自然环境的差异导致 CH_4 通量季节波动在两个年份呈现出不同的趋势。

增温在生长季前期、生长季中期和生长季后期增加 CH_4 吸收的 83.5%，68.4% 和 51.2%。增温对 CH_4 的影响在生长季前期最强，这可能主要是因为 CH_4 吸收与土壤温度呈正相关关系，而与土壤水分呈负相关关系，而在生长季前期、生长季中期和生长季后期增温增加了 5.7℃、5.2℃ 和 4.8℃ 的土壤温度，并降低了 6.2%、5.0% 和 2.7% 的土壤水分。同时，氮添加会增加 CH_4 吸收，而氮添加也在生长季前期（5 月中旬）进行。

增温增加了 CH_4 的吸收，Zhu 等（2015）的研究也得出类似结论，增温（1.5℃）增加了 32% ~ 46% 的 CH_4 吸收，氮添加 $[5gN/(m^2 \cdot a)]$ 增加了 14% 的 CH_4 吸收。由于 CH_4 氧化菌在任何环境下对 CH_4 的消耗都需要氧气和可利用氮（Aronson and Helliker，2010），而增温降低了土壤表层水分，氮添加增加了土壤可利用氮的水平，因此增温和氮添加均存在增强旱地 CH_4 吸收的可能。但在本研究中，氮添加对高寒草甸 CH_4 吸收并无显著作用。这可能是因为：①氮添加实际并未显著增加土壤中可利用氮水平；②大量的氮添加会抑制 CH_4 吸收（Aronson and Helliker，2010），而在风火山地区，温度较低，光合作用弱，$4gN/(m^2 \cdot a)$ 的水平相对于植物需求而言接近饱和，因此当前浓度的氮添加在本研究区域也存在抑制 CH_4 吸收的可能。

氮添加增强了增温小区 27.2% 的 N_2O 排放，但单独的氮添加却对 N_2O 通量无显著影响。在未增温小区，N_2O 通量较小，这很可能与土壤有机氮矿化速率较低有关，特别是在多年冻土区气温较低的情况下。事实上，很多研究都指出，高寒生态系统的氮矿化速率低于其他温带、热带生态系统（He et al.，2014；Tian et al.，2010）。

N_2O 与土壤温度的相关关系为生长季中期（$R^2 = 0.20$）>生长季后期（$R^2 = 0.12$）>生长季前期（$R^2 = 0.03$）。因此增温对氧化亚氮通量的影响在生长季中期最强。这是由于 N_2O 通量主要与降水相关，而生长季降水的大部分都发生在生长季中期，更强烈的硝化作用和反硝化作用在生长季中期最强（Benjamin and Jeremy，2015）。

虽然我们对 N_2O 通量变化进行了翔实的观测，但其在重复、样地、季节和年际之间变异都非常大，且其通量变化同土壤温度与土壤水分的关系较弱，整体变化并未呈现出一定的规律。尽管如此，我们仍然通过统计分析发现，增温显著增加了 N_2O 排放，这是由于增温增加了土壤有机质分解和可利用氮的水平，而 N_2O 通量变化又与土壤无机氮含量有关。但是，氮添加却并未增加 N_2O 排放，因为氮添加瞬时效应并不能促进土壤有机氮的分解而一直维持较高的土壤无机氮水平（He et al.，2014；Tian et al.，2010）。一般而言，N_2O 吸收多发生在降水的情景下，特别是土壤水分达到饱和时（Jiang et al.，2010），且大量研究表明，低可利用氮水平、低气温和高土壤含水量有利于 N_2O 的吸收（Ryden，1983；Rosenkranz et al.，2005；Chapuis-Lardy et al.，2007；Morishita et al.，2014）。在本研究中，较低的生长季平均气温（<1.5℃）、较低的氮矿化水平和较高的土壤水分（15% ~ 60%）都支持在一定情景下（尤其是降水）的 N_2O 吸收。由此也说明，N_2O 对于环境的变化更加敏感，而可能对处理的响应往往弱于环境因子，导致我们并未发现其特定的规律性。

影响 N_2O 通量的环境因素有土壤无机氮含量、温度、O_2、水分及土壤酸碱性等：①无机氮底物决定了硝化和反硝化过程的强度及 N_2O 排放量，土壤中 NO_3^- 的量经常与 N_2O 排放量呈较强的对应关系（Gundersen et al.，1998），NO_3^- 的输入会引起 N_2O 排放增加，而施氮量与土壤 NO_3^- 的含量呈正相关关系，因此氮肥施用是影响 N_2O 排放的最大因素。②温度通过影响参与硝化和反硝化过程的微生物活动来影响 N_2O 通量。③O_2 是硝化过程不可缺少的反应物，却不利于反硝化过程。土壤质地、水分含量、植物根系消耗都影响着土壤通透性和 O_2 浓度，调节硝化/反硝化过程及反硝化过程产物比例（N_2 和 N_2O）。有研究人员指出，中等条件 O_2 浓度有利于 N_2O 排放。④水分影响亚硝酸菌和硝化菌的活性，当土壤水分为持水能力的 60% 时，硝化过程较强。过低的水分含量对微生物产生生理抑制，水分过高则导致 O_2 浓度不足，都会影响 N_2O 的排放。因此，一般情况下 N_2O 的排放量较低，只在干湿交替时会带来 N_2O 的脉冲式排放。在区域尺度上，关于 N_2O 的研究也指出降水量与 N_2O 的排放量存在正相关关系（Cai，2012）。⑤土壤酸碱性影响硝化和反硝化过程的微生物及产物。硝化细菌喜中性和碱性环境，过低的 pH（<4.5）能够使硝化过程完全停止，反硝化细菌喜碱性环境（pH 7.0~8.0），且 pH 调节着反硝化过程的产物（N_2 和 N_2O）。

总而言之，N_2O 通量过程较为复杂，有关 N_2O 排放研究的相关成果也日新月异，某些结论也存在很多争议。针对不同时空尺度研究结果整合分析还需要更多的研究结果来提供论证依据。

6.6 本 章 结 论

青藏高原高寒草地生态系统呼吸的日动态主要受土壤温度调控，表现为单峰曲线，其季节动态与空气温度、土壤温湿等因子有关。增温处理并没有显著改变生态系统呼吸的日动态和季节动态变化规律，但显著促进了生态系统的呼吸排放，这与土壤温度和生物量的增加密切相关。对比青藏高原不同高寒草地生态系统发现：高寒草甸和高寒沼泽草甸非生长季生态系统呼吸平均速率差别不大，分别为 $0.31\mu mol/(m^2 \cdot s)$ 和 $0.36\mu mol/(m^2 \cdot s)$，而生长季高寒草甸呼吸速率较低，分别为 $1.99\mu mol/(m^2 \cdot s)$ 和 $2.85\mu mol/(m^2 \cdot s)$。高寒沼泽草甸生态系统呼吸年排放通量显著高于高寒草甸，其中非生长季高 27%，生长季高 39%。

通过全年土壤呼吸测定发现：非生长季土壤呼吸占全年土壤呼吸的 25%~26%，冻融前期土壤呼吸 Q_{10}（5.67~9.43）高于其他季节（2.65~2.99）。通过分季节、全年和生长季指数方程模拟得出非生长季占全年的比例分别为 26%~27%、32%~34% 和 44%~45%，且分季节模拟土壤呼吸值与实际测定值之间相关性最高（R^2 为 0.89~0.90），说明分季节指数方程能够相对准确地估算土壤呼吸年碳排放。

土壤自养呼吸和异养呼吸与生态系统呼吸的季节动态变化一致。高寒沼泽草甸自养呼吸和异养呼吸均高于高寒草甸。整个观测期高寒草甸和高寒沼泽草甸平均自养呼吸占土壤呼吸的比例分别为 36.91% 和 34.91%。高寒草甸和高寒沼泽草甸土壤呼吸及其各组分温度敏感性（Q_{10}）变化趋势一致，自养呼吸对土壤温度最敏感，异养呼吸对土壤温度敏感性最低，其变化趋势为自养呼吸（4.91～5.17）>土壤呼吸（3.99～5.01）>异养呼吸（3.42～4.88）。高寒沼泽草甸异养呼吸、自养呼吸和土壤呼吸 Q_{10} 值均高于高寒草甸，分别高 42.69%、5.30% 和 25.56%。

增温显著增强了高寒草甸 CH_4 的吸收，氮添加对高寒草甸和高寒沼泽草甸 CH_4 通量均无显著影响。增温和氮添加交互作用显著增强了高寒草甸和高寒沼泽草甸 CH_4 吸收（或降低 CH_4 排放）。同时，高寒草地 CH_4 通量对降温过程更加敏感，而对升温过程响应迟滞。以上结果表明：①未来气候变暖和氮沉降增加会增加 CH_4 的吸收；②未来气候变暖，冻土融化后温室气体排放对于气候变暖的反馈可能存在滞后。增温促进高寒草甸和高寒沼泽草甸 N_2O 的排放。单独氮添加对 N_2O 排放无显著影响，增温和氮添加对 N_2O 排放具有显著的交互作用。未来气候变暖背景下，氮沉降水平的增加将会促进高寒草甸和高寒沼泽草甸 N_2O 排放，从而对气候变化形成正反馈。

第7章 高寒草地生态系统碳氮平衡及其变化

7.1 引　言

全球变暖对陆地生态系统碳源汇影响是当前全球变化研究等相关学科的重点科学问题，亦是各国学术界和政府关注的热点问题，其成果对于认知全球变化背景下陆地生态系统碳汇作用及实施适宜性管理具有重要价值。有研究认为，北极多年冻土土壤在增温下将释放大量的碳，其规模与全球毁林的碳排放相当。但也有研究认为增温在一定程度上促进了生态系统生产力以及土壤固碳，从而部分抵消了土壤碳的呼吸排放。本研究的结果表明，增温显著促进了青藏高原多年冻土区高寒草地生态系统的呼吸排放（第6章），但增温同时也促进了高寒草地的生产力，二者对增温的响应差异决定了青藏高原多年冻土区高寒草地生态系统在增温下的碳源汇变化方向及强度。因此，需要考虑增温对高寒草地生态系统碳输入与碳输出的综合影响。

植被生产力对增温的响应与土壤氮素储量和供给有关。短期内，增温可以增加土壤有机质分解的氮素供给以及冻结层融化的氮素供给，促进植被生长；但在长期增温情况下，依据氮素渐进限制理论（progressive N limitation）（Luo et al.，2004），土壤氮素供给趋于下降而不足以满足植被生产力的持续增加。因此，土壤氮库及供给在增温下的变化是准确评估多年冻土区碳库变化的重要方面。本章通过检测土壤氮储量及土壤 N 同位素（$\delta^{15}N$）组成在增温下的变化，研究增温对青藏高原多年冻土土壤氮储量及氮循环的影响。

此外，不同于其他区域，除细根碳输入、表土有机碳淋溶输入以及土壤动物扰动混合作用 3 种机制外，冻扰作用（指反复冻融过程中不同土壤层的混合作用）被认为是多年冻土区土壤下层有机碳积累的重要机制。例如，在北极多年冻土区，由于冻扰作用的影响，部分下层土壤碳含量与表土接近甚至高于表土，下层土壤由冻扰作用累积的碳约占整个活动层碳储量的 55%。同样，冻扰作用也广泛存在于青藏高原多年冻土区。在冻扰作用的影响下，多年冻土区土壤碳可能趋于下层分布而增加稳定性，进而减缓碳释放。然而，全球变暖背景下，冻扰作用的变化规律及其对土壤碳垂直分布的作用仍缺乏认识，影响对多年冻土区土壤碳库变化的评估。

在流域尺度，河流碳输出是陆地生态系统碳损失的重要组成部分。据估计，陆地生态系统每年共有 1.9Pg C 进入河流，其中 0.23Pg C 由于沉积作用留在陆地，0.75Pg C 通过 CO_2 的形式返回到大气中，最终有 0.9Pg C 的含碳物质被河流输送到海洋。从陆地进入近海的碳中，溶解态有机碳（DOC）约为 0.2Pg C/a，溶解态无机碳（DIC）为 0.3Pg C/a，颗粒态有机碳（POC）为 0.1~0.4Pg C/a。河流作为陆地生态系统中受水循环驱动的最重要物质中转站和枢纽，联系着陆地内部各生态系统，记录了陆地生态系统动态、自然变迁和环境变化特征（Bianchi and Allison，2009）。河流碳虽然在全球碳循环中只占很小比例，却对陆地生态系统环境变化有重要指示意义。

本章主要从多年冻土区土壤碳垂直迁移及其对增温响应、增温下高寒草甸生态系统碳、氮平衡以及风火山小流域和青藏高原多年冻土区区域尺度河流碳动态变化方面说明高寒草地生态系统的碳氮平衡及其变化。

7.2 研究方法

对于流域河流碳输出采用野外采样、室内分析等方法。采样站点如图 7-1 和表 7-1 所示，在长江源区选取了小尺度到大尺度的 8 个站点。采样间隔为至少一月一次，其中风火山左冒孔小流域在融化期和冻结期每天采样。采样前必须用待取水样充分润洗水样瓶。水样必须具有足够的代表性，根据不同的水面宽和水深设置采样点：水面宽<50m，采样垂线为中泓线；水面宽 50~100m，在近左、近右岸有明显水流处设置两条采样垂线；水面宽>100m，在左、中、右设置 3 条采样垂线；水深≤5m，水面下 0.5m 或一半水深处（不足 0.5m 深时）设置一个采样点；水深 5~10m，河底以上及水面以下 0.5m 处设置两个采

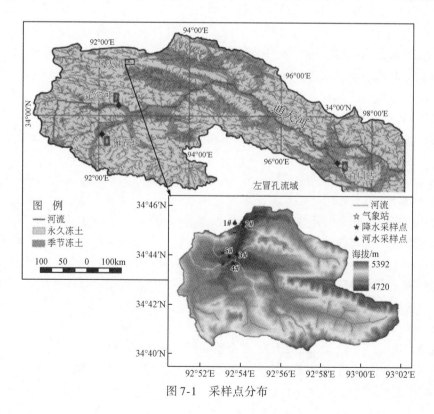

图 7-1 采样点分布

样点；水深>10m，河底以上及水面以下 0.5m 以及一半水深处设置 3 个采样点。每个采样断面每次采样量为 1~2L，一个断面具有多个采样点时充分混合等体积水样。水样采集后当天用 45μm 滤膜进行过滤。过滤之后的水样置于干净冰柜中冷藏保存直到测试。超过一周测试的样品需要冷冻保存。对准备冻结保存的水样不能充满容器，以防因体积膨胀致使容器破裂。无须冻结的样品需充满容器至溢流并盖紧塞子，使水样上方没有空隙，这种方法可以减少运输过程中水样的晃动，避免溶解性气体逸出、pH 变化、低价铁被氧化及挥发性有机物的挥发损失。

表 7-1　采样点详细信息

| 样点编号 | 样点名称 | 河流名称 | 流域面积 /km^2 | 坐标 | | 海拔/m | 采样间隔 | 采样时间 |
				纬度	经度			
1	风火山#1		112.5	34°45′48″N	92°53′49″E	4 692		
2	风火山#2		17.8	34°45′18″N	92°53′59″E	4 706		2014 年不连续采样数据；2016 年融化期和冻结期
3	风火山#3	风火山左冒孔流域	54.5	34°44′8″N	92°53′45″E	4 715	每天	
4	风火山#4		29.3	34°44′2″N	92°53′43″E	4 749		
5	风火山#5		10.9	34°44′2″N	92°53′42″E	4 745		
6	直门达水文站	通天河	128 000	33°0′46″N	97°14′18″E	3 532		
7	沱沱河水文站	沱沱河	16 949	34°13′15″N	92°26′38″E	4 536	一月两次	2016 年 6~10 月
8	雁石坪水文站	布曲	4 538	33°36′3″N	92° 4′27″E	4 744		

在整个流域的出口处（风火山#1 流域），使用 U20 HOBO 水位计（0.021m 分辨率）以 1h 的间隔连续记录水位。2016 年在#1 和#3 流域出口控制断面布设了全自动微波水位流速观测系统。其他流域出口断面在采样时用 GW FP111 数字水速仪（0.03m/s 分辨率）测量流速度，根据流速面积法计算河道流量。在采样流域内最大的支流#3 子流域布设了不同海拔、不同坡向和不同流域断面的土壤温湿度观测系统。布设土壤温湿度观测孔 11 个，观测深度为 1.6m，贯穿活动层厚度，同时以 30min 间隔监测土壤水分和温度。此外在风火山站设有常规自动气象站。

样品主要在中国科学院贡嘎山高山森林生态野外站和中国科学院·水利部成都山地灾害与环境研究所分析测试中心处理和分析。主要实验仪器为：①德国 Elemantar 公司 Vario TOC Select 总有机碳测试仪，仪器相关参数如下，测量方法及原理为高温催化氧化，可供测试 TOC、NPOC、TC、TIC、POC（VOC）、DOC 等指标；TOC 浓度测试为 0~100 000ppm，检出限为 50ppb（SD）；拥有固体和液体两种检测模式；每个样品重复测 3 次。②流动分析仪，分析氨氮和硝态氮。③Vario TOC Cube 固态碳测试仪，测试 POC 含量。室内实验所需要的其他设备有玻璃砂芯过滤装置和真空泵、精度为 0.0001g 的电子秤、可调节温度烘箱、土壤和植物样品采集工具等。

在中国科学院·水利部成都山地灾害与环境研究所山地表生过程与生态调控重点实验室利用 Vario TOC Select 分析仪分析样品中 DIC、DOC 以及 TN 含量。河流碳氮的通量用径流和日溶解碳浓度计算。由于采样策略不是连续每日采样，我们依据日径流量和碳浓度之间的关系，以生成基于每日径流数据的完整河流碳浓度记录。在分析前，样品应妥善储存和准备，储存和样品制备空间应无污染。水样过滤后用磷酸洗去滤膜上的物质，烘干，再检测其含量作为 POC 的含量。过滤后的水样在 Vario TOC Select 仪器上检测 DOC 含量。在报告数据之前必须评估测量不确定性。对于所有测量，需要重复测样以消除仪器误差。

7.3　高寒草甸土壤碳氮迁移与固持量的动态变化

通过对比北极冻土区土壤剖面放射性碳同位素（^{14}C）组成和历史时期气候资料可知，在全新世温暖期冻扰作用得到增强且促进了土壤碳的深层分布与积累，并由此推测在未来增温背景下冻扰作用同样会增强，促进土壤碳的下层分布进而减缓土壤碳的呼吸损失。也就是说，增温背景下冻土表土有机碳一方面受微生物分解作用影响而损失，另一方面可能在增强的冻扰作用下向下迁移而得到保护。因此，评估增温下冻扰作用的变化及其对土壤碳垂直分布的影响是深入认识多年冻土土壤碳对增温响应的重要机制，也是区别于其他生态系统或区域土壤碳响应机制的重要方面。然而，目前仍缺乏冻扰作用对增温的响应及其对土壤碳垂直迁移影响的直接证据，在青藏高原多年冻土区的相关研究更是处于空白。如何检测冻扰作用在较短时期内的变化及对土壤迁移的影响则是当前亟须解决的难点。本研究针对冻扰作用对土壤影响的特点，即土壤粗颗粒趋向于表层分布，而黏粉粒等细颗粒趋于下层迁移的规律，利用土壤 ^{137}Cs（^{137}Cs 主要吸附于土壤黏粉粒表面而很少被植物吸收利用）活度的剖面分布规律在增温下的差异来反映冻扰作用的变化，进而评估冻扰作用对土壤碳库再分布的影响。

7.3.1　土壤碳剖面分布规律及增温影响

不管在对照还是增温处理下，表土 5cm 以下的全土（bulk soil）有机碳、总氮含量及碳氮比随土壤深度变化不大，而土壤黏粉粒（<0.053mm）和团聚体（包括 2~8mm、0.25~2mm 和 0.053~0.25mm 3 个粒径组成）组分的有机碳、总氮含量及碳氮比在整个 60cm 剖面内变化均很小（图7-2 和图7-3），这与北极多年冻土区土壤碳氮的剖面分布规律较为一致，而不同于其他区域或生态系统土壤碳氮随土壤深度增加呈指数递减的格局（Rumpel and Kögel-Knabner，2011）。多年冻土区土壤剖面碳氮分布变异较小，或者说下层土壤碳氮含量较高的原因可能与其较低的分解速率（这与碳氮比剖面差异较小相一致）以及剖面冻扰迁移作用有关。

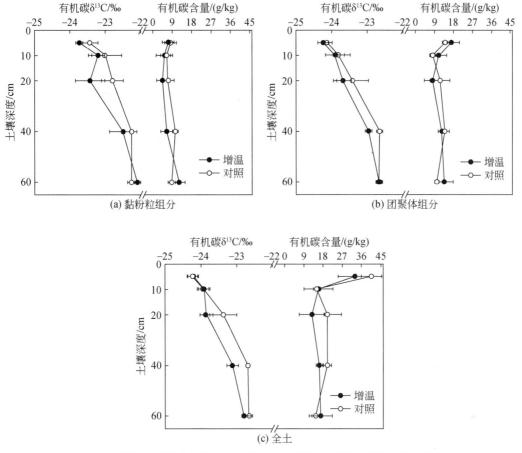

图 7-2　不同土壤组分土壤有机碳及碳稳定碳同位素组成的剖面分布规律

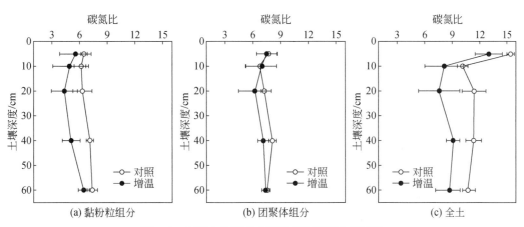

图 7-3　不同土壤组分土壤碳氮比剖面分布规律

7.3.2 土壤碳的垂直迁移

比较对照和增温处理土壤[137]Cs 活度的剖面分布发现，对照样地[137]Cs 活度峰值出现在表土，并随土壤深度增加而迅速下降，在 10～20cm 检测到的活度很低（约为 1Bq/kg），但在增温处理下，[137]Cs 活度峰值出现在下层 5～10cm，且在 10～20cm 检测的活度值较高（约为 5 Bq/kg）（图 7-4）。然而，整个土壤剖面（0～60cm）[137]Cs 含量在对照和增温处理下差异很小（$P=0.7$）（图 7-4 中内图），说明土壤[137]Cs 在增温下总量没有发生变化而是仅发生了下层迁移，表明增温促进了多年冻土的冻扰作用及其对土壤的深层分布作用。

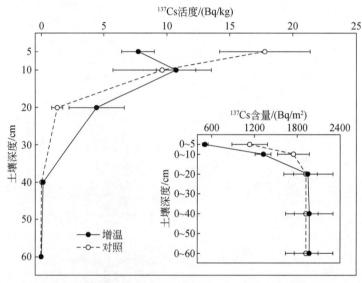

图 7-4   土壤[137]Cs 活度及含量的剖面分布规律及其在增温下的变化

7.3.3 讨论与小结

利用土壤有机碳[13]C 同位素组成（$\delta^{13}C$）的剖面分布格局在增温下的变化可以进一步反映冻扰作用对土壤碳的迁移影响。土壤有机碳的 $\delta^{13}C$ 值与植被碳的 $\delta^{13}C$ 值（该值与大气中 CO_2 的 $\delta^{13}C$ 值及植被光合作用型等因素有关）以及土壤碳分解过程中的分馏作用有关，一般认为有机碳分解过程的分馏会导致富集[13]C，增大土壤有机碳 $\delta^{13}C$ 值（于贵瑞等，2005）。在本研究以及其他多数地区的研究中，土壤有机碳的 $\delta^{13}C$ 值随土壤深度增加而增大（图 7-2），其原因一方面是随土壤深度增加土壤有机碳分解程度增加而导致富集[13]C，另一方面与工业革命以来化石燃料燃烧排放的大量亏损[13]C 的 CO_2 有关，即 Suess 效应（the Suess effect）（于贵瑞等，2005）。但是 Suess 效应的作用大小仍存在较大争议。

增温处理下，表土 10cm 内全土、黏粉粒和团聚体的土壤有机碳 $\delta^{13}C$ 值变化很小，但在下层 10~40cm 土层三者的 $\delta^{13}C$ 值出现较明显降低（图 7-2），可能是与以下 3 个因素有关。其一，北极多年冻土区的研究表明，增温会导致下层土壤老碳（old carbon）呼吸损失加剧（Hicks et al., 2016），而老碳的 $\delta^{13}C$ 值较高，进而可能造成下层土壤有机碳的 ^{13}C 亏损；其二，尽管增温作用下植被的地上及地下部分的 $\delta^{13}C$ 值显著增高，但相对于土壤碳，植被碳的 $\delta^{13}C$ 值仍较低（较负，见表 7-2），而在增温作用下植被生长力增加（Li et al., 2011），^{13}C 亏损的植被碳输入显著提高，从而降低了土壤碳的 $\delta^{13}C$ 值，但是随土壤深度增加植被碳输入快速下降（Rumpel and Kögel-Knabner, 2011），其稀释作用在下层土壤中可能表现较弱；其三，除了植被碳的稀释作用外，下层土壤有机碳 $\delta^{13}C$ 值降低也可能是在增强的冻扰作用下上层土壤碳（$\delta^{13}C$ 值较低）的混合作用造成的，也就是说在多年冻土区土壤有机碳 ^{13}C 组成的剖面分布规律可能同时受冻扰作用影响，并且在全球变暖背景下其影响更大。

表 7-2 土壤有机碳、总氮储量及植被碳稳定同位素值在增温下的变化

处理	0~60cm 土壤有机碳储量/(kg C/m²)			0~60cm 土壤总氮储量/(kg N/m²)			植被 $\delta^{13}C$/‰	
	团聚体组分	黏粉粒组分	全土	团聚体组分	黏粉粒组**	全土*	地上	地下
对照	1.85±0.14	2.73±0.30	15.22±1.16	0.27±0.03	0.35±0.04	1.31±0.03	−26.31	−25.63
增温	1.96±0.24	3.44±0.28	14.28±0.91	0.24±0.10	0.54±0.04	1.53±0.08	−25.76	−25.35

*和**分别表示显著水平为 0.05 和 0.01，检验方法为一般线性模型（general linear model）。

上述研究表明，增温促进了青藏高原多年冻土区的冻扰作用，而增强的冻扰作用则促进了不同组分土壤碳向下层迁移，进而可能增加土壤碳的稳定性。

7.4 流域和区域尺度的径流碳氮排放过程

由于河流输送到海洋的碳相对较少，曾长期被忽略，但近年来随着全球变化科学和碳循环研究的兴起，河流碳输送在区域和全球碳收支研究中引起广泛关注，已经成为一个热点研究领域。河流碳的研究范畴主要包括河流碳通量及影响因素、河流垂直碳排放、河流碳年龄、气候变化与人类活动对河流碳循环的影响等领域。

本研究所涉及的长江源区是指长江直门达水文站以上的区域，位于青藏高原腹地，气候寒冷，降水稀少，平均海拔在 4000m 以上，广泛分布着冻土、高寒沼泽、湖泊、冰川等地貌，对于长江水文、生态和环境有重要作用。在全球变暖背景下，相对于低海拔地区，高海拔地区增温速度更快。观测数据显示，2001~2012 年青藏高原海拔大于 4000m 的区域增温幅度为 0.5℃/10a（Yan and Liu, 2014）。相对于高纬度的冻土，青藏高原地区的冻土层厚度更薄且温度更高，因而对气候变化更为敏感（Cheng and Wu, 2007；Yang et al., 2010），这可能导致青藏高原的冻土加速退化。多年冻土层中沉积着过去数千年生态系统发展过程中积累的大量古老有机碳，而冻土分布的地区对于全球气候变化更加敏感，增温速度更快。增温会使冻土活动层加深，融化期变长，水文过程响

应发生变化。

在气候变暖背景下，多年冻土中的碳存在着垂直方向上以温室气体形式和水平方向上以水流输送方式被大量释放出来的风险，这将会影响全球碳循环和气候变化互馈过程。冻土流域的水文过程对于冻土水热过程非常敏感（Wang et al., 2009），而水文过程对于河流碳输出有重要影响。冻土流域碳输出的特点是：受到冻土活动层冻融过程的影响；多年冻土层透水性差，水力传导性好，矿物质含量低，DOC 吸附能力低，加快了土壤可溶性物质从陆地向河流中的转运速度；消融冻土中的 DOC 多不稳定，可通过呼吸转化为 DIC；如果从冻土中释放出来的 DOC 生物活性在时间尺度上小于水力传导时间，则 DOC 会通过呼吸转化为 CO_2。长期的冻土退化会改变冻土流域水文过程，继而影响冻土流域河流碳的输出。冻土的融化过程将使活动层中的碳在水流的携带下迅速转移到河流中来。作为长江、黄河、澜沧江等大江大河的发源地，青藏高原冻土中的碳极有可能因气候变暖而被水流带入江河源头，这将对江河源区的碳平衡、生态系统过程和下游地区的水生生态系统产生影响。在气候变暖、冻土持续退化以及青藏高原冻土更敏感的背景下，地处冻土覆盖区域的长江源区河流碳输出的动态和影响因子值得特别关注。

7.4.1 河流碳氮浓度及通量特征

通过 2014 年和 2016 年两年的采样观测结果发现，风火山左冒孔流域出口（风火山 #1 流域）的平均 DIC 和 DOC 浓度分别为 27.81±9.75mg/L 和 6.57±2.24mg/L,平均总氮（TN）的浓度为 1.96±0.87mg/L（表 7-3）。在所有 5 个流域中，平均 DIC 浓度都显著高于 DOC 浓度，原因可能在于冻土活动层中的 DOC 在水平传输的过程中被吸附或者转化为 DIC。在叶尼塞河和育空河中的研究表明，河流 DIC 浓度高于 DOC 浓度的原因在于 DOC 的转化作用。研究区域碳氮比显著偏高，N 供应充足可能促进了微生物作用下无机碳向有机碳的转化。此外，径流组成中的新水比例偏低而老水比例偏高，使得碳的滞留时间增加，可能也促进了 DOC 到 DIC 的转化。

表 7-3 长江源区河水、降水、地下水溶解态无机碳（DIC）
和溶解态有机碳（DOC）以及总氮（TN）浓度

样点名称	变量	样本量/个	均值±标准差/（mg/L）	中位数/（mg/L）	范围/（mg/L）
风火山#1	DIC	117	27.81±9.75	27.34	7.84~47.50
	DOC	117	6.57±2.24	7.07	2.33~13.79
	TN	116	1.96±0.87	1.94	0.54~4.64
风火山#2	DIC	111	27.14±7.60	28.04	7.8~46.42
	DOC	111	5.92±1.76	6.2	2.51~10.53
	TN	111	2.73±1.49	2.67	0.42~5.18

续表

样点名称	变量	样本量/个	均值±标准差/(mg/L)	中位数/(mg/L)	范围/(mg/L)
风火山#3	DIC	117	26.92±9.80	26.06	8.12 ~ 102.38
	DOC	117	6.36±2.17	6.62	2.75 ~ 18.48
	TN	112	1.68±0.80	1.63	0.32 ~ 4.46
风火山#4	DIC	109	31.98±9.90	33.23	7.54 ~ 46.76
	DOC	109	9.34±5.97	9.04	2.83 ~ 61.21
	TN	109	1.77±0.79	1.69	0.65 ~ 4.46
风火山#5	DIC	111	29.89±11.42	29.99	1.89 ~ 52.35
	DOC	111	7.91±2.94	7.57	1.64 ~ 20.43
	TN	111	1.57±0.76	1.48	0.30 ~ 4.39
风火山降水	DIC	52	3.08±1.93	2.78	0.45 ~ 9.75
	DOC	52	2.66±1.93	2.07	0.48 ~ 9.74
	TN	49	1.69±1.82	1.08	0.02 ~ 9.40
风火山地下水	DIC	56	59.28±16.58	60.62	13.52 ~ 86.33
	DOC	56	11.59±2.53	11.94	4.53 ~ 18.42
	TN	56	1.40±1.54	0.42	0.07 ~ 5.21
雁石坪水文站	DIC	9	114.70±38.19	97.79	60.75 ~ 166.45
	DOC	9	15.31±15.25	14.24	1.84 ~ 51.38
	TN	9	1.44±0.76	1.39	0.37 ~ 3.03
沱沱河水文站	DIC	9	111.86±23.68	107.62	80.74 ~ 141.28
	DOC	9	18.09±28.39	9.78	2.51 ~ 92.64
	TN	9	1.16±0.41	1.02	0.43 ~ 1.58
直门达水文站	DIC	8	98.75±5.14	99.54	91.02 ~ 107.53
	DOC	8	3.89±1.42	3.88	1.48 ~ 6.26
	TN	8	1.03±0.36	1.14	0.17 ~ 1.31

在空间差异上，雁石坪水文站的平均 DIC 浓度最高（114.70±38.19mg/L），沱沱河水文站的平均 DOC 浓度最高（18.09±28.39mg/L），而风火山#3 流域平均 DIC 浓度最低（26.92±9.80mg/L），风火山#2 流域平均 DOC 浓度最低（5.92±1.76mg/L）。各个站点的 TN 的浓度值都相对较低，平均值为 1.03 ~ 2.73mg/L。雨水的 DIC 和 DOC 浓度）DIC 和 DOC 分别为 3.41±1.69mg/L 和 3.36±1.93mg/L）远低于河水。但是，在风火山左冒孔流域地下水的溶解碳浓度几乎是河水的两倍，DIC 和 DOC 浓度分别为 59.28±16.58mg/L 和 11.59±2.53mg/L。相比于其他冻土地区河流，长江源区及左冒孔流域的溶解态碳浓度相对较高。

在非冻结期（5 ~ 10 月），左冒孔流域出口的 DIC 和 DOC 浓度显示出不同的季节动态（图 7-5 和图 7-6）。2014 年和 2016 年 DIC 浓度分别为 8.15 ~ 30.9mg/L 和 21.58 ~ 47.5mg/L。

2014 年和 2016 年的 DOC 浓度分别为 2.33 ~ 6.38mg/L 和 4.99 ~ 13.79mg/L。无论是 2014 年还是 2016 年，DIC 浓度的波动均比 DOC 浓度的波动更大，DOC 浓度总体相对平稳。DIC 浓度在 2014 年和 2016 年的变异系数（CV）分别为 0.39 和 0.19，而 DOC 浓度在 2014 年和 2016 年的 CV 分别为 0.22 和 0.19。总体来看，DIC 浓度在非冻结期呈现出明显的增加趋势，而 DOC 浓度的增加趋势要小得多。随着活动层融化深度加深，层间流

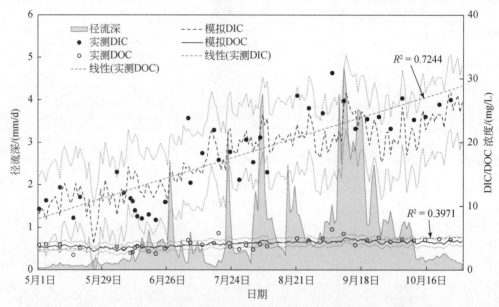

图 7-5　左冒孔流域 2014 年 DIC 和 DOC 浓度年内变化动态与趋势

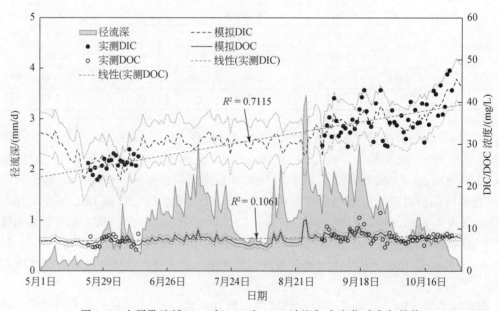

图 7-6　左冒孔流域 2016 年 DIC 和 DOC 浓度年内变化动态与趋势

和地下水对于河流的补给增加，活动层的缓冲作用越来越显著，因此 DIC 和 DOC 都呈增加趋势，DOC 的增加趋势之所以小于 DIC，原因可能在于一部分 DOC 转化为了 DIC。DIC 和 DOC 浓度不随着洪水期间的峰值流量急剧增加，说明径流对于 DIC 和 DOC 的影响有限。径流增大存在稀释作用，冲刷作用有限，因而 DIC 和 DOC 浓度不随径流产生较大波动。河流碳全年变化的基本趋势是由融化深度加深、层间流及地下水补给增加造成的。

河流碳通量为一定时间段内平均河流碳浓度与该时间段总径流量的乘积。2014 年和 2016 年，整个左冒孔流域出口的溶解态碳通量的季节变化显著（图 7-7）。DIC 和 DOC 通量的最大值出现在 9 月，DIC 和 DOC 通量的最小值出现在 5 月。DIC 和 DOC 通量与流域径流深呈现出同步变化的趋势。最大径流深和碳通量同时出现在 9 月。但是降水最高的 8 月没有出现最高的碳通量。DIC 和 DOC 通量与径流深之间的相关系数分别为 0.94 和 0.88，远高于 DIC 通量和 DOC 通量与降水之间的相关系数（相关系数分别为 0.51 和 0.54），根本原因在于降水对于冻土流域的补充和影响有限。平均来看，月 DIC 通量是 DOC 通量的 4 倍，这与 DIC 和 DOC 浓度的差异是一致的。因为左冒孔流域冻结期河道无径流，该流域非冻结期溶解态碳和 TN 通量即可视为全年河流溶解态碳和 TN 通量。经过计算，左冒孔流域年 DIC 年通量为 4.44g C/m^2，DOC 年通量为 1.05g C/m^2，TN 年通量为 0.29g N/m^2。作为对比，长江源区（直门达水文站以上流域）在 2016 年生长季（5～10 月）的 DIC 通量为 7.11g C/m^2，DOC 通量为 0.28g C/m^2，TN 通量为 0.07g N/m^2。

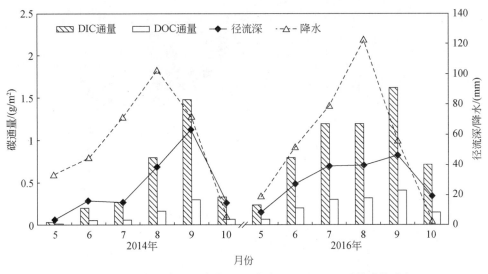

图 7-7　左冒孔流域 2014 年与 2016 年的 DIC 和 DOC 通量季节动态

7.4.2　河流碳输出影响因子和预测模型

在 R 软件上使用 Spearman 秩相关分析来评估环境因子与 DIC 和 DOC 浓度的关系。结果表明，DIC 和 DOC 浓度密切相关，Spearman 秩相关系数（r_s）为 0.85（图 7-8）。径流与 DIC 和 DOC 浓度呈正相关关系（r_s 分别为 0.43 和 0.42）。但是 DIC 和 DOC 浓度与降水呈负相关关系（r_s 分别为 -0.27 和 -0.18），说明降水对于河流碳浓度主要是稀释作用。土壤水分与 DIC 和 DOC 浓度呈正相关关系，特别是对于 50cm 土壤水分，与 DIC 和 DOC 浓度的 r_s 分别为 0.57 和 0.43。这说明土壤水分对溶解碳浓度的影响大于径流和降水的影响。土壤水热过程的变化同样影响河流径流，因此可以认为冻融过程导致的土壤水热过程变化是影响河流 DIC 和 DOC 的主要因子。表层土壤（5cm）温度与 DIC 和 DOC 浓度呈负相关关系。然而，深层土壤温度和土壤水分对溶解碳浓度的影响非常有限。DIC 的浓度随着水温升高而降低（r_s = -0.45），而水温对 DOC 浓度影响较小。TN 浓度随着空气温度、土壤表层温度以及河水温度增加而减小，这可能与温度增加导致土壤氮排放的增加有关。TN浓度与浅层土壤水分（5cm 和 20cm）呈负相关关系。

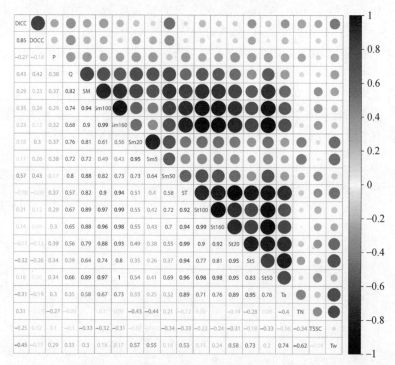

图 7-8　DIC 和 DOC 浓度与环境因子相关矩阵

DICC、DOCC、TN、TSSC 分别为总溶解态无机碳、总溶解态有机碳、总氮和总悬浮颗粒物浓度；Q 为径流；P 为降水；St5、St20、St50、St100、St160 分别为 5cm、20cm、50cm、100cm 和 160cm 深度处土壤温度；Sm5、Sm20、Sm50、Sm100、Sm160 分别为 5cm、20cm、50cm、100cm 和 160cm 深度处土壤湿度；Ta 和 Tw 分别为气温和水温

利用逐步回归分析得到预测 2014 年和 2016 年 DIC、TDC（总溶解态碳）、TN 浓度的最佳拟合模型见表 7-4。所有模型拟合效果都较好，R^2 为 0.3915 ~ 0.771，所有预测模型均具有显著的统计学意义（$P<0.001$）。在 DIC 和 TDC 模型中都包含了河流径流作为预测变量。2016 年预测模型与降水相关，但在 2014 年预测模型中没有降水，原因可能在于降水本身的系数较小而 2014 年降水量也较小。作为多年冻土区，活动层存在季节性冻融过程，

这将反映在土壤水热变化中。不同深度的土壤温度水分对所有预测模型中的溶解碳浓度有重要影响。2014 年的模型表明 20cm 和 50cm 土壤温度和水分对 DIC 和 TDC 浓度有关键影响。2016 年的模型显示，5cm 土壤温度和 5cm、20cm、50cm 的土壤水分是 DIC 和 TDC 浓度不可或缺的解释变量。然而深层（100cm 和 160cm）土壤温度和水分对溶解碳浓度没有影响。在 TN 预测模型中，尽管由于年际差异 2014 年和 2016 年的预测模型的变量不完全一致，土壤温度都是重要的预测因子。这些模型表明，DIC 和 TDC 浓度取决于活动层上层的水热条件和地表径流，而土壤温度对于 TN 浓度有重要影响。

表 7-4 左冒孔流域 DIC 和 TDC 预测模型

年份	样本量/个	预测模型	R^2	p
2014	40	$DICC = 25.3436 + 1.2568 \times Q - 4.8699 \times St20 + 5.7704 \times St50 - 94.6083 \times Sm20 + 83.7793 \times Sm50 + 0.7013 \times Ta$	0.6418	<0.01
	40	$DOCC = 30.0501 + 1.3687 \times Q - 5.4149 \times St20 + 6.3775 \times St50 - 98.2178 \times Sm20 + 85.7945 \times Sm50 + 0.7912 \times Ta$	0.619	<0.01
	40	$TN = 2.18532 - 0.07366 \times P - 0.49215 \times St5 + 1.13809 \times St20 - 0.76328 \times St50$	0.3915	<0.01
2016	77	$DICC = 42.638 + 4.0795 \times Q - 0.4108 \times P - 0.7498 \times St5 - 36.8133 \times Sm5 - 101.3155 \times Sm20 + 81..7378 \times Sm50$	0.771	<0.01
	77	$DOCC = 51.0151 + 5.719 \times Q - 0.4061 \times P - 0.905 \times St5 - 38.856 \times Sm5 - 111.0228 \times Sm20 + 82.0507 \times Sm50$	0.729	<0.01
	76	$TN = -1.1781 - 0.4506 \times Q - 0.8314 \times St20 + 1.3668 \times St50 - 0.9683 \times St100 - 4.0486 \times Sm5 + 16.4947 \times Sm50$	0.6991	<0.01

注：DICC、DOCC、TN 分别为总溶解态无机碳、总溶解态有机碳和总氮浓度；Q 为径流；P 为降水；St5、St20、St50 分别为 5cm、20cm 和 50cm 深处土壤温度，Sm5、Sm20、Sm50 分别为 5cm、20cm 和 50cm 深处土壤湿度；Ta 为空气温度。

7.4.3 活动层冻融过程与河流碳输出

冻土活动层融化过程通常在 5 月开始。监测多个土壤深度的温度来确定活动层的融化深度，通过确定每天的融化深度来描述融化过程。融化深度在整个融化期呈增加趋势。冻土活动层通常在 10 月开始冻结过程。在冻结期，随着空气温度降低，活动层表层开始冻结，表层冻结层阻挡了下表层与空气的热量交换，因而下表层还是未冻结的状态，而底层由于温度较低也开始冻结，活动层在冻结期间呈现出双向冻结的模式。因此，我们采用"未冻结厚度"作为描述冻结过程的参数。在冻结期间，未冻结厚度逐渐变薄直到完全冻结。

研究结果表明，活动层融化过程对溶解态碳的浓度和通量有重要影响。2016 年融化期，DIC 浓度和融化深度之间有着显著的线性关系 [$R^2 = 0.389$，$P = 0.001$，图 7-9（a）]。随着活动层融化加深，河流中的 DIC 浓度升高。然而，DOC 浓度和融化深度之间的关系相对较弱 [图 7-9（c）]。DIC 和 DOC 通量与融化深度呈现较强的非线性关系。在融化季节，随着融化深度加深，DIC 和 DOC 通量都呈现增加趋势，R^2 和 P 值分别为0.401～0.404 和0.006。在 2016 年，当土壤融化深度小于80cm 时，DIC 和 DOC 通量随着融化深度的增加而急剧增加。当活动层融化深度超过80cm，DIC 和 DOC 通量显然没有进一步增加。换句话说，只有当融化深度小于80cm 时，溶解态碳通量才受活动层融化的影响。这与Spearman 秩相关结果的一致，活动层深层温度和水分对溶解碳浓度的影响有限（图7-8）。在融化期间，随着空气和土壤温度的升高，积雪和活动层表层开始融化。温度越高，活动层融化越深，并且产生更多的土壤层间流。因此，更多的碳被水流从活动层带到水中，溶解态碳浓度上升。溶解态碳通量也随着融化深度而增加。此前的研究表明，径流随着融化深度增加而增加，但是如果融化深度大于60cm，河流径流将停止增加（Wang et al.，2009）。这种现象可能部分解释了为什么溶解态碳通量在融化深度较浅时随着融化深度的增加而增加，而较深的融化层没有导致碳通量的增加，因为较深的融化层（深于60cm）并没有带来径流量的持续增加。

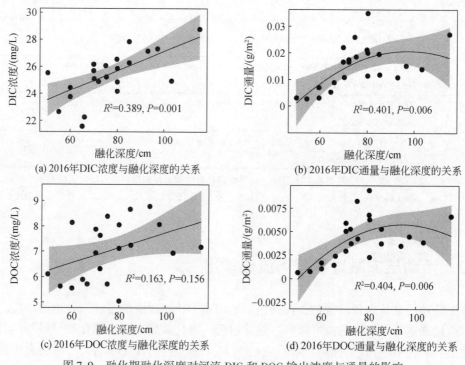

图7-9　融化期融化深度对河流 DIC 和 DOC 输出浓度与通量的影响

随着10月空气温度降低，土壤活动层从表层和底层开始冻结。在 2016 年冻结期间，DIC 和 DOC 浓度随着未冻结厚度的变薄而增加［图7-10（a）和（c）］。随着冻结过程的进行和未冻结厚度变薄，DIC 和 DOC 通量以非线性方式降低（R^2 分别为0.584 和0.6，P 分别为0.019 和0.016）。当土壤未冻结厚度小于120cm 时，DIC 和 DOC 通量随着未冻结厚度的变薄而迅速下降。在冻结期间，降低的地面温度使得活动层表层开始冻结，活动层的底部也开始同时冻结，中间层在冻结过程的早期阶段仍然保持融化状态。同时，降水在冻结期间（10 月）迅速减少，冻结的地表使得下渗逐渐停止。因此，随着未冻结厚度的减少，河川径流中地下水供给的比例增加。地下水的特征是溶解碳浓度高于河水（表 7-3）。在这些因素的共同作用下，DIC 和 DOC 浓度随着未冻结厚度的减小而增加。随着冻融厚度的减小，溶解碳通量的减少明显是由于河流流量的迅速减少。

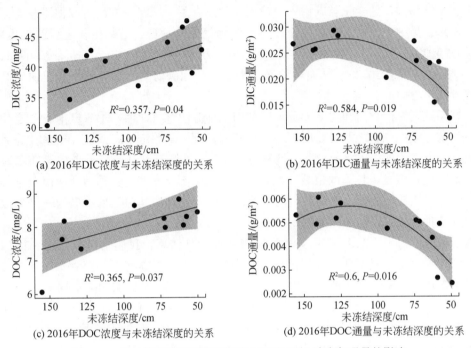

(a) 2016年DIC浓度与未冻结深度的关系　　　(b) 2016年DIC通量与未冻结深度的关系

(c) 2016年DOC浓度与未冻结深度的关系　　　(d) 2016年DOC通量与未冻结深度的关系

图 7-10　冻结期未冻结深度对河流 DIC 和 DOC 浓度与通量的影响

随着气候变暖导致冻土活动层变厚（Yang Y H et al., 2010），融化期和冻结期过程都会更长，层间流下切更深，地下水补给增加，从而导致溶解碳的浓度增加。每年侧向流失碳损失的持续时间将延长，活动层将通过侧向水流永久性流失更多的碳。融化和冻结过程控制活动层的水平方向碳输出，河流溶解碳浓度与活动层冻融过程密切相关。溶解态碳通量由径流量决定，而河流径流主要由活动层冻融过程控制。因此可以认为，土壤活动层冻融过程是控制河流溶解碳出口的最重要因素。

7.4.4　小结

长江源区生长季（5～10 月）TDC 总输出通量为 7.39g C/m²，以无机态为主，其中，DIC 通量为 7.11g C/m²，DOC 通量为 0.28g C/m²。此外 TN 在生长季输出通量为 0.07g N/m²。在风火山左冒孔冻土小流域的研究表明：径流量对于河流 DIC 和 DOC 浓度的影响有限，而冻土活动层冻融过程是影响河流 DIC 和 DOC 浓度的主要因子；在融化期，DIC 和 DOC 浓度随着活动层融化深度增加而增加；在冻结期，随着活动层冻结深度加深未冻结厚度减少，地下水的补给增加导致 DIC 和 DOC 浓度增加；河流流量是碳氮输出通量的主要控制因子；TN 浓度受温度影响很大，与土壤温度、河水温度以及空气温度均呈负相关关系。

7.5 生态系统碳平衡与源汇效应分析

生态系统碳源汇的变化与碳输入与输出的动态有关。增温一方面可以促进生态系统的碳呼吸输出；另一方面由于多年冻土生态系统地处寒冷地区，植物生长主要受温度限制，所以气候变暖将延长冻土地区植被物候，增加植物生产力（gross primary productivity, GPP）（Natali et al., 2012），从而增加冻土生态系统固碳能力。二者的平衡是决定高寒生态系统碳源汇方向的关键。

生态系统碳源汇方向和强度大致可以利用三种方法进行评估：①测定生态系统 GPP 以及生态系统呼吸，二者之差可以用于评估其源汇强度；②测定生态系统 NPP 和生态系统异养呼吸，二者之差即为碳净变化。这两种方法可以称为碳通量法。此外考虑高寒草地"一岁一枯荣"的特点，生长季的植被碳积累将很大一部分在非生长季消耗或以凋落等形式分解，因此以周转期更长、更为稳定的土壤碳库的变化评估其源汇也不失为一种有效可靠的手段，该种方法可以称为碳储量变化法。

碳通量法。由于生态系统的 GPP 和异养呼吸较难估算，我们结合第一种和第二种方法，即 NPP 与生态系统呼吸之差对增温下高寒生态系统碳平衡进行粗略评估，该方法可能低估其碳汇作用。NPP 以植被最大生物量计算，生态系统呼吸以实测为依据

$$碳平衡 = (C_W - C_{NW}) - (ER_W - ER_{NW}) \tag{7-1}$$

式中，W、NW 分别为增温处理、未增温处理；C 为生态系统植物总碳库；ER 为年生态系统呼吸 CO_2 排放总量。植物和土壤碳库采用如下方法计算

$$植物地上部分碳库 = 单位面积生物量 \times 碳含量 \tag{7-2}$$

$$植物地下部分碳库 = 单位面积生物量 \times 土壤深度 \times 碳含量 \tag{7-3}$$

碳储量变化法。以增温处理和对照未增温处理的土壤碳储量差值作为碳变化依据

$$碳平衡 = C_W - C_{NW} \tag{7-4}$$

式中，C 为土壤碳库储量（Mg C/hm²）。

7.5.1 祁连山高寒草甸碳平衡对增温的响应

增温显著促进了高寒草地地上和地下生物量（表7-5 和图7-11），增温处理样地地上和地下生物量要高于对照样地（图7-11），但是在不同年份增温对地上和地下生物量的影响有所差异，增温后 2013~2016 年（缺 2014 年数据，后同）地上生物量显著高于对照样地（$P<0.05$），但是地下生物量只在 2013 年和 2016 年表现出显著差异性（$P<0.05$）（表7-5）。从不同年份来看，2012 年增温样地较对照样地地上和地下生物量分别增加了 40.64% 和 29.22%，2013 年增温样地较对照样地上和地下生物量分别增加了 97.97% 和 35.51%，2015 年增温样地较对照样地地上和地下生物量分别增加了 64.61% 和 26.23%，2016 年增温样地较对照样地地上和地下生物量分别增加了 137.33% 和 49.68%。

表7-5 增温对高寒草甸地上、地下生物量、土壤有机碳和总氮密度的影响

年份	地上生物量/(kg/m²)		地下生物量/(kg/m²)		土壤有机碳/(kg C/m²)		土壤总氮/(kg N/m²)	
	F	P	F	P	F	P	F	P
2012	3.784	0.124	1.337	0.312	0.597	0.483	2.104	0.221
2013	19.129	0.012	21.258	0.010	0.367	0.577	0.356	0.583
2015	11.441	0.028	1.803	0.251	79.395	0.001	0.571	0.492
2016	14.269	0.019	20.212	0.011	1.691	0.263	0.761	0.432

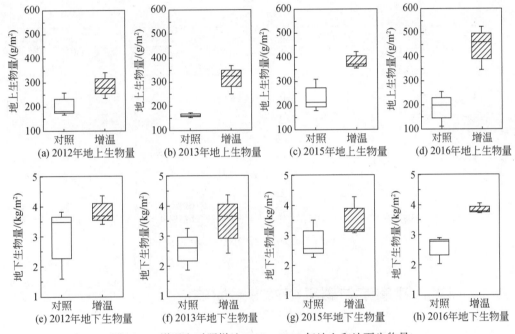

图 7-11 增温和对照样地 2012～2016 年地上和地下生物量

对比地上植被和根系碳在增温下的增量与生态系统呼吸碳排放的增量，发现植被碳的增量略高于呼吸碳排放（表7-6）。尽管后期增温下根系碳的增量是多年增温的结果，而且生态系统呼吸中自养呼吸仍可能占据主导，但利用碳通量的思路，粗略估计在短期增温下，祁连山高寒草甸生态系统仍表现为碳汇。

表7-6 增温处理下土壤有机碳、地上植被、地下根系和系统呼吸碳排放的增加量

年份	土壤/(kg C/m²)	地上植被碳/(g C/m²)	根系碳/(g C/m²)	系统呼吸/(g C/m²)
2012	0.78±0.36	0.32±0.22	2.77±3.08	0.79±0.12
2013	0.66±0.10	0.59±0.12	2.85±0.51	3.77±0.71
2015	0.87±0.29	0.57±0.17	2.30±0.40	2.69±0.24
2016	0.89±0.62	0.99±0.13	4.01±1.19	2.30±1.09

此外，对比增温下土壤碳发现：2015 年增温样地土壤有机碳密度显著高于对照样地外（$P<0.05$）（表 7-5 和图 7-12），尽管其他年份增温样地土壤有机碳和总氮密度的增量（相对于对照样地）未达到显著。

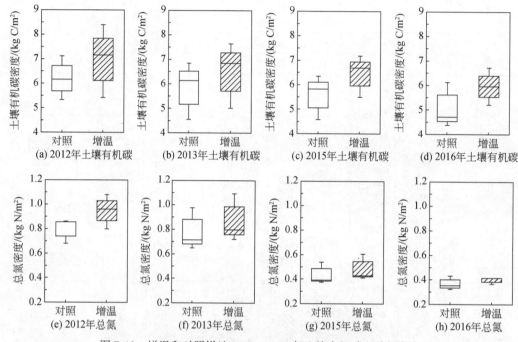

图 7-12　增温和对照样地 2012～2016 年土壤有机碳和总氮密度

7.5.2　风火山高寒草甸碳平衡对增温的响应

增温使高寒草甸生态系统植被总碳库增加 51.43%（低增温幅度，+2.2℃，MW）和 77.76%（高增温幅度，+4.4℃，HW）（$P<0.05$）（表 7-7）。高寒草甸植物不同部分碳库增幅依次为地上植物碳库>深层土壤根系碳库（40～80cm）>表土根系碳库（0～40cm），其中 MW 和 HW 使地上碳库分别增加了 167.39% 和 108.10%，深层土壤根系碳库分别增加了 91.80% 和 111.11%，表土根系碳库分别增加了 37.17% 和 71.28%。MW 和 HW 使地上植物碳库占植物总碳库比例增加了 76.58% 和 17.07%，表土根系碳库占植物总碳库比例减少了 9.52% 和 3.64%，深层土壤根系碳库占植物总碳库比例增加了 26.66% 和 18.76%，表明增温使植物碳库向地上和深层土壤转移。MW 和 HW 使高寒沼泽草甸植物地上植物碳库分别增加了 35.27% 和 48.53%，表土根系碳库分别增加了 3.41% 和 1.24%，深层土壤根系碳库分别增加了 0.69% 和 15.33%，由于高寒沼泽草甸植物地下碳库占植物总碳库比例高，而增温对植物地下总碳库无显著影响，所以增温使高寒沼泽草甸植物总碳库仅增加了 3.96% 和 3.19%（$P>0.05$）（表 7-7）。

表 7-7　增温对高寒草甸和高寒沼泽草甸植物碳库的影响　（单位：g C/m²）

碳库	高寒草甸			高寒沼泽草甸		
	NW	MW	HW	NW	MW	HW
地上植物	51.86^c	138.67^a	107.92^b	117.62^b	159.10^a	174.70^a
0~40cm	639.98^b	877.83^{ab}	1096.18^a	4795.07^a	4958.76^a	4854.41^a
40~80cm	77.11^b	147.89^a	162.78^a	331.25^b	333.55^b	382.02^a
总植物碳库	768.95^b	1164.39^a	1366.88^a	5243.94^a	5451.40^a	5411.13^a

注：NW、MW 和 HW 分别表示对照、低增温幅度（+2.2℃）和高增温幅度（+4.4℃）；同一行不同字母 a、b、c 表示在 0.05 水平上存在显著差异。后同。

　　生态系统碳平衡主要取决于植物当年生长所固定的碳和生态系统呼吸所排放的碳。增温促进了高寒草甸生态系统呼吸碳排放（表 7-8），但同时显著增加了生态系统植被碳库，且植被碳库的增量高于呼吸碳损失，结果是高寒生态系统全年仍为碳汇，在 MW 和 HW 下分别为 216.24g C/m² 和 309.24g C/m²。MW 对高寒沼泽草甸生态系统碳吸收的作用同样高于呼吸损失，仍表现为碳汇，但 HW 的作用则相反，结果表现为碳源（表 7-8）。但考虑到该方法对碳汇能力的低估，仍需更精细的测定与验证。

表 7-8　增温对高寒草甸和高寒沼泽草甸生态系统碳平衡的影响　（单位：g C/m²）

草地类型	系统呼吸增加量		植物总碳增加量		碳平衡	
	MW	HW	MW	HW	MW	HW
高寒草甸	179.2	288.7	395.44	597.94	216.24	309.24
高寒沼泽草甸	140.4	197.9	207.47	167.19	67.04	−30.71

　　进一步对比增温下两类草地土壤碳库的变化，发现增温并未显著改变两类草地的土壤碳储量（图 7-13）。

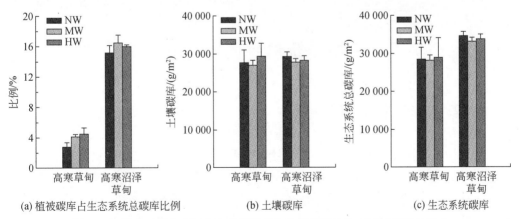

(a) 植被碳库占生态系统总碳库比例　　(b) 土壤碳库　　(c) 生态系统碳库

图 7-13　增温对高寒草甸和高寒沼泽草甸土壤碳库和生态系统碳库的影响

　　全球土壤有机碳储量巨大，仅 10% 的变化就相当于过去 30 年人类活动排放的 CO_2 总和。土壤是草地生态系统最大的碳库。青藏高原草地生态系统土壤碳含量为 33.5×10⁹t，其中 23.2×10⁹t 分布在高原草甸土和草原土，占全国土壤碳储量的 23.44% 和全球土壤碳储量的 2.4%。长期以来，有关气候变化对全球碳循环的影响存在很大的不确定性（Davidson and Janssens，2006）。有研究指出，气候变暖对土壤有机碳分解的促进作用高于对 NPP 的影响，使全球土壤有机碳趋于减少，但大气 CO_2 升高通过增加 NPP 对土壤有机碳产生一定的补偿作用，所以其变化趋势非常小。有学者研究发现，长期增温对北极冻原土壤总碳库无影响，但使植物生物量增加，从而使生态系统总碳库增加。但 Belshe 等（2013）通过对过去 40 年北方 32 个冻原研究区的 54 个研究分析发现，虽然自 20 世纪 90 年代开始，生长季植物固碳能力增加，但冬季 CO_2 排放增加抵消了生长季固碳，导致冻原生态系统从 20 世纪 80 年代中期到 21 世纪初期为碳源，表明过去 40 年间，气候变暖使北方冻原生态系统 CO_2 排放增加高于植物固碳速率，导致冻原生态系统净排放 CO_2。

本研究发现，虽然本研究年份增温增加了生态系统碳碳输入，但使两种草甸生态系统总碳库呈下降趋势，且差异均不显著。增温显著增加了两种草甸的生态系统呼吸，本研究区域自养呼吸占土壤总呼吸的 65%，而高寒草甸和高寒沼泽草甸地下根系占植物总生物量的 86%~96%，所以生态系统呼吸大部分来源于土壤异养呼吸，表明生态系统呼吸增加量可能大部分来自于土壤有机质的分解，长期增温加速了土壤微生物的分解作用，导致了土壤碳库的损失。此外，增温也增加了植物碳库，而植物的生长主要来源于土壤营养物质供应，使部分土壤碳转移到植物体内，导致土壤碳库减少。在青海省海北的研究发现，长期增温对两种高寒草甸土壤总碳无显著影响，但矮生嵩草草甸呈增加趋势，而灌丛草甸呈减少趋势。在北美高草草原的研究发现，16 年长期增温对土壤碳库无显著影响。同时，植物生物量的增加，可增加生态系统的碳输入，如高幅度增温使高寒草甸土壤碳库增加。Melillo 等（2002）研究指出，长期增温可能使植物碳输入足以抵消土壤碳损失。虽然本研究中，不同草甸生态系统总碳库对增温的响应趋势不一致，但均无显著差异，表明青藏高原风火山多年冻土区草甸生态系统在气候变暖环境下，生态系统碳库变化不大，处于稳定状态。

7.6　生态系统氮平衡对增温的响应

7.6.1　氮平衡的同位素原理

土壤氮循环过程很复杂（图 7-14），且影响因素众多，对其监测与量化较为困难，但是前人通过大量的研究揭示了土壤 ^{15}N 同位素组成（$\delta^{15}N$）与土壤氮循环的关系，可以通过测定土壤 $\delta^{15}N$ 值变化反映土壤氮循环过程。自然生态系统中土壤氮素主要来源大气干湿沉降和生物固氮，二者平均 $\delta^{15}N$ 值分别是 -3‰（-7‰~4‰）和 0（-2‰~2‰），氮素在进入土壤后发生的一系列循环过程均会产生不同程度的分馏，从而影响土壤氮的 $\delta^{15}N$ 值（图 7-15）。氮循环过程中分馏程度可以用氮同位素的分馏系数（fractionation factor，ε）来表示（表 7-9 和图 7-15）。概述之，当土壤氮输出不变，大气来源氮输入增加，或者氮输入增加高于土壤氮的输出时，土壤氮储量趋于增加并且其 $\delta^{15}N$ 值趋于下降；反之，如果氮输入不变，氮输出增加，或是土壤氮矿化、硝化、反硝化作用增加幅度更高时，土壤氮储量降低且其 $\delta^{15}N$ 值增高。也就是说，土壤氮循环更封闭（输入大于输出）时，土壤 $\delta^{15}N$ 值降低，而当土壤氮循环趋于更开放（循环更快，输出更多）时，土壤 $\delta^{15}N$ 值升高。因此，土壤 $\delta^{15}N$ 值变化可以作为氮循环的指示指标，并且得到广泛应用。

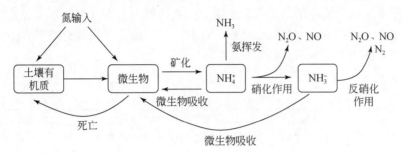

图 7-14　土壤氮素主要循环过程概图

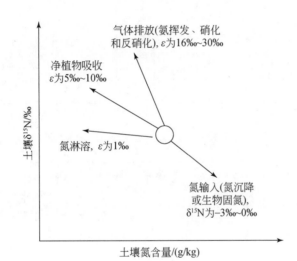

图 7-15　生物固氮输入及主要氮输出的分馏作用对土壤稳定氮同位素组成和氮库的影响

据 Wang 等（2014）

表 7-9　土壤氮素主要循环过程的分馏系数　　　　　　（单位：‰）

循环过程	分馏系数（ε）
有机氮矿化	0 ~ 5
氨挥发	29，40 ~ 60
硝化作用	15 ~ 35，35 ~ 60
反硝化作用	28 ~ 33
净植物吸收	5 ~ 10
淋溶	1

7.6.2　结果与分析

增温作用下，多年冻土土壤不同组分的 $\delta^{15}N$ 值均显著下降（图 7-16），依据上述理论推论增温作用下大气氮输入增加且大于土壤氮的气体损失。大气氮输入途径中，由于对照与增温样地毗邻，可以认为大气氮沉降输入在对照和增温处理间没有差异，生物固氮则可能是增温下多年冻土土壤氮增量的唯一来源。

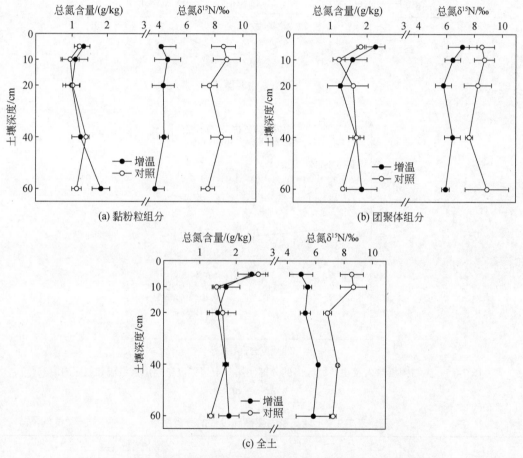

图 7-16　不同土壤组分总氮含量及氮稳定碳同位素组成的剖面分布规律

为了深入分析生物固氮增量以及土壤氮输出变化，根据同位素质量平衡原理建立式（7-5），推算在土壤氮输出不变的情况下，不同土壤组分 $\delta^{15}N$ 值实际下降所需的最小氮增量

$$\delta^{15}N_{otci} = \frac{m_{cki} \times \delta^{15}N_{cki} + m_i \times \delta^{15}N_{Nitf}}{m_{cki} + m_i} \tag{7-5}$$

式中，m_{cki} 为对照样地第 i 层土壤氮储量（g N/m²）；$\delta^{15}N_{cki}$、$\delta^{15}N_{otci}$ 分别为对照、增温处

理第 i 层土壤 $\delta^{15}N$ 值（‰）；$\delta^{15}N_{Nitf}$ 为生物固氮输入的 $\delta^{15}N$ 值，取其均值0；m_i 为土壤氮输出不变的情况下，第 i 层土壤 $\delta^{15}N$ 值实际下降所需的最小氮增量（g N/m²）。

式（7-5）可推导出式（7-6）进行计算

$$\frac{m_{cki} \times (\delta^{15}N_{cki} - \delta^{15}N_{otci})}{\delta^{15}N_{otci}} = m_i \tag{7-6}$$

估算结果表明，在不考虑土壤氮输出变化时，不同深度不同组分土壤 $\delta^{15}N$ 值下降所需的最小生物固氮输入量均大于其实际的氮增量（即增温与对照样地的差量，图7-17）。例如，0~60cm内全土、黏粉粒和团聚体的土壤总氮储量在增温下分别显著增加了225g N/m²（$P<0.05$）、187g N/m²（$P<0.05$）和30g N/m²（$P=0.21$），但同深度内 $\delta^{15}N$ 值降低所需的最小氮增量分别为415g N/m²、343g N/m²和57 g N/m²。也就是说，增温下生物固氮的增加并不能完全解释土壤 $\delta^{15}N$ 的降低，土壤氮输出下降可能同样发挥了部分作用。在土壤氮素输出中，淋溶作用对土壤氮分馏作用较小（图7-17），且增温下土壤水分下降，淋溶作用可能趋于减弱，对土壤 $\delta^{15}N$ 值降低影响有限。此外，植物对土壤氮素吸收与返回在增温下仍处于动态平衡，其净吸收分馏作用变化不大。因此，增温下土壤 $\delta^{15}N$ 值的变化可能更多受生物固氮输入以及氮素气体排放损失或循环影响。

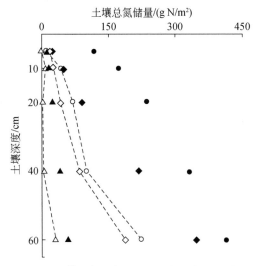

图7-17 增温下土壤 $\delta^{15}N$ 值下降所需的生物固氮量及实际土壤氮增量

图中圆点、菱形、三角形分别表示全土、黏粉粒及团聚体组分，
其中实心表示估算的需求量，而空心表示实际增量

7.6.3 讨论与小结

生物固氮作用在增温作用下的提高可能与以下机制有关。土壤固氮酶的活性在25℃最高，而在5℃以下骤减，5~20℃其活性呈增加趋势。本研究的长期土壤温度监测显示，增温处理下土温大于5℃的日期较对照增加近60d，而且增温处理下生长季平均土温显著高

于对照，推测增温处理提高了冻土土壤生物固氮效率。此外，生物量调研数据显示，固氮植物的地上生物量在增温处理下约增加了 50%，表明植物固氮作用增强。因此，增温促进了青藏高原多年冻土土壤大气生物固氮的输入，进而部分降低了土壤 $\delta^{15}N$ 值。

增温下土壤氮输出降低或氮循环过程减弱可能与以下几个过程相关联。有证据显示，增温并未显著促进青藏高原高寒草地土壤氮的矿化作用，即来源于土壤氮矿化的 NH_4^+ 供给可能并没有显著增加。同时由于植物和微生物在增温下对 NH_4^+ 以及 NO_3^- 吸收增加（表现为生物量大幅提高），土壤 NH_4^+ 和 NO_3^- 含量或供给降低（图 7-18），土壤硝化和反硝化作用由于其反应底物（即 NH_4^+ 和 NO_3^-）减少而减弱。这与增温作用下多年冻土区土壤 N_2O（硝化和反硝化产物）排放并未显著增加的证据相一致（Morishita et al., 2014）。土壤水分的增加对土壤反硝化促进较为明显，但增温处理下本研究区土壤含水量趋于下降，可能进一步限制了土壤的反硝化作用。此外，增温作用下冻扰对土壤氮的迁移也可能影响微生物对土壤氮的分解。因此，多年冻土区土壤氮素循环在增温作用下趋于减弱，从而降低了对土壤氮库的分馏作用，减小了氮库的 $\delta^{15}N$ 值。

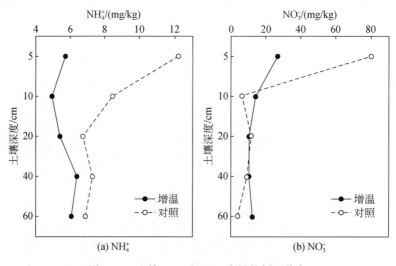

图 7-18 土壤 NH_4^+ 和 NO_3^- 含量的剖面分布

7.7 本章结论

北极多年冻土区的研究表明，短期增温促进了老碳的排放损失，从而可能降低北极生态系统的碳汇能力。青藏高原多年冻土区高寒草地生态系统在 4~7 年的增温过程中并没有发现土壤碳储量的显著降低。祁连山高寒草甸的分析结果表明，增温在部分年份甚至促进了土壤碳的增加，而风火山增温 7 年后，高寒草甸整个剖面内土壤全土和团聚体有机碳库变化不大，但黏粉粒碳库显著增加。此外粗略对比植被碳在增温下的增量和生态系统呼吸增量的结果也发现，高寒草地仍表现为弱的碳汇。因此，本研究结果认为短期增温并没有显著促进青藏高原多年冻土区高寒草甸的碳损失。

　　增温对高寒草甸土壤碳的促进作用一方面可能与土壤氮素的增加有关，另一方面可能与冻扰作用有关。在祁连山的连续观测试验中，土壤碳、氮在增温下的年际变化密切相关。在风火山更长时期的增温下，土壤碳氮在不同土壤组分中的变化一致，但通过全土和土壤黏粉粒组分碳氮比在增温下的降低趋势，推断土壤全土和黏粉粒氮库的增加幅度较碳库更高。增温增强了青藏高原多年冻土区的冻扰作用，而冻扰作用的增强则促进了不同组分土壤碳的下层迁移，进而促进了土壤碳的稳定。此外，增温作用下，土壤碳氮的输入更多地被土壤黏粉粒吸附而增加了碳、氮的稳定与积累。

　　在流域尺度上，河流碳流失是多年冻土区土壤碳损失的一个重要途径，尤其是活动层冻融过程对河流碳影响较大。在未来气候变化下，冻土对于青藏高原多年冻土区流域水文过程的影响更加深刻，活动层厚度和地表下径流会进一步增加。因此，考虑到河流碳的损失，在气候变化背景下，青藏高原多年冻土区碳输出将显著增加，从而影响区域碳平衡。

第8章　土壤微生物对冻土与积雪变化的响应

土壤微生物是土壤生态系统的重要组成部分，在生态系统的物质循环和能量流动中具有十分重要且不可替代的作用（齐泽民和杨万勤，2006）。长期以来认为，高纬度或高山地区冬季严寒的气候条件会导致土壤微生物处于休眠或死亡状态，所以被常常忽略。事实上，土壤微生物对冬季冻融的响应与适应差异是维持冻土生态系统过程的重要机制。此外，土壤微生物群落在土壤的形成发育、肥力保持、生态修复及植物生长等方面起着重要作用（胡婵娟和郭雷，2012）。但是随着气候变化，高纬度和高海拔地区积雪覆盖将发生改变，而微生物对环境变化十分敏感，为了应对环境的变化，土壤微生物的活性和组成也必然会因环境因子的改变而发生变化。然而，对于冬季积雪覆盖发生改变对后续生长季土壤微生物影响的研究明显缺失，严重限制了对雪生态学作用的认识。

高山和极地地区在漫长的冬季往往被季节性积雪覆盖，北极地区每年约有 9 个月的时间被积雪覆盖，即使是位于低纬度的青藏高原东缘的川西高原地区，每年积雪日数也达 3~4 个月。积雪覆盖和雪被积累、消融过程是高山最为明显的环境变化之一，也是全球中高纬度和高海拔地区普遍存在的自然现象。一方面，积雪覆盖下相对稳定的水热条件为冬季微生物、动物提供了良好的生长和活动环境，直接影响了土壤微生物群落，同时也提高了土壤养分的有效性和微生物活性，进而促进了生长季节内植物和微生物的生长；另一方面，在全球气候变化背景下，高山地区和北极地区冬季降水量会增加，季节性积雪覆盖地区的雪被发生与融化节律可能会发生改变（如雪深增加、积雪周期缩短），冬季冻融更加剧烈，植物生物量增加和土壤碳周转速率加快，碳供应水平发生改变。积雪积累消融过程直接影响土壤温度、水分和冻融格局，改变微生物、动物的群落结构和功能，甚至导致微生物死亡或休眠，但其释放出的底物和养分又为存活的土壤生物提供了有效基质（Herrmann and Witter，2002）。因此，雪深、积雪周期和底物供应水平的改变必将对土壤微生物的活性和营养供给产生实质性的影响，且在全球变暖成为无可争议的事实的背景下，气候变化正改变着中高纬度和高海拔地区的积雪格局。开展这方面的研究对了解高寒地区土壤生态系统对气候变化的响应具有重要的意义。

8.1　积雪变化对季节冻土区草地土壤微生物的影响

积雪样地在四川省西北部红原县境内，地理坐标为 32°49′N，102°34′E，海拔为 3485m。设置 4 个积雪量处理，即 CK、S1、S2 和 S3。于 2015 年 8 月在所设置的样地内分别钻取土壤样品，每个处理 3 个重复。

8.1.1 土壤微生物的测定

采用商用 MoBio PowerSoil DNA 试剂盒（MO BIO Laboratories, Inc., Carlsbad, CA, USA）根据说明书提取土壤微生物总 DNA。用 NanoDrop 2000C 分光光度计（Thermo Fisher Scientific Inc, USA）检测 DNA 的浓度和质量，然后将 DNA 样品浓度稀释到 10ng/μl 储存于−20℃冰箱。细菌选择 16S rRNA 的 V4 区作为目的扩增区域，扩增的通用引物 515F（5′-GTGCCAGCMGCCGCGG-3′）和 806R（5′-AACGCACGCTAGCCGGACTACVSGGGTATCTAAT-3′）。PCR 体系（50μl）包括 0.5 units Ex Taq DNA polymerase（TaKaRa, Dalian, China），10μl 1× Ex Taq loading buffer（TaKaRa, Dalian, China），8μl dNTP mix（TaKaRa, Dalian, China），2μl of each primer（10mmol/L），10～100ng template DNA。PCR 扩增采用的是 BIO-RAD C1000 Touch™ Thermal Cycler（Bio-Rad, California, USA）仪器，按以下程序进行，95℃变性 3min，然后 94℃变性 30s，50℃退火 1min，72℃延伸 1min，重复 35 个循环后 72℃延伸 10min。真菌选择 ITS 的 ITS2 区作为目的扩增区域，其通用引物为 ITS3（5′-CACTACTGTTGACCGCATCGATGAAGAACGCAGC-3′）和 ITS4（5′-TCCTCCGCTTATT-GATATGC-3′）。扩增体系为 50μl，包括，0.5units Ex Taq DNA polymerase（TaKaRa, Dalian, China），10μl 1× Ex Taq loading buffer（TaKaRa, Dalian, China），8μl dNTP mix（TaKaRa, Dalian, China），2μl of each primer（10mmol/L），10～100ng template DNA。扩增条件为，95℃变性 5min，然后 94℃变性 30s，52℃退火 30s，72℃延伸 45s，重复 35 个循环后 72℃延伸 10min。每个样品做 3 管重复，PCR 完毕后将 3 管混合为 1 管。用 2%琼脂糖凝胶分离后切胶，用 E. Z. N. A. TM 公司的 Gel Extraction Kit 凝胶回收试剂盒按说明书步骤进行 DNA 片段纯化和回收。PCR 纯化产物，利用 Illumina 建库试剂盒进行标准建库，利用 Illumina HiSeq 2500 进行双端 250bp 测序。

高通量测序数据的处理主要使用 QIIME Pipeline-Version 1.7.0。首先使用 FLASH 进行序列拼接，然后将序列从 fastq 格式转化为 fasta 格式后根据 barcodes 将序列分配到每个样品中，同时分别去除低质量序列以及引物和样品标识序列。利用 UCHIME 进行嵌合体检查并去除含有嵌合体的序列，由于各个样品的序列测序得到的序列数不同，我们对所有样品的序列进行随机的重取，使每一个样品的序列数都为 16 000 条序列以减少测序不均匀带来的影响。混合所有序列后使用 Cd-hit 在相似性为 97%的水平上把序列进行运算分类单元（operational taxonomic units, OTU）划分。分类信息使用 Ribosomal Database Project（RDP）classifier 将代表性序列与本地参考数据库（greengenes core set）进行比对获得，序列的比对排齐使用 PyNAST 算法，在构建进化树前进行比对质量的检测，进化树的重构建使用 GRT（generalised time-reversible）模型和最大似然法（maximum likelihood, ML），使用 FastTree 2.1.1 完成。利用 QIIME 构建 OTU 表，然后进行 α（Shannon-Wiener 指数，Phylogenetic-Diversity、OTU、Chao 1）和 β（PCoA、UniFrac）多样性分析。

8.1.2 结果与分析

(1) 高寒草甸土壤细菌群落对积雪变化的响应

高寒草甸土壤细菌群落测试结果表明 [图 8-1 (a)]，60 个样本中，共测得 38 个细菌门类。其中，95.60% 为细菌，4.40% 为古生菌。

相对丰度/%	CK	S1	S2	S3	CK	S1	S2	S3
酸杆菌门	28	17	25	21	32	25	30	26
变形菌门	23	21	23	19	19	21	22	22
拟杆菌门	19	23	16	31	10	16	11	15
放线菌门	5	8	8	6	5	7	7	7
厚壁菌门	2	9	2	5	2	5	3	5
泉古菌门	5	3	6	1	11	4	6	4
浮霉菌门	5	4	5	3	5	4	4	5
绿弯菌门	3	3	5	3	5	4	5	4
疣微菌门	1	2	1	1	1	6	2	3
蓝藻菌门	2	4	2	3	2	2	2	2
硝化螺旋菌门	2	1	2	2	3	2	3	2
芽单胞菌门	1	1	2	2	2	1	2	2
其他细菌门	3	4	3	2	3	3	3	3
		0~10cm				10~20cm		

(a) 细菌群落结构

相对丰度/%	CK	S1	S2	S3	CK	S1	S2	S3
未知种	52	44	49	44	47	59	61	43
子囊菌门	39	39	40	44	37	27	26	30
担子菌门	9	17	11	11	14	13	11	26
接合菌门	0	0	0	0	0	0	0	0
球囊菌门	0	0	0	0	0	0	0	0
壶菌门	0	0	0	0	0	0	0	0
其他细菌门	0	0	1	1	1	1	1	0
		0~10cm				10~20cm		

(b) 真菌群落结构

-1.00 -0.60 -0.20 0.20 0.60 1.00

图 8-1 不同积雪量对高寒草甸土壤细菌和真菌群落结构的影响

在所有处理中，酸杆菌门（Acidobacteria）均占优势地位，但在不同土层中，其相对丰富度有所差异。在 0~10cm 土层，酸杆菌门相对丰度由高到低依次为 CK（28.45%）、S2（25.41%）、S3（21.41%）和 S1（17.21%）；而在 10~20cm 土层，酸杆菌门相对丰度整体上高于 0~10cm 土层，由高到低依次为 CK（31.66%）、S3（30.01%）、S1（26.45%）、S2（24.75%）。总体来讲，积雪量的增加会使得土壤细菌群落中酸杆菌门相对丰度降低。在 0~10cm 土层，积雪量的增加导致变形菌门（Proteobacteria）相对丰度出现降低的趋势，而在 10~20cm 土层，这一趋势则截然相反，变形菌门相对丰度随着积雪量的增加而增加。拟杆菌门（Bacteroidetes）相对丰度整体上与积雪量呈正比，0~10cm 土层的变化尤为明显，S3 处理下拟杆菌门相对丰度陡然增加。在所有处理中，放线菌门

（Actinombacteria）的相对丰度为 4.74% ~ 7.65%，积雪量增加导致其相对丰度增加，这一规律在 0 ~ 10cm 土层尤为明显。在各处理中，浮霉菌门（Planctomycetes）相对丰度为 3.25% ~ 5.58%，在 0 ~ 10cm 土层，S3 处理下，其相对丰度明显低于其他处理；积雪量的增加还导致土壤细菌群落中泉古菌门（Crenarchaeota）相对丰度的降低以及厚壁菌门（Firmicutes）相对丰度的升高；在不同的处理中，绿弯菌门（Chloroflexi）相对丰度为 3.23% ~ 5.41%，但各处理间并无显著差异。

（2）高寒草甸土壤真菌群落对积雪变化的响应

高寒草甸土壤真菌群落结构测定发现 [图 8-1（b）]，未知种（Unidentified）、子囊菌门（Ascomycota）及担子菌门（Basidiomycota）在土壤真菌群落中所占比例最大。同时，积雪量的改变也对其相对丰度造成了影响。

研究发现：高寒草甸土壤真菌群落中，在 0 ~ 10cm 土层，积雪量的增加会导致未知种相对丰度下降；而在 10 ~ 20cm 土层中，则导致未知种相对丰度先增加后降低，在 S1 处理下，其相对丰度最高。在 0 ~ 10cm 土层，积雪量的增加使得高寒草甸土壤真菌群落中子囊菌门相对丰度增加，在 S3 处理下其相对丰度最高，达到 43.89%；而在 10 ~ 20cm 土层，积雪量的增加则抑制了子囊菌门，使其相对丰度降低。研究还发现，在 0 ~ 10cm 土层，随着积雪量的增加，担子菌门相对丰度先增加后降低，在 S1 处理下，达到峰值（16.57%）；而在 10 ~ 20cm 土层中，担子菌门的相对丰度则呈现出与 0 ~ 10cm 土层相反的变化规律，随着积雪量的增加，其相对丰度先降低后增加，在 S2 处理下，担子菌门相对丰度最低，达到 11.47%。此外，接合菌门（Zygomycota）、球囊菌门（Glomeromycota）及壶菌门（Chytridiomycota）相对丰度也均发生了改变，在土壤真菌群落中所占比例较低。

8.1.3 高寒草甸土壤微生物群落多样性对积雪变化的响应

（1）土壤微生物群落 β 多样性

由图 8-2 可知，基于 weighted（加权）UniFrac 的主坐标分析（principal coordinate analysis，PCoA）对不同积雪量处理和不同土层间土壤细菌群落结构进行分析，结果发现，第一主成分和第二主成分贡献率分别为 22.63% 和 12.77%。积雪量处理后细菌群落结构发生改变，S1 处理与 CK 完全分离，说明它们细菌群落结构存在显著差异；但是 S2 和 CK、S1 和 S2 样品有交叠现象，说明它们之间细菌群落结构差异不显著 [图 8-2（a）]。此外，0 ~ 10cm 土层和 10 ~ 20cm 样品完全分离，说明积雪处理对不同土层间的细菌群落结构无显著影响 [图 8-2（b）]。

PCoA 分析结果显示，影响真菌数量的第一主成分和第二主成分贡献率分别为 34.22% 和 17.02% [图 8-2（c）和（d）]。0 ~ 10cm 与 10 ~ 20cm 土层间样品基本分离 [图 8-2（c）]，但不同处理间样品则交织在一起 [图 8-2（d）]。这一现象表明，积雪量处理对于高寒草甸土壤真菌群落结构无显著影响。

（2）土壤微生物群落 α 多样性

表 8-1 为高寒草甸土壤细菌群落 α 多样性变化情况，包括 Shannon-Wiener 指数、系统发

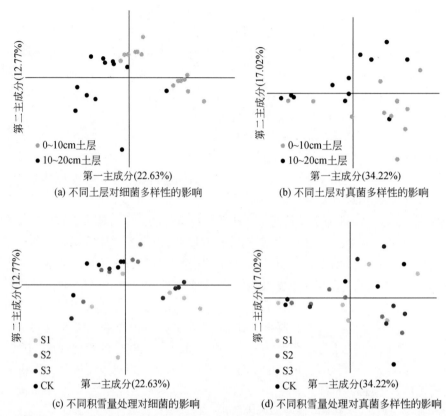

图 8-2　不同积雪量处理和不同土层对高寒草甸土壤细菌和真菌 β 多样性的影响

育多样性（Phylogenetic-Diversity）、观察到的物种（Observed-Species）以及 Chao1 指数。在 0 ~ 10cm 及 10 ~ 20cm 两个土层，积雪量的增加均使得 Shannon-Wiener 指数先增加后降低，最高值均出现在 S2 处理条件下，但各处理间并无显著差异；Chao1 指数变化规律与 Shannon-Wiener 指数类似；在 0 ~ 10cm 土层，Phylogenetic-Diversity 随着积雪量的增加呈现先增加后降低的趋势，最大值出现在 S2 处理下，而同样的规律也出现在 10 ~ 20cm 土层，不同的是 Phylogenetic-Diversity 最大值则出现在 S1 处理下。在不同的土层中，积雪量的增加都会使得 Observed-Species 增加，且在 0 ~ 10cm 土层中，CK 与 S1 处理间出现了显著差异。

表 8-1　不同积雪量对高寒草甸土壤细菌群落 α 多样性的影响

土层	处理	系统发育多样性	观测到的物种	Chao 1 指数	Shannon-Wiener 指数
0 ~ 10cm	CK	70.06±1.47[a]	985.33±63.52[b]	1505.37±76.02[a]	8.75±0.06[a]
	S1	72.01±1.7[a]	1073±33.66[a]	1569.82±79.28[a]	8.87±0.11[a]
	S2	72.27±1.92[a]	1051.5±18.19[ab]	1577.28±78.07[a]	8.86±0.04[a]
	S3	71.95±0.9[a]	1035±48.08[ab]	1561.65±69.49[a]	8.81±0.07[a]

续表

土层	处理	系统发育多样性	观测到的物种	Chao 1 指数	Shannon-Wiener 指数
10～20cm	CK	65.81±4.9ᵃ	900.67±66.58ᵃ	1313.98±59.12ᵃ	8.34±0.21ᵃ
	S1	67.98±3.09ᵃ	950.33±61.08ᵃ	1486.85±69.14ᵃ	8.54±0.21ᵃ
	S2	67.1±3.25ᵃ	932.33±64.37ᵃ	1422.26±61.876ᵃ	8.52±0.1ᵃ
	S3	66.99±3.61ᵃ	938.33±65.05ᵃ	1373.38±71.42ᵃ	8.50±0.23ᵃ

积雪变化也改变了高寒草甸土壤真菌群落 α 多样性的改变（表8-2）。在 0～10cm 土层，Phylogenetic-Diversity 随着积雪量的增加而降低，而在 10～20cm 土层，Phylogenetic-Diversity 则随着积雪量的增加表现出先增加后降低的趋势，最大值出现在 S1 处理下，且 S1、S2 处理与 CK、S3 处理间存在显著差异（$P<0.05$）；此外，Observed-Species、Chao1 指数、Shannon-Wiener 指数在 0～10cm 与 10～20cm 土层变化规律一致，均随着积雪量的增加呈现先增加后降低的趋势，但各处理间并无显著差异。

表 8-2　不同积雪量对高寒草甸土壤真菌群落 α 多样性的影响

土层	处理	系统发育多样性	观测到的物种	Chao 1 指数	Shannon-Wiener 指数
0～10cm	CK	153±20.67ᵃ	727.77±128.28ᵃ	1166.48±205.51ᵃ	5.74±1.15ᵃ
	S1	151.4±8.14ᵃ	759.37±10.17ᵃ	1205.68±47.78ᵃ	6.27±0.37ᵃ
	S2	150.13±13.18ᵃ	745.17±41.35ᵃ	1167.68±63.72ᵃ	6.1±0.5ᵃ
	S3	144.69±3.65ᵃ	703.63±10.06ᵃ	1122.08±12.75ᵃ	6.04±0.37ᵃ
10～20cm	CK	139.32±2.01ᵇ	697.1±23.48ᵃ	1067.61±12.6ᵃ	5.87±0.35ᵃ
	S1	147.87±3.28ᵃ	721.57±12.5ᵃ	1099.52±12.23ᵃ	6.06±0.31ᵃ
	S2	147.21±3.63ᵃ	736.27±15.13ᵃ	1153.64±45.46ᵃ	6.16±0.07ᵃ
	S3	137.1±6.25ᵇ	678.73±43.22ᵃ	1059±53.58ᵃ	5.41±0.63ᵃ

8.1.4　环境因子与土壤微生物群落间的相互关系

用 SPSS 19.0 软件对高寒草甸生态系统植物群落特征、植物根系特征、土壤理化性质和土壤微生物群落之间进行 Pearson 相关性分析。采用 R 2.9.1 gbmplus 程序包进行 ABT，分析土壤理化性质对植物群落特征、植物根系特征以及土壤微生物群落特征的相对影响。同时，采用 Canoco 4.5 对数据进行 RDA，探究土壤环境因子对微生物、根系等的影响。

（1）土壤微生物群落多样性与土壤理化性质的相关性分析

RDA 分析结果表明（图8-3），土壤细菌群落 Phylogenetic-Diversity 指数、土壤细菌群落 Observed-Species 指数、土壤细菌群落 Chao 1 指数与土壤 pH、速效氮、速效磷存在显著正相关关系，而土壤真菌群落 Phylogenetic-Diversity 指数、土壤真菌群落 Observed-Species 指数、土壤真菌群落 Chao 1 指数、土壤真菌群落 Shannon-Wiener 指数以及土壤细菌群落 Shannon-Wiener 指数与速效钾、土壤温度间关系较为密切。

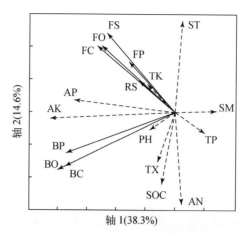

图 8-3　土壤微生物群落多样性与土壤理化性质间 RDA 分析

FO 为土壤真菌群落 Observed-Species 指数，FC 为土壤真菌群落 Chao 1 指数，FS 为土壤真菌群落 Shannon-Wiener 指数，FP 为土壤真菌群落 Phylogenetic-Diversity 指数，BO 为土壤细菌群落 Observed-Species 指数，BC 为土壤细菌群落 Chao 1 指数，BP 为土壤细菌群落 Phylogenetic-Diversity 指数

Pearson 相关性分析表明，土壤微生物群落多样性与土壤理化性质间存在显著相关性（图 8-4）。在 0～10cm 土层，pH 与土壤细菌群落 Chao 1 指数间存在显著正相关关系（$P<0.05$）；速效磷与土壤细菌群落 Observed-Species 指数、Shannon-Wiener 指数间存在显著正相关关系（$P<0.05$）；速效钾与土壤细菌群落 Phylogenetic-Diversity 指数、土壤真菌群落 Shannon-Wiener 指数呈显著正相关关系（$P<0.05$）；总磷与土壤细菌群落 Phylogenetic-Diversity 指数、土壤细菌群落 Chao 1 指数呈显著正相关关系（$P<0.05$），而与土壤细菌群落 Phylogenetic-Diversity 指数存在极显著正相关关系（$P<0.01$）；土壤有机质与土壤细菌群落 Phylogenetic-Diversity 指数存在显著正相关关系（$P<0.05$），与土壤细菌群落 Observed-Species 指数存在极显著正相关关系（$P<0.01$）；其余土壤理化性质与土壤微生物群落多样性指数间并不存在显著相关关系。

在 10～20cm 土层，土壤细菌群落 Shannon-Wiener 指数与土壤含水量、速效氮、总氮呈显著负相关（$P<0.05$），而与总磷、土壤有机质呈极显著负相关（$P<0.01$）；土壤真菌群落 Phylogenetic-Diversity 指数与土壤温度、pH 呈极显著正相关（$P<0.01$），与总氮、土壤有机质呈极显著负相关（$P<0.01$），与速效氮、总磷呈显著负相关（$P<0.05$）。此外，土壤细菌群落 Observed-Species 指数、土壤真菌群落 Chao 1 指数、土壤真菌群落 Shannon-Wiener 指数均与 pH 呈显著正相关（$P<0.05$），同时与速效氮、总磷呈显著负相关（$P<0.05$）；速效磷、速效钾、总钾与土壤微生物群落多样性均无显著相关性。

（2）土壤理化性质对土壤微生物群落多样性相对影响

土壤理化性质与土壤微生物群落多样性的 ABT 分析结果表明（图 8-5），对土壤细菌群落 Phylogenetic-Diversity 指数影响最大的土壤环境因子为速效钾，相对影响为 24.13%，其次分别为土壤有机质、速效磷、土壤温度、速效氮等 ［图 8-5（a）］；对土壤细菌群落 Observed-Species 指数影响最大的土壤环境因子为土壤有机质，相对影响为 24.08%，其次

	土壤细菌群落Phylogenetic-Diversity指数	土壤细菌群落Observed-Species指数	土壤细菌群落Chao 1指数	土壤细菌群落Shannon-Wiener指数	土壤真菌群落Phylogenetic-Diversity指数	土壤真菌群落Observed-Species指数	土壤真菌群落Chao 1指数	土壤真菌群落Shannon-Wiener指数	
土壤温度	−0.31	−0.19	−0.36	−0.29	0.28	0.29	0.33	0.06	
土壤含水量	0.32	0.27	0.20	0.53	−0.19	−0.05	−0.04	0.20	
pH	0.15	0.38	0.61	0.20	−0.42	−0.42	−0.50	−0.19	
速效氮	−0.01	0.21	0.14	0.45	−0.13	−0.28	−0.13	−0.42	
速效磷	0.35	0.66	0.24	0.58	0.05	0.32	0.29	0.42	0~10cm
速效钾	0.59	0.53	0.13	0.30	0.24	0.54	0.50	0.61	
总氮	0.11	−0.07	−0.13	−0.26	0.24	0.36	0.29	0.48	
总磷	0.61	0.84	0.70	0.51	−0.14	0.06	0.01	0.20	
总钾	−0.10	0.07	0.05	−0.48	0.25	0.26	0.22	0.00	
土壤有机质	0.70	0.83	0.44	0.55	0.07	0.27	0.28	0.22	
土壤温度	−0.23	−0.28	−0.14	0.42	0.80	0.34	0.39	0.31	
土壤含水量	−0.06	−0.05	−0.19	−0.68	−0.50	−0.12	−0.05	−0.31	
pH	0.22	0.18	0.40	0.55	0.75	0.68	0.63	0.59	
速效氮	0.01	0.05	−0.17	−0.65	−0.70	−0.60	−0.62	−0.66	
速效磷	0.36	0.30	0.51	−0.47	−0.11	0.30	−0.02	0.26	10~20cm
速效钾	0.15	0.19	0.28	−0.56	−0.51	0.13	−0.08	0.14	
总氮	−0.05	0.09	−0.08	−0.65	−0.80	−0.49	−0.50	−0.55	
总磷	−0.06	−0.01	−0.16	−0.74	−0.66	−0.59	−0.66	−0.65	
总钾	−0.13	−0.21	−0.08	0.24	0.39	−0.04	−0.10	0.14	
土壤有机质	0.06	0.16	−0.07	−0.72	−0.80	−0.50	−0.53	−0.57	

−1.00　−0.60　−0.20　0.20　0.60　1.00

图 8-4　土壤微生物群落多样性与土壤理化性质间 Pearson 相关性分析

分别为速效钾、速效磷、土壤温度、总钾等 [图 8-5 (b)]；对土壤细菌群落 Chao 1 指数影响最大的土壤环境因子为速效磷，相对影响为 21.49%，其次分别为速效钾、总钾、土壤温度、土壤有机质等 [图 8-5 (c)]；对土壤细菌群落 Shannon-Wiener 指数影响最大的土壤环境因子为总磷，相对影响为 25.27%，其次分别为 pH、总氮、速效磷、土壤含水量等 [图 8-5 (d)]。

对土壤真菌群落 Phylogenetic-Diversity 指数影响最大的土壤环境因子为速效氮，相对影响为 32.21%，其次分别为速效钾、土壤含水量、pH、土壤温度等 [图 8-5 (e)]；对土壤真菌群落 Observed-Species 指数影响最大的土壤环境因子为速效钾，相对影响为

23.17%，其次分别为速效氮、速效磷、pH、土壤含水量等［图 8-5（f）］；对土壤真菌群落 Chao 1 指数影响最大的土壤环境因子为速效钾，相对影响为 40.39%，其次分别为速效氮、pH、速效磷、土壤含水量等［图 8-5（g）］；对土壤真菌群落 Shannon-Wiener 指数影响最大的土壤环境因子为速效磷，相对影响为 24.55%，其次分别为速效氮、土壤含水量、总磷、总钾等［图 8-5（h）］。

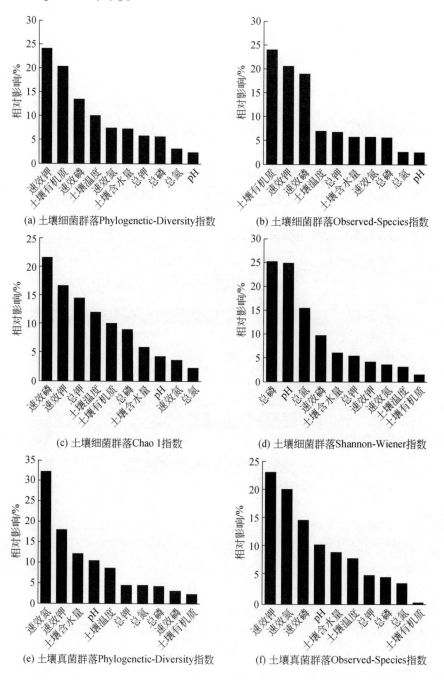

(a) 土壤细菌群落Phylogenetic-Diversity指数

(b) 土壤细菌群落Observed-Species指数

(c) 土壤细菌群落Chao 1指数

(d) 土壤细菌群落Shannon-Wiener指数

(e) 土壤真菌群落Phylogenetic-Diversity指数

(f) 土壤真菌群落Observed-Species指数

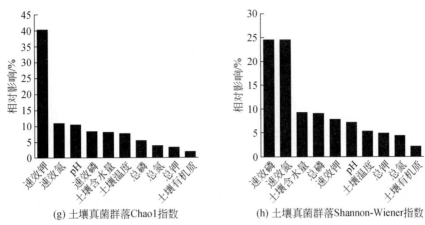

(g) 土壤真菌群落Chao1指数　　　(h) 土壤真菌群落Shannon-Wiener指数

图 8-5　土壤理化性质对土壤微生物群落多样性相对影响

（3）土壤微生物群落结构与土壤理化性质的相关关系

采用 RDA 分析了土壤理化性质与土壤微生物水平相对丰度间的相互关系（图 8-6）。图 8-6（a）为土壤细菌群落与土壤理化性质间的 RDA 分析，轴 1 与轴 2 分别解释总变异的 32.7% 与 12.7%；图 8-6（b）为土壤真菌群落与土壤理化性质间的 RDA 分析，轴 1 与轴 2 的解释率分别为 21.8% 与 8.5%。RDA 分析表明，土壤理化性质与土壤细微生物群落结构间存在着大量相关。

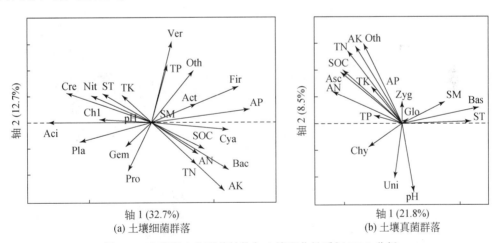

轴 1 (32.7%)　　　　　　　　　　轴 1 (21.8%)
(a) 土壤细菌群落　　　　　　　　　(b) 土壤真菌群落

图 8-6　土壤微生物群落结构与土壤理化性质间 RDA 分析

Aci 为酸杆菌门，Pro 为变形菌门，Bac 为拟杆菌门，Act 为放线菌门，Fir 为厚壁菌门，Cre 为泉古菌门，Pla 为浮霉菌门，Chl 为绿弯菌门，Ver 为疣微菌门，Cya 为蓝藻，Nit 为硝化螺旋菌门，Gem 为芽单胞菌门，Uni 为未知菌，Asc 为子囊菌门，Bas 为担子菌门，Chy 为壶菌门，Glo 为球囊菌门，Zyg 为接合菌门，Oth 为其他菌门

对土壤细菌群落与土壤理化特征性的相关性分析表明：在 0~10cm 土层，酸杆菌门与速效磷呈极显著负相关关系（$P<0.01$），并与总磷、土壤有机质呈显著负相关关系（$P<0.05$）；变形菌门与总钾呈显著正相关关系（$P<0.05$）；拟杆菌门与总钾呈极显著负相关

关系（$P<0.01$）；放线菌门与速效磷、速效钾、总磷、土壤有机质呈极显著正相关关系（$P<0.01$）；厚壁菌门与速效磷呈极显著正相关关系（$P<0.01$），而与土壤有机质呈显著正相关关系（$P<0.01$）；泉古菌门与速效氮呈极显著负相关关系（$P<0.01$），与总钾则呈极显著正相关关系（$P<0.01$）；浮霉菌门与土壤含水量呈显著负相关关系（$P<0.01$），并与总钾呈极显著正相关关系（$P<0.05$）；蓝藻菌门与速效磷呈显著负相关关系（$P<0.05$）；芽单胞菌门与土壤温度呈显著负相关关系（$P<0.05$），并与土壤含水量、pH 呈显著正相关关系（$P<0.05$）。此外，绿弯菌门、疣微菌门、蓝藻菌门、硝化螺旋菌门与土壤理化性质间不存在显著相关性。

在 10～20cm 土层，速效磷与泉古菌门、硝化螺旋菌门呈极显著负相关关系（$P<0.01$），与酸杆菌门呈显著负相关关系（$P<0.05$），与厚壁菌门呈显著正相关关系（$P<0.05$）；速效钾与泉古菌门呈极显著负相关关系（$P<0.05$）；芽单胞菌门与总钾呈显著负相关关系。此外，其他细菌门与土壤理化性质间并不存在显著相关性（图8-7）。

	酸杆菌门	变形菌门	拟杆菌门	放线菌门	厚壁菌门	泉古菌门	浮霉菌门	绿弯菌门	疣微菌门	蓝藻菌门	硝化螺旋菌门	芽单胞菌门	其他细菌门	
土壤温度	0.14	0.55	-0.51	0.03	0.06	0.45	0.48	-0.13	0.07	-0.06	-0.16	-0.60	0.63	
土壤含水量	-0.30	-0.44	0.39	0.23	0.16	-0.29	-0.58	0.24	-0.30	-0.15	0.34	0.58	-0.37	
pH	-0.10	-0.21	0.13	0.24	-0.07	-0.15	-0.18	0.49	-0.09	-0.07	-0.07	0.59	-0.33	
速效氮	-0.25	-0.39	0.46	-0.12	0.45	-0.76	-0.57	-0.35	0.27	0.03	-0.18	-0.21	0.13	
速效磷	-0.86	-0.25	0.09	0.72	0.79	-0.17	-0.46	-0.04	0.45	0.62	-0.26	-0.16	0.62	0~10cm
速效钾	-0.49	-0.05	-0.12	0.75	0.26	0.23	-0.27	0.40	0.17	0.36	0.00	0.39	0.06	
总氮	0.12	0.07	-0.13	0.23	-0.34	0.27	0.04	0.43	-0.17	-0.03	0.34	0.48	-0.53	
总磷	-0.62	-0.24	0.06	0.72	0.41	-0.04	-0.36	0.50	0.24	0.32	-0.39	0.38	0.12	
总钾	0.22	0.70	-0.74	0.26	-0.18	0.73	0.76	0.37	0.13	-0.03	-0.48	-0.33	0.44	
土壤有机质	-0.66	-0.27	0.11	0.72	0.58	-0.18	-0.44	0.29	0.24	0.27	-0.42	0.21	0.23	
土壤温度	0.36	-0.08	-0.26	-0.48	-0.15	0.46	-0.03	-0.04	-0.09	-0.17	0.25	-0.48	-0.07	
土壤含水量	-0.02	0.33	0.13	0.37	0.14	-0.43	0.29	-0.09	-0.24	0.01	0.01	0.35	-0.29	
pH	0.06	-0.03	-0.10	-0.04	-0.19	0.13	-0.27	0.29	0.12	-0.04	0.05	-0.29	-0.03	
速效氮	-0.23	0.04	0.25	0.14	0.14	-0.20	0.19	-0.18	-0.06	0.09	-0.15	0.27	0.04	
速效磷	-0.67	0.08	0.55	0.30	0.59	-0.71	-0.41	-0.42	0.51	-0.16	-0.71	-0.44	0.42	10~20cm
速效钾	-0.49	0.29	0.29	0.55	0.36	-0.76	-0.46	-0.18	0.24	0.18	-0.41	0.25	0.19	
总氮	-0.34	0.20	0.34	0.49	0.24	-0.52	0.13	-0.20	-0.06	0.25	-0.26	0.47	-0.17	
总磷	-0.38	0.05	0.46	0.21	0.41	-0.42	-0.04	-0.45	0.06	-0.02	-0.38	-0.02	-0.03	
总钾	-0.01	-0.33	-0.01	-0.60	0.12	0.39	-0.18	-0.27	0.28	0.41	-0.11	-0.63	0.40	
土壤有机质	-0.31	0.22	0.30	0.40	0.15	-0.42	0.21	-0.14	-0.09	0.17	-0.22	0.45	-0.08	

-1.00　-0.60　-0.20　0.20　0.60　1.00

图8-7　土壤细菌群落结构与土壤理化性质 Pearson 相关性分析

土壤真菌群落结构与土壤理化特征 Pearson 相关性分析结果表明：在 0～10cm 土层，土壤温度与球囊菌门呈显著正相关（$P<0.05$）；pH 与担子菌门间呈显著负相关（$P<0.05$）；速效钾与壶菌门间呈显著负相关（$P<0.05$）；总氮与接合菌门间呈显著正相关（$P<0.05$）；其余各菌门与土壤理化性质间并无显著相关性。在 10～20cm 土层，球囊菌门则与土壤含水量、速效氮、总氮、总磷、土壤有机质呈显著负相关（$P<0.05$），而与 pH 呈极显著正相关（图 8-8）。

	未知种	子囊菌门	担子菌门	壶菌门	球囊菌门	接合菌门	其他真菌门	
土壤温度	-0.42	0.04	0.50	0.05	0.62	-0.10	-0.02	
土壤含水量	0.20	-0.09	-0.14	-0.36	-0.37	0.31	-0.05	
pH	0.16	0.32	-0.61	0.07	-0.57	0.32	0.05	
速效氮	0.28	0.02	-0.36	0.22	0.14	-0.11	-0.50	
速效磷	0.18	-0.05	-0.18	-0.38	0.14	0.06	0.22	0～10cm
速效钾	-0.04	-0.08	0.13	-0.65	-0.07	0.23	0.37	
总氮	-0.05	-0.11	0.17	-0.08	-0.36	0.64	0.25	
总磷	0.05	0.23	-0.38	-0.39	-0.09	0.28	0.38	
总钾	-0.30	0.13	0.19	0.16	0.46	0.24	0.40	
土壤有机质	0.15	0.09	-0.33	-0.39	0.15	0.28	0.20	
土壤温度	0.36	-0.41	0.01	-0.35	0.38	0.00	-0.17	
土壤含水量	-0.54	0.24	0.29	0.26	-0.61	0.41	0.41	
pH	0.26	-0.54	0.23	-0.29	0.79	0.24	-0.66	
速效氮	-0.11	0.30	-0.16	0.57	-0.64	0.01	0.34	
速效磷	0.03	-0.07	0.03	0.01	-0.19	0.23	0.13	10～20cm
速效钾	-0.46	0.46	0.05	0.19	-0.30	0.17	0.28	
总氮	-0.33	0.52	-0.13	0.35	-0.64	0.07	0.36	
总磷	-0.03	0.24	-0.18	0.34	-0.66	0.02	0.48	
总钾	0.51	-0.13	-0.38	-0.20	-0.02	-0.40	0.17	
土壤有机质	-0.23	0.39	-0.11	0.49	-0.67	0.11	0.37	

-1.00　-0.60　-0.20　0.20　0.60　1.00

图 8-8　土壤真菌群落结构与土壤理化性质 Pearson 相关性分析

8.2　增温对高寒草甸不同冻土层土壤微生物的影响

8.2.1　实验区概况与研究方法

研究区高寒草甸主要分布海拔为 3200～4700m，最高上限约为 5200m。植被主要为多年中生植物，耐寒能力强，植物种类较为丰富，为 25～30 种/m²。高寒草甸群落优势种主要为嵩草属，物种组成主要为矮生嵩草、高山嵩草、线叶嵩草，还有少量早熟禾分布。此外，伴生种主要有鹅绒委陵菜、棘豆、高山唐松草和沙生风毛菊等。

高寒沼泽草甸主要分布在河谷底部、湖畔、积水的滩地及洼地，生长在海拔主要为 3200～4800m 的地方。群落优势种为嵩草属，主要为藏嵩草，此外还分布着青藏薹草、暗褐薹草等半生种以及珠牙蓼和棘豆等杂类草。群落高度在 10～25cm 无明显分层现象。

选择风火山地区典型高寒草甸和高寒沼泽草甸为研究对象，选择植被盖度在 80% 以上样地，布置 50m×50m 围栏以防止放牧干扰。采用被动式增温装置——OTC 进行增温，方法主要参照 ITEX 在北极冻原等寒区和高山生态系统采用的试验设计。OTC 主要采用 40cm 和 80cm 两种高度以实现不同增温幅度。OTC 底部和顶部均为正六边形。为防止降水影响，上部采取开口设计，上部开口边长为 60cm。圆台的斜边与地面的夹角均为 60°。

2008 年 6 月初，分别在高寒草甸和高寒沼泽草甸进行 OTC 布置。每种草甸类型中各设置 3 个处理：①对照（NW），天然样地；②中幅度增温（MW），OTC 高度为 40cm，年均气温升高 2.41℃；③高幅度增温（HW），OTC 高度为 80cm，年均气温升高 5.29℃。每个处理 3 次重复。本研究各项指标测定均在 2013 年进行。在 2013 年 8 月中旬，在 OTC 样地内用 5cm 直径土钻，沿 0～10cm、10～20cm、20～40cm、40～60cm 和 60～80cm 土层分层采集，每个样方三次重复，土样采集后收集部分无根土壤用于土壤细菌群落测定。

采集土样后，对土壤微生物 DNA 进行提取。采用商用 MoBio PowerSoil DNA 试剂盒（MO BIO Laboratories，Inc.，Carlsbad，CA，USA）根据说明书，称取 0.5～1g 土壤进行微生物总 DNA 的提取。DNA 的浓度和质量用 NanoDrop 2000C 分光光度计（Thermo Fisher Scientific Inc.，USA）进行检测，并将 DNA 样品浓度稀释到 10ng/μl 储存于−20℃ 冰箱用于后续试验。细菌 16S rRNA 基因的通用引物 515F（5′-GTGCCAGCMGCCGCGG-3′）和 802R（5′-TACNVGGGTATCTAATCC-3′）。PCR 体系（50μl）包括，0.5 units Ex Taq DNA polymerase（TaKaRa，Dalian，China），10μl 1 × Ex Taq loading buffer（TaKaRa，Dalian，China），8μl dNTP mix（TaKaRa，Dalian，China），2μl of each primer（10mmol/L），10～100ng template DNA。PCR 扩增采用的是 BIO-RAD C1000 Touch™ Thermal Cycler（Bio-Rad，California，USA）仪器，按以下程序进行，98℃ 变性 5min，然后 98℃ 变性 30s，50℃、56℃退火 30s，72℃延伸 30s，重复 27 个循环后 72℃延伸 5min，之后 4℃保存样品。每个样品做 3 管重复，PCR 完毕后将 3 管混合为 1 管。将各样品的 PCR 产物按照等摩尔量进行混合，使用 E. Z. N. A. TM 公司的 Gel Extraction Kit 凝胶回收试剂盒按说明书步骤切胶回收 PCR 混合产物。0.8% 琼脂糖电泳检测，3μl 上样检测电泳图，marker 为 DL 2000。然后对回收样品进行检测，不合格的样品进行补做，并将所有样品浓度和质量都合格后进行等摩尔混合并高通量测序。合并的 PCR 纯化产物利用 Illumina 建库试剂盒进行标准建库，利用 Illumina HiSeq 2500 进行双端 250bp 测序。

高通量测序数据的处理主要使用 QIIME Pipeline-Version 1.7.0。首先使用 FLASH 进行序列拼接，然后将序列从 fastq 格式转化为 fasta 格式后根据 barcodes 将序列分配到每个样品中，同时分别去除低质量序列以及引物和样品标识序列。利用 UCHIME 进行嵌合体检查并去除含有嵌合体的序列，由于各个样品的序列测序得到的序列数不同，我们对所有样品的序列进行随机的重取，使每一个样品的序列数都为 10 000 条序列以减少测序不均匀带来的影响。混合所以序列后使用 Cd-hit 以在相似性为 97% 的水平上把序列进行 OTU 划分。分类信息使用 Ribosomal Database Project（RDP）classifier 将代表性序列与本地参考数据库进行比对获得，序列的比对排齐使用 PyNAST 算法，在构建进化树前进行比对质量的检测，进化树的重构建使用 GRT 模型和 ML，使用 FastTree 2.1.1 完成（Price et al.，2010）。利用 QIIME 构建 OTU 表，然后进行 α（Shannon-Wiener 指数、Oberved-Species 指数、Chao1 指数和 ACE 指数）和 β 多样性分析。

8.2.2　研究结果

（1）增温对不同土层土壤细菌群落组成的影响

45 个土壤样本中共测得 48 个菌门，占所有细菌群落的 99.97%。如图 8-9 所示，在所有土壤样品中，变形菌门在土壤细菌群落中占优势地位，其在所有处理与土层中平均相对

土层	变形菌门	厚壁菌门	放线菌门	酸杆菌门	拟杆菌门	芽单胞菌门	绿弯菌门	疣微菌门	浮霉菌门	OD1	其他细菌门	试验处理
0~5cm	22	17	16	15	6	4	9	4	4	1	2	
5~10cm	20	16	15	16	7	6	8	3	4	1	3	
10~20cm	21	13	17	15	6	6	7	6	5	1	3	
80~100cm	23	5	17	10	15	12	5	4	2	2	6	中幅度增温
冻土	26	25	8	5	16	2	4	4	1	1	9	
0~5cm	22	24	13	11	9	3	8	3	3	1	2	
5~10cm	25	10	17	11	11	4	8	3	4	1	3	
10~20cm	21	12	19	12	10	4	8	3	3	1	3	
80~100cm	19	17	16	11	7	12	9	2	1	2	4	高幅度增温
冻土	26	34	5	3	15	2	3	1	2	1	8	
0~5cm	24	13	16	17	7	4	7	4	3	1	3	
5~10cm	23	8	14	19	7	6	8	5	5	2	3	
10~20cm	21	7	16	23	4	6	6	5	4	2	4	
80~100cm	17	9	17	13	12	16	7	3	1	3	2	
冻土	26	15	10	9	14	6	6	3	3	4	4	对照组

相对丰富度/%

-1.00　-0.60　-0.20　0.20　0.60　1.00

图 8-9　增温对青藏高原多年冻土区土壤细菌群落相对丰度的影响

丰度为 22.32%，其次分别为厚壁菌门（15.00%）、放线菌门（14.31%）、酸杆菌门（12.67%）、拟杆菌门（9.83%）、芽单胞菌门（6.99%）、绿弯菌门（6.90%）、疣微菌门（3.36%）、浮霉菌门（3.02%）以及 OD1（1.63%）等。

不同增温处理变形菌门相对丰度存在一定差异，其中，中幅度增温处理相对丰度最高，且在 5~10cm 土层，高幅度增温与中幅度增温存在显著差异（$P<0.05$）。在不同土层间变形菌门门相对丰度存在明显的规律性，随着土层的逐渐加深，其相对丰度先增加后降低，在冻土层中变形菌门相对丰度最高，值得注意的是，在对照组中，各土层间相对丰度差异较大，部分处理间存在显著差异（$P<0.05$），而增温后，这种差异却逐渐减小。厚壁菌门相对丰度在中幅度增温条件下最高，且各土层间也有所差异，冻土层中相对丰度都显著高于 5~10cm 土层（$P<0.05$），而其余各处理土层间则不存在显著差异。放线菌在对照组中相对丰度均最大，而在中幅度增温处理下最小，同时中等程度增温处理下的冻土层相对丰度显著低于其他处理（$P<0.05$）。酸杆菌门在不同处理间变化规律与放线菌门类似，且在 10~20cm 土层、冻土层，处理间存在显著差异（$P<0.05$）；在所有处理中，冻土层放线菌相对丰度均显著低于其他土层。拟杆菌门相对丰度在对照组中最小，而在中幅度增温下最大，但各处理、各土层间并不存在显著差异。芽单胞菌门相对丰度在对照组中最大，在中幅度增温中最小，在各处理中，80~100cm 土层芽单胞菌门相对丰度显著高于其他处理（$P<0.05$）。绿弯菌门相对丰度在中幅度增温最高，在高幅度增温最低，在对照组中，各土层间均无显著差异，而当温度增加后，各土层间差异增大，部分土层间存在显著差异（$P<0.05$）。浮霉菌门相对丰度在高幅度增温处理下最高，而在其他两个处理中，80~100cm 土层下相对丰度显著低于其他处理（$P<0.05$）；OD1 相对丰度随着温度的增加而降低，但各处理间不存在显著差异，而在高幅度增温下，冻土层与 80~100cm 土层间存在显著差异（$P<0.05$）。

（2）增温对不同土层土壤细菌群落多样性的影响

1）土壤细菌群落的 β 多样性（PCoA）。PCoA 分析表明（图 8-10），0~5cm 土层、5~10cm 土层、10~20cm 土层间土壤细菌群落结构差异不明显，而 80~100cm 土层、冻土层与前三个土层间存在明显差异。此外，80~100cm 土层与冻土层间土壤细菌群落结构差异也较为明显。而各处理间，土壤细菌群落的结构并无明显差异。

2）土壤细菌群落 α 多样性。观测值（图 8-11）在 0~20cm 土层、冻土层整体上随着温度的增加而降低；而在 80~100cm 土层，增温则导致观测值上升。在 0~5cm 土层，中幅度增温下观测值显著低于对照（$P<0.05$）；在 80~100cm 土层，对照观测值显著低于增温处理（$P<0.05$）。从不同土层来看，高幅度增温处理中，各土层间观测值无显著差异，而在中幅度增温处理中，80~100cm 土层观测值显著低于 5~20cm 土层（$P<0.05$），冻土层则显著低于其他所有土层（$P<0.05$），对照组中 80~100cm 土层观测值显著低于其他处理（$P<0.05$）。

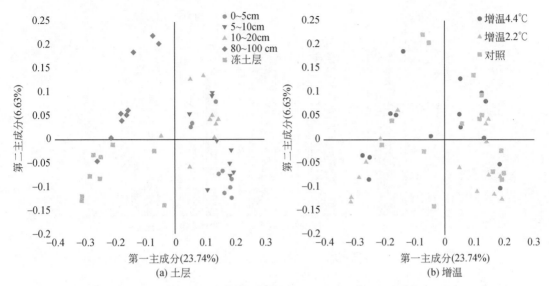

(a) 土层   (b) 增温

图 8-10 土层和增温对青藏高原多年冻土区土壤细菌群落 β 多样性的影响

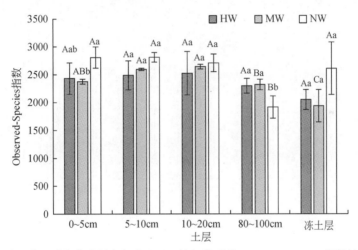

图 8-11 增温对青藏高原多年冻土区土壤细菌群落 Observed-Species 指数的影响

研究表明（图 8-12），各处理间 Chao 1 指数并无显著差异，但在 0～5cm 土层、80～100cm 土层以及冻土层，温度的增加使得 Chao 1 指数有所降低；而在 5～10cm 土层，增温导致 Chao 1 指数上升。而不同土层间，Chao 1 指数却存在着显著差异，在冻土层中，增温条件下土壤微生物群落 Chao 1 指数均显著低于对照组（$P<0.05$），在中幅度增温处理下，10～20cm 土层 Chao 1 指数显著高于 80～100cm 土层。

ACE 指数（图 8-13）变化规律与 Chao1 指数类似，各处理间并无显著差异，且在 0～5cm 土层、冻土层增温导致 ACE 指数下降。在冻土层中，增温条件下 ACE 指数显著低于其他部分处理（$P<0.05$），在中幅度增温处理下，10～20cm 土层 ACE 指数显著高于 80cm～100cm 土层（$P<0.05$）。

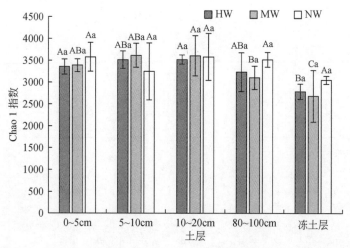

图 8-12　增温对青藏高原多年冻土区土壤细菌群落 Chao 1 指数的影响

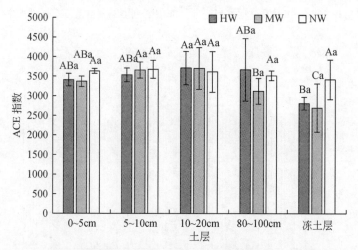

图 8-13　增温对青藏高原多年冻土区土壤细菌群落 Chao 1 指数的影响

　　Shannon-Wiener 指数（图 8-14）在各土层各处理间均无显著差异，在 0～5cm 土层、冻土层，Shannon-Wiener 指数随着温度的增加而降低。

　　3）增温对土壤细菌功能基因丰度的影响。从图 8-15 发现，在对照组中，除 80～100cm 土层细菌细胞通信基因丰度较低外，其余各土层基因丰度较为平均；中幅度增温，0～5cm 土层细菌细胞通信基因丰度陡然增加，而随着土层的深入，其基因丰度逐渐降低；继续高幅度增温后，0～10cm 土层细菌细胞通信基因丰度降低，其余土层相变化规律与中幅度增温类似。除细胞通信基因外，其余基因（细胞生长死亡、细胞运动、细胞代谢、跨膜运输、细胞信号传导、信号分子与交互、氨基酸代谢、碳水化合物代谢、能量代谢、酶）均表现出相同的变化规律，即随着温度的增加基因丰度逐渐降低，其中在冻土层中这种变化尤为明显。

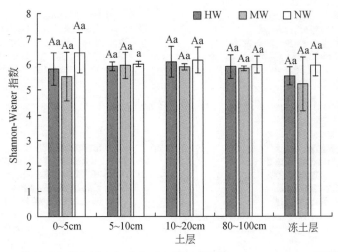

图 8-14 增温对青藏高原多年冻土区土壤细菌群落 Shannon-Wiener 指数的影响

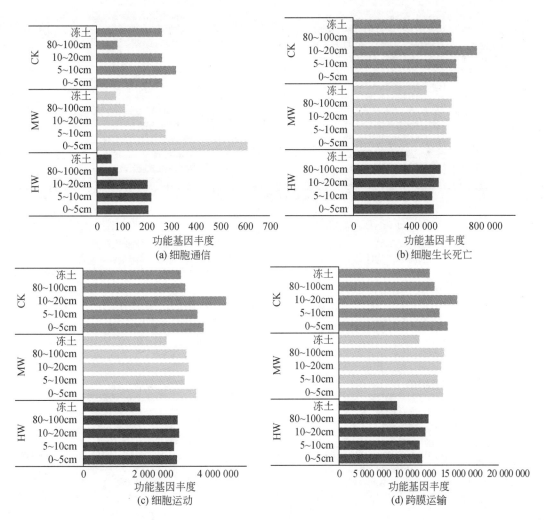

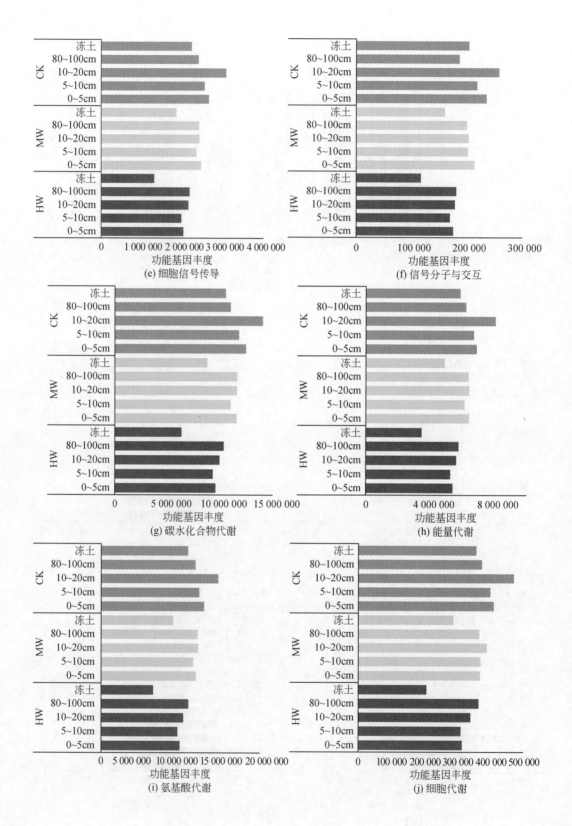

(e) 细胞信号传导

(f) 信号分子与交互

(g) 碳水化合物代谢

(h) 能量代谢

(i) 氨基酸代谢

(j) 细胞代谢

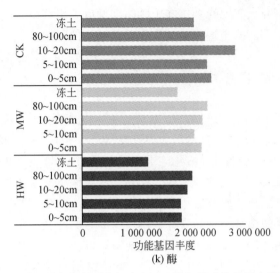

图 8-15　增温对青藏高原多年冻土区土壤细菌功能基因丰度的影响

8.2.3　结论

　　研究表明，变形菌门是风火山地区典型高寒草甸土壤细菌群落中的优势门类，其在所有处理与土层中平均相对丰度为 22.32%。同时研究发现，温度的增加使得多年冻土区土壤细菌群落结构丰度发生改变。例如，中幅度增温使得变形菌门、厚壁菌门相对丰度增加，同时使得放线菌门相对丰度降低等。此外研究还发现，土层深度也会对土壤细菌群落的结构造成巨大影响。

　　土壤细菌群落 β 多样性的研究表明，各处理间，土壤细菌群落 β 多样性并无明显差异，但不同土层和各处理间，土壤细菌群落 β 多样性则存在明显的差异。研究还表明，增温对土壤细菌群落 α 多样性的影响在 0~5cm 土层与冻土层尤为明显。此外，增温会导致土壤细菌功能基因丰度发生改变，尤其是冻土层增温显著降低功能基因的丰度。

8.3　多年冻土变化对森林土壤微生物的影响

　　多年冻土在东北寒区生态系统中起着重要的作用。大兴安岭北部是我国唯一一片地带性多年冻土分布区，也是欧亚大陆地带性多年冻土分布区的南缘，对气候变化十分敏感。在全球气候变暖的影响下，大兴安岭北部多年冻土正在由南向北朝高纬度逐步退化。冻土由于其独特的地理与气候特征，蕴藏着大量具有生物活性的各种形态和生态群的微生物，并且已存活了几千年甚至几百万年，它们具有独特的遗传学特征和适应环境的生理生化机制。冻土微生物在冻土生物地球化学循环中起着重要的作用，并且在一定程度上可以指示全球气候变化。因此，了解冻土土壤微生物的组成及分布特征对于洞察冻土区生态环境的变化具有重要意义。东北高纬度多年冻土区纬度梯度在一定程度上从空间上揭示了冻土退化的时间效应。通过研究大兴安岭多年冻土区纬度梯度上土壤微生物的分布特征，揭示全球气候变暖的背景下，多年冻土退化对微生物群落结构的影响。

8.3.1 土壤微生物的测定

东北多年冻土区（46°30′N～53°30′N，115°52′E～135°09′E）是我国第二大多年冻土分布区，地跨黑龙江省和内蒙古自治区的最北部。按照影响多年冻土空间分布的地理以及气候条件，将东北多年冻土区划分为连续多年冻土区（$7.6×10^4 km^2$）、不连续多年冻土区（$4.3×10^4 km^2$）以及稀疏岛状多年冻土区（$3.0×10^5 km^2$）。该区属于寒温带大陆性气候，冬季漫长、干冷，夏季短暂、湿热。研究区年平均气温为-5℃～2℃，年降水量为260～600mm。该区植被盖度高，主要的植被类型为森林，还有少部分的灌丛、草原、草甸、沼泽以及耕地。主要树种为兴安落叶松（*Larix gmelinii* Kuzen.）以及白桦（*Betula platyphylla* Suk.）。

土壤样本于2015年8月采集，在连续多年冻土区沿纬度梯度上设置21个10m×10m的样方（图8-16）。在每个样方，随机选取3个1m×1m的小样方作为重复。在每个小样方内采用随机布点法取0～20cm的土壤，混合为一个样本。共计获得63个土壤样本。土壤样品混合好后装入自封袋，放置于含冰袋的保温箱中运回实验室冷冻，保存于-80℃的冰箱中，以用于土壤DNA的提取。

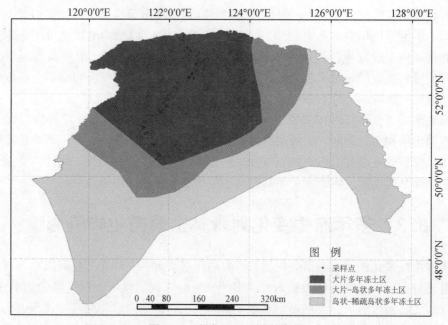

图8-16 研究区以及样点分布

每个样品称取0.25g鲜土，选用Powersoil DNA Isolation Kit（MoBio，USA）提取土壤总DNA，经0.8%琼脂糖凝胶电泳定性检测以保证条带单一，再采用Nanodrop2000（Thermo，USA）测定其浓度及纯度（一般16s rDNA扩增测序对DNA的总量要求并不高，总量≥150ng，浓度 DNA≥10ng/μl 一般都可以满足要求）。然后进行 PCR 反应。PCR 反应体系如下：10×ExTaq buffer （含 Mg^{2+}） 2.5μl，2.5mmol/L dNTPs 2μl，10μmol/L 的上游 barcode 引物 515F 1μl，10μmol/L 的下游 barcode 引物 806R 1μl，5U TaKaRa Ex Taq DNA 聚合酶 0.125μl，DNA 模板 2μl，灭菌 PCR 水补足体系至 25μl。采用引物 515F （GC-CAGCMGCCGCGGTAA） 和 806R （CCGGACTACHVGGGTWTCTAAT） 扩增 16S rRNA 基因的 V4 高变区片段，前引物 515F 前加有相应的 barcode。PCR 条件为，94℃预变性 2min，94℃变性 30s，55℃退火 30s，72℃延伸 30s，30 次循环后最终在 72℃终延伸 5min。

DNA 提取和 PCR 扩增过程对微生物菌群多样性测序的影响较大，扩增区段和扩增引物的不同，甚至 PCR 循环数的差异都会对结果有所影响。因而，同一批样品尽量采用相同的条件和测序方法，只有这样，数据结果才具有可比性。

PCR 产物经过纯化 （TaKaRa MiniBEST Agarose Gel DNA Extraction Kit） 之后测其浓度，然后将产物等量混合，再经质控后，建 Illumina 测序文库，采用 Illumina Miseq 平台进行 Paired-end 250bp 测序。

测序结果 （.fastq） 切除原始序列两端的测序接头后经 FLASH 软件拼接 （Fast Length Adjustment of Short reads，http://ccb.jhu.edu/software/FLASH/），然后用 QIIME （http://qiime.org/） 软件根据 barcode 将序列分配到相应样品，去除低质量序列和嵌合体 （UPARSE，http://drive5.com/uparse/） 之后，统计每个样品中的序列数，以最少的序列数为标准进行样品序列的重取样，以保证每个样品中含有的序列数相近，从而避免因序列数不同而导致的样品间差异。然后，生成 OTU （采用序列相似度阈值 97%） 表，从每个 OTU 中挑选出 1 条代表序列，与细菌 16S rRNA 基因序列数据库 Greengenes 进行比对，获得各个 OTU 的物种分类信息。根据以上生成的 OTU 表再生成一个去除 singleton 的 OTU 表。利用生成的 OTU 表进行后续的菌群 α 多样性 （使用未去除 singleton 的 OTU 表），β 多样性 （使用去除 singleton 的 OTU 表） 以及相关的生物统计学分析。

用于表征 α 多样性的常用指标有 Observed-Species、Shannon-Wiener 指数、Simpson 指数和 PD_whole_tree 指数。Observed-Species 是对样品观测物种丰富度的直观表征；Shannon-Wiener 指数是用来估算群落中 OTU 多样性高低的指数之一，同时受到物种丰富度和均匀度的影响。Simpson 指数是用来估算样品中微生物的多样性指数之一，在生态学中常用来定量地描述一个区域的生物多样性，Simpson 指数值越大，说明群落多样性越高；PD_whole_tree 指数用以计算某个地点所有物种间最短进化分支长度之和占各节点分支长度综合的比例。

β 多样性又称生境间的多样性，是基于两两样品间计算所得的一个距离矩阵来表示样本间的差异。UniFrac 算法是基于系统发育树上序列的进化距离及序列在各样品中丰度信息对微生物群落结构差异进行比较。UniFrac 分 Unweighted 和 Weighted 两种算法。其中，Unweighted UniFrac 仅考虑序列在系统发育树上的存在与否，而 Weighted UniFrac 除进化距离外还考虑了序列在不同样本中的丰度信息。书中用 Unweighted UniFrac 方法生成的距离矩阵表征微生物群落结构。

Mental test 是用于检验两个矩阵之间相关性的统计学分析方法。书中将 Unweighted UniFrac 方法生成的表征微生物群落结构的距离矩阵与用欧氏距离方法生成的纬度距离矩阵进行 Mental test 分析，研究影响微生物群落结构在纬度梯度上的变化情况。

8.3.2 纬度梯度上多年冻土土壤微生物的分布特征

高通量测序一共获得了 646 773 条高质量的 16S rRNA 基因序列，总共得到 146 881 个 OTU。从系统发育水平上说，检测到 3 个已知的古菌门和 1 个未知古菌门，53 个已知的细菌门和 1 个未知细菌门，还有 1 个未分类的类群。在门的分类水平上，序列数量最多的来源于变形菌门（34.86%），其次是酸杆菌门（23.33%）、拟杆菌门（10.04%）和放线菌门（7.86%），这 4 类主要细菌门的样品序列数占序列总数的 67.81% 以上。此外，样品中还包括很大部分未知细菌门。门分类水平上微生物的群落结构组成在不同纬度梯度上大体相同（图 8-17）。变形菌门、酸杆菌门、拟杆菌门和放线菌门是大兴安岭多年冻土中的优势菌门，这也与在青藏高原多年冻土以及北极土壤中的发现相一致。然而，这 4 类优势菌门的相对丰度比例在纬度梯度上的变化趋势却表现出一定的差异：变形菌门和拟杆菌门的相对丰度比例随纬度的增高亦呈现出增长趋势，而酸杆菌门和放线菌门的相对丰度比例随纬度的增高却呈现出一定的降低趋势（图 8-18）。这在一定程度上也表明随着东北多年冻土的退化，土壤中微生物的优势菌群的比例也会发生相应变化。

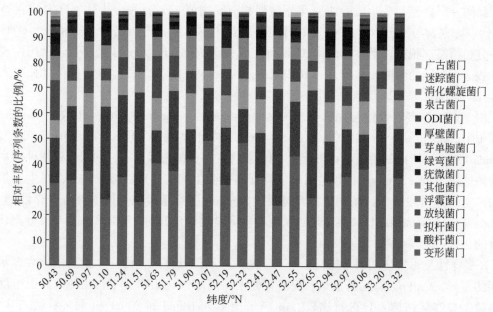

图 8-17　多年冻土中不同纬度梯度上土壤细菌和古菌群落结构变化
（门水平上不同类群所占的比例表征）

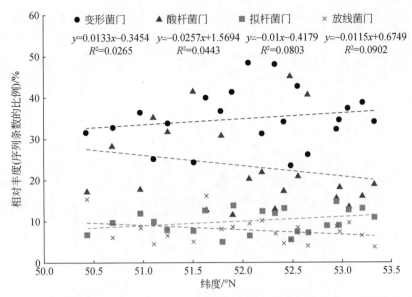

图 8-18　多年冻土中主要菌群的相对丰度比例随纬度梯度的变化（直线拟合）

通过实际观测到的 OUT 数量、Shannon-Wiener 指数、Simpson 指数和谱系多样性指数这 4 个 α 多样性指数来分析微生物群落沿纬度梯度变化的分异规律。数据分析发现，多年冻土土壤微生物物种丰度、多样性以及基于亲缘关系的系统发育多样性都随着随纬度的增高而呈现出先降低后增加的趋势（图 8-19）。

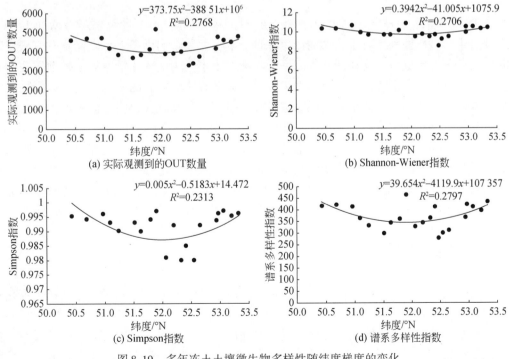

图 8-19　多年冻土壤微生物多样性随纬度梯度的变化

Unweighted UniFrac 指数用来探究微生物 β 多样性沿纬度梯度的变化情况。微生物群落之间的结构组成的差异随纬度距离的增大而增大（图 8-20）。这说明多年冻土的退化会在一定程度上导致微生物群落结构的改变。

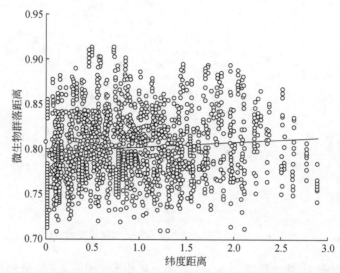

图 8-20　微生物群落距离矩阵（Unweighted UniFrac）与纬度距离矩阵之间的相关关系

8.4　短期增温对多年冻土区高寒草地土壤微生物的影响

自 1880 年来，全球地表温度已增加 0.85℃，并且预测至 21 世纪末至少增加 1.5℃，这无疑对生物多样性和生态系统功能产生深远影响，尤其影响生态系统碳储量和气候变暖之间的反馈环。土壤微生物在调节生态系统功能和土壤生物地球化学循环中扮演重要的角色。为此，已有众多学者开展了土壤微生物对气候变暖响应方面的研究，尤其以野外原位模拟增温试验方法作为一种重要手段来进行相关研究。已有研究表明，模拟增温会导致土壤温度升高，进而对土壤微生物生物量和微生物群落组成产生显著影响（Deslippe et al.，2012；Yergeau et al.，2012）。然而，上述研究主要局限于低海拔地区，却很少关注高海拔区域，尤其是青藏高原。高海拔地区土壤因置于更为恶劣的自然环境条件（如低温、大风和强辐射等），升温可能会导致微生物群落的不同响应。为此，本书以青藏高原多年冻土区高寒草地为研究对象，开展土壤微生物群落丰富度和组成对模拟增温的响应研究。

8.4.1　研究方法

研究区位于冻土工程国家重点实验室青藏高原北麓河冻土工程与环境综合观测研究站（简称北麓河站，位于 34°51.26′N，92°56.35′E，海拔为 4659m）附近的青藏铁路两侧冲、洪积高平原。该区介于高原腹地可可西里与风火山之间、北麓河盆地南部，地势开阔、较平坦，多年冻土发育较好。该区属于高原大陆性半干旱气候区，具有四季不明、空气稀薄、年均气温低、降水少而集中、气压较低、紫外辐射强等特点。2008 年 10 月，在该区域布设了高寒沼泽草甸、高寒草甸和高寒草原 3 种典型类型高寒草地生态系统的 OTC 模拟增温试验场（图 8-21）。OTC 的材料和设计方式完全依据 ITEX，每个试验场有 5 个重复，且均设定了对照区。2011 年 10 月上旬，利用土钻法采集 OTC 和对照区表层 0～20cm 土壤样品（分 0～10cm 和 10～20cm 两层，3 个重复），分成两份装入自封袋后保存于低温条件带回实验室。在室内去除根系和植物残余物等后过 2mm 筛，一份保存于 4℃冰箱，用于磷脂脂肪酸（phospholipid fatty acid，PLFA）提取；另一份提取部分后进行土壤含水量测定，其他部分进行风干后测定土壤 pH、有机碳和总氮等。土壤 pH 测定使用精密酸度计来测定（水土比为 5∶1），有机质和总氮分别采用重铬酸钾氧化外加热法（LY/T 1237—1999）和半微量开氏法（GB 7173—1987）。0cm、10cm 和 20cm 的土壤温度利用冻土工程国家重点实验室自行研发的温度传感器连接至 CR1000 数据采集器（Campbell）自动测定，每小时记录一次数据。所有数据的处理与统计分析在 Office 2013 办公软件中进行。不同处理间（增温和对照）和不同高寒草地类型间的土壤微生物群落组成差异以及环境因子对磷脂脂肪酸的影响分析应用 R 语言（V3.0.2）来进行。

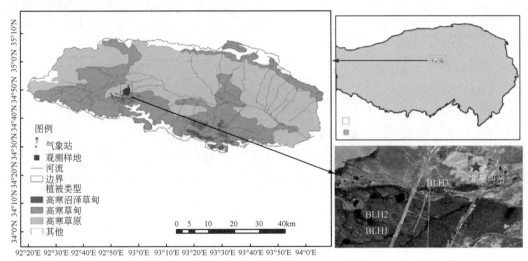

图 8-21　高寒沼泽草甸、高寒草甸和高寒草原生态系统 OTC 模拟增温试验场地理位置
BLH1 为高寒沼泽草甸，BLH2 为高寒草甸、BLH3 为高寒草原

8.4.2　研究结果

高寒沼泽草甸、高寒草甸、高寒草原模拟增温和对照区的植被盖度分别为 46.2% 和 44.0%、31.7% 和 24.5%、21.2% 和 19.9%，高寒草甸植被盖度明显增加（$P<0.05$）。3 年的模拟增温使得高寒沼泽草甸 0cm、10cm 和 20cm 年均土壤温度分别升高 1.7℃、0.5℃ 和 0.4℃，高寒草甸年均土壤温度分别升高 2.3℃、1.5℃ 和 1.0℃，高寒草原年均土壤温度分别升高 1.7℃、1.4℃ 和 0.3℃。同时，高寒沼泽草甸 0～10cm、高寒草甸和高寒草原

0~10cm 及 10~20cm 土壤含水量明显降低。另外，高寒沼泽草甸 0~10cm 土壤有机碳和总氮含量分别显著增加 30% 和 22%，而高寒草甸 10~20cm 土壤总氮含量显著降低 16%。此外，高寒沼泽草甸 0~10cm 和 10~20cm 以及高寒草原 10~20cm 土壤碳氮比明显增加（$P<0.05$）（表 8-3）。

表 8-3　模拟增温对高寒沼泽草甸、高寒草甸和高寒草原 0~10cm 和 10~20cm 土壤特性

植被	剖面深度	处理	土壤含水量/%	土壤有机碳/（g/kg）	总氮/（g/kg）	碳氮比	pH
高寒沼泽草甸	0~10cm	对照	39.3（0.51）[b]	22.4（4.27）[a]	1.61（0.21）[a]	13.7（0.81）[a]	8.77（0.04）[a]
		增温	37.2（0.60）[a]	29.1（6.21）[b]	1.96（0.28）[b]	14.6（1.01）[b]	8.60（0.15）[a]
	10~20cm	对照	46.8（0.94）[a]	22.6（1.64）[a]	1.53（0.07）[a]	14.7（0.44）[a]	8.76（0.02）[a]
		增温	44.4（0.80）[a]	25.3（2.46）[a]	1.61（0.14）[a]	15.6（0.24）[b]	8.80（0.03）[a]
高寒草甸	0~10cm	对照	37.8（0.59）[b]	16.5（0.76）[a]	1.25（0.06）[a]	13.2（0.23）[a]	8.69（0.08）[a]
		增温	35.8（0.80）[a]	17.1（1.88）[a]	1.23（0.15）[a]	14.0（0.20）[a]	8.73（0.16）[a]
	10~20cm	对照	43.7（0.83）[b]	13.5（1.06）[a]	1.16（0.04）[b]	11.6（0.49）[a]	8.80（0.06）[a]
		增温	41.9（0.65）[a]	11.1（0.99）[a]	0.98（0.04）[a]	11.3（0.49）[a]	8.80（0.08）[a]
高寒草原	0~10cm	对照	7.08（0.13）[b]	4.97（0.20）[a]	0.39（0.07）[a]	13.6（2.00）[a]	8.58（0.04）[a]
		增温	6.16（0.14）[a]	4.77（0.46）[a]	0.40（0.05）[a]	12.3（1.09）[a]	8.59（0.10）[a]
	10~20cm	对照	8.89（0.36）[b]	3.95（0.56）[a]	0.35（0.04）[a]	11.3（0.41）[a]	8.57（0.05）[a]
		增温	7.91（0.24）[a]	4.31（0.31）[a]	0.27（0.01）[a]	15.9（1.80）[b]	8.59（0.07）[a]

注：括号内的数字为标准误差。增温和对照间的不同字母表示在 0.05 水平上差异显著。

受模拟增温影响，高寒沼泽草甸 0~10cm 土壤总微生物量（总磷脂脂肪酸，total PLFAs）明显增加，主要是由除原生动物类（Protozoa）和丛枝菌根真菌（AMF）的其他微生物类群丰富度明显增加导致（$P<0.05$）。0~10cm 土壤真菌对细菌比例（F/B）、丛枝菌根真菌对腐生型真菌比例（AMF/SF）、(i17∶0+i15∶0)/(a17∶0+a15∶0) 比例明显降低，而使得 10~20cm 革兰氏阳性细菌对阴性细菌比例（Gm⁺/Gm⁻）和 cy17∶0/16∶1ω7c 显著增加（$P<0.05$，图 8-22）。

高寒草甸土壤总微生物量和微生物类群均明显低于高寒沼泽草甸（$P<0.05$）（图 8-22 和 8-23）。模拟增温使得高寒草甸 0~10cm 土壤总微生物量因除原生动物类的其他微生物类群明显增加而显著增加，而 F/B 和 (i17∶0+i15∶0)/(a17∶0+a15∶0) 显著降低，AMF/SF 明显增加。另外，受真菌、Gm⁺、Gm⁻ 和细菌明显增加影响，使得 10~20cm 总微生物量显著增加；Gm⁺/Gm⁻ 和 cy17∶0/16∶1ω7c 明显降低（$P<0.05$）（图 8-23）。

相比高寒沼泽草甸和高寒草甸，高寒草原土壤总微生物量和微生物类群均明显低于高寒沼泽草甸和高寒草甸（图 8-22~图 8-24）。模拟增温使得高寒草原 0~10cm 土壤总微生物量因细菌和原生动物类的明显增多而显著增加，而 10~20cm Gm⁺ 明显降低。另外，10~20cm 土壤 (i17∶0+i15∶0)/(a17∶0+a15∶0) 和 cy17∶0/16∶1ω7c 显著增加，而 Gm⁺/Gm⁻ 明显降低（$P<0.05$）（图 8-24）。

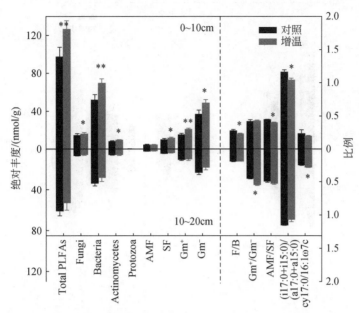

图 8-22 高寒沼泽草甸增温和对照条件下土壤微生物群落总量和比例

Total PLFAs 为总磷脂脂肪酸；Fungi 为真菌；Bacteria 为细菌；Actinomycetes 为放线菌；Protozoa 为原生动物类；
AMF 为丛枝菌根真菌；SF 为腐生型真菌；Gm+ 为革兰氏阳性细菌；Gm− 为革兰氏阴性细菌；F/B 为真菌对细菌
比例；Gm+/Gm− 为革兰氏阳性细菌对阴性细菌比例；AMF/SF 为丛枝菌根真菌对腐生型真菌比例。后同

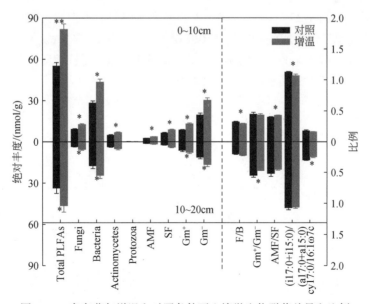

图 8-23 高寒草甸增温和对照条件下土壤微生物群落总量和比例

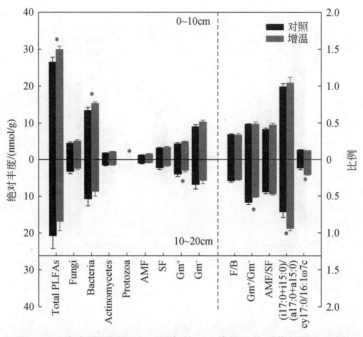

图 8-24　高寒草原增温和对照条件下土壤微生物群落总量和比例

　　0~10cm 土壤层磷脂脂肪酸总变异分别解释第一主成分（PC1）的 39.4%，第二主成分（PC2）的 21.7% ［图 8-25（a）］。沿着 PC1 可见，高寒沼泽草甸土壤有机碳含量最高，高寒草甸居中，而高寒草原最低；沿着 PC2 可见，高寒沼泽草甸和高寒草甸土壤因受模拟增温影响而使得分更高 ［图 8-25（a）］。另外，从欧式距离可见，模拟增温使得高寒沼泽草甸和高寒草甸土壤微生物群落组成差异显著（P<0.05）［图 8-25（b）］。此外，10~20cm 土壤层磷脂脂肪酸总变异分别解释了 PC1 的 47.6%，PC2 的 11.6% ［图 8-25（c）］，模拟增温使得高寒草甸土壤微生物群落组成差异显著（P<0.05）［图 8-25（d）］。

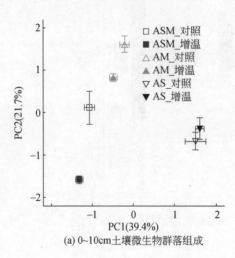

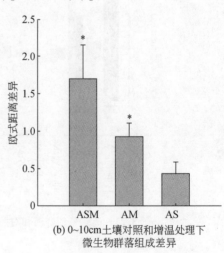

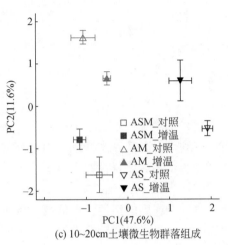

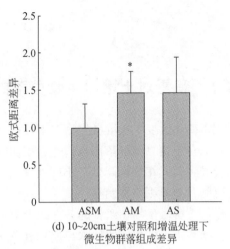

图 8-25　高寒草地土壤磷脂肪酸数据主成分和欧式距离差异分析

a 和 c 为土壤微生物群落组成；b 和 d 为对照和增温处理下微生物群落组成差异；ASM、AM 和 AS 分别
表示高寒沼泽草甸、高寒草甸和高寒草原；＊表示在 0.05 水平上差异显著。后同

冗余分析结果表明，第一典范轴（RDA1）和第二典范轴（RDA2）分别解释了 0～10cm 土壤层磷脂脂肪酸数据总变异的 38.5% 和 17.0%，10～20cm 土壤层磷脂脂肪酸数据总变异的 44.8% 和 8.3%（图 8-26）。另外，土壤有机碳、总氮、含水量和植被盖度对 0～10cm 土壤层微生物群落组成有明显的影响，而土壤有机碳总氮、含水量、pH 和温度是影响 10～20cm 土壤层微生物群落组成的主要影响因素（$P<0.05$）[图 8-26（a）和（b）]。

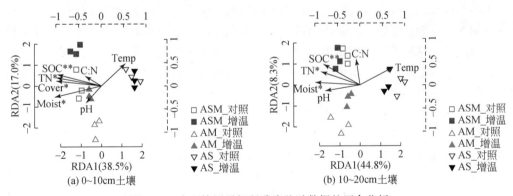

图 8-26　由环境因子解释磷脂肪酸数据的冗余分析

SOC 为土壤有机碳；TN 为土壤总氮；Moist 为土壤含水量；Temp 为土壤温度；Cover 为植被盖度；C∶N 为
土壤碳氮比；ASM、AM 和 AS 分别为高寒沼泽草甸、高寒草甸和高寒草原；＊，＊＊表示相关性在 0.05 和 0.01
水平上达到显著水平

资料来源：Zhang 等（2014）

8.5 讨 论

8.5.1 积雪对土壤微生物群落的影响

积雪变化改变了土壤微生物群落 α 多样性，积雪量的增加导致土壤细菌群落 α 多样性升高；而对土壤真菌群落而言，适当增加的积雪量有利于提高其 α 多样性，而过高的积雪量则会导致其 α 多样性降低。不同处理间，土壤微生物群落 β 多样性并无显著差异，而不同土层间，差异则非常明显。

尽管土壤微生物在寒苦的冬季冻土中依然能保持一定程度的活性，但低温与土壤冻结依然会导致土壤微生物的休眠与死亡（王开运，2004），随着积雪量的增加，土壤冻结也越发强烈。在高寒草甸生态系统中，土壤细菌在夏季占优势地位，但随着冬季土壤细菌逐渐死亡，真菌成为土壤微生物群落中的主要部分。因此，积雪量的增加可能会导致土壤细菌群落多样性降低，同时也会在一定程度上使得土壤真菌群落多样性增加。尽管真菌在一定程度上比细菌更能适应低温环境，但过低的温度依然会对其多样性造成负面影响。当土壤温度低于0℃时，少量未冻结水的存在为土壤微生物提供了赖以生存的空间与物质，使其依然能够保持一定活性。春季来临时，土壤微生物能够在适宜的土壤水热条件下迅速繁殖扩展，其数量及多样性均得到显著提高。研究表明，对于土壤微生物群落而言，最佳的土壤水热条件出现在 S1 处理下，而随着积雪量进一步增加，水热条件的改变导致土壤微生物生存环境恶化，土壤微生物多样性也随之降低。

土壤深度是土壤理化性质的一个重要环境因素。研究表明，土壤深度是决定土壤微生物群落的一个重要空间因素。而本书研究结果表明，不同土层间土壤微生物群落 β 多样性存在明显差异，这种差异可能是由不同土层间不同的土壤理化性质决定的，而以前的研究结果证实，土壤温度、土壤含水量及土壤养分是造成这种差异的主要原因，此外，生物扰动也可能是影响因素之一。

此外，研究还发现，积雪变化对土壤微生物群落结构也造成了显著影响。酸杆菌门是高寒草甸土壤细菌群落中的优势菌门，以前研究认为酸杆菌门的生存状态受多种土壤因素调控，如 pH、有机碳、碳氮比、土壤温度以及土壤含水量等。在本研究中，酸杆菌门相对丰度随着积雪量的增加而降低，其相对丰富与土壤温度、速效磷存在明显的正相关关系；变形菌门得名于其门内微生物丰富的形态，该门类微生物均为革兰氏阴性菌。研究发现，在积雪变化条件下，变形菌门相对丰度变化并不规则，其原因可能是变形菌门成员代谢类型涵盖非常广泛（宋兆齐等，2016），不同菌种在积雪变化条件下表现出了不同的变化；拟杆菌门在生态系统中拥有着极宽的生态位，能够较好地适应积雪量增加所带来的环境改变。酸杆菌门是细菌群落中最大的门类之一，是革兰氏阳性菌的代表，其 DNA 中含有较高比例的鸟嘌呤与腺嘌呤，研究表明酸杆菌门相对丰度与土壤含水量呈正相关，这一结果与已有研究一致。

真菌广泛的分布在各种各样的土壤环境中，包括农田、林地、沼泽湿地和冻土层等（张伟等，2005），对环境有着广泛的适应性。子囊菌门中约拥有 64 000 个已知的物种，是最大、最多样化的真菌门类。研究发现，子囊菌门在积雪量增加后，趋向于在土壤表层进行活动，下层土壤中土壤温度及 pH 带来的负面影响可能是造成这种现象的原因。担子菌门是真菌中最高等的门类，多为多细胞个体，对积雪量增加所带来的环境变化有较强的适应能力，特别是在 10 ~ 20cm 土层，S3 处理下，担子菌门相对丰度显著提升，这可能是过于严酷的环境抑制了其他微生物的生长，从而使得能够使用该环境的担子菌门成员拥有较大生存空间。积雪量改变了土壤微生物群落多样性，也改变了不同菌门在土壤微生物群落中的相对丰度，导致土壤微生物结构与功能发生改变，最终影响到高寒草甸生态系统的物质循环过程。

8.5.2　短期增温对土壤微生物群落的影响

短期模拟增温试验显著增加了 3 种类型高寒草地 0 ~ 10cm 土壤微生物群落丰富度，这同南极环境增温 3 年后微生物生物量表现出明显增加的研究结果（Yergeau et al.，2012）一致。然而，大多数升温研究表明因升温持续时间不同，土壤微生物生物量保持稳定水平或降低（Deslippe et al.，2012）。这种差异可能主要源于青藏高原和南极地区的寒冷气候条件。寒区土壤微生物存在远高于野外条件的一个最佳生长温度，升温可能使微生物生物量迅速增加（Rousk and Bååth，2011）。因此，温度对微生物生物量具有直接的影响。除此之外，升温可能通过影响地上生物量而间接影响土壤微生物丰富度。研究发现，模拟增温使得高寒沼泽草甸、高寒草甸和高寒草原植被盖度分别增加 2.2%、7.2% 和 1.3%。这就会导致地上生物量显著增加，进而导致更多的有机碳进入土壤，对底物有效性、土壤微生物群落生长和活性有强烈影响。另外，土壤含水量对土壤微生物具有相当大的影响力。研究表明，模拟增温使得高寒沼泽草甸和高寒草甸 0 ~ 10cm 以及高寒草甸 10 ~ 20cm 土壤含水量明显降低。因为这两种类型草地生态系统具有相对高的土壤含水量，增温所导致的含水量减少最有可能暗示了降低的生理胁迫压力，可能对本研究所观测的上述土壤深度层微生物生物量增加解释有所帮助。

大范围的生态系统增温研究已报道升温对土壤微生物群落组成变化具有明显的影响作用（Yergeau et al.，2012）。本研究发现，近 3 年的模拟增温使得高寒沼泽草甸和高寒草甸 0 ~ 10cm 以及高寒草甸 10 ~ 20cm 土壤微生物群落组成发生明显变化（图 8-22 ~ 图 8-24）。可见，增温对土壤微生物组成的影响取决于草地类型和土壤深度。另外，冗余分析发现 0 ~ 10cm 土壤微生物群落组成主要受植被盖度、土壤有机碳、总氮和含水量的影响 [图 8-26 (a)]。这也表明，升温对这一层次土壤微生物群落的作用主要受植被输入和微生物栖息地的间接影响。本书研究也显示增温使得表层土壤微生物群落向细菌发生转变，同亚北极石楠生态系统在升温后土壤真菌相对丰度减少相一致。产生这一现象原因可能是升温增加了底物有效性而降低环境压力从而使细菌能够利用更多的有效碳和其他养分使自己处于有利的竞争地位。

267

8.6 本章结论

（1）积雪变化对季节冻土区草地土壤微生物的影响

积雪量的改变会导致高寒草甸土壤细菌群落结构发生变化。例如，积雪量的增加会导致酸杆菌门相对丰度降低，变形菌门的活动由 0～10cm 土层向 10～20cm 转移，导致拟杆菌门相对丰度增加等变化。同时，土壤真菌群结构也发生了明显的变化，积雪量的增加使得担子菌门相对丰度增加，而使得子囊菌门相对丰度在 10～20cm 显著降低。高寒草甸土壤微生物群落 β 多样性的研究结果表明，在积雪变化条件下，0～10cm 与 10～20cm 土层，土壤微生物群落结构存在明显差异；不同处理间，土壤细菌群落结构存在一定差异，而土壤真菌群落结构则未见明显差异。对高寒草甸土壤微生物群落 α 多样性的研究结果则表明，随着积雪量的增加，高寒草甸土壤微生物群落多样性总体上呈现先增加后降低的趋势，适当增加的积雪量有利于高寒草甸土壤微生物群落多样性的增加，而积雪量过高则会导致相对丰度降低。

（2）短期增温对冻土区草地土壤微生物的影响

本研究表明，近 3 年的模拟增温导致高寒草地土壤微生物生物量的明显增加，主要原因是土壤温度、含水量和植被盖度的变化。然而，高寒草甸和高寒草原土壤有机碳含量并未因微生物生物量的增加而降低，这表明通过植物增加的碳输入抵消了因土壤呼吸而增加的碳损失。高寒沼泽草甸土壤有机碳因受模拟增温的影响显著增加，突出了在青藏高原保护这一类型高寒草地生态系统的重要性。同时，增温也明显降低了高寒沼泽草甸和高寒草甸 0～10cm 土壤真菌对细菌的比例，并且改变了丛枝菌根真菌和腐生型真菌的相对丰度。这些变化主要由植被盖度和土壤环境条件的变化而导致。相反，10～20cm 土壤微生物群落组成主要受环境变量的影响。由此可见，受气候变暖影响，土壤微生物可能对长期生态系统的碳反馈回路产生深远影响。

第9章 未来冰冻圈变化对生态系统影响的模拟与预估

9.1 陆地过程和生态系统模型介绍

本研究中使用了两个模型：一个是陆面过程模型（community land model v3，CLM3）；一个是动态有机土壤碳–陆地生态系统模型（dynamic organic soil terrestrial ecosystem model，DOS-TEM）。由于青藏高原台站仅仅监测了裸地的土壤表面温度，我们用 CLM3 模拟了植被盖度对土壤表面温度的影响。首先利用涡动塔观测 2cm 和 5cm 的温度，验证了 CLM3 的模拟能力；其次 CLM3 模拟了不同环境和植被盖度条件下的土壤表面温度，以此建立估算土壤表面温度的算法并将其运用在 DOS-TEM 中。使用气象台站网络观测到的土壤表面温度进行验证，选出一个效果好的算法后，在 DOS-TEM 中模拟不同深度的土壤温度，并用台站资料进行验证。开展了敏感性试验，探讨了植被盖度对土壤温度的影响，进而介绍了土壤冻融算法，最后利用改进的生态系统模型模拟了青藏高原多年冻土和高寒草地生态系统的变化。

9.1.1 模型介绍

本章使用 DOS-TEM 来模拟青藏高原高寒草地土壤的水、热过程以及碳动态变化。DOS-TEM 由 4 个模块组成，但在高寒草地上只使用了环境模块和生态模块。环境模块模拟了土壤的水、热过程以及地表的径流、蒸散发等。模拟的土壤温度已经用阿拉斯加北方森林、青藏高原高寒草地（Yi et al.，2013a）以及西伯利亚苔原的观测资料进行了验证（Yi et al.，2014）。生态模块使用土壤和大气环境变量模拟了大气、植被和土壤的碳、氮交换以及植被和土壤碳、氮库的变化。模型以月尺度的大气气温、降水、辐射和水汽压作为输入。DOS-TEM 设计用来模拟植被和土壤的碳、氮库以及大气–植被–土壤的碳、氮通量（Raich et al.，1991）。一般而言，不同版本的 DOS-TEM 用月时间步长的大气变量进行驱动，如大气温度、辐射、降水和水汽压。在环境子模型里面，月时间步长大气驱动被降尺度到日尺度，该子模型考虑了大气–冠层–积雪和土壤间的辐射及水通量交换。土壤水分和温度每天更新一次。双向 Stefan 算法用于计算土壤中冻融锋面的位置（Woo et al.，2004）。土壤水分使用 Richard 方程进行更新，但假设冻结土壤中水分不变。土壤的冻融状态和水分影响土壤的水、热参数。

在 DOS-TEM 中，土壤导热率是根据 Farouki（1986）计算的。但是 Luo 等（2009）发现，这个算法过高估计了青藏高原的土壤导热率。因而本研究中，使用了一个新的土壤导热率方案。

$$k = \begin{cases} K_e k_{sat} + (1 - K_e) k_{dry}, & S_r > 1 \times 10^{-5} \\ \\ k_{dry}, & S_r \leqslant 1 \times 10^{-5} \end{cases} \tag{9-1}$$

$$k_{sat} = \begin{cases} k_s^{1-\theta_{sat}} k_{liq}^{\theta_{sat}}, & T \geqslant T_f \\ k_s^{1-\theta_{sat}} k_{liq}^{\theta_{sat}} k_{ice}^{\theta_{sat}-\theta_{liq}}, & T < T_f \end{cases} \tag{9-2}$$

$$k_s = k_q^q k_o^{1-q} \tag{9-3}$$

$$k_{dry} = \chi \times 10^{-\eta \theta_{sat}} \tag{9-4}$$

$$K_e = \frac{\kappa S_r}{1 + (\kappa - 1) S_r} \tag{9-5}$$

式中，k、k_{sat}、k_{dry}、k_s、k_{liq}、k_{ice}、k_q 和 k_o 分别为土壤、饱和土壤、干燥土壤、土壤颗粒、液态水、冰、石英砂和其他组分的导热率；θ_{sat} 和 θ_{liq} 为土壤孔隙度和水分含量（%）；K_e 为 Kersten number；S_r 为土壤饱和度；q 为石英含量百分比；χ、η 和 κ 为参数，详见 Luo 等（2009）文献。

生态模块中，一些参数需要进行标定，如最大光合率、植被和土壤呼吸速率等。我们根据 McGuire 等（1992）的方法分别校正了限制高寒草甸和高寒草原速率的参数，所使用的观测值包括植被和土壤的碳氮库、总生产力、NPP 等。高寒草原和高寒草甸的观测值来源于安多 [32、91 的观测值来源于安多（4871masl）和拉萨（4652masl），见 Zhuang 等（2010）中表 1 和表 2]。1901～1930 年的多年平均月时间步长的气候资料用于这两个点的校正。在后面的几部分中，我们将分别解释模型中的地表温度算法、土壤冻融以及多年冻土退化对土壤水分影响的计算过程。

9.1.2　CLM3 验证

青藏高原气象台站常规观测土壤/积雪的表面温度（图 9-1）。只有两个台站位于多年冻土区，而且观测资料质量较其他台站差，所有台站均未观测土壤水分，也没有观测植被冠层下的温度。因此，本研究中用 CLM3 模拟不同植被覆盖情况下的土壤水分和地表温度。使用了西大滩地区的一个涡动观测塔（2005 年 1 月～2006 年 12 月）的半小时大气温度、入射太阳辐射、降水、水汽压和风速等作为驱动（图 9-1）。这段时间内，年平均大气温度、降水和太阳辐射分别为–3.4℃、440mm 和 218W/m² （图 9-2）。本研究中，我们对 LAI 进行了一定的处理：1 月为 0.2，8 月为 2.5，其余月份为二者间的插值。

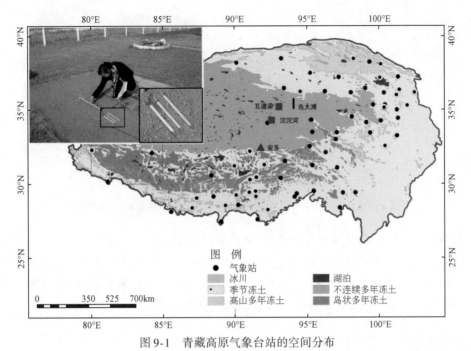

图 9-1　青藏高原气象台站的空间分布

点表示气象台站；竖线表示涡动塔；黄色圆圈实心点表示该台站用于 DOS-TEM 模拟；左上角插图展示了观测台
站是如何开展地表温度测量的（观测样地不受植被影响；插图右下角的局部放大图展示了日最大，每小时以及
日最小地表温度计）

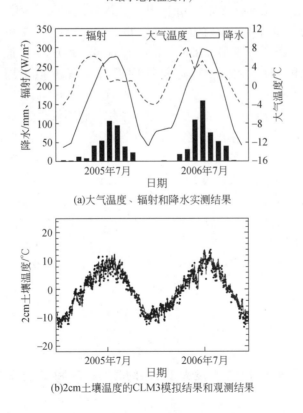

(a)大气温度、辐射和降水实测结果

(b)2cm土壤温度的CLM3模拟结果和观测结果

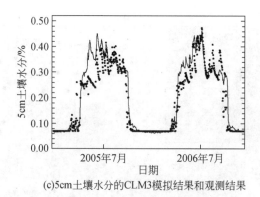

(c)5cm土壤水分的CLM3模拟结果和观测结果

图 9-2　西大滩地区 2005 年和 2006 年的 CLM3 模拟结果和实测结果对比

CLM3 首先用西大滩观测的近地表土壤温度（2cm）和土壤水分（5cm）进行验证；然后在不同大气环境和植被盖度的组合下运行生成大量样本。其中大气温度为–2～12℃，以 2℃ 间隔变化；降水在–50%～150%，以 20% 间隔变化；入射短波辐射为–50%～150%，以 20% 间隔变化；LAI 为 0～2.5，以 0.5 间隔变化。

9.1.3　地表温度算法的开发和验证

土壤温度影响很多生物物理和生物化学过程，是一个重要的因子。模型中有很多的方法估算土壤温度。例如，在 LPJ-DGVM 和 BEPS 中，土壤温度和大气温度循环一样近似正弦变化，但是有一定的时间滞后（Sitch et al.，2003；Ju et al.，2005）。在 Biome-BGC 中，土壤温度由大气温度的滑动平均计算得到（Bond-Lamberty et al.，2005）。其他一些模型（如 IBIS、DayCENT、TEM5.0 和 DOS-TEM），通过解有限差分方程模拟土壤温度（Foley et al.，1996；Parton et al.，1998；Zhuang et al.，2001；Yi et al.，2009）。

地表土壤温度是解有限差分方程的重要边界条件，它不仅受到大气温度和土壤条件的影响，而且受到植被的影响。在比较复杂的陆面过程模型中（小时时间步长），土壤表面温度是通过迭代计算地表能量平衡方程（包括入射和反射太阳辐射及长波辐射，大气和地表间的感热和潜热通量以及土壤通量）计算而得（Oleson et al.，2004）。而在生态系统模型、多年冻土模型和水文模型（多是日和月时间步长）中，土壤地表温度被假设为和大气温度一样（Zhuang et al.，2001；Jafarov et al.，2012），是大气温度的线性函数（Zhang et al.，1997；Oelke et al.，2003），或者由大气温度乘以一个系数（n-factor），它是某一时间段内地表温度的度日总和与标准高度大气度日总和的比值。例如，融化季节的 n-factor 可以表示为

$$n_t = \frac{\int_0^{\theta_s} (T_s - T_f)\,\mathrm{d}t}{\int_0^{\theta_a} (T_a - T_f)\,\mathrm{d}t} \tag{9-6}$$

式中，θ_s 和 θ_a 分别为地表和大气温度大于 0℃ 的时间；T_s 和 T_a 分别为地表和大气温度；

T_f 为 0℃。n-factor 最初用于建筑和工程领域。最近，它被用于生态系统模型、多年冻土模型和水文模型中（Peterson and Krantz，2008；Yi et al.，2009；Quinton et al.，2009）。然而，一般情况下暖季和冷季各只有一个 n-factor 值 [Juliussen 和 Humlum（2007）还考虑了太阳辐射对 n-factor 的影响]。除了大气环境外，植被盖度同样也影响着地表能量平衡，从而影响土壤表面温度。CENTURY 和 DayCENT 模型用大气最大和最小温度以及生物量计算了土壤地表最大和最小温度（Parton，1984；Parton et al.，1998）。在 DOS-TEM 中，利用了一个随着树龄变化的动态 n-factor（Yi S H et al.，2010）。

高寒草地占青藏高原面积的一半左右，是脆弱的生态系统（Sun and Zheng，2010）。高寒草地如何响应全球变化，如多年冻土的退化，是一个非常重要的研究领域（Yi et al.，2011）。然而，高寒草地同样也通过地-气交换和土壤水、热过程影响大气与土壤。试验和模型模拟研究已经表明（Block et al.，2010；Yi et al.，2007），增加植被盖度会导致北极地区多年冻土消融延迟。野外调查也表明，青藏高原高寒草地盖度的改变会影响土壤的热力过程（Wang et al.，2010）。然而这些影响很少被考虑到青藏高原生态研究的模型中（Zhang et al.，2007；Zhuang et al.，2010）。因此，本研究的目的为：①通过整合气象台站观测资料和陆面过程模型模拟资料，开发一个考虑高寒草地影响的青藏高原地表温度算法；②利用该算法模拟高原土壤冻融，并用台站资料进行验证。

将 9.1.2 节建立的地表温度方程用在 DOS-TEM 中，我们在 21 个具有 20 年以上观测资料的青藏高原气象台站上运行 DOS-TEM。其中有 19 个台站的土壤类型是粉质黏土（silty clay），另外 2 个台站是黏土（clay）（FAO/IIASA/ISRIC/ISSCAS/JRC，2009）。土层总厚度为 50m，包含了 ~45m 的岩石。用台站的月最大、最小和平均气温，辐射，降水和水汽压数据来驱动 DOS-TEM。DOS-TEM 先用第一年的驱动转到平衡态，再用其余年驱动运行，得到的土壤温度再和台站观测进行对比。为了研究植被盖度的变化对土壤温度的影响，我们用 DOS-TEM 模拟了 LAI 在 0～3 时土壤温度的变化。10cm 土壤温度对于生物地球化学循环非常重要，如 C-CLASS（Arain et al.，2002）。本研究中，我们只比较了不同 LAI 情况下模拟的 10cm 土壤温度。

9.2 模型模拟能力检验

9.2.1 CLM3 模拟能力

CLM3 模拟表层土壤温度和水分的能力不错（图 9-2）。2cm 处日平均土壤温度的相关系数（R^2）和均方根误差（rmse）分别为 0.98 和 1.57。5cm 处土壤水分的 R^2 和 rmse 分别为 0.84 和 0.05。CLM3 模拟的西大滩裸地土壤表面温度和使用台站观测拟合方程计算的土壤表面温度类似（图 9-3）。模拟结果和通过经验公式而得地表温度的 R^2 和 rmse 分别为 0.90 和 2.75；斜率 a 和截距 b 分别为 1.11 和 −31.17。由经验公式计算得到的土壤表面温度在冬天小于 CLM3 模拟值，主要原因是经验公式得到的土壤表面温度是针对没有积雪的裸地，而模拟的土壤表面温度是在积雪下面，CLM3 模拟了积雪的隔热效果。

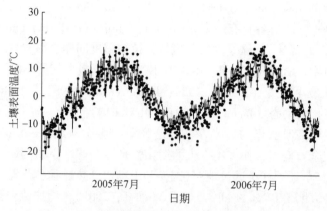

图 9-3　西大滩土壤表面温度对比

实线表示 CLM3 的模拟结果，点表示气象台站资料拟合公式的计算结果

根据 CLM3 模拟的裸地温度，拟合了包含和没有包含土壤水分的经验公式（表 9-1）。这两类方程都使用了日最高气温、日最低气温和辐射作为自变量。两类方程的预测能力很接近，都解释了观测资料 96% 的变化。但考虑了土壤水分经验公式的 rmse 稍微小一些（表 9-1）。因此，我们有信心认为 CLM3 的模拟可以用来拟合有植被情况下的地表温度。

表 9-1　根据 CLM3 模拟和气象台站观测的日最高气温和日最低气温计算日平均土壤表面温度的经验公式

变量		方程	a	b	R^2	rmse
CLM3，没有土壤水分	tsmax	$0.65tamax+0.077r+97.73$	0.81	57.23	0.79	4.61
	tsmin	$0.89tamin+31.16$	0.97	7.91	0.96	1.53
	ts	$0.36tsmax+0.65tsmin-4.88$	0.96	9.16	0.96	1.85
CLM3，有土壤水分	tsmax	$0.86tamax+0.062r-76.53sm+51.31$	0.85	44.12	0.86	3.72
	tsmin	$0.91tamin-9.58sm+26.51$	0.97	8.04	0.96	1.51
	ts	$0.41tsmax+0.63tsmin-11.66$	0.96	10.33	0.96	1.73
气象台站资料	tsmax	$0.87tamax+0.021r+46.79$	0.67	97.16	0.66	4.11
	tsmin	$1.06tamin-17.29$	0.92	22.26	0.96	1.38
	ts	$0.15tsmax+0.82tsmin-11.56$	0.91	26.56	0.94	1.46

　　注：日最高温度（tsmax，K），日最低温度（tsmin，K），日平均土壤表面温度（ts）。CLM3 部分分成两类，即考虑了土壤水分和没有考虑土壤水分。tsmax 和 tsmin 方程考虑如下大气变量：大气最高温度（tamax，K），最低温度（tamin，K）、大气平均温度（K）、太阳辐射（r，W/m^2）、CLM3 模拟的土壤水分（sm，%）。根据 2005 年 5116 个 CLM3 模拟结果和 1990 年以前的 346 834 个观测数据进行公式拟合，并用 2006 年 CLM3 模拟的 5002 个数据以及 1990 年以后的 254 778 个观测数据进行评价。a 和 b 是斜率和截距；R^2 是相关系数；rmse 是均方根误差。

根据 CLM3 模拟的不同 LAI 情况下的地表温度，拟合了两类估计土壤表面温度的经验公式：第一类用 LAI 作为自变量；第二类用 exp（-0.5LAI）作为自变量（表 9-2）。第一类公式的预测能力高于第二类（分别解释了 94% 和 91% 的变化，rmse 差分别为 2.19 和

2.66)。然而第一类公式中，LAI 的系数是正值，也就是说植被盖度增加后地表温度也增加，这不现实。因而在后面的工作中，使用包含 exp（-0.5LAI）的公式。尽管这类公式稍微低估了夏天的土壤表面温度［图9-4（a）］，它比只用大气温度作为土壤表面温度的公式要好很多［图9-4（b）］。这类公式同样比 DayCENT 中的算法要好，DayCENT 在夏天过高估计了土壤表面温度，而冬天明显低估了［图9-4（c）］。

表 9-2　依据 CLM3 用不同 LAI 模拟的地表温度拟合的公式

变量		方程	a	b	R^2	rmse
用 LAI	tsmax	0.57tsmax+0.03LAI+0.09r+16.56	0.71	82.36	0.69	5.88
	tsmin	0.86tsmin+0.65LAI+38.37	0.96	11.37	0.96	1.68
	ts	0.41ts+0.64ts-15.45	0.97	9.86	0.94	2.19
用 exp（-0.5LAI）	tsmax	0.79tsmax+0.05tsmin（-0.5LAI）r+68.74	0.60	115.46	0.57	6.48
	tsmin	0.86tsmin+0.65LAI+38.37	0.96	10.78	0.96	1.55
	ts	0.47tsmax+0.56tsmin-14.15	0.92	20.70	0.91	2.66

注：使用了土壤表面日最高温度（tsmax，K）和最低温度（tsmin，K）。本表提供了两类公式，第一类以 LAI 为自变量，第二类以 exp（0.5LAI）为自变量。tsmax 和 tsmin 方程考虑如下大气变量：大气最大温度（tamax，K）、最低温度（tamin，K）、大气平均温度（K）、太阳辐射（r，W/m^2）。根据 2005 年的 20 870 个 CLM3 模拟结果进行公式拟合，并用 2006 年 CLM3 模拟的 30 136 个数据进行评价。a 和 b 是斜率和截距；R^2 是相关系数；rmse 是均方根误差。

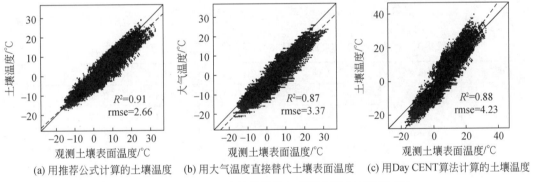

(a) 用推荐公式计算的土壤温度　　(b) 用大气温度直接替代土壤表面温度　　(c) 用Day CENT算法计算的土壤温度

图 9-4　土壤表面温度计算结果与观测土壤表面温度对比

9.2.2　DOS-TEM 模拟裸地土壤温度能力

在 DOS-TEM 中使用第二组公式（表9-2）模拟气象台站网络的土壤温度效果比其他4组效果好（图9-5），而且 DOS-TEM 模拟近地表土壤温度的能力高于深层温度的能力，例如，用表9-2 中第二组方程可以解释 5cm 处土壤温度 97% 的变化，rmse 为 1.78。而在 80cm 处，只解释了 88% 的变化，rmse 为 2.31。DOS-TEM 中，用大气温度直接替代地表温度得到的结果很差，各层的 rmse 是使用第二组公式的 2.5 倍。如果在 DOS-TEM 中使用考虑了土壤水分的公式（表9-1 中的第二个公式），那么各层土壤温度的模拟结果都很差（表9-3）。

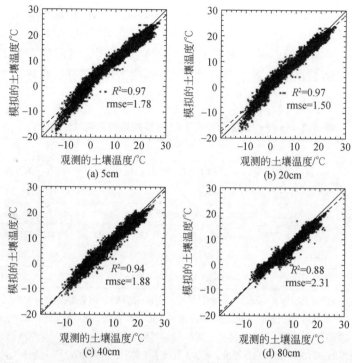

图 9-5   DOS-TEM 用表 9-2 中第二组公式模拟的土壤温度和青藏高原
气象台站观测的 5cm、20cm、40cm 和 80cm 土壤温度对比

表 9-3   不同深度 DOS-TEM 模拟的月平均土壤温度和观测结果的对比

深度/cm	样本数/个	方程	a	b	R^2	rmse
5	3721	1	1.02	0.68	0.98	1.72
		2	0.86	0.32	0.97	2.00
		3	0.77	−4.30	0.69	8.23
		4	0.83	−2.45	0.95	4.62
		5	0.88	1.26	0.97	1.78
20	3708	1	1.06	0.30	0.97	1.72
		2	0.89	0.03	0.97	1.84
		3	0.72	−4.21	0.62	8.45
		4	0.83	−2.65	0.93	4.74
		5	0.91	0.89	0.97	1.50
40	1900	1	1.08	−0.53	0.93	2.14
		2	0.91	−0.60	0.93	2.30
		3	0.68	−3.85	0.52	8.27
		4	0.80	−3.01	0.86	5.37
		5	0.95	−0.06	0.94	1.88

续表

深度/cm	样本数/个	方程	a	b	R^2	rmse
80	1721	1	1.04	−0.67	0.88	2.42
		2	0.86	−0.62	0.86	2.85
		3	0.47	−3.56	0.45	8.93
		4	0.69	−2.58	0.68	6.04
		5	0.91	−0.25	0.88	2.31

注：方程 1 是 ts=f (ta, r)；方程 2 和方程 3 是表 9-1 的前 2 个公式；方程 4 直接用大气温度；方程 5 是表 9-2 中推荐使用的公式。

9.2.3 植被盖度对 DOS-TEM 模拟土壤表面温度的影响

DOS-TEM 中使用 exp（−0.5LAI）公式模拟的月平均日最高温度随着 LAI 的增加而降低（图 9-6）。裸地的月平均最高土壤表面温度（LAI=0）比 LAI=1 的时候在 5~9 月高 5℃，在其他月份高 2~3℃。月平均日最低土壤表面温度随着植被盖度的增加而增加，但是差别小于 1℃（图 9-6）。在 10cm 处，裸地和 LAI=3 的土壤温度在生长季差别为 2℃左右，而在非生长季稍小一些。

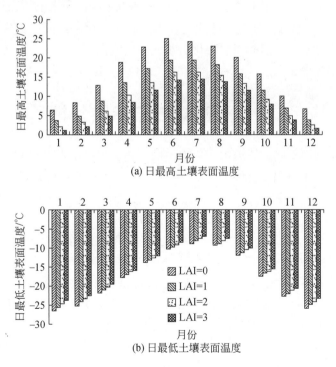

(a) 日最高土壤表面温度

(b) 日最低土壤表面温度

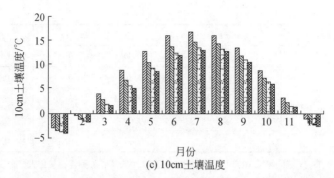

图 9-6　DOS-TEM 用表 9-2 第二组公式模拟的不同 LAI 条件下月平均
日最高土壤表面温度、日最低土壤表面温度和 10cm 土壤温度

　　另外，以前版本的 DOS-TEM 使用 CLM3 类似的算法来模拟土壤水文过程，包括入渗、地表径流、土壤层间分配以及淋失（Yi et al.，2009）。CLM4 包含了一个地下水库，并将其作为一个特殊的土壤层。地下水位的位置由地下水库的含水量决定。模型用土层中所有的水（包括液态水和冰）计算导水率和水势，并用一个因子来考虑冰的影响。然而 Swenson 等（2012）发现，只有液态水能用在计算土壤水属性的公式中，并提出了一个新的计算方法，用了新的计算方法后，CLM4 模拟叶尼塞和勒拿流域（多年冻土覆盖）水文过程的能力得到了提高。本研究中，我们在 DOS-TEM 中根据 CLM4 增加了地下水库以及 Swenson 等（2012）的算法。通过这些改变，当最底层土壤冻结时，最底层土壤和地下水库的水交换可以忽略不计，然而当它融化后水交换会变大。多年冻土层上的土壤往往是湿的，侧向水分迁移发生在该层（Swenson et al.，2012），我们也同样进行了模拟。

9.3　冻融算法与结果分析

　　目前有很多模型用不同方法模拟多年冻土的变化，包括单点模型和气候模型中的陆面过程模型（Riseborough et al.，2008）。大尺度模型经常用有限差分方法计算多年冻土变化，包含两类：①非耦合能量平衡方案（Zhang et al.，2008），该方案假设土壤水分在 0℃ 时进行均匀冻融，而土壤温度更新后，如果温度大于 0℃ 并且土层中还有冰，那么部分能量将会用来融化冰；反之亦然。这种方法效率高，经常用在陆面过程模型中（Zhang et al.，2003；Oleson et al.，2004）。然而底层的土壤层在陆面过程模型中往往比较厚，因而由土壤温度插值得到的土壤冻融锋面往往不精确（Yi et al.，2006）。②显式热容量方案，该方案假设土壤在 0℃ 以下的一段温度范围内冻融，并且同步模拟土壤温度和未冻水含量。由于在这个范围内，很小的温度变化都会导致显式热容量的较大变化，为了保证计算稳定需要进行迭代计算（Nicolsky et al.，2007）。这种方法常用在多年冻土模型中（Goodrich，1978；Nicolsky et al.，2007；Dall'Amicoet et al.，2011；Hipp et al.，2012；Langer et al.，2013），最近也被应用到陆面过程模型中（Ringeval et al.，2012）。尽管这种方法更符合实际情况，但是需要更多的计算资源。

这两种方法在应用到区域尺度多年冻土模拟时各有缺点。除数值方法以外，解析解也用来求解相变问题。例如，精确 Neumann 解析解被用来解决理想条件下的冻融问题，如无限或者近似无限的均质物质和平稳的边界条件（Lunardini，1981）。Stefan 公式一开始是被用来预测海冰厚度，由于公式简单，也被用来计算土壤冻融（Lunardini，1981）；Jumikis（1977）将 Stefan 公式进行了改进，从而用于非均质土壤，并在水文模型中进行了应用（Fox，1992）。但由于 Stefan 公式假设所有的能量传递到冻融锋面都被用于相变，过高估计了冻融锋面的位置，而且只能计算一个冻融锋面的位置。为了克服这个缺陷，Woo 等（2004）开发了一个双向 Stefan 算法（TDSA）。

Yi 等（2009）将 TDSA 耦合进了 DOS-TEM。模型中首先计算冻融锋面的位置（可以多个），再分别更新第一个冻融锋面以上土层的温度、最后一个冻融锋面以下土层的温度，以及第一个冻融锋面和最后一个冻融锋面之间土层的温度。这是一个高效并且能在较厚土层中模拟多个冻融锋面的方法。

尽管上述模拟多年冻土的模型都已经用实地观测的数据进行了验证（validation），但是很少有模型在理想条件下用解析解进行验证（verification）（Romanovsky et al.，1997）。我们测试了 3 种物质，即水、矿物质（沙）和有机质。它们的属性见表 9-4。各种物质不同深度（最大为 5000m）的初始温度设置为 -10℃，在 100 年的模拟过程中，上边界的温度设置为 5℃。我们假设在 5000m 处的热通量为零。我们对比了 DOS-TEM 得到的温度和 Neumann 解析解得到的温度，以及 DOS-TEM 得到的融化锋面与 Neumann 解析解和 Stefan 公式得到的融化锋面。为了测试 TEM 的敏感性，我们设置了不同的下边界强迫位置，即 50cm、1m、2m、5m 和 20m；同时也设置了不同的厚度，即 50m、500m 和 5000m。

表 9-4　解析解计算中使用的参数

物质	导热率 /(J/mKs)		体积热容量 /(10^6 J/m^3)		土壤水分 /%	孔隙度 /%
	冻结	融化	冻结	融化		
水	2.29	0.6	2.12	4.19	100	100
矿物质	2.69	1.71	2.06	2.79	33.28	39
有机质	0.37	0.21	0.99	1.84	36.25	90

TEM 中使用的下边界强迫对于准确模拟融化锋面的位置非常重要（图 9-7）。如果没有下方强迫，TEM 模拟的融化锋面位置和解析解的均方根误差（$n=36\,500$）在 3 种物质中都大于 1.128m。相反，使用了下方强迫的 TEM 模拟融化锋面与解析解的均方根误差小于 0.047m（表 9-5）。对所有的情况，如果没有使用下方强迫，结果和 Stefan 公式计算的融化锋面相似。

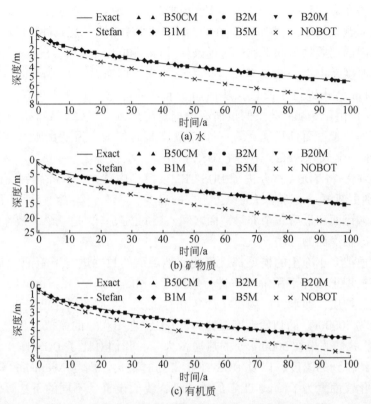

图 9-7　TEM、Neumann 解析解和 Stefan 公式不同条件下和模拟的融化锋面位置
B50CM、B1M、B2M、B5M、B20M 和 NOBOT 分别表示 TEM 的
下边界强迫在 50cm、1m、2m、5m 和 20m 和没有

表 9-5　不同条件下 Neuman 解析解和 TEM 模拟的融化锋面间的均方根误差 （n=36 500）

物质	5000m, b1m	5000m, nobot	500m, b1m	50m, b1m
水	0.004	1.253	0.032	0.274
矿物质	0.062	4.645	0.177	1.899
有机质	0.012	1.128	0.047	0.065

注：厚度为 50m、500m 和 5 000m；下边界强迫位置为没有（nobot），1m（b1m）。

　　TEM 模拟的温度和融化锋面对下方强迫的位置不敏感（图 9-7）。例如，下方强迫在 0.5m 和 20m 的融化锋面模拟结果在 3 种物质中差别都很小。有下方强迫时，TEM 模拟的温度和解析解的差别也很小。以下方强迫在融化锋面以下 1m 处为例，其均方根误差小于 0.01℃，大于 1m 的地方均方根误差为 0.1℃ 左右（图 9-8 和表 9-6）。TEM 模拟的温度对物质的总厚度敏感，尤其是矿物质（表 9-6）。

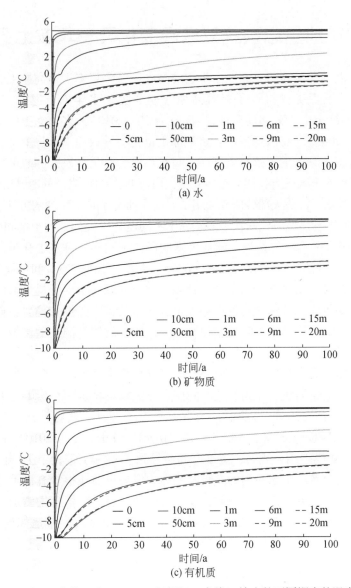

图 9-8　TEM（虚线）和 Neumann 解析解（实线）输出的不同深度的温度对比

表 9-6　不同质地条件下 Neumann 解析解和 TEM 模拟的土壤温度间的均方根误差（ $n=36\,500$ ）

物质	0.05	0.1	0.5	1	3	6	9	15	20
水	0.018	0.017	0.044	0.054	0.039	0.039	0.041	0.087	0.071
矿物质	0.011	0.018	0.014	0.010	0.016	0.027	0.030	0.057	0.062
有机质	0.019	0.016	0.009	0.009	0.024	0.042	0.047	0.111	0.110

注：厚度5000m，下边界强迫在1m处。

9.4 高寒草地生态系统对气候变化及多年冻土退化的响应

青藏高原是世界上最高的高原。由于它的高海拔，多年冻土在高原上普遍存在，约占高原面积的 1/2，不少工作报道了青藏高原气候变暖和多年冻土退化（Wu and Zhang，2010）。由于冻结冻土中水分移动缓慢（Zhang et al.，2010），多年冻土的退化会改变水文条件（Ye et al.，2009）。有假想提出：多年冻土退化会导致地下水位下降并使表层土壤变干，从而导致青藏高原上主要植被类型——高寒草地的退化（Zhang et al.，1988）。

青藏高原多年冻土区没有长期生态研究站，而短期的 OTC 或红外增温试验无法影响多年冻土的热状态。因此，目前大部分研究使用了空间序列替代时间序列的方法，研究多年冻土退化对高寒草地的影响。该方法对比了多年冻土不同退化阶段样地的土壤和植被特点。不同空间尺度的研究得出了不同的结论。样地尺度的研究表明多年冻土退化导致高寒草地的退化，包括高寒草地逆向演替（Wang et al.，2006）、土壤有机碳的减少和植被盖度的降低；相反的是，Yi 等（2011）用遥感资料研究了青藏高原东北缘一个半干旱流域的植被盖度，结果表明从极稳定多年冻土区到次稳定多年冻土区，植被盖度为增加趋势；而当多年冻土继续退化为季节冻土时，植被盖度降低；但是在一个相邻的较为湿润的流域，植被盖度随着多年冻土退化而变大。

多年冻土退化主要是气候变暖的后果，而气候变暖本身也会导致蒸散发的增强，也可以导致土壤变干。上述的空间序列替代时间序列方法没法将这两种影响分开，模型模拟是量化这两种影响的有效工具。目前，已经有一些青藏高原草地对气候变化响应的模拟工作，如 CENTURY（Zhang et al.，2007）、ORCHIDEE（Tan et al.，2010）和 TEM（Zhuang et al.，2010）。TEM 模拟结果表明，温度升高会导致多年冻土退化、土壤温度升高以及土壤水分减少，这些会增加生态系统的碳吸收能力。但是目前还很少有模型考虑多年冻土退化对水文过程的影响。本研究中，我们在基于过程的生态系统模型中增加了多年冻土水文过程，用此模型回答以下两个问题：①青藏高原多年冻土区高寒草地如何响应气候变暖；②多年冻土退化是否影响了表层土壤水分。

9.4.1 模型验证与敏感性分析

多年冻土和植被类型矢量图重采样到 0.5°（图 9-9）。青藏高原上有 3 种多年冻土类型，即高原南边和北边的高山多年冻土以及中部的连续多年冻土和不连续多年冻土。482 个 0.5° 格点中，包含多年冻土和高寒草地的格点数量超过 10%。DOS-TEM 的驱动资料为 0.5°，月时间步长的 CRU 资料包括气温、降水、辐射和水汽压。高寒草甸和高寒草原是青藏高原上的两种主要草地类型，两种类型可能会同时存在于一个格点里面。我们定义不同的气候和植被类型组合为 Cohort，总共有 708 个 Cohort。DOS-TEM 还需要其他静态资料，如坡度和土壤质地，这些资料也被重采样到 0.5°。使用 5.1m 厚土壤和 50m 厚岩石。土壤上部的 1m，使用空间数据的质地，而在 1~5.1m 深度，假设土壤质地为沙，用来代表青藏高原普遍存在的砂砾石，其持水能力比较差（Yi et al.，2013b）。初始条件假设土壤和岩石的温度为−1℃，土壤为饱和状态。1901～1930 年，多年平均月时间步长的气候资料首先用于平衡态计算；1901～1930 年的月时间步长循环用 spinup 计算（120a）；最后1901～2012 年的月时间步长用于 transit 计算，这些作为对照。模拟 1982～2012 年的植被碳首先平均到 0.5 植格点，再计算其平均值和变化趋势，最后与卫星遥感数据（GIMMS和 MODIS）的 NDVI 值进行对比。

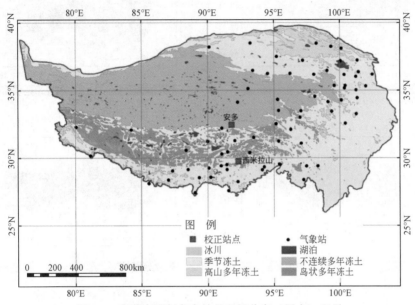

图 9-9　青藏高原气象台站的空间分布（黑点）以及
两个用于参数校正的站点（红色正方形）

为了探讨气候变暖对多年冻土和高寒草地生态系统的影响，进行了 3 个敏感性试验，将气温升高 1℃（W1）、2℃（W2）和 3℃（W3）。我们在 transient 阶段进行试验，使用和 CONTROL 同样的初始值。从以下 3 个方面进行了比较：①所有变量的时间序列；②1901～2012 年平均变量的空间格局；③先把所有的 Cohort 依据热状态分为 3 类（对照模拟中有一直是多年冻土的、由多年冻土退化为季节冻土的和一直是季节冻土的）。为了探讨多年冻土退化对水的影响和对生态的影响，也做了敏感性试验，即考虑了和没有考虑最底层土壤融化后土壤水和地下水的交换。

9.4.2　结果

在 1982～2012 年，模拟的植被碳储量（VEGC）的平均值和 NDVI 的空间分布格局比较接近，东部高西部低（图 9-10）。然而，模拟的 VEGC 平均值在 31°N 以南显著高于 NDVI值。在格点尺度，482 个格点中，模拟的和观测结果有 5 个都有显著减少趋势（$P<0.05$）；117 个都没有显著变化趋势（$P \geqslant 0.05$）；80 个都有显著变好趋势（$P<0.05$）（表 9-7）。模

拟的 198 个格点有显著变好趋势，但是 NDVI 观测值中没有显著变化。这些差异主要发生在 97°E 以西。NDVI 显著变差、没有显著变化和显著变好格点的平均坡度分别为 2.18、1.82 和 1.67；NDVI 平均值为 0.12、0.19 和 0.25（表9-7）。

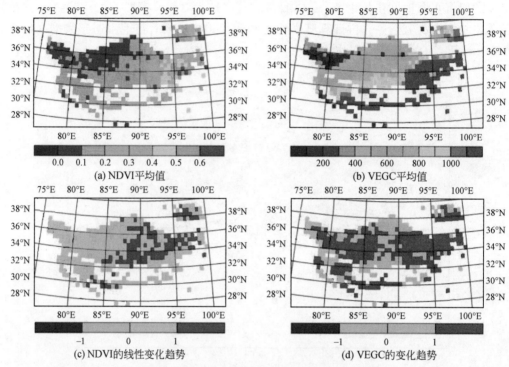

图 9-10　1982～2012 年 NDVI 和植被碳储量平均值及其变化趋势的空间分布格局

红/浅蓝为显著增加/减少（P<0.05），绿为没有显著变化趋势

表 9-7　平均 NDVI/坡度/格点数在 NDVI 和模拟植被碳中的组合

趋势		NDVI			
		减少	没有显著变化	显著变好	总和
植被碳	减少	0.09/3.53/5	0.12/3.75/12	0.18/0.75/1	0.11/3.52/18
	没有显著变化	0.16/2.41/10	0.17/2.07/117	0.18/0.98/40	0.17/1.83/167
	显著变好	0.11/1.71/19	0.21/1.56/198	0.28/1.21/80	0.22/1.48/297
	总和	0.12/2.18/34	0.19/1.82/327	0.25/1.13/121	0.20/1.67/482

（1）时间变化

在对照模拟的初始阶段，约 82% 的 Cohort 有多年冻土。其中，约 18% 的 Cohort 多年冻土在 1901～2012 年消失。期间有两个时间段的气温明显上升，即 1935～1950 年和 1980 年以后。最大未冻结深度（MUT，在多年冻土地区为活动层厚度，如果多年冻土消失则为土壤总厚度 5.1m）显示出和气温同样的变化趋势［图 9-11（a）］。在模拟初期，MUT 为 2.2m 左右，模拟结束时约为 2.6m。地下水位（WTD）约为 9.8m，稍微有所减少。浅层

的土壤水分（VWC）较高，为 0.33，在两个增温时期发生了下降 ［图 9-11（c）］。深层土壤水分的变化和 WTD 类似 ［图 9-11（d）］。

在第一个增温阶段，异养呼吸（RH）快速增加，并保持在一个较高水平上［图 9-11(j)］，而净初级生产力（NPP）和植被碳储量（VEGC）在这些阶段开始增加，但是随后轻微减少。土壤有机碳（SOC）从 >5400g C/m² 减少到 <5200g C/m² ［图 9-11（i）］。在第二个增温阶段，RH、NPP 和 VEGC 都明显增加，但是 SOC 保持在 5200g C/m² 左右。

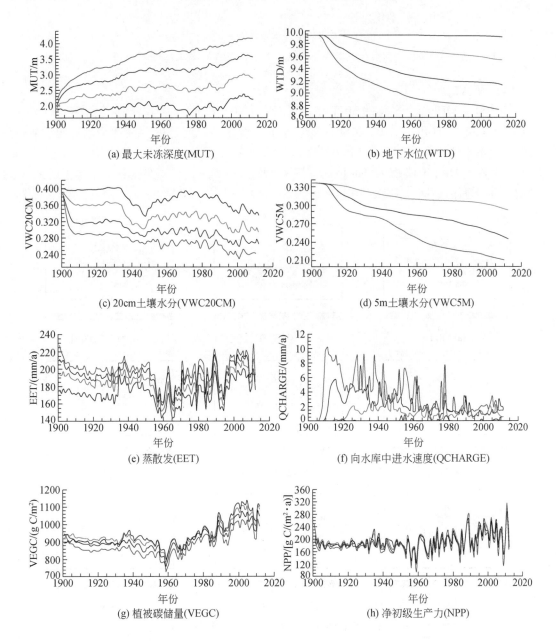

(a) 最大未冻深度(MUT)

(b) 地下水位(WTD)

(c) 20cm土壤水分(VWC20CM)

(d) 5m土壤水分(VWC5M)

(e) 蒸散发(EET)

(f) 向水库中进水速度(QCHARGE)

(g) 植被碳储量(VEGC)

(h) 净初级生产力(NPP)

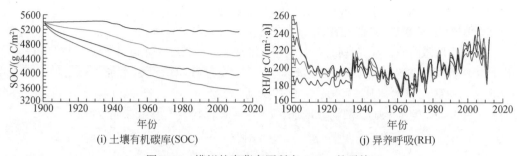

(i) 土壤有机碳库(SOC)　　　　　　　　(j) 异养呼吸(RH)

图 9-11　模拟的青藏高原所有 Cohort 的平均

模拟包括（对照，黑线）、增温 1℃（W1，绿线）、增温 2℃（W2，蓝线）和增温 3℃（W3，红线）

（2）空间格局

在 1981~2012 年，平均的 MUT 在青藏高原边缘处较大。在有些地区，多年冻土消失 [图 9-12（a）中红色部分]。在没有多年冻土的地区，研究区的西南部降水充足，WTD 较小（地下水位浅），但是在较干旱地区，WTD 几乎没有变化 [图 9-12（b）]。浅层和深层土壤水分和 MUT 有类似的空间格局 [图 9-12（c）和（d）]。在没有多年冻土的地区，VWC 的值在西南地区远高于北方地区。

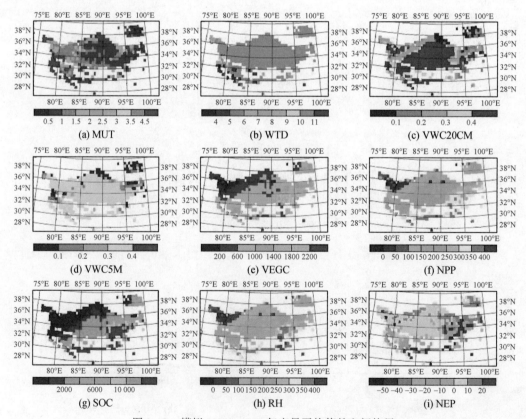

图 9-12　模拟 1981~2012 年变量平均值的空间格局

模拟的 VEGC、SOC、NPP 和 RH 在 1981～2012 年的平均值大体上从东南向西北递减 [图 9-12（e）～（h）]。VEGC、NPP、SOC 和 RH 的最大值分别为 2200g C/m^2、350g C/(m^2·a)、12 000g C/m^2 和 400g C/(m^2·a)。然而在西北地区，这些值分别为 200g C/m^2、50g C/(m^2·a)、1000g C/m^2 和 50g C/(m^2·a)。净生态系统生产力（net ecosystem productivity，NEP）的空间格局则较为复杂 [图 9-12（i）]，其平均值约为 4g C/(m^2·a)。

（3）气候变暖的影响

升温 1℃、2℃ 和 3℃ 情况下，在模拟结束后，有多年冻土的 Cohort 数量由 442 个分别减少为 350 个、253 个和 157 个。当所有的 Cohort 平均后，增温会导致 MUT 由 1.98m 增加到 2.53m、3.07m 和 3.56m [图 9-11（a）]，WTD 由 9.93m 减少到 9.74m、9.41m 和 9.11m [图 9-11（b）]，浅层和深层 VWC 减少 [图 9-11（c）和（d）]。蒸散发由 172mm/a 增加到 184mm/a、192mm/a 和 199mm/a [图 9-11（e）]。随着温度的增加，第一个土壤水进入地下水的高峰时间提前 [图 9-11（f）]。NPP 由于土壤变干而轻微地减少，并导致 VEGC 轻微减少 [图 9-11（g）和（h）]。SOC、土壤水分和温度是控制 RH 的 3 个重要因子，增加土壤温度会增加 RH，当土壤处于半饱和状态时，RH 为最大，增加和减少土壤水分会导致 RH 减少。因此，在模拟初期，增温会导致较高的土壤温度和较小的土壤水分，这都会增加 RH [图 9-11（i）]。增温 3℃ 的 RH 约为 70g C/(m^2·a)（37%），这比对照的大。SOC 由落叶速度和 RH 决定，前者和 VEGC 正相关。模型初始阶段，温度升高时，SOC 快速减少。1935 年后增温模拟的 RH 也比对照模拟的小。在模拟结束时，增温模拟的 SOC 较控制模拟的分别小 900g C/m^2、1400g C/m^2 和 1900g C/m^2（分别减少了 17%、26% 和 35%）[图 9-11（j）]。

在南部地区，增温导致更大的 MUT 和更小的 WTD，更干燥的土壤。例如，图 9-13（a）～图 9-13（d）显示了增温 3℃ 的试验和控制试验的差值。在东部连续多年冻土区，浅层土壤明显减少 [图 9-5（c）]。类似的，VEGC、NPP 和 SOC 在该地区明显降低 [图 9-13（e）～（g）]。在大部分地区，增温 3℃ 模拟的 NEP 小于控制试验 [图 9-13（i）]。

气温的增加导致控制试验中 1901～2012 年多年冻土地区（COHORT-P）的 MUT 明显增加 [图 9-14（a）]。MUT 值在无多年冻土分布的地区最大（COHORT-S）。WTD 在由多年冻土转为季节冻土的地区（COHORT-P2S）明显减少 [图 9-14（b）]。浅层和深层 VWC 在 COHORT-P 和 COHORT-P2S 减少，在 COHORT-S 最小 [图 9-14（c）和图 9-14（d）]。在增温 1℃ 或者 2℃ 的情况下，VEGC、NPP 和 RH 在 COHORT-P 略有增加，但在 COHORT-P2S 和 COHORT-S 稍有下降；而在 COHORT-P2S 这些值是最大的 [图 9-14（e）、（f）和（h）]。温度升高时，SOC 和 NEP 都明显减少 [图 9-14（g）和（i）]；SOC 和 NEP 在 COHORT-P2S 减少最多。

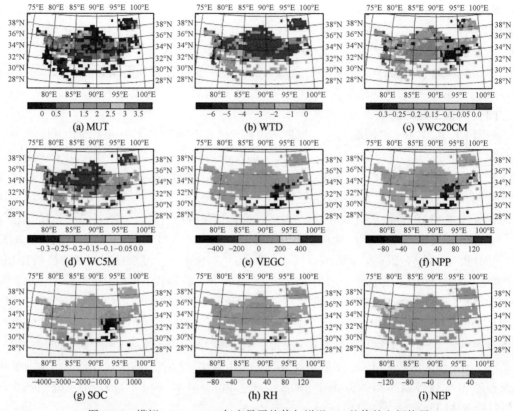

图 9-13　模拟 1981~2012 年变量平均值与增温 3℃ 差值的空间格局

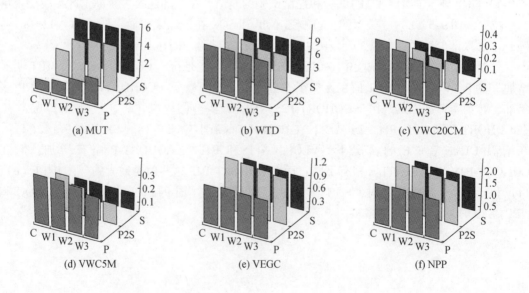

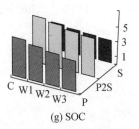
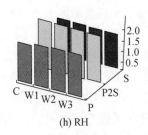
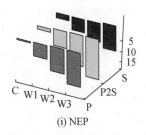

(g) SOC　　　　　　　　　(h) RH　　　　　　　　　(i) NEP

图 9-14　变量和图 9-12 一样，结果来自于控制试验，增温 1℃（W1）、2℃（W2）和
3℃（W3）以及不同冻土退化地区（P、S、P2S 分别代表控制试验 1901～2012 年都是
多年冻土、都是季节冻土和从多年冻土退化为季节冻土）的组合

（4）多年冻土退化的影响

考虑和未考虑土壤水及地下水交换的试验分别以 DRAIN 和 NODRAIN 代表。例如，W3-NODRAIN 表示在增温 3℃ 的试验中未考虑地表水和地下水的交换。一般而言，DRAIN 和 NODRAIN 间的差值随着增温的幅度而增加，这主要是由于升温高的试验中多年冻土消失得多，土壤水进入地下水的情况也变多（表 9-8）。

表 9-8　在控制试验以及增温 1℃、2℃ 和 3℃ 试验中各变量的值

指标	控制试验		1℃		2℃		3℃	
	考虑	未考虑	考虑	未考虑	考虑	未考虑	考虑	未考虑
MUT	3.25	3.25	4.69	4.69	4.97	4.97	5.03	5.03
WTD	10.14	10.17	9.19	10.17	8.24	10.17	7.99	10.17
VWC20CM	0.29	0.29	0.25	0.26	0.23	0.24	0.22	0.23
VWC5M	0.29	0.29	0.23	0.27	0.17	0.25	0.16	0.24
EET	221	221	231	232	234	236	239	242
QCHARGE	0.37	0	5.83	0	7.72	0	8.00	0
NPP	217	217	210	211	199	199	189	189
VEGC	1142	1142	1109	1111	1049	1052	999	1002
RH	219	219	218	215	212	206	206	199
SOC	5960	5961	5610	5715	5205	5441	4915	5254

NODRAIN 模拟对于土壤热状态的改变很小，如 MUT（表 9-8）。和预计的一样，NODRAIN 没有土壤水进入地下水，WTD 也不变（表 9-8）。NODRAIN 导致模拟的深层土壤水分明显高于 DRAIN。但是 NODRAIN 的浅层土壤水分以及蒸散发和 DRAIN 的差值很小。NODRAIN 模拟同 DRAIN 的 NPP 和 VEGC 相比有稍微的增加。例如，NPP 和 VEGC 在 W3-NODRAIN 和 W3DRAIN 间的差异小于 1%。而在 W3 和 W2/W1 间的差异为 5.3%/11.1% 和 5.0%/11.0%。NODRAIN 模拟中的 RH 和 SOC 稍微高于 DRAIN 模拟中对应的值。例如，W3-NODRAIN 和 W3 间的 RH 与 SOC 差异分别为 <4% 和 7%，而 W3 和 W2/W1 间的差异分别为 3.0%/6.0% 和 5.9%/14.1%。我们在生态系统模型中增加了多年冻土水

文模块，用来模拟青藏高原多年冻土区高寒草地生态系统对气候变暖的响应。改进后的模型能够合理地模拟土壤温度和水分对气温升高及多年冻土退化的响应。敏感性试验表明，气温增加会导致土壤温度增加和活动层变厚，土壤水分变少，NPP 和异养呼吸降低，植被和土壤碳库变小。值得指出的是，生态系统对气候变暖的响应在青藏高原上存在空间差异，受到不同降水和多年冻土退化阶段的影响。多年冻土阻止土壤水进入地下水。但是多年冻土退化是个长期过程，并且是对气候变暖的响应，而气候变暖本身会导致蒸散发的加强。高寒草地的退化不能主要归因于多年冻土退化导致的隔水板效应的减弱。

第10章 冰冻圈生态学前沿科学问题与展望

我国科学家根据冰冻圈要素形成发育的动力、热力条件和地理分布，将冰冻圈划分为陆地冰冻圈（continental cryosphere），包括冰川（含冰盖和冰帽）、冻土（包括多年冻土、季节冻土、地下冰）、河冰和湖冰、积雪；海洋冰冻圈（marine cryosphere），包括冰架、冰山、海冰和海底多年冻土；大气冰冻圈（aerial cryosphere），包括大气对流层和平流层内的冻结水体（秦大河等，2016）。显然，大气冰冻圈不属于冰冻圈生态学范畴，陆地冰冻圈和海洋冰冻圈则是冰冻圈生态学的主要对象。地球上高海拔或中高纬度地区是冰冻圈发育的主要地带。冰冻圈科学本身是以冰川（冰盖）、冻土、积雪、河冰、湖冰以及海冰、冰架、冰山和大气中的固态水体等冰冻圈组成要素为对象，以冰冻圈分支学科和各要素的形成和演化规律为基础，以与其他圈层相互作用和影响为重点，以为社会经济和可持续发展服务为目的一门新兴交叉科学。因此，冰冻圈生态学就是以冰冻圈和生物圈相互作用为基础、以多学科交叉为手段、以探索陆地和海洋冰冻圈各组成要素和生物体之间相互作用关系为重点的生态学新分支科学。

全球变化环境下，冰冻圈变化过程中的动力响应与时空差异性是冰冻圈生态系统变化的主要驱动力。在过去十余年的时间里，有关冻土、积雪及冰川变化的区域生态系统影响研究在全球范围内持续发展，取得了诸多领域的创新进展。本书汇集了以青藏高原和东北大兴安岭等区域为核心，以我国科学家为主导的相关部分研究成果，重点阐述了冻土、积雪变化对青藏高原陆地生态系统生产力、碳氮循环等方面的影响以及在冰冻圈生态系统模型方面取得的进展。这些研究进展在一定程度上丰富和发展了冰冻圈生态学的基本内涵，为这一新型交叉学科的发展奠定了重要基础。但毋庸置疑，作为冰冻圈科学的一门分支科学，其理论体系和方法论均处于形成和发展的初级阶段，尚有大量未知领域需要深入探索。一方面，由于冰冻圈各要素主要物理过程不同，冰冻圈变化过程及其控制机理仍然处于不断探索之中，迫切需要建立较为完善的地面监测、遥感、空基等多监测手段对其物理过程参数进行长期定位监测，同时，基于长期系统观测数据支持下的冰冻圈水热和动力过程模型研发也是冰冻圈科学的基础性研究工作之一。另一方面，冰冻圈生态学的专门研究基础十分薄弱，不过是最近二十多年在全球气候变化持续影响下被广泛关注而兴起来的研究领域，相关认识十分有限，尚难以形成系统的冰冻圈生态学基础理论和范式。据 IPCC 第五次评估报告统计，陆地冰冻圈占全球陆地面积的 52.0%～55.0%，其对气候变化的高度敏感性和脆弱性，决定了未来变化环境下，冰冻圈生态系统可能是未来演变最为剧烈的生态系统类型，将对整个地球环境和人类社会发展产生巨大影响。因此，冰冻圈变化的生态学研究将持续成为广泛关注的焦点。总结已有研究进展，对冰冻圈变化的生态学研究的未来主要方向归纳为以下几方面。

10.1 冰冻圈生态系统变化及其驱动机制的多尺度观测与分析

观测与试验数据极度匮乏是冰冻圈与生物圈相互作用关系与驱动机制研究面临的最主要障碍，迫切需要在冰冻圈要素变化观测基础上，嵌套生态系统关键要素的观测，形成冰冻圈-生物圈一体化观测体系，研发适宜于冰冻圈生态系统的新技术与新方法，遥感技术与定位监测等多种数据获取手段相结合，通过多源数据集成与融合，构建基础数据系统。如何在新技术新方法支持下将陆地生态系统观测体系和冰冻圈要素变化观测系统充分结合，构建冰冻圈生态系统观测网络，决定未来冰冻圈生态学发展水平。为此，需要在未来5~10年或者更短时间内，重点部署以下方向的研究。

10.1.1 冰冻圈陆地生态系统变化多尺度耦合观测系统与多源数据集成研究

针对多年冻土、积雪变化的影响，选择具有代表性的典型高寒苔原、草地、灌丛以及森林等不同生态系统类型，突出中长期观测技术、方法与观测网络体系建设的研究，充分应用多种高分遥感数据获取与反演技术、先进的地面观测与样本分析技术和方法，探索多种新技术与新方法的联合，实现数据的高质量、连续性与可靠性。在过去20多年间，国际上不同地区针对不同陆地生态系统相继开展了大量观测试验研究，对这些数据收集与整编，并通过多源数据集成与融合，形成可靠、长系列和高质量的数据系统。

陆地长期生态样带观测系统。早在1993~2003年，IGBP/GCTE在全球设置了15条典型的陆地生态系统观测样带，通过样带上不同生态系统响应气候变化的对比观测研究，获取了重要的陆地生态系统对气候变化响应与适应的直接证据。在冰冻圈范围内，构建典型长期陆地生态样带，在传统的不同生态系统类型的水土气生要素综合观测系统基础上，将冰冻圈要素（如积雪和冻土等）变化观测结合起来，建立以冰冻圈要素为主要环境因子的生态系统变化观测网络。基于涡度观测技术的通量观测在冰冻圈生态系统观测中尤为重要，通量观测和能量平衡紧密结合，可以将能-水-碳传输过程有效耦合，辨析冰冻圈变化对生态系统影响的作用机制。气候变化的模拟控制试验是探索陆地生态系统对气候变化响应与适应的重要手段，目前主要采用FACE和OTC进行增温、降水格局变化和CO_2以及氮沉降的模拟观测试验。在冰冻圈，还需要加入活动层土壤水热交换、碳氮迁移转化以及积雪深度变化影响等因素的观测。目前的环境变化控制试验更多地关注多因子交互试验以及更长时间尺度多因子协同作用的影响观测，这在冰冻圈尤为重要，需要将温度、水分、冻融过程和碳氮循环等多因素多过程协同起来开展综合观测试验。

遥感技术在陆地生态系统变化和冰冻圈要素变化监测的应用越来越受到重视，是大尺度反演陆地生态系统变化的重要手段。例如，在积雪遥感方面，利用积雪监测数据，通过同化技术处理，在流域或更大尺度上获取积雪范围、雪水当量等已经成为主流方向，并出现了许多数据同化方法，在雪水文方面常用的主要有变分同化和卡尔曼滤波转化方法。目前，借助遥感手段提取植被生物物理参数取得了较大进展，可以有效反演植被生产力、物候、有效光合辐射、LAI 以及其他冠层参数等。近年来，一些生物化学参数也可以通过遥感反演获得，进一步推动了区域大尺度生态系统碳氮循环研究的发展。在冻土的冻融深度、地下水位变化以及活动层土壤水分等冰冻圈要素的遥感提取方面也发展迅速，能够开展大尺度冻土分布与变化、陆面以及一定深度活动层内能水循环的监测分析。这些进展将在未来冰冻圈生态学领域具有广阔的应用前景，将无疑推动寒区的区域生态学取得较大发展。多尺度观测试验的数据同化和融合对于冰冻圈生态学研究十分重要，目前已经有很多先进的数据同化技术可以利用，通过采用这些新技术和新方法，将不同尺度、不同来源的数据进行有效集成和融合，构建数据和信息资源库，有助于推动冰冻圈生态系统多方面的深入研究，也有利于发展冰冻圈生态模型。

10.1.2 冰冻圈水生生态系统变化的综合观测试验与数据集成研究

冰冻圈水生生态系统包括陆地淡水水生生态系统和极地海洋生态系统两方面，选择典型区域，开展将冰冻圈要素变化及生境条件影响的观测与河湖淡水生态系统监测和极地海洋生态系统监测体系相结合的技术、方法和观测网络建设的研究。应用水生态系统观测研究手段与海洋冰冻圈监测技术和方法相结合，不断深化极地海洋水生生态系统响应气候变化的研究。通常情况下，需要开展冰冻圈水生生态系统综合观测，包括水文物理、水化学、透光性、沉积物、微生物、浮游生物、底栖生物、叶绿素及初级生产力观测和研究，同步开展相关冰冻圈要素观测，包括水温和垂直剖面以及河冰或胡冰距岸边水平距离的时空变化规律、冰面形成及其特征的动态变化过程、区域内气象要素（气温、光照、风速、辐射、降水与降雪等）等。在对这些因素进行系统观测的基础上，结合大尺度温盐环流和大气物质输送以及基于遥感的生物信息反演等多种数据，开展针对气候、冰冻圈因子和水生生态系统相互作用的多元信息及数据集成分析。

10.2 冰冻圈–生物圈相互作用关系与机理

冰冻圈–生物圈相互作用是地球表层多圈层相互作用中最为复杂的过程，如多年冻土和积雪变化对陆地生态系统的影响广泛而深刻，但冻土–积雪–生态系统间的相互作用关系十分复杂，远远超越温带和热带地区常见的气候–植被–土壤系统的相互作用关系。现阶段尽管认识到冻土退化对生态系统影响的诸多现象与后果，但其作用机理与可量化的方法仍然需要未来深入探索。明确原有生态系统随冻土退化出现类型更替、结构改变或严重退化等显著变化节点的阈值以及极端事件（极端高温和干旱等）扰动的生态系统响应阈值，这既是制订科学应对和适应变化对策的重要科学依据，也是发展冰冻圈生态模型与陆面过程模型的重要基础。另外，冻土模型、生态演替模型以及冻土水文模型的发展，均需要综合冻土、水文、地下冰、热量以及生态系统演化等诸要素的耦合作用，以提升模型的识别能力以及对大气–冰冻圈耦合作用关系与机制的认识。不同生态系统响应积雪变化的幅度、方式和适应策略等不同，如何准确评估积雪变化对不同尺度生态系统的影响、明确空间差异性的形成机制，需要进一步深化和广泛开展不同积雪变化情景下，对不同类型生态系统的影响与机理研究。此外，一些驱动分布式积雪模型的关键变量，如积雪性质与时间、降水相态以及辐射等缺乏有效的参数化方案。为此，未来需要发展基于积雪–植被密切互馈作用机制的新一代积雪–植被关系模型，以获得较为准确的积雪分布与变化、生态与水循环效应等方面的科学认知。

10.2.1 积雪生态学前沿科学问题与展望

早在1991年，国际水文科学协会（International Association of Hydrological Sciences，IAHS）的国际冰雪委员会成立了一个雪生态学工作小组，着手从生态学或生态系统角度进行积雪研究，首次提出了雪生态学的概念。2001年，加拿大生态学家Jones等在系统总结已有相关研究基础上，正式提出了雪生态学的学科理论体系，并定义雪生态学是一门关于积雪或雪被区域（雪生态系统）中生物体与其周围环境相互关系的科学，积雪是这一生态系统中的非生物亚系统（Jones et al.，2001）。尽管明确了积雪的物理过程、化学过程由土壤系统、植物和动物群落的相互作用所驱动，同时，季节性积雪还是高纬度和高海拔地区生物地球化学循环的重要环节，但是，雪生态学本身尚存在诸多的未知领域，其理论体系尚处于形成与发展之中，包括积雪–植被相互作用关系的时空变异规律及其驱动机制、积雪变化对生态系统结构组成与功能的影响及其反馈效应、积雪生态系统的生物地球化学循环过程及其对气候变化的响应规律等。

1）积雪变化对生态系统组成、结构和功能的影响。融雪时间不仅影响植物生长季的长度，而且植物长期生长在这种异质的生境中，必然会改变自身个体生长和繁殖的特性以适应由积雪引起的资源变化。因此，积雪面积、积雪厚度、积雪覆盖日数、积雪周期和积雪消融速率的变化对寒区植被群落结构与组成、植被地上与地下生物量分布格局等均具有十分显著的影响。气候变化导致积雪厚度和时间发生改变，如北极总体上积雪厚度增加但积雪时间缩短，从而影响物种多样性与初级生产力，并可能导致一些冰冻圈特有物种消失。未来在全球气候变化背景下，积雪变化对陆地生态系统组成、结构的影响程度、作用机理，在物种多样性、生产力以及碳氮循环方面的表现，将一直是关注的热点。积雪变化本身存在较大的时空异质性，特别是极端降雪事件发生的频率等因素的影响以及植被对积雪的反馈影响，使得积雪与生物圈的相互作用具有复杂的尺度效应和生态系统间的差异性（图10-1）。明确积雪与生态系统之间所具有的互馈作用关系、时空变异规律与机制，准确判断识别积雪变化对区域生态系统的可能影响程度与范围，一直是积雪变化生态学领域的前沿问题。

2）积雪变化对生态系统影响的土壤响应过程与反馈及其机理。积雪变化将在很大程度上改变雪被下的生境条件，如土壤理化特征（包括土壤热力状态和物理性质）、土壤水分含量、土壤养分矿化过程以及雪被下的微生物活动等（图10-1）。但现阶段对这种影响

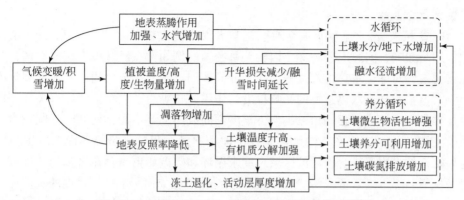

图 10-1　积雪生态学的一些关键科学问题及其关联性

的研究仅限于局地观测，在不同生物气候和生物地理条件下的观测结果不尽相同。首先面临的问题是积雪厚度、积雪时间对土壤水热条件和水热耦合过程的影响，目前缺乏较为明确的积雪厚度、积雪时间–土壤温度间的量化关系，对于不同气候带可能存在的影响土壤温度的积雪阈值也没有相对一致的认识。其主要原因莫过于影响因子的复杂性，不仅植被覆盖、地形条件对这一关系具有较大影响，而且土壤结构（腐殖质层厚度和有机质含量、粒度组成）以及土壤前期含水量（含冰量）等也具有较大作用。生态系统对积雪还具有显著的反馈作用，如植被类型和结构变化将较大幅度改变积雪分布格局、积雪消融以及升华等多个过程。量化积雪与土壤水热状态的关系以及确定合理的参数化方案，是陆面过程模型和生态系统模型也需要解决的问题之一，因此，未来在这一领域的研究必将进一步深化。土壤水热条件也是影响土壤养分状态的重要因素，积雪本身在土壤水分和养分供给方面具有较大影响。然而，这一领域的研究前沿进展与土壤水热条件随积雪变化相类似，积雪对土壤养分状态的影响，也大都集中于局地观测结果及其局地化机理的探索，尚未形成系统的理论认识，更缺乏定量描述方法和模型。因此，积雪与土壤的养分状况（含量及有效性、矿化速率等）间的关系也一直是重要的研究方向。

　　3）积雪变化对生物地球化学循环的影响与反馈。由于积雪的覆盖，形成很好的绝缘层，冬季雪被下土壤温度将显著高于非雪被土壤，土壤融化可大大促进冬季土壤–大气间的气体交换，增强土壤微生物活性，导致冬季土壤呼吸速率增加，并增大非生长季的土壤碳排放强度，对土壤碳排放和植物的养分吸收具有重要的贡献（陶娜等，2013）。基于在加拿大高纬度极地和瑞士亚北极开展的积雪控制模拟试验，发现积雪厚度增加可促使生态系统呼吸增加 60%～157%，中等程度积雪增加就可显著增强冬季土壤呼吸，并导致生态系统年度净碳交换由汇转变为源。积雪厚度增加所产生的土壤水热正效应，不仅有利于土壤碳释放，而且对于其他温室气体（如 CH_4 和 NO_2 等）也起到明显的促进作用，积雪消融引起的土壤饱和可增加 CH_4 释放通量。有研究证明，积雪覆盖变化对凋落物分解过程及凋落物养分元素释放速率也有较大影响，如武启骞等（2015）通过积雪控制试验发现，积雪厚度增加显著提高了凋落物中 P 元素的释放速率，并提高了各物种冬季 P 元素释放贡献率，认为全球变化情景下的雪被减少可能减缓高海拔森林凋落物 P 元素的释放过程，改变森林土壤 P 元素水平。

4）积雪–植被–冻土系统水热交换变化与大尺度能水循环效应。寒区积雪–植被的能水互馈作用与影响，实际上还与冻土因素关系密切。例如，在泛北极多年冻土区，冬季较大的积雪覆盖，对冻土水热传输过程存在十分显著的影响，甚至可能由此导致多年冻土消失。但积雪覆盖对冻土水热过程的影响程度与作用方式等与植被覆盖状况有关，苔原、灌丛与泰加林带不同，甚至相同植被类型下盖度不同或高度等不同，均产生不同效应。但现阶段对于植被–积雪–冻土系统的水热耦合传输和交换过程的定量描述尚未取得根本性突破，这种复杂的多因素耦合作用的区域尺度水循环和碳循环更是存在诸多未知领域。我们尚不清楚积雪–植被–冻土系统复杂的水热耦合传输过程如何影响区域尺度的水循环，亦缺乏定量描述寒区如此多因素协同作用下水循环和径流效应的数值解析模型，对于由此产生的寒区生态系统碳源汇过程也处于探索之中。在较大尺度上，积雪–反照率–温度反馈作用系统还是区域气候系统的关键组成部分，如欧亚大陆或青藏高原超常积雪变化可能与印度季风的延迟或弱化密切相关，并认为这种相互作用关系是全球气候变化中欧亚大陆积雪作用的一部分，而春季积雪变化的反馈可能已经对北半球热带以外陆地的春季增温起到了实际作用（Euskirchen et al., 2007）。特别是青藏高原冬季积雪增加导致地面感热热源减弱、反射通量增加以及积雪融化造成土壤湿度增加等因素共同作用被认为是驱动中国大气环流变化，并导致降水格局变化的主要原因之一（朱玉祥等，2009）。

10.2.2　冰川生态学前沿科学问题

冰川（冰盖）的生态作用主要体现在对冰内微生物系统、极地海洋生态系统以及依赖冰川融水生存的其他内陆河道生态系统等的影响。冰川消融通过增加径流，向干旱区或海岸带环境提供更加丰富的淡水、养分或有机碳等物质，从而较大幅度改变下游或海洋生态系统。但这方面的研究尚处于初步探索阶段，缺乏足够的相关数据和研究结果来阐明冰川变化对生态系统的影响方式与程度等问题。在长时间尺度上，冰川的持续退缩将产生新的陆地而促进微生物种群和植被原生演替，有利于形成新的植被覆盖区。冰川进退与生态系统演化（植被原生演替）之间的关系及其植物学、生态学和气候学意义，是一个新近产生的交叉学科方向，如图 10-2 所示。现阶段主要关注的科学问题是确定植被群落演替的驱动因素与机制，伴随植被群落改变产生的生态系统生产力、生物多样性以及碳、氮源汇格局变化等。

湖冰、河冰变化及其生态影响是冰冻圈与生物圈作用的一个十分重要的领域。气候变化显著改变湖冰、河冰封冻与融化时间，融化时间延长有利于增加光合作用、并增加温暖河流携带来的养分。这些影响不仅可以增加湖泊、河水生物量，而且可能促使由原来的单季向双季系统演变，但同时也对一些冷水生境的生物产生限制作用。湖冰、河冰减少促进开放水面增加和开放时间延长，有利于吸引更多水鸟和其他水生动物迁移，特别是温暖地带物种的入侵，并伴随原有冷水生境物种消失。河冰减少以及覆盖时间缩短，不仅对河道内部水生生态系统产生正负两方面并存的较大影响，而且对河岸带和河流下游三角洲以及

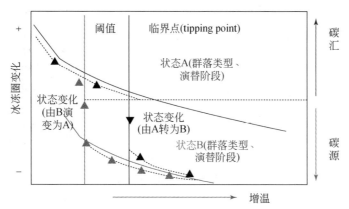

图 10-2 冰冻圈（山地冰川、河湖冰以及海冰）
变化对生态系统影响的核心科学问题

洪泛平原生态系统也有较大影响。除了以上研究热点外，近年来国际上关注的主要问题还有以下三方面：一是湖冰、河冰覆盖变化导致的湖水和河流水体温度及热力场垂直梯带变化、区域尺度的差异性及其未来演变趋势；二是推进标准化、规范化定位监测与区域联网观测，并与遥感技术密切结合，发展数值预测模型，系统明确河湖冰变化对湖泊与河流淡水生态系统的影响以及对整个区域陆地和海洋生态系统的链接效应；三是评判生态系统适应河湖冰变化的演化趋势以及人类社会应对策略。

海冰内部和冰底生长大量冰藻，是冰区生物的重要食物来源。北极直链藻是北极冰底特别是多年冰底部最优势的冰藻种类，它们不但为冰–水界面的生物提供食物来源，而且由于其呈链状群体分布，在海冰快速融化后会迅速沉降至海底，为底栖生物群落提供至关重要的食物来源。冰底甲壳动物是冰下北极鳕鱼（*Boreogadus saida*）的重要食物来源，它同时也是构成与冰相关的食物网的重要链接，并与大型哺乳类如海豹、鲸等相连接，而冰底甲壳动物的种类组成、分布及丰富度与海冰的年龄、类型和冰底形态密切相关。在海冰融化过程中，融水注入导致上表层海水盐度降低，形成盐跃层。加上水体光线增加和水温上升，导致浮游植物迅速繁殖，形成水华，这在北极海洋生态系统中起着极为重要的作用。近年来，伴随海冰退缩和覆盖时间缩短，已经观测到海冰变化对海洋生态系统产生较大影响，如在白令海域，海洋生态系统由原来以底栖海–冰藻类为食物链的鸟类和哺乳动物构成的冰缘生态系统为优势，向以浮游生物与中上层鱼类为优势群落的开放海域生态系统转变，且监测到浮游生物量随海冰退缩而不断增加（Arrigo et al.，2008）。一般而言，海冰变化（主要是减少了多年海冰覆盖而增加了季节性海冰区，融化提前而冻结延后）可大幅度提高光合作用而增加各营养级的生物量，但这种正效应可能被一些负效应抵消，如淡水径流增加和海冰融化进一步增强了海水分层，限制了深层营养物与上层和表层水体的混合，从而阻碍了浮游植物的生长。随海冰融化时间提前，大多数海鸟和大型浮游动物的丰富度会降低，且有迹象表明这些物种的数量在更加温暖的气候下会进一步衰减。目前国际上关注的焦点是如何准确判断海冰变化导致海洋生物优势建群变化的阈值及其发生的可能时间节点（图 10-2），包括生态系统生物量、碳源汇变化等。

10.2.3　冻土生态学前沿科学问题

多年冻土是指温度在0℃以下，含有冰的各种岩土和土壤，其面积占北半球陆地面积的25%，是寒区陆地生态系统重要的组成部分。由于独特的水热特性及隔水层，多年冻土是地球陆地表面生态系统循环过程中的一个重要因子。多年冻土与生态系统之间存在十分复杂的相互作用关系，一方面，多年冻土通过对水循环、生物地球化学循环以及地貌的巨大影响而制约生态系统类型、分布格局、生产力以及生物多样性；另一方面，生态系统类型、结构与分布格局通过改变地表反照率、热量与水分交换、生物地球化学循环过程等，制约多年冻土的形成与发展。相比植被对多年冻土的作用，多年冻土变化如何并在多大程度上影响或改变生态系统，是近年来全球变化以及冰冻圈变化广泛关注的领域。

(1) 冻土–植物生态相互作用

极地和高山是多年冻土区的主要分布区域，近年来由于全球变化，如气候变暖和人类放牧等土地利用活动增强等，均不同程度地引起多年冻土退化，进而改变区域植被生态系统的结构和功能（Osterkamp et al.，2000），这可能是冻土退化降低了表层土壤的湿度和土壤养分的供应量。在北极和青藏高原的多年冻土区研究发现，冻土的融化均伴随着植物功能群的丰富度降低，从莎草科为优势物种的高寒草甸退化到半旱生植物为优势物种的高寒草原，直至到旱生植物为优势物种的高寒荒漠。因此，植物功能群的丰富度高低也是一种相对容易区分冻土融化的不同阶段的指示器（Garnello，2015）。同时，植被盖度，特别是苔藓植物、泰加林和浓密的草本植物群落，能够通过遮阴而降低蒸散发，进而保持更低的土壤温度和更高的土壤湿度，可以在连续和非连续多年冻土区保持浅层活动层厚度，是保护冻土的天然绝缘体（Werger and Staalduinen，2010）。因此，植被盖度很小的变化都可能引起冻土条件很大的变化，这是因为降低的植被盖度及沙漠化进程可能影响地表温度的控制，从而导致冻土退化。在对北方森林带多年冻土区分布的西伯利亚落叶松研究发现，落叶松存水量低且具有较高的气孔传导率，而冻土中的水分能为落叶松的生长提供充足的水分。而随着冻土的退化，水分含量降低满足不了落叶松的生长时，将被耐旱存水量大且具有相对低气孔传导率的樟子松取代，进而导致整个森林生态系统的机构和功能发生改变。

可见，冻土退化与植物群落结构与组成存在某种相互制约的关系，但是迄今为止有关二者的相互作用大小并不清楚。Block 等（2010）在北极灌丛分布的多年冻土区开展灌丛移除试验发现，灌丛存在的样方可以对地表产生遮阴作用，使得下方的活动层厚度比覆盖草本植物的样方更浅。因此，他们认为北极持续的灌丛扩张可能缓解未来多年冻土的融化进程。然而，群落陆地表面模型的模拟结果并不赞同这一结论，模型结果显示，如果考虑到气候对多年冻土的反馈作用，灌丛的扩张并不会减少，反而明显增加下方多年冻土的脆弱性，加快冻土的融化。在青藏高原，气候变化和冻土退化的协同作用驱动着高寒草甸和高寒沼泽草甸的面积均显著降低（Wang et al.，2011），但高寒草地整体的 NDVI 则呈现持续递增趋势。一些研究表明，不仅多年冻土对生态系统的影响存在自身临界范围，如活动层厚度以及含冰量等，而且多年冻土变化作用下生态系统响应过程存在临界拐点，包括生态系统结构、类型的突变等，如图 10-2 所示的生态系统状态（类型、演替阶段等）随多年冻土变化的改变，现阶段聚焦的核心问题是探索植被群落演替模式的冻土环境阈值或临界点。

（2）全球变化与冻土–生态系统演变

在全球尺度上，多年冻土在气候系统中扮演着三个方面的主要角色：一是地球某一深度环境变化的指示器；二是大气温度变化传递到地球的水圈、冰冻圈和生物圈的直接分界线；三是伴随着冻土融化释放二氧化碳、甲烷等温室气体，多年冻土是气候变化互馈的贡献者。可见，气候是多年冻土重要的影响因子，三者相结合对寒区生态系统影响的研究是当前全球变化研究的热点和前沿科学问题。

在极地和亚极地区域，大量的有机碳储存在多年冻土中。温暖的气候可能引起环境改变，并进而加速有机碳中微生物的分解和温室气体二氧化碳及甲烷的排放。这一负反馈作用又反过来加速气候变化，然而，这一负反馈作用的程度和时间以及它们对气候变化的影响还不确定。多年冻土中碳储量超过了 1600Pg，占陆地碳储量的 50%，大气碳储存的 200%（Zimov et al.，2006）。气候变暖有可能导致冻土融化并加速多年冻土中碳排放到大气中，但是主要的不确定性是这些多年冻土层中的碳是如何排放到大气层成为二氧化碳和甲烷的。干旱好氧条件下碳的周转和二氧化碳的排放速率更快，而在湿润的厌氧条件下碳的周转速率降低。因此，当冻土融化的时候，水分条件不仅影响冻土碳释放的速率，也影响其对气候的反馈潜力。可见，陆地碳–气候反馈的不确定性，尤其在多年冻土区是目前国际研究的一个空白，也是一个热点。

气候变暖引起的多年冻土退化，进而降低土壤湿度，引起寒区植被群落结构和功能的改变（Elmendorf et al.，2012a，2012b）。越来越多的研究发现，土壤水分，而不是温度，是控制高寒、山地苔原植物群落生产力的主要驱动力（Winkler et al.，2016）。青藏高原多年冻土区的增温模拟试验结果显示，增温提高了优势莎草科植物的优势，降低物种多样性，却增加生产力。非多年冻土区的高寒草甸研究发现，增温降低、不改变或者增加（Chen et al.，2016）植被生产力。温度变化对青藏高原的植被生产力影响的多样的研究结果，可能与开展增温的试验长度有关，试验长度均低于 5 年；大部分研究采用的是被动式增温装置——OTC，它可能隔断了花粉传播抑制了繁殖生长，阻断了风力从而降低了凋落物的分解速率，进而产生各种副作用。另外，考虑到多年冻土区温度升高导致生产力增加、冻土融化引起非冻土面积增加，我们以前的模型可能高估了多年冻土区的碳储量，建议未来的模型碳估算中考虑冻土退化后的生产力降低情景。

多年冻土变化对陆地生态系统的影响广泛而深刻，但二者间的相互作用关系十分复杂。现阶段尽管认识到冻土退化对生态系统影响的诸多现象与后果，但其作用机理与可量化的方法仍然是未来需要深入探索的问题。这一问题的最大制约瓶颈是相关观测数据的匮乏，需要在过去单纯以冻土温度和水分等要素观测基础上，嵌套生态系统关键要素的观测，形成冻土、水文、生态一体化观测体系。明确原有生态系统随冻土退化出现类型更替、结构改变或严重退化等显著变化节点的阈值以及极端事件（极端高温和干旱等）扰动的生态系统响应阈值，这既是制订科学应对和适应变化对策的重要科学依据，也是发展冰冻圈生态模型与陆面过程模型的重要基础。另外，冻土模型、生态演替模型以及冻土水文模型的发展，均需要综合冻土、水文、地下冰、热量以及生态系统演化等诸要素的耦合作用，以提升模型的识别能力以及对大气–冰冻圈耦合作用关系与机制的认识。

10.3　冰冻圈生物地球化学循环

冰冻圈生物地球化学循环，尤其是碳循环过程及对气候变化的响应与反馈是当前全球变化研究的热点与主要关注方向，同时也取得了一系列重要成果与认识。例如，在大量的采样点补充情况下，对冰冻圈碳储量的估算有了较准确认识：北半球高纬冻土区表土 1m 深度内土壤有机碳储量为 495Pg，3m 内储量达 1024Pg，约占全球 3m 深度土壤有机碳储量的 44%，而全球范围内高山多年冻土土壤有机碳储量约为 66Pg，其中青藏高原 3m 内土壤有机碳储量为 13.3~17.8Pg。当前的大量证据也表明增温可以促进高寒地区生态系统碳输入，即生产力显著增加，从而可能增加冰冻圈的碳汇能力。然而，目前高寒地区土壤碳排放研究主要关注土壤或生态系统呼吸的总排放，土壤异养呼吸的区分及贡献研究仍相对滞后，而土壤异养呼吸的碳排放输出是评估生态系统的碳源汇方向及强度的关键。此外，冰冻圈的碳循环目前多集中在对增温等外界环境要素改变的响应研究上，而缺乏环境变化下氮素循环及其对碳循环耦合作用的研究；同样环境要素变化下，冰冻圈地理过程（如侵蚀）或成土作用（如冻扰过程）的改变对碳循环的影响研究更为匮乏，从而限制了对冰冻圈碳循环及其对气候变化响应的深入认识。未来，以冰冻圈碳循环为重点的前沿发展方向主要有下几方面。

10.3.1　冰冻圈碳源汇动态过程与驱动机制

生态系统碳源汇的变化取决于其碳输入与输出的平衡关系，增温提高了高寒地区植被生产力（gross primary productivity，GPP）（Natali et al.，2012），但同时也极大地促进了生态系统的呼吸输出（包括植被自养呼吸和土壤异养呼吸）（Dorrepaal et al.，2009；Vogel et al.，2009）。增温对生态系统呼吸的促进作用体现在两个方面：一方面，增温在提高植被 GPP 的同时也增加了植被用于维持和生长的自养呼吸；另一方面，增温促进了土壤微生物的活性，从而增加了土壤异养呼吸的碳排放。土壤异养呼吸是生态系统呼吸的重要组成，也是土壤碳损失的主要途径（Hanson et al.，2000）。土壤异养呼吸中，老碳（一般表征几十年到百年，甚至千年前形成的有机碳）的呼吸排放量化是评估土壤碳变化的关键，但是目前对于土壤老碳的区分与量化研究较少，特别是国内的研究更少，而且由于研究手段滞后，制约了对冻土区土壤碳库变化的机理认识。以高寒地区生态系统呼吸观测研究为例（Li et al.，2011；Wang and Wu，2012），现大量采用的方法（如植被去除法等）来区分土壤异养呼吸的排放及其贡献存在明显不足：①干扰较大，需要较长的缓冲时间排除由于根系死亡产生的碳排放增加的影响。②植被碳输入是微生物重要的能量来源，去除植被会降低微生物活性，进而可能会低估土壤的异养呼吸排放。在增温条件下，由植被碳输入增加产生的激发效应（Kuzyakov，2010）可能会显著促进土壤有机碳分解，尤其是老碳的呼吸损失。因此，利用该方法量化增温下土壤异养呼吸及其贡献会增加低估的风险。③土壤有机碳在组成上具有高度的异质性，是不同时期形成的有机碳的组合［如大致可以分为老碳和近几年或十几年形成的新碳（new carbon）］，但利用去除根系测定土壤呼吸的方法仅能测定总的土壤异养呼吸而不能有效检测出土壤组分呼吸的差异性和相对贡献。④冻土区表层土壤温度的日变化与月际变化均显著高于下层土壤，因此下层土壤较小幅度的增温可能对土壤呼吸产生较大影响。此外，下层土壤一般具有较高比例的老碳，对增温的响应可能与表土相异，现有方法同样不能有效量化不同深度土壤异养呼吸的贡献。因此，采用较为先进的方法区分土壤异养呼吸以及土壤新老碳排放贡献是亟须解决的关键问题之一。

近年来，国际上北极地区高寒生态系统碳排放的研究采用了对土壤扰动较小的碳同位素自然丰度方法估算冻土区自养呼吸和异养呼吸的比例或不同深度土壤呼吸的贡献（Lupascu et al.，2014）。例如，Dorrepaal 等（2009）利用不同深度土壤以及呼吸排放中的 $\delta^{13}C$ 值估算了下层土壤（25～50cm）占生态系统呼吸比例及对增温的响应，发现增温显著提高了冻土区生态系统呼吸，其中69%的呼吸增加来源于下层土壤的呼吸排放，表明下层土壤可能对增温响应更为敏感。有学者进一步利用 $\delta^{14}C$ 与 $\delta^{13}C$ 两种碳同位素区分了自养呼吸和异养呼吸以及表土和下层土壤的排放比例，结果表明自养呼吸比例随土壤温度的增加而增加，同时增温也促进了下层土壤老碳的排放。因此，增温不仅促进了冻土区生态系统碳循环过程，而且增加了土壤中历史封存碳的损失，进而正反馈于气候变化（MacDougall et al.，2012）。因此，碳同位素自然丰度方法不仅可以有效区分自养呼吸和异养呼吸，而且可以深入剖析土壤异养呼吸的来源，尤其是老碳的排放贡献，这可能是今后冰冻圈碳循环研究及碳源汇评估的重要手段。

10.3.2　冰冻圈碳氮生物地球化学循环耦合作用

氮素对于生态系统碳循环具有重要的调控作用。一方面氮素是植物的主要组成元素之一，其供给影响植被生产力及其地上和地下分配（Natali et al.，2014）；另一方面氮素供给或动态对土壤碳排放产生抑制（Janssens et al.，2010；Lavoie et al.，2011）或促进作用。增温背景下，高寒生态系统土壤氮矿化作用增强，硝化和反硝化作用提高，从而可能造成土壤氮素损失增加。但是，近年也有研究表明北极地区增温促进了生物固氮作用，增加了土壤氮的输入。因而，高寒生态系统氮平衡或动态变化及其对气候变化的响应研究是当前冰冻圈碳循环研究的薄弱环节，仍需深入认识。

氮稳定同位素的自然丰度（$\delta^{15}N$）是表征氮素循环的重要指标，应用广泛。我们利用青藏高原多年增温措施，通过对比增温条件下高寒草甸植被和土壤 $\delta^{15}N$ 值，研究增温对青藏高原冻土氮动态的影响。结果发现，尽管增温促进了冻土氮的 N_2O 损失，但同时可能提高了生物固氮作用，也就是增温增加了青藏高原土壤氮储量，而根据氮素渐进限制理论（Luo et al.，2004），土壤氮储量的增加不太可能对植被生产力的增加造成限制，其结果是正反馈于高寒生态系统碳储量。然而，相关结果仍需更多证据佐证，尤其是氮稳定同位素等新方法的应用与解释。

蕴藏在冰冻圈的碳氮库及其在全球变化下的稳定性与源汇变化，是全球变化研究最为关切的焦点，冰冻圈生物地球化学循环变化对气候及环境的反馈也是气候系统以及全球变化研究最不确定的领域之一。目前和未来10年迫切需要在系统认识冰冻圈生物地球化学循环过程的基本规律与机制的基础上，明确冰冻圈作用下的区域生物地球化学循环变化对区域或全球气候的反馈作用方式、程度、机理与未来趋势，阐释生物地球化学循环变化对冰冻圈要素的反馈影响途径、机制及其对区域环境的可能影响。

10.3.3　冰冻圈碳循环的生态地理过程与冻扰作用

样地尺度上，冰冻圈的碳循环过程（生态系统碳输入与输出）受到较多关注，而在流域尺度上，河流碳的输出也是当前冰冻圈碳循环的研究热点（如本书第7章内容）。在北极和青藏高原多年冻土区与之不同，河流的DOC和TN输移通量不仅与径流量和流域面积有关，而且与活动层融化深度显著正相关；同时，北极多年冻土流域输移的DOC以年轻态为主，表明冻土土壤中的老碳尚未大量运移，需要进一步明确河流碳氮运移通量的时空动态、驱动机制及区域或全球尺度碳氮平衡的作用。然而目前冰冻圈的研究较少考虑甚至忽略了某些关键生态、地理过程的尺度变异性对不同尺度土壤碳循环的影响。例如，在斑块尺度上，生态系统碳可能仅需考虑土壤侵蚀或者堆积作用的影响；在坡面尺度上，可能需要同时考虑侵蚀和堆积双重作用的影响（已有研究表明坡面上仅考虑侵蚀作用会严重高估土壤碳损失）；在中小流域尺度上，则可能需要考虑土壤碳的侵蚀源和堆积汇空间分布的影响；而在更大流域或区域尺度上，则需要关注侵蚀作用（而非堆积作用）的影响。因此，考虑某些生态、地理过程的影响及其尺度变异性是今后冰冻圈碳循环研究需要面临的问题。如同我们在第7章所介绍的，冻融作用是多年冻土区土壤形成的重要过程，也是多年冻土区土壤下层有机碳积累的重要机制，进一步明确冻扰作用在增温下的变化及其对土壤碳氮的保护作用，可能是深入认识冰冻圈碳氮循环对气候变化响应的关键环节，并需要进一步量化冻扰作用对土壤碳氮的迁移过程，为今后的模型发展提供基础。

10.4　冰冻圈生态系统动态模拟

现阶段一些应用较为广泛的陆地生态系统模型均在尝试应用于冰冻圈生态系统动态模拟研究中，如陆面过程模型（CLM、CoLM、SiB等）、基于遥感资料的生产力模型（carnegie-ames-stanford biosphere 和 vegetation photosynthesis model）、基于生物地球化学过程的模型（terrestrial ecosystem model 和 CENTURY Model）以及区域动态植被模型（Biome、LPJ-DGVM、IBIS等）等。这些模型在寒区应用中均不同程度地存在一些缺陷，如上述陆面过程模型对于冻土和积雪的物理过程考虑较为详细，但是使用了简单的参数模拟植被生长过程；基于遥感资料的生产力模型结合土壤水热模拟生产力，对冻融过程考虑过于简单，基本不能刻画冰冻圈生态系统演变；基于生物地球化学过程的模型对于生态过程考虑较为全面，但对冻土和积雪物理及化学过程的考虑较为简单，同时缺乏植被类型动态演替的细致刻画；区域动态植被模型对于冻融过程考虑也比较简单，难以保障模拟冰冻圈生态系统动态变化的精度。近年来，一些基于寒区驱动要素改进的陆地生态系统模型，如基于 TEM 发展的 DOS-TEM，引进了最新的土壤冻融算法和生态系统特性（植被覆盖和土壤腐殖质层及有机质含量）的水热传导作用，并考虑了冻融过程与生物地球化学循环的互馈关系等，被广泛应用于北极不同生态系统的冻融过程、生态系统演变过程和碳氮循环过程的模拟中，取得了较好的模拟效果（Yi et al., 2009）。然而，大量应用研究表明，这一改进的寒区生态系统模型也有缺点：①对冻土地区复杂的地下水过程考虑较为简单，多年冻土退化后的地下水过程模拟是否准确还需要进一步验证；②冰冻圈冷生土壤中含有大量的砂砾石，其有着同常见的粉土、沙土和黏土有不同的水热属性，而模型中并没有考虑砂砾石；③模型中还没能考虑物种之间的竞争和演替，如由高寒草甸逆向演替为高寒草原，仅能模拟植被碳、氮库以及生产力的变化。因此，未来冰冻圈生态模型的发展应关注以下几方面的发展趋势。

10.4.1　多年冻土区植被动态演替模拟需要进一步加强

已有研究表明，气候变化和多年冻土退化会导致植被发生演替。例如，在阿拉斯加地区，无人机重复拍摄发现了落叶灌丛的扩张、林线的北移等现象，Euskirchen 等（2009）初步模拟了树林、落叶灌丛、莎草、苔藓等在气候变化条件下的竞争以及生产力。而在青藏高原，高寒草地的退化不仅仅体现在植被盖度的下降，还包括了优势种的变化，有高寒沼泽草甸向高寒草甸、高寒草原草甸、高寒草原的逆向演替。但是目前已有的生态模型模拟注重于生态系统碳氮储量的变化，忽略了群落结构的变化及其可能导致的生态系统功能的变化；而动态植被模型对土壤水热方面考虑较为欠缺。因此，未来寒区生态模拟工作应该耦合生态系统模型和动态植被模型，从而能够更好地模拟寒区生态系统对气候变化和多年冻土退化的响应。

10.4.2　多年冻土区特殊土壤质地需要在模型中考虑

当前大部分模型中土壤只考虑了粉土、黏土和沙土以及这 3 种质地的组合，但是在多年冻土区有着特殊的土壤，如在青藏高原由于比较弱的化学和生物风化作用，广泛存在砂砾石，在北方森林地区土壤表层普遍存在腐殖质，而在北极苔原和北方森林区还存在热融喀斯特。这些特殊的地表有着和现有模型中考虑的土壤差异巨大的水热属性，会影响多年冻土的变化，如腐殖质层会有效地减缓多年冻土退化速度（Yi S et al., 2007）；而热融湖塘则会加速多年冻土的退化（Yi S et al., 2014），从而对生态产生影响。因而，未来应该加强这些特殊质地的水热属性的测量，建立水热参数化方案（如导热率、导水率、水势等）改进寒区生态模型。

10.4.3 多年冻土区扰动需要在模型中考虑

目前大部分寒区生态系统模型研究只是模拟其对气候和多年冻土变化的响应，而现实中则存在扰动，会改变上述特殊土壤质地的范围和数量。例如，放牧会影响青藏高原草地植被盖度，从而影响风蚀和水蚀过程及土壤中砂砾石含量；野火会影响腐殖质的厚度；多年冻土退化会影响热融湖塘的面积和深度，而当热融湖塘发展到一定阶段又会溃坝导致热融湖塘消失。这些过程都非常复杂，在空间上不均匀，在时间上动态变化，目前还很难在大尺度上进行模拟（Yi S et al., 2010），需要在未来进一步加强研究。

10.5 冰冻圈生态服务与生态安全

生态系统服务是人类社会赖以生存和发展的基础，当前面临的多种生态环境问题的本质被认为是生态系统服务功能变化的结果。开展区域或国家层面的主要生态系统服务与生态安全研究，是区域或国家主要生态系统恢复与生态建设、生态功能区划和建立生态补偿机制以及保障生态安全的重大科学问题和重大战略需求（傅伯杰，2013）。我国冰冻圈占据国土面积的将近42%，包括青藏高原大部分高寒生态系统、东北大兴安岭区域主要生态系统以及我国高山带生态系统。伴随气候变化和冰冻圈响应，寒区生态系统变化剧烈，出现生态系统类型、组成与结构显著变化以及生态系统时空分布格局与生产力等演变。这在本书前面几章内容中具有不同程度体现，也是在近年来北极地区的观测研究中大量揭示出的普遍现象。例如，北极苔原分布区 NDVI 增加和生物量增大具有普遍性，其直接原因是灌丛大幅度扩张以及苔原植被群落的变化。在苔原地带变绿的同时，泰加林带则呈现变黄，北方森林生态系统在许多地方出现退化，表现为郁闭度和生产力下降。冰冻圈生态系统结构与格局的这些显著变化，对区域生态系统服务和生态安全有何影响在过去研究中较少涉及，专门的系统性研究缺乏，明显滞后于其他温带、热带等区域的相关研究。这一问题直接决定我们对于冰冻圈整体服务功能及其变化与反馈的认识，对于客观掌握变化环境下广大寒区生态系统服务与生态安全变化及影响具有极其重要的意义，因此，未来这一问题的研究将成为冰冻圈科学领域的前沿和热点。参照一般性的区域生态系统服务与生态安全的研究方向和核心科学问题，未来应着重以下几方面的研究。

10.5.1 冰冻圈生态系统服务形成与稳定维持机制

基于冰冻圈要素（积雪、冻土和冰川）变化的生态影响长期观测和试验，从生物资源、地表能量交换与水文调节、水土保持与固碳、生物多样性保育以及冻土环境保护等方面，深入探索生态服务的形成与稳定维持机制；系统分析冰冻圈生态系统的组成与结构、重要生态过程和生态服务的相互关系，生态系统支持功能与调节功能之间的关系及其与冰冻圈要素间的关系等，揭示冰冻圈作用下生态系统稳定性对生态系统服务的影响机理；在系统明晰冰冻圈要素与生态系统稳定性关系的基础上，研究寒区生态系统服务对冰冻圈变化或冰冻圈环境扰动的响应与适应机制。

10.5.2　冰冻圈生态系统服务评估与模拟

冰冻圈生态系统服务的定量评估是冰冻圈服务评估的核心内容之一，其关键科学问题是发展合理有效的评估指标体系和定量评估模型。首先，需要明确生态系统服务的尺度特征以及不同尺度间的关联特征，生态系统–冰冻圈分区（要素类型）–区域–国家等不同尺度上，生态系统服务的定量评估指标体系不同，不同尺度间如何关联与综合集成，是评估模型发展需要解决的关键问题。在发展评估指标体系中，既要考虑冰冻圈生态系统的一般性服务，更要注重其特殊性的服务。例如，水源涵养、水土保持和固碳服务等，与生态系统的能量平衡和由此控制的水分相变过程密切相关。冰冻圈生态系统服务还包括对冰冻圈本身的反馈作用，如减缓气候变化对冻土和冰雪的影响等。因此，在明确冰冻圈生态系统服务形成机制基础上，发展客观准确的评估指标体系和量化方法、多尺度融合的基于机理的生态系统服务综合评估模型，将是未来迫切需要解决的前沿问题。

10.5.3　冰冻圈变化的寒区生态系统服务响应与区域生态安全

冰冻圈对气候变化的敏感响应将对寒区生态系统产生深刻影响，这种影响将在多大程度上及如何影响冰冻圈生态系统服务以及对区域生态安全产生何种影响等，是近 10 多年来广泛关注的前沿领域且具有较大挑战性的问题。这一问题的解决将无疑完全依赖于10.5.1 节和 10.5.2 节两个前沿方向的进展，因为明确冰冻圈生态系统服务的形成与维持机制、掌握寒区生态系统服务对冰冻圈变化的响应与适应机制，是揭示冰冻圈变化对生态系统服务影响方式、途径和程度的基础。利用基于机理的多尺度融合的生态服务综合评估模型，开展气候变化情景下冰冻圈响应对生态系统服务影响的预估分析。冰冻圈作用区大都是地球表面重要的生态屏障功能区，系统研究生态系统服务变化对区域或较大尺度空间的生态安全影响，开展气候和冰冻圈变化，并叠加人类活动共同影响下生态系统服务与生态安全关系的研究，准确评估冰冻圈变化的区域生态安全影响。探索冰冻圈变化下寒区生态系统服务维持和生态安全保障的调控对策与技术体系，建立冰冻圈生态安全维护管理和保育策略与模型。

参 考 文 献

白建军.2000.论法律实证分析.中国法学,(4):29-39.

蔡英,李栋梁,汤懋苍,等.2003.青藏高原近50年来气温的年代际变化.高原气象,22(5):465-470.

常娟,王根绪,高永恒,等.2012.青藏高原多年冻土区积雪对沼泽、草甸浅层土壤水热过程的影响.生态学报,32(23):7289-730.

常晓丽,金会军,何瑞霞,等.2008.中国东北大兴安岭多年冻土与寒区环境考察和研究进展.冰川冻土,30(1):176-182.

陈继,盛煜,程国栋.2006.从地表能量平衡各分量特点论青藏高原多年冻土工程中的冻土保护措施.冰川冻土,28(2):223-228.

陈全书.2012.论我国立法后评估启动的常态化.法学论坛,(3):135-141.

陈生云,刘文杰,叶柏生,等.2011.疏勒河上游地区植被物种多样性和生物量及其与环境因子的关系.草业学报,20(3):70-83.

陈世品.2003.福建青冈林不同恢复阶段植物生活型特征的研究.江西农业大学学报,25(2):222-225.

程国栋.2002.青藏铁路工程与多年冻土相互作用及环境效应.中国科学院院刊,17(1):21-25.

程国栋,王根绪.1998.江河源区生态环境变化与成因分析.地球科学进展,13(增刊):24-31.

戴竞波.1982.大兴安岭北部多年冻土地区地温特征.冰川冻土,4(3):53-62.

邓自发,谢晓玲,周兴民.2001.高寒草甸矮嵩草种群繁殖对策的研究.生态学杂志,20(6):68-70.

丁一汇,张莉.2008.青藏高原与中国其他地区气候突变时间的比较.大气科学,32(4):794-805.

杜子银,蔡延江,王小丹,等.2014.土壤冻融作用对植物生理生态影响研究进展.中国生态农业学报,22(1):1-8.

段晓男,王效科,尹弢,等.2006.湿地生态系统固碳潜力研究进展.生态环境,15(5):1091-1095.

段晓男,王效科,逯非,等.2008.中国湿地生态系统固碳现状和潜力.生态学报,28(2):463-469.

方精云,位梦华.1998.北极陆地生态系统的碳循环与全球温暖化.环境科学学报,18(2):113-121.

冯云,马克明,张育新,等.2008.辽东栎林不同层植物沿海拔梯度分布的DCCA分析.植物生态学报,32(3):568-573.

傅伯杰.2013.生态系统服务与生态安全.北京:高等教育出版社.

傅沛云,刘淑珍,李冀云,等.1995.大兴安岭植物区系地区种子植物区系研究.云南植物研究,17(Ⅶ):1-10.

高永恒,陈槐,罗鹏,等.2008.放牧强度对川西北高寒草甸植物生物量及其分配的影响.生态与农村环境学报,24(3):26-32.

高勇.2006-7-13.法规质量评估走向地方立法前台.人民之声报,第4版.

顾钟炜,周幼吾.1994.气候变暖和人为扰动对大兴安岭北坡多年冻土的影响.地理学报,49(2):182-187.

郭建平,刘欢,安林昌,等.2016.2001～2012年青藏高原积雪覆盖率变化及地形影响.高原气象,35(1):24-33.

郭金停,韩风林,布仁仓,等.2016.大兴安岭北坡多年冻土区植物群落分类及其物种多样性对冻土融深变化的响应.生态学报,36(21):1-8.

郭磊.2011.国外立法后评估对我国的启示.商品与质量,(S6):120-121.

郭茜.2012.我国立法后评估制度的构建.成都:西南交通大学.

郭正刚,王根绪,沈禹颖,等.2004.青藏高原北部多年冻土区草地植物多样性.生态学报,24(1):149-155.

何勤华.2005.西方法律思想史.上海:复旦大学出版社.

贺金生,陈伟烈.1997. 陆地植物群落物种多样性的梯度变化特征. 生态学报,17(1):91-99.

黑河流域管理局.2014.《黑河流域管理委员会研究》研究报告. 华北水利水电学院.

黑河流域管理局,河海大学.2013.《黑河干流水量调度管理办法》立法后评估研究报告.

侯扶江,南志标.2002. 重牧退化草地的植被、土壤及其耦合特征. 应用生态学报,13(8):915-922.

胡婵娟,郭雷.2012. 植被恢复的生态效应研究进展. 生态环境学报,1(9):1640-1646.

胡平,伍修锟,李师翁,等.2012. 近10a来冻土微生物生态学研究进展. 冰川冻土,34(3):732-737.

胡霞,吴宁,工乾,等.2012. 青藏高原东缘雪被覆盖和凋落物添加对土壤氮素动态的影响. 生态环境学报,2012(11):1789-1794.

黄梓良.2008. 福建茫荡山黄枝润楠群落生活型特征研究. 亚热带植物科学,37(3):59-62.

纪荣荣.2009. 法规评估的若干问题思考. 人大研究,(10):39-41.

江肖洁,胡艳玲,韩建秋,等.2014. 增温对苔原土壤和典型植物叶片碳、氮、磷化学计量学特征的影响. 植物生态学报,38(9):941-948.

金会军,李述训,王绍令,等.2000. 气候变化对中国多年冻土和寒区环境的影响. 地理学报,55(2):161-173.

柯长青,李培基,王采平.1997. 青藏高原积雪变化趋势及其与气温和降水的关系. 冰川冻土,19(4):289-294.

李博.2000. 生态学. 北京:高等教育出版社.

李建东.1979. 东北草原草本植物基本生活型的探讨. 东北师大学报(自然科学版),1979(2):147-159.

李军等.2006. 关于开展行政立法后评估工作的时间与思考. http://www.hangzhoufz.gov.cn/fzb/zffz/zffz2006-11.hm[2006-12-26].

李克杰.2005-8-12. 立法后还要做些什么? 工人日报.

李林,陈晓光,王振宇,等.2010. 青藏高原区域气候变化及其差异性研究. 气候变化研究进展,6(3):181-186.

李玲,王建学.2017. 法国政府法律案效果评估机制及其启示. 中国行政管理,(10):130-135.

李娜,王根绪,高永恒,等.2010. 模拟增温对长江源高寒草甸土壤养分状况和生物学特性的影响研究. 土壤学报,47(6):1214-1224.

李娜,王根绪,杨燕,等.2011. 短期增温对青藏高原高寒草甸植物群落结构和生物量的影响. 生态学报,31(4):895-905.

李培基.1996. 青藏高原积雪对全球变暖的响应. 地理学报,51(3):260-265.

李文华,周兴民.1998. 青藏高原生态系统及优化利用模式. 广州:广东科技出版社.

刘洪岩.2014. 从文本到问题:有关新《环境保护法》的分析和评述. 辽宁大学学报(哲学社会科学版),(6):17-25.

刘鸿先,曾韶西,王以柔,等.1985. 低温对不同耐寒力的黄瓜(Cucumic sativus)幼苗子叶各细胞器中超氧物歧化酶(SOD)的影响. 植物生理学报,21(1):50-59.

刘家琼,蒲锦春,刘新民.1987. 我国沙漠中部地区主要不同生态类型植物的水分关系和旱生结构比较研究. 植物学报,29(6):662-673.

刘强,李静希.2009. 取水许可管理与水资源费征收问题及法律思考. 人民长江,40(13):90-92.

刘庆仁,孙振昆,崔永生,等.1993. 大兴安岭林区多年冻土与植被分布规律研究. 冰川冻土,15(2):246-251.

刘守江,苏智先,张璟霞,等.2003. 陆地植物群落生活型研究进展. 四川师范学院学报:自然科学版,24(2):155-159.

刘晓艺.2005 赴法国培训情况汇报.http://www.jxfazhi.gov.cn/2006-8-2006825173134.hm[2006-8-25].

刘志民,杨甲定,刘新民.2000.青藏高原几个主要环境因子对植物的生理效应.中国沙漠,20(3):309-313.

龙晓林.2008.美国行政立法后评估概况.探求,(1):44-46.

娄彦景,赵魁义,马克平.2007.洪河自然保护区典型湿地植物群落组成及物种多样性梯度变化.生态学报,27(9):3883-3891.

鲁国威,翁炳林,郭东信.1993.中国东北部多年冻土的地理南界.冰川冻土,15(2):214-218.

吕久俊,李秀珍,胡远满,等.2007.寒区生态系统中多年冻土研究进展.生态学杂志,26(3):435-442.

马克平.1994.生物群落多样性的测度方法 Ⅰα多样性的测度方法(上).生物多样性,2(3):231-239.

马文红,方精云,杨元合,等.2010.中国北方草地生物量动态及其与气候因子的关系.中国科学:C辑,40(7):632-641.

毛飞,候英雨,唐世浩,等.2007.基于近20年遥感数据的藏北草地分类及其动态变化.应用生态学报,18(3):1745-1750.

牛翠娟,娄安茹,孙儒泳,等.2002.基础生态学.北京:高等教育出版.

齐泽民,杨万勤.2006.苞箭竹根际土壤微生物数量与酶活性.生态学杂志,25(11):1370-1374.

钱弘道,戈含锋,王朝霞,等.2012.法治评估及其中国应用.中国社会科学,(4):140-160,207-208.

秦大河.2002.中国西部环境演变评估.北京:科学出版社.

秦大河,姚檀栋,丁永建,等.2016.冰冻圈科学辞典.北京:气象出版社.

卿泳.2005.立法评价对于提高地方立法质量的意义.民主法制建设,5.

尚玉昌.2006.普通生态学.北京:北京大学出版社.

石福孙,吴宁,吴彦,等.2009.模拟增温对川西北高寒草甸两种典型植物生长和光合特征的影响.应用与环境生物学报,15(6):750-755.

宋爱琴.2008.立法效果评估理论与实证研究.上海:上海社会科学院.

宋莎.2010.基于多源遥感数据的植被盖度研究.成都:四川农业大学硕士学位论文.

宋兆齐,王莉,刘秀花,等.2016.云南4处酸性热泉中的变形菌门细菌多样性.河南农业大学学报,(3):376-382.

孙广生.2009-6-2.学习贯彻《黑河干流水量调度管理办法》推动黑河水量统一调度再上新水平.黄河报,第1版.

孙广友.2000a.中国湿地科学的进展与展望.地球科学进展,15(6):666-672.

孙广友.2000b.试论沼泽与冻土的共生机理.冰川冻土,22(4):309-316.

孙秀忠,罗勇,张霞,等.2010.近46年来我国降雪变化特征分析.高原气象,29(6):1594-1601.

谭俊,李秀华.1995.气候变暖影响大兴安岭冻土退化和兴发落叶松北移的探讨.内蒙古林业调查设计,1995(1):25-31.

陶娜,张馨月,曾辉,等.2013.积雪和冻结土壤系统中的微生物碳排放和碳氮循环的季节性特征.微生物学通报,40(1):146-157.

田玉强,欧阳华,宋明华,等.2007.青藏高原样带高寒生态系统土壤有机碳分布及其影响因子.浙江大学学报农业与生命科学版,33(4):443-449.

汪全胜.2008.法律绩效评估的"公众参与"模式探讨.法制与社会发展,(6):19-29.

汪全胜.2009.日本的立法后评估制度及其对中国的启示.中州学刊,(5):89-92.

汪全胜.2010.法律绩效评估机制论.北京:北京大学出版社.

王保民,崔东晓.2011.欧盟立法评估制度研究.行政与法,(5):101-105.

王长庭,龙瑞军,丁路明.2004.高寒草甸不同草地类型功能群多样性及组成对植物群落生产力的影响.生物多样性,12(4):403-409.

王晨,任桂芬.2007.行政立法后评估制度的构建.行政与法,(9):75-77.

王澄海,王芝兰,崔洋.2009.40余年来中国地区季节性积雪的空间分布及年际变化特征.冰川冻土,31(2):117-126.

王东海.2014.立法后评估制度研究.北京:北方工业大学.

王根绪,张寅生.2016.寒区生态水文学理论与实践.北京:科学出版社.

王根绪,程国栋,沈永平.2001.江河源区的生态环境变化及其综合保护研究.兰州:兰州大学出版社.

王根绪,程国栋,沈永平.2002.青藏高原草地土壤有机碳库及其全球意义.冰川冻土,24(6):693-700.

王根绪,丁永建,王建,等.2004.近15年来长江黄河源区的土地覆被变化.地理学报,59(2):163-173.

王根绪,胡宏昌,王一博,等.2007.青藏高原多年冻土区典型高寒草地生物量对气候变化的影响.冰川冻土,29(5):671-679.

王根绪,李元寿,王一博.2010.青藏高原河源区地表过程与环境变化.北京:科学出版社.

王计平,蔚奴平,丁易,等.2013.森林植被对积雪分配及其消融影响研究综述.自然资源学报,28(10):1808-1816.

王开运.2004.川西亚高山森林群落生态系统过程.成都:四川科学技术出版社.

王其兵,李凌浩,白永飞,等.2000.气候变化对草甸草原土壤氮素矿化作用影响的实验研究.植物生态学报,24(6):687-692.

王润.2005.红原草地荒漠化变化遥感分析.重庆:西南农业大学硕士学位论文.

王向阳,赵仕沛,王新功,等.2014.黑河流域生态补偿长效机制研究.人民黄河,36(5):81-83.

王亚平.2007.论地方性法规的质量评价标准及其指标体系.人大研究,(2):24-27.

王颖,周华坤,杨莉,等.2014.高寒藏嵩草(Kobresia tibetica)草甸植物对土壤氮素利用的多元化特征.自然资源学报,29(2):249-255.

王增如,杨国靖,何晓波,等.2011.长江源区植物群落特征与环境因子的关系.冰川冻土,33(3):640-645.

韦志刚,黄荣辉.2002.青藏高原地面站积雪的空间分布和年代际变化特征.大气科学,26(4):496-508.

魏丹,陈晓飞,王铁良,等.2007.不同积雪覆盖条件下土壤冻结状况及水分的迁移规律.安徽农业科学,35(12):3570-3572.

吴彦.2005.季节性雪被覆盖对植物群落的影响.山地学报,23(5):550-556.

吴伊波,车荣晓,马双,等.2014.高寒草甸植被细根生产和周转的比较研究.生态学报,34(13):3529-3537.

吴征镒.1991.中国种子植物属的分布区类型.云南植物研究,1(3):892-991.

吴征镒,周浙昆,李德铢,等.2003.世界种子植物科的分布区类型系统.云南植物研究,25(5):525-528.

武启骞,吴福忠,杨万勤,等.2015.冬季雪被对青藏高原东缘高海拔森林凋落叶P元素释放的影响.生态学报,35(12):4115-4127.

奚长兴.2005.对法国公共政策评估的初步探讨.国家行政学院学报,(6):85-87.

席涛.2012.立法评估:评估什么和如何评估(上)——以中国立法评估为例.政法论坛,30(5):59-75.

谢晖.2005.论法律实效.学习与探索,(1):95-102.

谢霞,杨国靖,王增如,等.2010.疏勒河上游山区不同海拔梯度的景观格局变化.生态学杂志,29(7):1420-1426.

徐崇刚,胡远满,常禹,等.2004.兴安落叶松老头林对大兴安岭森林景观变化的影响研究.生态学杂志,23(5):77-83.

徐洪灵,张宏,张伟.2012.川西北高寒草甸土壤理化性质对土壤呼吸速率影响研究.四川师范大学学报自然科学版,35(6):835-841.

徐辉,张大伟.2007.中国实施流域生态系统管理面临的机遇和挑战.中国人口·资源与环境,17(5):148-152.

徐战菊,沙林,范晓谡.2017.欧盟的科学立法.中国标准化,(1):126-130.

薛永伟.2011.施肥对藏北退化草地植被特征和土壤的影响.拉萨:西藏大学硕士学位论文.

杨建锋.2012.我国立法后评估主体模式及其完善路径研究.上海:华东政法大学.

杨阔,黄建辉,董丹,等.2010.青藏高原草地植物群落冠层叶片氮磷化学计量学分析.植物生态学报,34(1):17-22.

杨元合,朴世龙.2006.青藏高原草地植被覆盖变化及其与气候因子的关系.植物生态学报,30(1):1-8.

杨月娟,周华坤,姚步青,等.2015.长期模拟增温对矮嵩草草甸土壤理化性质与植物化学成分的影响.生态学杂志,34(3):781-789.

于贵瑞,王绍强,陈泮勤,等.2005.碳同位素技术在土壤碳循环研究中的应用.地球科学进展,20(5):568-577.

余欣超,姚步青,周华坤,等.2015.青藏高原两种高寒草甸地下生物量及其碳分配对长期增温的响应差异.科学通报,60(4):379-388.

张存厚,刘果厚,赵杏花.2009.浑善达克沙地种子植物生活生态型多样性分析.干旱区资源与环境,23(3):166-170.

张大伟,徐辉,李高协.2010.论法律评估——理论、方法和实践.《甘肃社会科学》,(5):141-144.

张芳雪.2011.中国的立法评估路在何方——欧盟方法的评析与借鉴.牡丹江大学学报,(1):86-88.

张桂宾.2004.河南种子植物种分布区类型研究.云南植物研究,26(2):148-156.

张齐兵.1994.大兴安岭北部植被对高胁迫冻土环境及干扰的响应.冰川冻土,16(2):97-103.

张伟,许俊杰,张天宇.2005.土壤真菌研究进展.菌物研究,3(2):52-58.

张新时.1978.西藏植被的高原地带性.植物学报,20(2):140-149.

张艳,吴青柏,刘建平.2001.小兴安岭地区黑河—北安段多年冻土分布特征.冰川冻土,23(3):312-317.

张禹.2008.立法后评估主体制度刍议——以地方行政立法后评估为范本.行政法学研究,(3):16-21,35.

赵慧颖,田辉春,赵恒和,等.2007.呼伦贝尔草地天然牧草生物量预报模型研究.中国草地学报,29(2):75-80.

赵倩.2015.疏勒河上游多年冻土区冻融过程对土壤温室气体的影响.兰州:中国科学院寒区旱区环境与工程研究所.

赵新全.2009.高寒草甸生态系统与全球变化.北京:科学出版社.

郑丹楠,王雪松,谢绍东,等.2014.2010年中国大气氮沉降特征分析.中国环境科学,34(5):1089-1096.

郑度,林振耀,张雪芹.2002.青藏高原与全球环境变化研究进展.地学前缘,9(1):95-102.

周典.2011.有关立法后评估的若干思考.上海:华东师范大学.

周华坤,周兴民,赵新全.2000.模拟增温效应对矮嵩草草甸影响的初步研究.植物生态学报,24(5):547-553.

周梅,余新晓,冯林,等.2004.大兴安岭林区冻土及湿地对生态环境的作用.北京林业大学学报,25(6):91-93.

周兴民,王质彬,杜庆,等.1986.青海植被.西宁:青海人民出版社.

周幼吾.2000.中国冻土.北京:科学出版社.

朱军涛.2016.实验增温对藏北高寒草甸植物繁殖物候的影响.植物生态学报,40(10):1028-1036.

朱永成. 2001. "零户统管"改变了一个贫困乡的财政状况. 农村财政与财务,(5):22-23.

朱玉祥,丁一汇,刘海文. 2009. 青藏高原冬季积雪影响我国夏季降水的模拟研究. 大气科学,33(5): 903-915.

庄凯勋,侯武才. 2006. 大兴安岭东部国有林区的湿地资源现状及保护对策. 东北林业大学学报,34(1): 83-86.

Abbott B W,Jones J B. 2015. Permafrost collapse alters soil carbon stocks,respiration,CH_4,and N_2O in upland tundra. Global Change Biology,21:4570-4587.

ACIA. 2005. Arctic Climate Impact Assessment:Scientific Report. New York:Cambridge University Press.

Ackerly D D,Dudley S A,Sultan S E,et al. 2000. The evolution of plant ecophysiological traits:Recent advances and future directions new research addresses natural selection,genetic constraints,and the adaptive evolution of plant ecophysiological traits. Bioscience,50:979-995.

Aguilos M,Takagi K,Liang N,et al. 2011. Soil warming in a cool-temperate mixed forest with peat soil enhanced heterotrophic and basal respiration rates but Q_{10} remained unchanged. Biogeosciences,8:6415-6445.

Ahmad P,Sarwat M,Sharma S. 2008. Reactive oxygen species,antioxidants and signaling in plants. Journal of Plant Biology,51:167-173.

Allison S D,Treseder K K. 2008. Warming and drying suppress microbial activity and carbon cycling in boreal forest soils. Global Change Biology,14:2898-2909.

Allison S D,Mcguire K L,Treseder K K. 2010. Resistance of microbial and soil properties to warming treatment seven years after boreal fire. Soil Biology and Biochemistry,42:1872-1878.

AMAP. 2011. Snow,Water,Ice and Permafrost in the Arctic(SWIPA):Climate Change and the Cryosphere. Arctic Monitoringand Assessment Programme(AMAP),Oslo,Norway. pp538.

Arain A M,Black A T,Barr A G,et al. 2002. Effects of seasonal and interannual climate variability on net ecosystem productivity of boreal deciduous and conifer forests. Canadian Journal of Forest Research-Revue Canadienne De Recherche Forestiere,32:878-891.

Aronson E L,Helliker B R. 2010. Methane flux in non-wetland soils in response to nitrogen fertilization:a meta-analysis. Ecology,91:3242-3251.

Arrigo K R,van Dijken G,Pabi S. 2008. Impact of a shrinking Arctic ice cover on marine primary production. Geophysical Research Letters,35:116-122.

Ashraf M,Foolad M R. 2007. Roles of glycine betaine and proline in improving plant abiotic stress resistance. Environmental and Experimental Botany,59(2):206-216.

Ball B A,Virginia R A,Barrett J E,et al. 2009. Interactions between physical and biotic factors influence CO_2 flux in Antarctic dry valley soils. Soil Biology and Biochemistry,41(7):1510-1517.

Bao G,Qin Z H,Bao Y H,et al. 2014. NDVI-based long-term vegetation dynamics and its response to climatic change in the Mongolian Plateau. Remote Sensing,6(9):8337-8358.

Bartsch A,Kumpula T,Forbes B C,et al. 2010. Detection of snow surface thawing and refreezing in the Eurasian Arctic using QuikSCAT:implications for reindeer herding. Ecological Applications,20:2346-2358.

Baumann F,He J,Schmidt K,et al. 2009. Pedogenesis,permafrost,and soil moisture as controlling factors for soil nitrogen and carbon contents across the Tibetan Plateau. Global Change Biology,15:3001-3017.

Beer C,Reichstein M,Tomelleri E,et al. 2010. Terrestrial gross carbon dioxide uptake:global distribution and covariation with climate. Science,329(5993):834-838.

Belshe E,Schuur E,Bolker B. 2013. Tundra ecosystems observed to be CO_2 sources due to differential amplification of the carbon cycle. Ecological Letter,16(10):1307-1315.

Benjamin W A,Jeremy B J. 2015. Permafrost collapse alters soil carbon stocks,respiration,CH$_4$ and N$_2$O in upland tundra. Global Change Biology,21:4570-458.

Bianchi T S, Allison M A. 2009. Large-river delta-front estuaries as natural "recorders" of global environmental change. Proceedings of the National Academy of Sciences,106(20):8085-8092.

Block D,Heijmans M M D,Schaepman-Strub G,et al. 2010. Shrub expansion may reduce summer permafrost thaw in Siberian tundra. Global Change Biology,16:1296-1305.

Bockheim J G. 2007. Importance of Cryoturbation in Redistributing Organic Carbon in Permafrost-Affected Soils. Soil Science Society of America Journal,71:1335-1342.

Bockheim J G,Munroe J S. 2014. Organic carbon pools and genesis of alpine soils with permafrost:A review. Arctic, Antarctic,and Alpine Research,46:987-1006.

Boelman N T,Stieglitz M,Reuth H M,et al. 2003. Response of NDVI,biomass,and ecosystem gas exchange to long-term warming and fertilization in wet sedge tundra. Oecologia,135:414-421.

Bond-Lamberty B,Wang C,Gower S T. 2005. Spatiotemporal measurement and modeling of stand-level boreal forest soil temperatures. Agricultural Forest and Meteorology,131:27-40.

Boone R D,Nadelhoffer K J,Canary J D,et al. 1998. Roots exert a strong influence on the temperature sensitivity of soil respiration. Nature,396(6711):570.

Bradford M A,Davies C A,Frey S D,et al. 2008. Thermal adaptation of soil microbial respiration to elevated temperature. Ecology Letters,11:1316-1327.

Brandt J S, Haynes M A, Kuemmerle T, et al. 2013. Regime shift on the roof of the world:Alpine meadows converting to shrublands in the southern Himalayas. Biological Conservation,158:116-127.

Brooks P D, Williams M W, Schmidt S K. 1996. Microbial activity under alpine snowpacks, Niwot Ridge, Colorado. Biogeochemistry,32(2):93-113.

Brooks P D, Grogan P, Templer P H, et al. 2011. Carbon and nitrogen cycling in snow-covered environments. Geography Compass,5(9):682699.

Brown D R N, Torre J M, Douglas T A, et al. 2015. Interactive effects of wildfire and climate on permafrost degradation in Alaskan lowland forests. Journal of Geophysical Research-Biogeosciences,120:1619-1637.

Bubier J L,Moore T R,Bellisario L,et al. 1995. Ecological controls on methane emissions from a northern peatland complex in the zone of discontinuous permafrost, Manitoba, Canada. Global Biogeochemical Cycles, 9 (4): 455-470.

Cai Z C. 2012. Greenhouse gas budget for terrestrial ecosystems in China. Sci. China-Earth Science,55:173-182.

Callaghan T V,Johansson M,Brown R D,et al. 2011. Multiple Effects of Changes in Arctic Snow Cover. AMBIO, 40:32-45.

Camill P. 1999. Patterns of boreal permafrost peatland vegetation across environmental gradients sensitive to climate warming. Canadian Journal of Botany,77(5):721-733.

Camill P,Clark J S. 1998. Climate change disequilibrium of boreal permafrost peatlands caused by local processes. The American Naturalist,151(3):207-222.

Camill P,Clark J S. 2000. Long-term perspectives on lagged ecosystem responses to climate change:permafrost in boreal peatlands and the grassland/woodland boundary. Ecosystems,3(6):534-544.

Camill P,Lynch J A,Clark J S,et al. 2001. Changes in biomass,aboveground net primary production,and peat accumulation following permafrost thaw in the boreal peatlands of Manitoba,Canada. Ecosystems,4(5):461-478.

Canadell J G, Pataki D, Gifford R, et al. 2007. Saturation of The Terrestrial carbon Sink//Canadell J G, Pataki D E, Pitelka L F. Terrestrial Ecosystems in a Changing World. Berlin: Springer Berlin Heidelberg, 59-78.

Cao G M, Tang Y H, Mo W H, et al. 2004. Grazing intensity alters soil respiration in an alpine meadow on the Tibetan Plateau. Soil Biology and Biochemistry, 36: 237-243.

Carlson H. 1952. Calculation of depth of thaw in frozen ground. Frost action in soils: A symposium. Washington, DC: Highway Research Board Special Report 2, National Research Council, 192-223.

Carlson T N. 2007. An overview of the "Triangle Method" for estimating surface evapotranspiration and soil moisture from satellite imagery. Sensor, 7(8): 1612-1629.

Castro H F, Classen A T, Austin E E, et al. 2010. Soil microbial community responses to multiple experimental climate change drivers. Applied and Environmental Microbiology, 76: 999-1007.

Chapuis-Lardy L, Wrage N, Metay A, et al. 2007. Soils, a sink for N_2O? A review. Global Change Biology, 13: 1-17.

Chen B X, Zhang X Z, Tao J, et al. 2014. The impact of climate change and anthropogenic activities on alpine grassland over the Qinghai-Tibet Plateau. Agricultural and Forest Meteorology, 189: 11-18.

Chen H, Zhu Q, Peng C, et al. 2013. The impacts of climate change and human activities on biogeochemical cycles on the Qinghai-Tibetan Plateau. Global Change Biology, 19(10): 2940-2955.

Chen J, Luo Y, Xia J, et al. 2016. Differential responses of ecosystem respiration components to experimental warming in a meadow grassland on the Tibetan Plateau. Agricultural and Forest Meteorology, 220: 21-29.

Chen S, Liu W, Qin X, et al. 2012. Response characteristics of vegetation and soil environment to permafrost degradation in the upstream regions of the Shule River Basin. Environmental Research Letters, 7(4): 045406.

Cheng G D, Wu T H. 2007. Responses of permafrost to climate change and their environmental significance, Qinghai-Tibet Plateau. Journal of Geophysical Research, 112: F02S03.

Cheng G D, Jin H J. 2013. Permafrost and groundwater on the Qinghai-Tibet Plateau and in northeast China. Hydrogeology Journal, 21(1): 5-23.

Clark J S. 1990. Landscape interactions among nitrogen mineralization, species composition, and long-term fire frequency. Biogeochemistry, 11(1): 1-22.

Costello E K, Schmidt S K. 2006. Microbial diversity in alpine tundra wet meadow soil: novel Chloroflexi from a cold, water-saturated environment. Environmental Microbiology, 8(8): 1471-1486.

Cronk J K. 1996. Constructed wetlands to treat wastewater from dairy and swine operations: a review. Agriculture, Ecosystems and Environment, 58(2): 97-114.

Dai F, Su Z, Liu S, et al. 2011. Temporal variation of soil organic matter content and potential determinants in Tibet. China. Catena, 85: 288-294.

Dall'Amico M, Endrizzi S, Gruber S, et al. 2011. A robust and energy-conserving model of freezing variably-saturated soil. The Cryosphere, 5(2): 469.

Dandapat J, Chainy G B N, Rao K J. 2003. Lipid peroxidation and antioxidant defence status during larval development and metamorphosis of giant prawn, Macrobrachium rosenbergii. Comparative Biochemistry and Physiology Part C: Toxicology and Pharmacology, 135: 221-233.

Davidson E A. 2009. The contribution of manure and fertilizer nitrogen to atmospheric nitrous oxide since 1860. Nature Geoscience, 2: 659-662.

Davidson E A, Janssens I A. 2006. Temperature sensitivity of soil carbon decomposition and feedbacks to climate change. Nature, 440: 165-173.

Day T A, Ruhland C T, Grobe C W, et al. 1999. Growth and reproduction of Antarctic vascular plants in response to warming and UV radiation reductions in the field. Oecologia,119(1):24-35.

Deng J,Gu Y F,Zhang J,et al. 2015. Shifts of tundra bacterial and archaeal communities along a permafrost thaw gradient in Alaska. Molecular Ecology,24:222-234.

Derksen C,Brown R. 2012. Spring snow cover extent reductions in the 2008-2012 period exceeding climate model-projections. Geophysical Research Letters,39:L19504.

Deslippe J R, Hartmann M, Simard S W, et al. 2012. Long-term warming alters the composition of Arctic soil microbial communities. Fems Microbiology Ecology,82:303-315.

Ding J Z,Chen L Y,Zhang B B,et al. 2016a. Linking temperature sensitivity of soil CO_2 release to substrate,environmental,and microbial properties across alpine ecosystems. Global Biogeochem Cycles,30:1310-1323.

Ding J Z,Li F,Yang G B, et al. 2016b. The permafrost carbon inventory on the Tibetan Plateau:a new evaluation using deep sediment cores. Global Change Biology,22:2688-2701.

Dorfer C,Kuhn P,Baumann F,et al. 2013. Soil Organic Carbon Pools and Stocks in Permafrost-Affected Soils on the Tibetan Plateau,PLoS ONE,8,e57024,doi:10. 1371/journal. pone. 0057024.

Dorrepaal E, Toet S, van Logtestijn R S P, et al. 2009. Carbon respiration from subsurface peat accelerated by climate warming in the subarctic. Nature,460:616-619.

Dutta K,Schuur E A G,Neff J C,et al. 2006. Potential carbon release from permafrost soils of Northeastern Siberia. Global Change Biology,12:2336-2351.

Dörfer C,Kühn P,Baumann F,et al. 2013. Soil organic carbon pools and stocks in permafrost-affected soils on the Tibetan Plateau. PloS ONE,8:e57024.

Edwards E J,Benham D G,Marland L A,et al. 2004. Root production is determined by radiation flux in a temperate grassland community. Global Change Biology,10(2):209-227.

Elberling B. 2007. Annual soil CO_2 effluxes in the High Arctic:The role of snow thickness and vegetation type. Soil Biology and Biochemistry,39(2):646-654.

Elberling B,Christiansen H H,Hansen B U. 2010. High nitrous oxide production from thawing permafrost. Nature Geoscience,3:332-335.

Elmendorf S C, Henry G H, Hollister R D, et al. 2012a. Global assessment of experimental climate warming on tundra vegetation:heterogeneity over space and time. Ecology Letters,15:164-175.

Elmendorf S C,Henry G H,Hollister R D,et al. 2012b. Plot-scale evidence of tundra vegetation change and links torecent summer warming. Nature Climate Change,2:453-457.

Epstein H E,Myers-Smith I,Walker D A. 2013. Recent dynamics of arctic and sub-arctic vegetation. Environmental Research Letters,8:015040.

Euskirchen E S,McGuire A D,Kicklighter D,et al. 2006. Importance of recent shifts in soil thermal dynamics on growing season length, productivity, and carbon sequestration in terrestrial high-latitude ecosystems. Global Change Biology,12(4):731-750.

Euskirchen E S,Mcguire A D,Chapin III F S. 2007. Energy feedbacks of northern high-latitude ecosystems to the climate system due to reduced snow cover during 20th century warming. Global Change Biology,13:2425-2438.

Euskirchen E S,McGuire A D,Chapin S F,et al. 2009. Changes in vegetation in northern Alaska under scenarios of climate change 2003-2100:implications for climate feedbacks. Ecological Applications,19(4):1022-1043.

Eviner V T,Chapin F S III. 2003. Functional matrix:a conceptual framework for predicting multiple plant effects on ecosystem processes. Annual Review of Ecology,Evolution and Systematics,34:455-485.

Fang J Y,Yoda K. 1990. Climate and vegetation in China III water balance and distribution of vegetation. Ecological

Research,5(1):9-23.

Fang J Y,Piao S L,Field C B,et al. 2003. Increasing net primary production in China from 1982 to 1999. Frontiers in Ecology and the Environment,1(6):293-297.

Fang J Y,Guo Z D,Piao S L,et al. 2007. Terrestrial vegetation carbon sinks in China,1981-2000,Science in China Sesries,50:1341-1350.

Fang X,Zhou G Y,Li Y L,et al. 2016. Warming effects on biomass and composition of microbial communities and enzyme activities within soil aggregates in subtropical forest. Biology and Fertility of Soils,52:353-365.

FAO. 2010. Global forest resources assessment 2010. Forestry. Rome,Italy. paper 163.

FAO/IIASA/ISRIC/ISSCAS/JRC. 2009. Harmonized World soil Database (version 1. 1). FAO, Rome, Italy and IIASA,Laxenburg,Austria.

Farouki O T. 1986. Thermal properties of soils. Cold Reg. Res. and Eng. Lab. ,Hanover,N. H.

Farquhar G D,Ehleringer J R,Hubick K T. 2003. Carbon isotope discrimination and photosynthesis. Annual Review of Plant Physiology and Plant Molecular Biology,40:503-537.

Feng X, Nielsen L L, Simpson J M. 2007. Responses of soil organic matter and microorganisms to freeze-thaw cycles. Soil Biology and Biochemistry,39:2027-2037.

Fensholt R,Proud S. R. 2012. Evaluation of Earth Observation based global long term vegetation trends-Comparing GIMMS and MODIS global NDVI time series. Remote Sensing of Environment,119:131-147.

Foley J A, Prentice C I, Ramankutty N, et al. 1996. An integrated biosphere model of land surface processes, terrestrial carbon balance,and vegetation dynamics. Global Biogeochemical Cycles,10(4):603-628.

Fox J D. 1992. Incorporating Freeze-Thaw Calculations into a water balance model. Water Resources Research, 28(9):2229-2244.

Frank H,Melissa M,Christian R,et al. 2010. Short-term responses of ecosystem carbon fluxes to experimental soil warming at the Swiss alpine treeline. Biogeochemistry,97:7-19.

Frey S D,Drijber R,Smith H,et al. 2008. Microbial biomass,functional capacity,and community structure after 12 years of soil warming. Soil Biology and Biochemistry,40:2904-2907.

Frostegård Å, Tunlid A, Bååth E. 2011. Use and misuse of PLFA measurements in soils. Soil Biology and Biochemistry:43(8):1621-1625.

Fu G,Zhang X,Zhang Y,et al. 2013. Experimental warming does not enhance gross primary production and above-ground biomass in the alpine meadow of Tibet. Journal of Applied Remote Sensing,7:6451-6465.

Fu G,Shen Z X,Sun W,et al. 2015. A meta-analysis of the effects of simulative warming on plant physiology and growth on the Tibetan Plateau. Journal of Plant Growth Regulation,34:57-65.

Gallo K, Ji L, Reed B, et al. 2005. Multi-platform comparisons of MODIS and AVHRR normalized difference vegetation index data. Remote Sensing of Environment,99(3):221-231.

Gao Y H,Luo P,Wu N,et al. 2007. Grazing Intensity Impacts on Carbon Sequestration in an Alpine Meadow on the Eastern Tibetan Plateau. Research Journal of Agriculture and Biological Sciences,3(6):642-647.

Garnello A J J. 2015. Can permafrost soil thaw be characterized by hyperspectral reflectance and plant community structure ? Bachelors thesis,University of Arizona.

Goetz S J,Bunn A G,Fiske G J,et al. 2005. Satellite-observed photosynthetic trends across boreal North America associated with climate and fire disturbance. Proceedings of the National Academy of Sciences of the United States of America,102(38):13521-13525.

Goldberg D E, Miller T E. 1990. Effects of different resource additions of species diversity in an annual plant community. Ecology,71(1):213-225.

Gong G,Entekhabi D,Cohen J. 2002. Modeled northern hemisphere winter climate response to realistic siberian snow anomalies. Journal of Climate,16(23):3917-3931.

Gong P,Yao T D,Wu J H. 2013. The impacts of climate change and human activities on biogeochemical cycles on the Qinghai-Tibetan Plateau. Global Change Biology,19:2940-2955.

Goodrich E L. 1978. Efficient Numerical Technique for one-dimensional Thermal Problems with phase change. International Journal of Heat and Mass Transfer,21:615-621.

Gosselin M,Levasseur M,Wheeler P A,et al. 1997. New measurements of phytoplankton and ice algal production in the Arctic Ocean. Deep-Sea Research,44:1623-1644.

Gossett D R,Millhollon E P,Lucas M. 1994. Antioxidant response to NaCl stress in salt-tolerant and salt-sensitive cultivars of cotton. Crop Science,34:706-714.

Goulden M L,McMillan A M S,Winston G C,et al. 2011. Patterns of NPP,GPP,respiration,and NEP during boreal forest succession. Global Change Biology,17(2):855-871.

Grabherr G,Gottfried M,Pauli H. 1994. Climate effects on mountain plants. Nature,369(6480):448-448.

Gregory P J. 2006. Roots,rhizosphere and soil:the route to a better understanding of soil science. European Journal of Soil Science,57:2-12.

Grogan P,Jonasson S. 2005. Temperature and substrate controls on intra-annual variation in ecosystem respiration in two subarctic vegetation types. Global Change Biology,11:465-475.

Groisman P Y,Easterling D R. 2009. Variability and Trends of Total Precipitation and Snowfall over the United States and Canada. Journal of Climate,7(1):184-205.

Guerin G R,Wen H,Lowe A J. 2012. Leaf morphology shift linked to climate change. Biology Letters,8:882-886.

Guglielmin M,Ellis Evans C J,Cannone N. 2008. Active layer thermal regime under different vegetation conditions in permafrost areas. A case study at Signy Island (Maritime Antarctica). Geoderma,144(1-2):73-85.

Gulledge J,Schimel J P. 2000. Controls on soil carbon dioxide and methane fluxes in a variety of Taiga forest stands in Interior Alaska. Ecosystems,3:269-282.

Gundersen P,Emmett B A,Kjonaas O J,et al. 1998. Impact of nitrogen deposition on cycling in forests:a cycling in forests:a synthesis of NITREX data. Forest Ecology and Management,101:37-55.

Guo D,Wang H. 2011. The significant climate warming in the northern Tibetan Plateau and its possible causes. International Journal of Climatology,31:1257-1413.

Guo D X,Wang S L,Lu G W,et al. 1981. Zonation of permafrost in the Da and Xiao xing'anling mountains in northeastern China. Journal of Glaciology and Geocryology,(3):1-9.

Haei M,Rousk J,Ilstedt U,et al. 2011. Effects of soil frost on growth,composition and respiration of the soil microbial decomposer community. Soil Biology and Biochemistry,43:2069-2077.

Han W X,Fang J Y,Guo D L,et al. 2005. Leaf nitrogen and phosphorus stoichiometry across 753 terrestrial plant species in China. New Phytologist,168(2):377-385.

Hannam I. 2003. A method to identify and evaluate the legal and institutional framework for the management of water and land in Asia:The outcome of a study in Southeast Asia and the People's Republic of China . IWMI.

Hanson P,Edwards N,Garten C,et al. 2000. Separating root and soil microbial contributions to soil respiration:a review of methods and observations. Biogeochemistry,48:115-146.

Hart S C,Perry D A. 1999. Transferring soils from high- to low-elevation forests increases nitrogen cycling rates: climate change implications. Global Change Biology,5(1):23-32.

Harte J, Shaw R. 1995. Shifting dominance within a montane vegetation community results of a climate-warming experiment. Science, 267:876-880.

Hawkes C V, Kivlin S N, Rocca J D, et al. 2011. Fungal community responses to precipitation. Global Change Biology, 17:1637-1645.

Hayash M, Goeller N, Quinton W L, et al. 2007. A simple heat-conduction method for simulating the frost-table depth in hydrological models. Hydrological Processes, 21:2610-2622.

Hayes D J, Kicklighter D W, McGuire A D, et al. 2014. The impacts of recent permafrost thaw on land-atmosphere greenhouse gas exchange. Environmental Research Letters, 9:045005.

He G X, Li K H, Liu X J, et al. 2014. Fluxes of methane, carbon dioxide and nitrous oxide in an alpine wetland and an alpine grassland of the Tianshan Mountains, China. Journal of Arid Land, 6(6):717-724.

He Y, Li Z G, Chen Y Z, et al. 2000. Effects of exogenous proline on the physiology of soyabean plantlets regenerated from embryos in vitro and on the ultrastructure of their mitochondria under nacl stress. Soybean Science, 19(4):314-319.

Herrmann A, Witter E. 2002. Sources of C and N contributing to the flush in mineralization upon freeze-thaw cycles in soils. Soil Biology and Biochemistry, 34(10):1495-1505.

Hicks C E, Schuur E A G, Crummer K G. 2013. Thawing permafrost increases old soil and autotrophic respiration in tundra: Partitioning ecosystem respiration using δ^{13}C and Δ^{14}C. Global Change Biology, 19:649-661.

Hicks C E, Schuur E A G, Natali S M, et al. 2016. Old soil carbon losses increase with ecosystem respiration in experimentally thawed tundra. Nature Climate Change, 6:214-218.

Hincha D K, Hagemann M. 2004. Stabilization of model membranes during drying by compatible solutes involved in the stress tolerance of plants and microorganisms. Biochemical Journal, 383:277-283.

Hinzman L D, Bettez N D, Bolton W R, et al. 2005. Evidence and implications of recent climate change in terrestrial regions of the Arctic. Climatic Change, 72:251-298.

Hipp T, Etzelmüller B, Farbrot H, et al. 2012. Modeling borehole temperatures in Southern Norway-insights into permafrost dynamics during the 20th and 21st century. The Cryosphere, 6:553-571.

Hobara S, McCalley C, Koba K, et al. 2006. Nitrogen fixation in surface soils and vegetation in an Arctic tundra watershed: a key source of atmospheric nitrogen. Arctic, Antarctic, and Alpine Research, 38:363-372.

Hodgkins S B, Tfaily M M, McCalley C K, et al. 2014. Changes in peat chemistry associated with permafrost thaw increase greenhouse gas production. Proceedings of National Academy of Sciences, 111:5819-5824.

Holben B N. 1986. Characteristics of maximum-value composite images from temporal AVHRR data. International Journal of Remote Sensing, 7(11):1417-1434.

Hollesen J, Elberling B, Janssons. 2011. Future active layer dynamics and carbon dioxide production from thawing permafrost layers in Northeast Greenland. Global Change Biology, 17:911-926.

Hooper D U, Chapin F S, Ewel J J, et al. 2005. Effects of biodiversity on ecosystem functioning: a consensus of current knowledge. Ecological Monographs, 75:3-35.

Hu Y G, Jiang L L, Wang S P, et al. 2016. The temperature sensitivity of ecosystem respiration to climate change in an AM on the Tibet Plateau: A reciprocal translocation experiment. Agricultural and Forest Meteorology, 216:93-104.

Huang J P, Yu H P, Guan X D, et al. 2015. Accelerated dryland expansion under climate change. Nature Climate Change, 6(2):166.

Hudson J M G, Henry G H R. 2009. Increased plant biomass in a High Arctic heath community from 1981 to

2008. Ecology,90(10):2657-2663.

Hudson J M G,Henry G H R,Cornwell W K. 2011. Taller and larger:Shifts in Arctic tundra leaf traits after 16 years of simulative warming. Global Change Biology,17:1013-1021.

Hugelius G,Strauss J,Zubrzycki S,et al. 2014. Estimated stocks of circumpolar permafrost carbon with quantified uncertainty ranges and identified data gaps. Biogeosciences,11(23):6573-6593.

Ims R A,Ehrich D. 2012. Arctic Biodiversity Assessment,Terrestrial Ecosystems. CAFF. in soils. Soil Biology and Biochemistry,43:1621-1625.

IPCC. 2007. Climate Change 2007:The Scientific Basis. Cambridge:Cambridge Press.

IPCC. 2013. Climate Change 2013:The Physical Science Basis. Contribution of Working Group I to the Fifth Assessment. Report of the Intergovernmental Panel on Climate Change. Cambridge:Cambridge University Press,1535.

IPCC. 2014. Climate Change 2014:Synthesis Report. Cambridge:Cambridge University Press.

Jackson M L,Barak P. 2005. Soil chemical analysis:advanced course. Madison:UW-Madison Libraries Parallel Press.

Jafarov E E,Marchenko S S,Romanovsky V E. 2012. Numerical modeling of permafrost dynamics in Alaska using a high spatial resolution dataset. The Cryosphere Discussions,6:89-124.

Janssens I A,Lankreijer H,Matteucci G,et al. 2001. Productivity overshadows temperature in determining soil and ecosystem respiration across European forests. Global Change Biology,7:269-278.

Janssens I A,Dieleman W,Luyssaert S,et al. 2010. Reduction of forest soil respiration in response to nitrogen deposition. Nature Geoscience,3(5):315-322.

Jensen A E,Lohse K A,Crosby B T,et al. 2014. Variations in soil carbon dioxide efflux across a thaw slump chronosequence in northwestern Alaska. Environmental Research Letters,9:025001.

Jeong S J,Ho C H,Gim H J,et al. 2011. Phenology shifts at start vs. end of growing season in temperate vegetation over the Northern Hemisphere for the period 1982-2008. Global Change Biology,17(7):2385-2399.

Jiang C M,Yu G R,Fang H J,et al. 2010. Short-term effect of increasing nitrogen deposition on CO_2,CH_4 and N_2O fluxes in an AM on the Qinghai-Tibetan Plateau,China. Atmospheric Environment,24:2920-2926.

Jiang J,Zong N,Song M H,et al. 2013. Responses of ecosystem respiration and its components to fertilization in an alpine meadow on the Tibetan Plateau. European Journal of Soil Biology,56:101-106.

Jin H J,Li S X,Cheng G D,et al. 2000. Permafrost and climatic change in China. Global and Planetary Change,26(4):387-404.

Jin H J,Yu Q H,Lii L Z,et al. 2007. Degradation of permafrost in the Xing'anling Mountains,northeastern China. Permafrost and Periglacial Processes,18(3):245-258.

Jin H J,Luo D L,Wang S L,et al. 2011. Spatial temporal variability of permafrost degradation on the Qinghai-Tibetan Plateau. Sciences in Cold and Arid Regions,3:281-305.

Jobbágy E G,Jackson R B. 2000. The vertical distribution of soil organic carbon and relation to climate and vegetation. Ecological Applications,10(2):423-436.

Jobbágy E G,Jackson R B. 2001. The distribution of soil nutrients with depth:global patterns and imprint of plants. Biogeochemistry,53:51-77.

Jobbágy E G,Sala O E,Paruelo J M. 2002. Patterns and controls of primary production in the Patagonian steppe:a remote sensing approach. Ecology,83:307-319.

Jonasson S,Michelsen A,Schmidt I K,et al. 1999. Responses in microbe and plants to changed temperature, nutrient,and light regimes in the arctic. Ecology,80(6):1828-1843.

Jones H G, Pomeroy J W, Walker D A, et al. 2001. Snow Ecology: A interdisciplinary examination of Snow cover ecosystems. Cambridge: Cambridge University Press: 264.

Jorgenson M T, Osterkamp T. 2005. Response of boreal ecosystems to varying modes of permafrost degradation. Canadian Journal of Forestry Research, 35: 2100-2111.

Jorgenson M T, Racine C H, Walters J C, et al. 2001. Permafrost degradation and ecological changes associated with a warming climate in central Alaska. Climatic Change, 48: 551-579.

Ju W, Chen J. 2005. Distribution of soil carbon stocks in Canada's forests and wetlands simulated based on drainage class, topography and remotely sensed vegetation parameters. Hydrological Processes, 19: 77-94.

Juliussen H, Humlum O. 2007. Towards a TTOP Ground temperature Model for Mountainous Terrain in Central-Eastern Norway. Permafrost Periglac, 18: 161-184.

Jumikis A R. 1977. Thermal Geotechnics. New Brunswick: Rutgers University Press, 375.

Kaplan J O, New M. 2006. Arctic climate change with a 2℃ global warming: Timing, climate patterns and vegetation change. Climatic Change, 79(3-4): 213-241.

Kardol P, Campany C E, Souza L, et al. 2010a. Climate change effects on plant biomass alter dominance patterns and community evenness in an experimental old-field ecosystem. Global Change Biology, 16: 2676-2687.

Kardol P, Cregger M A, Campany C E, et al. 2010b. Soil ecosystem functioning under climate change: plant species and community effects. Ecology, 91: 767-781.

Karishma J, Sunita K, Guruprasad K N. 2004. Oxyradicals under UV-b stress and their quenching by antioxidants. Indian Journal of Experimental Biology, 42(9).

Kelley A M, Epstein H E, Virginia UO, et al. 2004. Role of vegetation and climate in Permafrost active layer depth in Arctic Tundra of northern Alaska and Canada. Journal of Glaciology and Geocryology, 26: 269-274.

Keuper F, van Bodegom P M, Dorrepaal E, et al. 2012. A frozen feast: thawing permafrost increases plant-available nitrogen in subarctic peatlands. Global Change Biology, 18(6): 1998-2007.

Kim Y. 2015. Effect of thaw depth on fluxes of CO_2 and CH_4 in manipulated Arctic coastal tundra of Barrow, Alaska. Science of the Total Environment, 505: 385-389.

Kimball B A. 2005. Theory and performance of an infrared heater for ecosystem warming. Global Change and Biology, 11(11): 2041-2056.

Kimball J S, Thornton P, White M A, et al. 1997. Simulating forest productivity and surface-atmosphere carbon exchange in the BOREAS study region. Tree Physiology, 17: 589-599.

Kirschbaum M U F. 1995. The temperature dependence of soil organic matter decomposition, and the effect of global warming on soil organic C storage Soil Biology and Biochemistry, 27: 753-760.

Klanderud K, Totland Ø. 2005. Simulated climate change altered dominance hierarchies and diversity of an alpine biodiversity hotspot. Ecology, 86(8): 2047-2054.

Klanderud K, Totland Ø. 2007. The relative role of dispersal and local interactions for alpine plant community diversity under simulated climate warming. Oikos, 116: 1279-1288.

Klein J A, Harte J, Zhao X Q. 2004. Experimental warming causes large and rapid species loss, dampened by simulated grazing, on the Tibetan Plateau. Ecology Letters, 7: 1170-1179.

Klein J A, Harte J, Zhao X Q. 2007. Experimental warming, not grazing, decreases rangeland quality on the Tibetan plateau. Ecology Applications, 17(2): 541-557.

Kost J A, Boerner R E J. 1985. Foliar nutrient dynamics and nutrient use efficiency in Cornus florida. Oecologia, 66(4): 602-606.

Kudo G, Suzuki S. 2003. Warming effects on growth, production, and vegetation structure of alpine shrubs: a five-year experiment in north Japan. Oecologia, 35: 280-287.

Kuhry P, Ping C, Schuur E A G, et al. 2009. Carbon pools in permafrost regions: Report from the International Permafrost Association. Permafrost and Periglacial Processes, 20: 229-234.

Kurzw A, Shawc H, Boisvenue C, et al. 2013. Carbon in Canada's boreal forest- A synthesis. Environmental Reviews, 21(4): 262-290.

Kuzyakov Y. 2010. Priming effects: Interactions between living and dead organic matter. Soil Biology and Biochemistry, 42: 1363-1371.

Kwon M J, Beulig F, Ilie I, et al. 2017. Plants, microorganisms, and soil temperatures contribute to a decrease in methane fluxes on a drained Arctic floodplain. Globle Chang Biology, 23: 2396-2412(2317).

Körner C. 1989. The nutritional status of plants from high altitudes a worldwide comparison. Oecologia, 81(3): 379-391.

Langer M, Westermann S, Heikenfeld M, et al. 2013. Satellite-based modeling of permafrost temperatures in a tundra lowland landscape. Remote Sensing of Environment, 135: 12-24.

Lavoie M, Mack M C, Schuur E A G. 2011. Effects of elevated nitrogen and temperature on carbon and nitrogen dynamics in Alaskan arctic and boreal soils. Journal of Geophysical Research: Biogeosciences, 116(G3): G03013.

Lawrence D M, Slater A G. 2005. A projection of severe near-surface permafrost degradation during the 21st century. Geophysical Research Letters, 32(24), 85-93.

Lawrence D M, Swenson S C. 2011. Permafrost response to increasing Arctic shrub abundance depends on the relative influence of shrubs on local soil cooling versus large-scale climate warming. Environmental Research Letters, 6: 045504(8pp).

Lawrence D M, Slate A G, Romanovsky V E, et al. 2008a. Sensitivity of a model projection of near- surface permafrost degradation to soil column depth and representation of soil organic matter. Journal of Geophysical Research, 113: 1-14.

Lawrence D M, Slater A G, Tomas R A, et al. 2008b. Accelerated Arctic land warming and permafrost degradation during rapid sea ice loss. Geophysical Research Letters, 35(11): 142-151.

Lawrence D M, Slater A G, Swenson S C. 2012. Simulation of present-day and future permfrost and seasonally frozen ground conditions in CCSM4. Journal of Climate, 25: 2207-2225.

Lecerf A, Chauvet E. 2008. Diversity and functions of leaf decaying fungi in human-altered streams. Freshwater Biology, 53: 1658-1672.

Li D Q, Chen J, Meng Q Z, et al. 2008 Numeric simulation of permafrost degradation in the eastern Tibetan plateau. Permafrost and Periglacial Processes, 19(1): 93-99.

Li G, Liu Y, Frelich L E, et al. 2011. Experimental warming induces degradation of a Tibetan alpine meadow through trophic interactions. Journal of Applied Ecology, 48(3): 659-667.

Li N G, Wang Y, Yang Y, et al. 2011. Plant production, and carbon and nitrogen source pools, are strongly intensified by experimental warming in alpine ecosystems in the Qinghai-Tibet Plateau. Soil Biology and Biochemistry, 43: 942-953.

Li X, Cheng G D. 1999. A GIS-aided response model of high-altitude permafrost to global change. Science in China Series D-Earth Sciences, 42(1): 72-79.

Li Z, Zhao Q G. 2001. Organic carbon content and distribution in soils under different land uses in tropical and subtropical China. Plant and Soil, 231: 175-185.

320

Lin X W, Wang S P, Hu Y G, et al. 2015. Experimental warming increases seasonal methane uptake in an AM on the Tibetan plateau. Ecosystems, 18: 274-286.

Lin X W, Zhang Z H, Wang S P, et al. 2011. Response of ecosystem respiration to warming and grazing during the growing seasons in the AM on the Tibetan plateau. Agricultural and Forest Meteorology, 151: 792-802.

Liu L L, Tara L G. 2009. A review of nitrogen enrichment effects on three biogenic GHGs: the CO_2 sink may be largely offset by stimulated N_2O and CH_4 emission. Ecology Letters, 12: 1103-1117.

Liu L, Wu Y, Wu N, et al. 2010. Effects of freezing and freeze-thaw cycles on soil microbial biomass and nutrient dynamics under different snow gradients in an alpine meadow (Tibetan Plateau). Dublin Historical Record, 58(4): 717-728.

Liu W J, Chen S Y, Qin X, et al. 2012. Storage, patterns, and control of soil organic carbon and nitrogen in the northeastern margin of the Qinghai-Tibetan Plateau. Environmental Research Letters, 7: 035401.

Liu X D, Chen B D. 2000. Climate warming in the Tibetan Plateau during recent decades. International Journal of Climatology, 20(14): 1729-1742.

Liu X, Zhang J, Zhu X, et al. 2014. Spatiotemporal changes in vegetation coverage and its driving factors in the Three-River Headwaters Region during 2000-2011. Journal of Geographical Sciences, 24(2): 288-302.

Liu X, Zhu X, Li S, et al. 2015. Changes in Growing Season Vegetation and Their Associated Driving Forces in China during 2001-2012. Remote Sensing, 7(11): 15517-15535.

Liu Y, Zha Y, Gao J, et al. 2004. Assessment of grassland degradation near Lake Qinghai, West China, using Landsat TM data and in situ reflectance spectra data, International Journal of Remote Sensing, 25(20): 4177-4189.

Lloret F, Penuelas J, Prieto P, et al. 2009. Plant community changes induced by experimental climate change: seedling and adult species composition. Perspectives in Plant Ecology Evolution and Systematics, 11: 53-63.

Lloyd J, Taylor J A. 1994. On the temperature dependence of soil respiration. Functional Ecology, 8: 315-323.

Loik M E, Redar S P, Harte J. 2001. Photosynthetic responses to a climate-warming manipulation for contrasting meadow species in the Rocky Mountains, Colorado, USA. Functional Ecology, 14(2): 166-175.

Los S O, Collatz G J, Bounoua L, et al. 2001. Global interannual variations in sea surface temperature and land surface vegetation, air temperature, and precipitation. Journal of Climate, 14(7): 1535-1549.

Lotsch A, Friedl M A, Anderson B T, et al. 2005. Response of terrestrial ecosystems to recent Northern Hemispheric drought. Geophysical Research Letters, 32(6): L06705.

Lu C Q, Tian H Q. 2007. Spatial and temporal patterns of nitrogen deposition in China: Synthesis of observational data. Journal Geophysical Research, 112: D22S05.

Lu M, Zhou X H, Yang Q, et al. 2013. Responses of ecosystem carbon cycle to experimental warming: a meta-analysis. Ecology, 94(3): 726-738.

Lu X Y, Fan J H, Yan Y, et al. 2013. Responses of soil CO_2 fluxes to short-term experimental warming in alpine steppe ecosystem, northern Tibet. PLoS ONE, 8: e59054.

Lunardini V J. 1981. Heat transfer in cold climates. New York: Van Nostrand Reinhold.

Luo C Y, Xu G P, Chao Z G, et al. 2010. Effect of warming and grazing on litter mass loss and temperature sensitivity of litter and dung mass loss on the Tibetan plateau. Global Change Biology, 16: 1606-1617.

Luo S, Lv S, Zhang Y, et al. 2009. Soil thermal conductivity parameterization establishment and application in numerical model of central Tibetan Plateau. Chinese Journal of Geophysics, 52: 919-928.

Luo Y, Su B O, Currie W S, et al. 2004. Progressive Nitrogen Limitation of Ecosystem Responses to Rising Atmospheric Carbon Dioxide. BioScience, 54: 731-739.

Lupascu M, Welker J M, Seibt U, et al. 2014. High Arctic wetting reduces permafrost carbon feedbacks to climate warming. Nature Climate Change, 4:51-55.

Luthin J N, Guymon G L. 1974. Soil moisture-vegetation-temperature relationships in central Alaska. Journal of Hydrology, 23(3/4):233-246.

Luyssaert S, Schulze E D, Börner A, et al. 2008. Old-growth forests as global carbon sinks. Nature, 455(7210):213.

MacDougall A H, Avis C A, Weaver A J. 2012. Significant contribution to climate warming from the permafrost carbon feedback. Nature Geoscience, 5:719-721.

Mack M C, Schuur E A G, Bret-Harte M S, et al. 2004. Ecosystem carbon storage in arctic tundra reduced by long-term nutrient fertilization. Nature, 431(7007):440-443.

Majdi H, Andersson P. 2005. Fine root production and turnover in a Norway spruce stand in northern Sweden: Effects of nitrogen and water manipulation. Ecosystems, 8(2):191-199.

Majdi H, Öhrvik J. 2004. Interactive effects of soil warming and fertilization on root production, mortality, and longevity in a Norway spruce stand in Northern Sweden. Global Change Biology, 10(2):182-188.

Mao D, Wang Z, Luo L, et al. 2012. Integrating AVHRR and MODIS data to monitor NDVI changes and their relationships with climatic parameters in Northeast China. International Journal of Applied Earth Observation and Geoinformation, 18:528-536.

Mao D, Luo L, Wang Z, et al. 2015. Variations in net primary productivity and its relationships with warming climate in the permafrost zone of the Tibetan Plateau. Journal of Geographical Sciences, 25(8):967-977.

Martha K, Raynolds, Josefino C, et al. 2008. Relationship between satellite-derived land surface temperatures, arctic vegetation types, and NDVI. Remote Sensing Environment, (112):1884-1894.

Martinez C A, Bianconi M, Silva L, et al. 2014. Moderate warming increase PSII performance, antioxidant scavenging systems and biomass production in Stylosanthes capitata Vogel. Environmental and Experimental Botany, 102:58-67.

Mastepanov M, Sigsgaard C, Dlugokencky E J, et al. 2008. Large tundra methane burst during onset of freezing. Nature, 456:628-630.

McGuire A D, Melillo J, Jobbagy E G, et al. 1992. Interactions Between Carbon and Nitrogen Dynamics in Estimating Net Primary Productivity for Potential Vegetation in North America. Global Biogeochemical Cycles, 6(2):101-124.

Melillo, J M, Steudler P A, Alber J D, et al. 2002. Soil warming and carbon-cycle feedback to the climate system. Science, 298(5601):2173-2176.

Mellander P E, Laudon H, Bishop K. 2005. Modelling variability of snow depths and soil temperatures in Scots pine stands. Agricultural and Forest Meteorology, 133(1-4):109-118.

Merbold L, Rogiers N, Eugster W. 2012. Winter CO_2 fluxes in a sub-alpine grassland in relation to snow cover, radiation and temperature. Biogeochemistry, 111(1):287-302.

Miao Y, Song C, Sun L, et al. 2012. Growing season methane emission from a boreal peatland in the continuous permafrost zone of Northeast China: effects of active layer depth and vegetation. Biogeosciences, 9:4455-4464.

Mikan C J, Schimel J P, Doyle A P. 2002. Temperature controls of microbial respiration in arctic tundra soils above and below freezing. Soil Biology and Biochemistry, 34(11):1785-1795.

Mo J M, Zhang W, Zhu W X, et al. 2007. Nitrogen fertilization reduces soil respiration in a mature tropical forest in southern China. Global Change Biology, 14:1-10.

Molau U. 1996. Climatic impacts on flowering, growth, and vigour in an arctic-alpine cushion plant, Diapensia lapponica, under different snow cover regimes. Ecological Bulletins, 210-219.

Moore T. 1994. Trace gas emissions from Canadian peatlands and the effect of climatic change. Wetlands, 14(3): 223-228.

Moore T, Bubier J L, Frolking S, et al. 2002. Plant biomass and production and CO_2 exchange in an ombrotrophic bog. Journal of Ecology, 90:25-36.

Morishita T, Matsuura Y, Kajimoto T, et al. 2014. CH_4 and N_2O dynamics of a *Larix gmelinii* forest in a continuous permafrost region of central Siberia during the growing season. Polar Science, 8:156-165.

Mu C C, Zhang T J, Cao B, et al. 2013. Study of the organic carbon storage in the active layer of the permafrost over the Eboling Mountain in the upper reaches of the Heihe River in the Eastern Qilian Mountains. J. Glaciol. Geocryol., 35:1-9.

Mu C C, Zhang T J, Wu Q B, et al. 2014. Stable carbon isotopes as indicators for permafrost carbon vulnerability in upper reach of Heihe River basin, northwestern China. Quaternary International, 321:71-77.

Mu C C, Zhang T J, Wu Q B, et al. 2015a. Organic carbon pools in permafrost regions on the Qinghai-Xizang (Tibetan) Plateau. The Cryosphere, 9:479-496.

Mu C C, Zhang T J, Wu Q B, et al. 2015b. Carbon and Nitrogen Properties of Permafrost over the Eboling Mountain in the Upper Reach of Heihe River Basin, Northwestern China. Arctic, Antarctic, and Alpine Research, 47: 203-211.

Mu C C, Zhang T J, Zhang X K, et al. 2016a. Pedogenesis and physicochemical parameters influencing soil carbon and nitrogen of alpine meadows in permafrost regions in the northeastern Qinghai-Tibetan Plateau. Catena, 141: 85-91.

Mu C C, Zhang T J, Zhang X, et al. 2016b. Sensitivity of soil organic matter decomposition to temperature at different depths in permafrost regions on the northern Qinghai-Tibet Plateau. European Journal of Soil Science, 37(6):773-781.

Mu C C, Zhang T J, Zhao Q, et al. 2016c. Soil organic carbon stabilization by iron in permafrost regions of the Qinghai-Tibet Plateau. Geophysical Research Letters, 43(10):286-294.

Mu C C, Zhang T J, Wu Q B, et al. 2016d. Dissolved organic carbon, CO_2, and CH_4 concentrations and their stable isotope ratios in thermokarst lakes on the Qinghai-Tibetan Plateau. Journal of Limnology, 75(2):313-319.

Mu C C, Zhang T J, Zhang X K, et al. 2016e. Carbon loss and chemical changes from permafrost collapse in the northern Tibetan Plateau. Journal of Geophysical Research-Biogeosciences, 121(7):1781-1791.

Myneni R B, Keeling C D, Tucker C J, et al. 1997. Increased plant growth in the northern high latitudes from 1981 to 1991. Nature, 386(6626):698-702.

Myneni R B, Dong J, Tucker C J, et al. 2001. A large carbon sink in the woody biomass of Northern forests. Proceedings of the National Academy of Sciences of the United States of America, 98(26):14784-14789.

Mzuku M, Khosla R, Reich R, et al. 2005. Spatial variability of measured soil properties across site-specific management zones. Soil Science Society of America Journal, 69(5):1572-1579.

Natali S, Eag S, Rubin R L. 2012. Increased plant productivity in Alaskan tundra as a result of experimental warming of soil and permafrost. Journal of Ecology, 100:488-498.

Natali S, Eag S, Webb E E, et al. 2014. Permafrost degradation stimulates carbon loss from experimentally warmed tundra. Ecology, 95(3):602-608.

Ni J. 2001. Carbon storage in terrestrial ecosystems of China: estimates at different spatial resolutions and their responses to climate change. Climatic Change, 49:339-358.

冰冻圈变化的生态过程与碳循环影响

Nicolsky D J, Romanovsky V E, Alexeev V A, et al. 2007. Improved modeling of permafrost dynamics in a GCM land-surface scheme. Geophysical Research Letters,34:L08501.

Niu G Y, Yang Z L. 2006. Effects of frozen soil on snowmelt runoff and soil water storage at a continental scale. Journal of Hydrometeorology,7(5):937-952.

Niu L, Ye B, Li J, et al. 2011. Effect of permafrost degradation on hydrological processes in typical basins with various permafrost coverage in Western China. Science China-Earth Science,54(4):615-624.

Oechel W C, George L V, Steven J H, et al. 1998. The effects of water table manipulation and elevated temperature on the net CO_2 flux of wet sedge tundra ecosystems. Global Change Biology,4(1):77-90.

Oechel W C, Vourlitis G L, Hastings S J, et al. 2000. Acclimation of ecosystem CO_2 exchange in the Alaskan Arctic in response to decadal climate warming. Nature,406(6799):978-981.

Oechel W C, Laskowski C A, Burba G, et al. 2014. Annual patterns and budget of CO_2 flux in an Arctic tussock tundra ecosystem. Journal of Geophysical Research-Biogeoscience,119(3):323-339.

Oelke C, Zhang T, Serreze M C, et al. 2003. Regional-scale modeling of soil freeze/thaw over the Arctic drainage basin. Journal of Geophysical Research-Atmosphers,108(D10):4314-4331.

Olefeldt D, Turetsky M R, Crill P M, et al. 2013. Environmental and physical controls on northern terrestrial methane emissions across permafrost zones. Global Change Biology,19(2):589-604.

Olefeldt D, Goswami S, Grosse G, et al. 2016 Circumpolar distribution and carbon storage of thermokarst landscapes. Nature Communications,7:13043.

Ohtsuka T, Hirota M, Zhang X, et al. 2008. Soil organic carbon pools in alpine to nival zones along an altitudinal gradient(4400-5300m)on the Tibetan Plateau. Polar Sci,2:277-285.

Olsson K, Anderson L G. 1997. Input and biogeochemical transformation of dissolved carbon in the Siberian shelf seas. Continental Shelf Research,17:819-833.

Oleson K W, Dai Y, Bonan G B, et al. 2004. Technical description of the Community Land Model (CLM). Tech. Rep. ,NCAR/TN-461+STR,Natl. Cent. for Atmos. Res. ,Boulder,Colo.

Osterkamp T, Romanovsky V. 1999. Evidence for warming and thawing of discontinuous permafrost in Alaska. Permafrost and Periglacial Processes,10(1):17-37.

Osterkamp T E. 2005. The recent warming of permafrost in Alaska. Global and Planetary Change,49(3-4):187-202.

Osterkamp T E, Vicreck L, Shur Y, et al. 2000. Observations of thermokarst in boreal forests in Alaska. Arctic Antarctic and Alpine Research,32(3):303-315.

Pan Y, Birdsey R A, Fang J, et al. 2011. A large and persistent carbon sink in the world's forests. Science,2011:1201609.

Parsons A N, Barrett J E, Wall D H, et al. 2004. Soil carbon dioxide flux in Antarctic dry valley ecosystems. Ecosystems,7(3):286-295.

Parton W J. 1984. Predicting soil temperatures in a shortgrass steppe. Soil Science,138:93-101.

Parton W J, Hartman M, Ojima D, et al. 1998. DAYCENT and its land surface submodel:description and testing. Glob. Planet. Change,19(1-4):35-48.

Peltoniemi K, Laiho R, Juottonen H, et al. 2016. Responses of methanogenic and methanotrophic communities to warming in varying moisture regimes of two boreal fens. Soil Biology and Biochemistry,97:144-156.

Peng F, Xu M, You Q, et al. 2015. Different responses of soil respiration and its components to experimental warming with contrasting soil water content. Arctic Antarctic and Alpine Research,47(2):359-368.

324

Peng X, Wu Q, Tian M. 2003. The Effect of Groundwater Table Lowering on Ecological Environment in the Headwaters for the Yellow River. Journal of Glaciology and Geocryology, 25(6):667-671.

Peris C E H, Schuur E A G, Crummer K G. 2013. Thawing permafrost increases old soil and autotrophic respiration in tundra: Partitioning ecosystem respiration using δ^{13}C and Δ^{14}C. Global Change Biology, 19:649-661.

Peterson R A, Krantz W B. 2008. Differential frost heave model for patterned ground formation: Corroboration with observations along a North American arctic transect. Journal of Geophysical Research, 113: G03S04.

Piao S, Friedlingstein P, Ciais P, Zhou L, et al. 2006. Effect of climate and CO_2 changes on the greening of the Northern Hemisphere over the past two decades. Geophysical Research Letters, 33(23).

Piao S, Nan H, Huntingford C, et al. 2014. Evidence for a weakening relationship between interannual temperature variability and northern vegetation activity. Nature Communications, 5:5018.

Piao S L, Fang J Y, Zhou L M, et al. 2003. Interannual variations of monthly and seasonal normalized difference vegetation index (NDVI) in China from 1982 to 1999. Journal of Geophysical Research-Atmospheres, 108(D14):13.

Piao S L, Fang J Y, Ji W, et al. 2004. Variation in a satellite-based vegetation index in relation to climate in China. Journal of Vegetation Science, 15(2):219-226.

Piao S L, Fang J Y, Zhou L M, et al. 2005. Changes in vegetation net primary productivity from 1982 to 1999 in China. Global Biogeochemical Cycles, 19:2004GB002274.

Piao S L, Fang J Y, He J S. 2006. Variations in vegetation net primary production in the Qinghai-Xizang Plateau. Climatic Change, 74:253-267.

Piao S L, Fang J Y, Zhou L M, et al. 2007. Changes in biomass carbon stocks in China's grasslands between 1982 and 1999. Global Biogeochemical Cycles, 21: GB2002.

Piao S L, Ciais P, Huang Y, et al. 2010. The impacts of climate change on water resources and agriculture in China. Nature, 467(7311):43-51.

Piao S L, Tan K, Nan H J, et al. 2012. Impacts of climate and CO_2 changes on the vegetation growth and carbon balance of the Qinghai-Tibetan grasslands over the past five decades. Global Planet. Change, 98-99(6):73-80.

Ping C, Michalson G J, Jorgenson M T, et al. 2008. High stocks of soil organic carbon in the North American Arctic region. Nature Geoscience, 1:615-619.

Post E, Pedersen C. 2008. Opposing plant community responses to warming with and without herbivores. P Natl AcadSci USA, 105:12353-12358.

Post W M, Emanuel W R, Zinke P J, et al. 1982. Soil carbon pools and world life zones. Nature, 298:156-159.

Pregitzer K S, King J S, Burton A J, et al. 2000. Responses of tree fine roots to temperature. New Phytologist, 147(1):105-115.

Prieto P, Peñuelas J, Lloret F, et al. 2009. Experimental drought and warming decrease diversity and slow down post-fire succession in a Mediterranean shrubland. Ecography, 32:623-636.

Prowse T D, Wrona F J, Reist J D, et al. 2006. Climate change effects on hydroecology of arctic freshwater ecosystems. Ambio, 35:347-358.

Quinton W L, Bemrose R K, Zhang Y, et al. 2009. The influence of spatial variability in snowmelt and active layer thaw on hillslope drainage for an alpine tundra hillslope. Hydrological Processes, 23:2628-2639.

Raich J W, Rastetter E B, Melillo J, et al. 1991. Potential net primary productivity in South America: Application of a global model. Ecological Applications, 1(4):399-429.

Ran Y H, Li X, Cheng G D, et al. 2012. Distribution of Permafrost in China: An Overview of Existing Permafrost

Maps. Permafrost and Periglacial Processes,23(4):322-333.

Raunkiaer C. 1934. The Life Forms of Plants and Statistical Plant Geography. Oxford:Clarendon Press.

Raynolds M K,Walker D A,Verbyla D,et al. 2013. Patterns of Change within a Tundra Landscape:22-year Landsat NDVI Trends in an Area of the Northern Foothills of the Brooks Range, Alaska. Arctic Antarctic and Alpine Research,45(2):249-260.

Reich P B, Oleksyn J. 2004. Global patterns of plant leaf N and P in relation to temperature and latitude. Proceedings of the National Academy of Sciences of the United States of America,101(30):11001-11006.

Ringeval B,Decharme B, Piao S, et al. 2012. Modelling sub-grid wetland in the ORCHIDEE global land surface model: evaluation against river discharges and remotely sensed data. Geoscientific Model Development, 5: 941-962.

Rinnan R, Stark S, Tolvanen A. 2009. Responses of vegetation and soil microbial communities to warming and simulated herbivory in a subarctic heath. Journal of Ecology,97:788-800.

Riseborough D W, Shiklomanov N I, Etzelmüller B, et al. 2008. Recent Advances in Permafrost Modelling. Permafrost and Periglacial Processes,19:137-156.

Rohde K. 1992. Latitudinal gradients in species diversity:the search for the primary cause. Oikos,514-527.

Romanovsky V E,Osterkamp T E. 1997. Thawing of the Active Layer on the Coastal Plain of the Alaskan Arctic. Permafrost and Periglacial Processes,8:1-22.

Rosenkranz P,Bruggemann N,Papen H,et al. 2005. NO$_2$,NO and CH$_4$ exchange,and microbial N turnover over a Mediterranean pine forest soil. Biogeosciences Discussions,2:673-702.

Rousk J,Bååth E. 2011. Growth of saprotrophic fungi and bacteria in soil. FEMS Microbiology Ecology,78: 17-30.

Rumpel C,Kögel-Knabner I. 2011. Deep soil organic matter a key but poorly understood component of terrestrial C cycle. Plant and Soil,338:143-158.

Rustad L E,Campbell J,Marion G M,et al. 2001. A meta-analysis of the response of soil respiration,net nitrogen mineralization,and aboveground plant growth to experimental ecosystem warming. Oecologia,126(4):543-562.

Ryden J C. 1983. Denitrification loss from a grassland soil in the field receiving different rates of nitrogen as ammonium nitrate. Journal of Soil Science,34:355-365.

Saleska S R,Shaw M B,Fischer M L,et al. 2002. Plant community composition mediates both large transient decline and predicted long-term recovery of soil carbon under climate warming. Global Biogeochemical Cycle,3(1): 3-18.

Salmon V G,Soucy P,Mauritz M,et al. 2016. Nitrogen availability increases in a tundra ecosystem during five years of experimental permafrost thaw. Global Change Biology,22(5):1927-1941.

Schadel C, Schuur E A G, Bracho R, et al. 2014. Circumpolar assessment of permafrost C quality and its vulnerability over time using long-term incubation data. Global Change Biology,20(2):641-652.

Schimel J P, Mikan C. 2005. Changing microbial substrate use in Arctic tundra soils through a freeze-thaw cycle. Soil Biology and Biochemistry,37(8):1411-1418.

Schuur E A G,Crummer K G,Vogel J G,et al. 2007. Plant species composition and productivity following permafrost thaw and thermokarst in Alaskan tundra. Ecosystems,10(2):280-292.

Schuur E A G, Bockheim J, Canadell J G, et al. 2008. Vulnerability of permafrost carbon to climate change: Implications for the global carbon cycle. BioScience,58(8):701-714.

Schuur E A G,McGuire A D,Schadel C,et al. 2015. Climate change and the permafrost carbon feedback. Nature, 520:171-179.

Schuur E A G, Vogel J G, Crummer K G, et al. 2009. The effect of permafrost thaw on old carbon release and net carbon exchange from tundra. Nature, 459: 556-559.

Scott L G, John E H, Peter M, et al. 2014. Effects of Soil Warming and Nitrogen Fertilization on Soil Respiration in a New Zealand Tussock Grassland. Plos One, 9 (3): e91204.

Scurlock J M O, Johnson K, Olson R J. 2002. Estimating net primary productivity from grassland biomass dynamics measurements. Global Change Biology, 28: 736-753.

Shaw M R, Zavaleta E S, Chiariello N R, et al. 2002. Grassland responses to global environmental changes suppressed by elevated CO_2. Science, 298: 1987-1990.

Shen M, Zhang G, Cong N, et al. 2014. Increasing altitudinal gradient of spring vegetation phenology during the last decade on the Qinghai-Tibetan Plateau. Agricultural Forest and Meteorology, 189: 71-80.

Shi F S, Wu Y, Wu N, et al. 2010. Different growth and physiological responses to simulative warming of two dominant plant species Elymus nutans and Potentilla anserine in an alpine meadow of the eastern Tibetan Plateau. Photosynthetica, 48: 437-445.

Shi Y, Wang Y, Ma Y, et al. 2014. Field-4based observations of regional-scale, temporal variation in net primary production in Tibetan alpine grasslands. Biogeosciences, 11 (7): 16843-16878.

Shirokova L S, Pokrovsky O S, Kirpotin S N, et al. 2013. Biogeochemistry of organic carbon, CO_2, CH_4, and trace elements in thermokarst water bodies in discontinuous permafrost zones of Western Siberia. Biogeochemistry, 113: 573-593.

Shur Y L, Jorgenson M T. 2007. Patterns of permafrost formation and degradation in relation to climate and ecosystems. Permafrost and Periglacial Processes, 18 (1): 7-19.

Sitch S, Smith B, Prentice C I, et al. 2003. Evaluation of ecosystem dynamics, plant geography and terrestrial carbon cycling in the LPJ dynamic global vegetation model. Global Change Biology, 9: 161-185.

Smith A M, Coupland G, Dolan L, et al. 2012. Qu LJ, Gu HY, Liu JJ. Plant Biology. Beijing: Science Press: 575-576.

Smith K A, Ball T, Conen F, et al. 2003. Exchange of greenhouse gases between soil and atmosphere: interactions of soil physical factors and biological processes. European Journal of Soil Science, 54 (4): 779-791.

Smith P, Fang C. 2010. Carbon cycle: a warm response by soils. Nature, 464: 499-500.

Smith V H. 1992. Effects of nitrogen: phosphorus supply ratios on nitrogen fixation in agricultural and pastoral ecosystems. Biogeochemistry, 18 (1): 19-35.

Solomon S D, Qin D, Manning M, et al. 2007. Climate change 2007: The physical science basis. working group I contribution to the fourth assessment report of the IPCC. Computational Geometry, 18: 95-123.

Sommer R, Denich M, Vlek P L G. 2000. Carbon storage and root penetration in deep soils under small-farmer land-use systems in the Eastern Amazon region, Brazil. Plant and Soil, 219: 231-241.

Song C, Wang G, Sun X, et al. 2016. Control factors and scale analysis of annual river water, sediments and carbon transport in China. Scientific Reports, 6: 25963.

Song Y, Ma M G. 2011. A statistical analysis of the relationship between climatic factors and the Normalized Difference Vegetation Index in China. International Journal of Remote Sensing, 32 (14): 3947-3965.

Sparks R E. 2001. Wetland restoration, flood pulsing, and disturbance dynamics. Restoration Ecology, 9 (1): 112-113.

Steven B, Pollard W H, Greer W, et al. 2008. Microbial diversity and activity through a permafrost ground ice core profile from the Canadian high Arctic. Environmental Microbiology, 10 (12): 3388-3403.

Stow D, Daeschner S, Hope A, et al. 2003. Variability of the seasonally integrated normalized difference vegetation index across the north slope of Alaska in the 1990s. International Journal of Remote Sensing, 24(5): 1111-1117.

Sugimoto A, Yanagisawa N, Naito D, et al. 2002. Importance of permafrost as a source of water for plants in east Siberian taiga. Ecological Research, 17: 493-503.

Sun D, Kafatos M. 2007. Note on the NDVI-LST relationship and the use of temperature-related drought indices over North America. Geophysical Research Letters, 34: 497-507.

Sun H, Zheng D. 2010. Formation, evolution and development of Tibetan Plateau. Guangzhou: Guangdong Science and Technology Press.

Sun W, Song X, Mu X, et al. 2015. Spatiotemporal vegetation cover variations associated with climate change and ecological restoration in the Loess Plateau. Agricultural and Forest Meteorology, 209: 87-99.

Sun X, Mu C, Song C. 2011. Seasonal and spatial variations of methane emissions from montane wetlands in Northeast China. Atmospheric Environment, 45: 1809-1816.

Sun Z G, Wang Q X, Xiao Q G, et al. 2015. Diverse Responses of Remotely Sensed Grassland Phenology to Interannual Climate Variability over Frozen Ground Regions in Mongolia. Remote Sensing, 7(1): 360-377.

Swenson S C, Lawrence D M, Lee H. 2012. Improved Simulation of the Terrestrial Hydrological Cycle in Permafrost Regions by the Community Land Model. Journal of Advances in Modeling Earth Systems, 4(3): 08002.

Tan K, Ciais P, Piao S L, et al. 2010. Application of the ORCHIDEE global vegetation model to evaluate biomass and soil carbon stocks of Qinghai-Tibetan grasslands. Global Biogeochemical Cycle, 24: GB1013.

Tape K, Sturm M, Racine C. 2006. The evidence for shrub expansion in Northern Alaska and the Pan-Arctic. Global Change Biology, 12: 686-702.

Tarnocai C, Canadell J G, Schuur EAG, et al. 2009. Soil organic carbon pools in the northern circumpolar permafrost region. Global Biogeochemical Cycles, 23, doi: 10. 1029/2008GB003327.

Tian Y Q, Ouyang H, Gao Q, et al. 2010. Responses of soil nitrogen mineralization to temperature and moisture in alpine ecosystems on the Tibetan Plateau. Procedia Environment Science, 2: 218-224.

Treat C C, Wollheim W M, Varner R K, et al. 2014. Temperature and peat type control CO_2 and CH_4 production in Alaska permafrost peats. Global Change Biology, 20: 2674-2686.

Trucco C, Schuur E A G, Natali S M, et al. 2012. Seven-year trends of CO_2 exchange in a tundra ecosystem affected by long-term permafrost thaw. Journal of Geophysical Research-Biogeoscience, 117: 129-133.

Tu L H, Hu T X, Zhang J, et al. 2013. Nitrogen addition stimulates different components of soil respiration in a subtropical bamboo ecosystem. Soil Biology and Biochemistry, 58: 255-264.

Turetsky M R, Treat C C, Waldrop M P, et al. 2008. Short-term response of methane fluxes and methanogen activity to water table and soil warming manipulations in an Alaskan peatland. Journal of Geophysical Research-Biogeosciences, 113: 119-128.

Tutubalina O V, Rees W G. 2001. Vegetation degradation in a permafrost region as seen from space: Noril′sk (1961-1999). Cold Regions Science and Technology, 32(2-3): 191-203.

Vamerali T, Ganis A, Bona S, et al. 2000. An approach to minirhizotron root image analysis. Plant and Soil, 217(1): 183-193.

van der Heijden M G A, Bardgett R D, van Straalen N M. 2008. The unseen majority: soil microbes as drivers of plant diversity and productivity in terrestrial ecosystems. Ecology Letters, 11: 296-310.

Vincent W F, Lemay M, Allard M, et al. 2013. Adapting to permafrost change: A science framework. Eos, Transactions, American Geophysical Union, 94: 373-375.

Vitousek P M. 1994. Beyond global warming: ecology and global change. Ecology, 75(7): 1861-1876.

Vogel J, Schuur E A G, Trucco C, et al. 2009. Response of CO_2 exchange in a tussock tundra ecosystem to permafrost thaw and thermokarst development. Journal of Geophysical Research: Biogeosciences, 114: 170.

Walker D A, Halfpenny J C, Walker M D, et al. 1993. Long-term studies of snow-vegetation interactions. Biology Science, 43: 287-301.

Walker D A, Jia G J, Epstein H E, et al. 2003. Vegetation-soil-thaw-depth relationships along a low-arctic bioclimate gradient, Alaska: synthesis of information from the ATLAS studies. Permafrost and Periglacial Processes, 14: 103-123.

Walker M D, Ingersoll R C, Webber P J. 1995. Effects of Interannual Climate Variation on Phenology and Growth of Two Alpine Forbs. Ecology, 76(4): 1067-1083.

Walker M D, Wahren C H, Hollister R D, et al. 2006. Plant community responses to experimental warming across the tundra biome. Proceedings of the uational Academy of Sciences of the United States of America, 103: 1342-1346.

Walter K M, Zimov S A, Chanton J P, et al. 2006. Methane bubbling from Siberian thaw lakes as a positive feedback to climate warming. Nature, 443: 71-75.

Walter K M, Edwards M E, Grosse G, et al. 2007. Thermokarst Lakes as a Source of Atmospheric CH_4 During the Last Deglaciation. Science, 318: 633-636.

Walther G R, Beißner, Burga C A. 2009. Trends in the upward shift of Alpine plants. Journal of Vegetation Science, 16(5): 541-548.

Wang C K, Gower S T, Wang Y H, et al. 2001. The influence of fire on carbon distribution and net primary production of boreal Larix gmelinii forests in north-eastern China. Global Change Biology, 7: 719-730.

Wang G, Li Y, Hu H, et al. 2008. Synergistic effect of vegetation and air temperature changes on soil water content in alpine frost meadow soil in the permafrost region of Tibet. Hydrological Processes, 22(17): 3310-3320.

Wang G, Liu L, Liu G, et al. 2010. Impacts of grassland vegetation cover on the active-layer thermal regime, Northeast Qinghai-Tibet Plateau, China. Permafrost and Periglacial Processes, 21: 335-344.

Wang G, Bai W, Li N, et al. 2011. Climate changes and its impact on tundra ecosystem in Qinghai-Tibet Plateau, China. Climate Change, 106: 463-482.

Wang G, Liu G, Li C, et al. 2012. The variability of soil thermal and hydrological dynamics with vegetation cover in a permafrost region. Agricultural and Forest Meteorology, 162: 44-57.

Wang G X, Cheng G D. 2000. Eco-environmental changes and causative analysis in the source regions of the Yangtze and Yellow Rivers, China. Environmentalist, 20(3): 221-232.

Wang G X, Qian J, Cheng G D, et al. 2002. Soil organic carbon pool of grassland soils on the Qinghai-Tibetan Plateau and its global implication, Science of Total Environment, 291: 207-217.

Wang G X, Li Y S, Wu Q B, et al. 2006. The relationship between permafrost and vegetation and its effects on cold ecosystem. Sci. China Ser. D-Earth Sci., 36: 743-754(In Chinese with English abstract).

Wang G X, Li Y S, Wang Y B, et al. 2008. Effects of permafrost thawing on vegetation and soil carbon pool losses on the Qinghai-Tibet Plateau, China. Geoderma, 143: 143-152.

Wang G X, Hu H C, Li T B. 2009. The influence of freeze-thaw cycles of active soil layer on surface runoff in a permafrost watershed. Journal of Hydrology, 375: 438-449.

Wang G X, Mao T X, Chang J, et al. 2014. Impacts of surface soil organic content on the soil thermal dynamics of alpine meadows in permafrost regions: data from field observations. Geoderma, 232: 414-425.

Wang H, He Z L, Lu Z M, et al. 2012. Genetic linkage of soil carbon pools and microbial functions in subtropical freshwater wetlands in response to experimental warming. Applied and Environmental Microbiology, 78: 7652-7661.

Wang J, Wu Q. 2012. Annual soil CO_2 efflux in a wet meadow during active layer freeze-thaw changes on the Qinghai-Tibet Plateau. Environmental Earth Sciences, 69: 855-862.

Wang J, Zhong Z, Wang Z, et al. 2014. Soil C/N distribution characteristics of alpine steppe ecosystem in Qinhai-Tibetan Plateau. Acta Ecologica Sinica, 34(22).

Wang S L, Jin H J, Li S, et al. 2000. Permafrost degradation on the Qinghai-Tibet Plateau and its environmental impacts. Permafrost and Periglacial Processes, 11(1): 43-53.

Wang S P, Duan J C, Xu G P, et al. 2012 Effects of warming and grazing on soil N availability, species composition, and ANPP in an AM. Ecology, 93(11): 2365-2376.

Wang X X, Dong S K, Gao Q Z, et al. 2014. Effects of short-term and long-term warming on soil nutrients, microbial biomass and enzy me activities in an alpine meadow on the Qinghai-Tibet Plateau of China. Soil Biology and Biochemistry, 76: 140-142.

Wang X, Yi S, Wu Q, et al. 2016. The role of permafrost and soil water in distribution of alpine grassland and its NDVI dynamics on the Qinghai-Tibetan Plateau. Global and Planetary Change, 147: 40-53.

Wang Y, Liu H, Chung H, et al. 2014. Non-growing-season soil respiration is controlled by freezing and thawing processes in the summer monsoon-dominated Tibetan alpine grassland. Global Biogeochemical Cycles, 28(10): 1081-1095.

Wang Z, Yang G, Yi S, et al. 2012. Different response of vegetation to permafrost change in semi-arid and semi-humid regions in Qinghai-Tibetan Plateau. Environmental Earth Sciences, 66(3): 985-991.

Warren C R, Taranto M T. 2011. Ecosystem respiration in a seasonally snow-covered subalpine grassland. Arctic Antarctic and Alpine Research, 43: 137-146.

Webster K L, Mclaughlin J W. 2014 Application of a Bayesian belief network for assessing the vulnerability of permafrost to thaw and implication for greenhouse gas production and climate feedback. Environment Science and Policy, 38: 28-44.

Weedon J T, Aerts R, Kowalchuk G A, et al. 2014. No effects of experimental warming but contrasting seasonal patterns for soil peptidase and glycosidase enzymes in a sub-arctic peat bog. Biogeochemistry, 117: 55-66.

Wei Z, Jin H J, Zhang J M, et al. 2011. Prediction of permafrost changes in Northeastern China under a changing climate. Science China-Earth Sciences, 54(6): 924-935.

Welker J M, Fahnestock J T, Henry G H R, et al. 2004. CO_2 exchange in three Canadian High Arctic ecosystems: response to long-term experimental warming. Global Change Biology, 10: 1981-1995.

Werger M J A, Staalduinen M A. 2010. Eurasian Steppes. Ecological problems and livelihoods in a changing world. Plant and Vegetation, 6, doi 10. 1007/978-94-007-3886-7-17.

White M A, Running S W, Thornton P E. 1999. The impact of growing-season length variability on carbon assimilation and evapotranspiration over 88 years in the eastern US deciduous forest. International Journal of Biometeroroloy, 42(3): 139-145.

Winkler D E, Chapin K J, Kueppers L M. 2016. Soil moisture mediates alpine life form and community productivity responses to warming. Ecology, 97(6): 1553-1564.

Wixon D L, Balser T C. 2013. Toward conceptual clarity: PLFA in warmed soils. Soil Biology and Biochemistry, 57: 769-774.

WMO. 2012. Greenhouse gas bulletin: the state of greenhouse gases in the atmosphere based on 685 global observations through 2011. Geneva, Swiss.

Woo M K, Arain A M, Mollinga M, et al. 2004. A two-directional freeze and thaw algorithm for hydrologic and land surface modelling. Geophysical Research Letters, 31(12): 261-268.

Wookey P A, Aerts R, Bardgettz R D, et al. 2009. Ecosystem feedbacks and cascade processes: understanding their role in the responses of Arctic and alpine ecosystems to environmental change. Global Change Biology, 15: 1153-1172.

Wu Q, Hou Y, Yun H, et al. 2015. Changes in active-layer thickness and near-surface permafrost between 2002 and 2012 in alpine ecosystems, Qinghai-Xizang(Tibet)Plateau, China. Global and Planetary Change, 124: 149-155.

Wu Q B, Zhang T. 2008. Recent permafrost warming on the Qinghai-Tibetan Plateau. Journal of Geophysical Research, 113: D13108.

Wu Q B, Jiang G L, Zhang P. 2010a. Assessing the permafrost temperature and thickness conditions favorable for the occurrence of gas hydrate in the Qinghai-Tibet Plateau. Energy conversion and management, 51: 783-787.

Wu Q B, Zhang T J. 2010b. Changes in active layer thickness over the Qinghai-Tibetan Plateau from 1995 to 2007. Journal of Geophysical Research, 115: D09107.

Wu Q B, Zhang Z Q, Gao S R, et al. 2016. Thermal impacts of engineering activities and vegetation layer on permafrost in different alpine ecosystems of the Qinghai-Tibet Plateau, China. The Cryosphere, 10: 1695-1706.

Wu X D, Zhao L, Fang H B, et al. 2012. Soil Organic Carbon and Its Relationship to Vegetation Communities and Soil Properties in Permafrost of Middle-western Qinghai-Tibet Plateau. Permafrost and Periglacial Processes, 23: 162-169.

Xu C, Liang C, Wullschleger S, et al. 2011. Importance of feedback loop between soil inorganic nitrogen and microbial community in the heterotrophic soil respiration response to global warming. Nature Reviews Microbiology, 9(3): 222.

Xu K, Kong C, Liu J, et al. 2010. Using methane dynamic model to estimate methane emission from natural wetlands in China//Geoinformatics, 18th International Conference on. IEEE, 2010: 1-4.

Xu L, Myneni R B, Chapin F S, et al. 2013. Temperature and vegetation seasonality diminishment over northern lands. Nature Climate Change, 3(6): 581-586.

Xu M, Xue M. 2013. Analysis on the effects of climate warming on growth and phenology of alpine plants. Journal of Land Resources and Environment, 27: 137-141.

Xu M, Sun X, Wen J. 2000. Protection of salicylic acid on membrane damage by water stress. Plant Physiology Communications, 36: 35-36.

Yan L, Chen S, Huang J, et al. 2010. Differential responses of auto- and heterotrophic soil respiration to water and nitrogen fertilization in a semiarid temperate steppe. Global Change Biology, 16: 2345-2357.

Yang H J, Wu M Y, Liu W X, et al. 2011. Community structure and composition in response to climate change in a temperate steppe. Global Change Biology, 17: 452-465.

Yang K, Wu H, Qin J, et al. 2014. Recent climate changes over the Tibetan Plateau and their impacts on energy and water cycle: a review. Global and Planetary Change, 112: 79-91.

Yang M, Nelson F E, Shiklomanov N I, et al. 2010. Permafrost degradation and its environmental effects on the Tibetan Plateau: A review of recent research. Earth-Science Reviews, 103: 31-44.

Yang Y, Wang G, Klanderud K, et al. 2011. Responses in leaf functional traits and resource allocation of a dominant alpine sedge(*Kobresia pygmaea*) to climate warming in the Qinghai-Tibetan Plateau permafrost region. Plant and

Soil,349(1/2):377-387.

Yang Y,Wang G,Yang L,et al. 2012. Physiological responses of Kobresia pygmaea to warming in Qinghai-Tibetan Plateau permafrost region. Acta Oecologica,39(2):109-116.

Yang Y,Wang G,Shen H,et al. 2014. Dynamics of carbon and nitrogen accumulation and C:N stoichiometry ina deciduous broadleaf forest of deglaciated terrain in the eastern Tibetan Plateau. Forest Ecology and Management, 312:10-18.

Yang Y,Wang G,Klanderud K,et al. 2015. Plant community responses to five years of simulated climate warming in an alpine fen of the Qinghai-Tibetan Plateau. Plant Ecology and Diversity,8:211-218.

Yang Y H,Fang J Y,Ji C J,et al. 2009. Above- and belowground biomass allocation in Tibetan grasslands. Journal of Vegetable Science,20:177-184.

Yang Y H,Fang J Y,Guo D L,et al. 2010. Vertical patterns of soil carbon,nitrogen and carbon:Nitrogen stoichiometry in Tibetan grasslands. Biogeoscience Discussion,7:1-24.

Yang Z,Gao J,Zhou C,et al. 2011. Spatio-temporal changes of NDVI and its relation with climatic variables in the source regions of the Yangtze and Yellow rivers. Journal of Geographical Sciences,21(6):979-993.

Yang Z P,Ouyang H,Xu X L,et al. 2010. Effects of permafrost degradation on ecosystems. Acta Ecologica Sinica, 30:33-39.

Yang Z P,Gao J X,Zhao L,et al. 2013. Linking thaw depth with soil moisture and plant community composition: effects of permafrost degradation on alpine ecosystems on the Qinghai-Tibet Plateau. Plant and Soil, 367: 687-700.

Ye B S,Yang D Q,Zhang Z L,et al. 2009. Variation of hydrological regime with permafrost coverage over Lena Basin in Siberia. Journal of Geophysical Research,114:D07102.

Yergeau E,Bokhorst S,Kang S,et al. 2012. Shifts in soil microorganisms in response to warming are consistent across a range of Antarctic environments. Isme Journal,6:692-702.

Yi S,Arain A M,Woo M K. 2006. Modifications of a land surface scheme for improved simulation of ground freeze-thaw in northern environments. Geophysical Research Letters,33:395-415.

Yi S,WooM K,Arain A M. 2007. Impacts of peat and vegetation on permafrost degradation under climate warming, Geophysical Research Letters,34:45-61.

Yi S,McGuire A D,Harden J,et al. 2009. Interactions between soil thermal and hydrological dynamics in theresponse of Alaska ecosystems to fire disturbance. Journal of Geophysical Research,114:92-103.

Yi S,McGuire A D,Kasischke,et al. 2010. A Dynamic organic soil biogeochemical model for simulating the effects of wildfire on soil environmental conditions and carbon dynamics of black spruce forests. Journal of Geophysical Research,115:389-400.

Yi S,Zhou Z,Ren S,et al. 2011. Effects of permafrost degradation on alpine grassland in a semi-arid basin on the Qinghai-Tibetan Plateau. Environmental Research Letters,6:045403.

Yi S,Wischnewski K,Langer M,et al. 2014. Freeze/thaw processes of complex permafrost landscape of Northern Siberia simulated using the TEM ecosystem model:impact of thermokarst ponds and lakes,Geoscientific Model Development,7(4):1671-1689.

Yi S H,Li N,Xiang B,et al. 2013a. Representing the effects of alpine grassland vegetation cover on the simulation of soil thermal dynamics by ecosystem models applied to the Qinghai-Tibetan Plateau. Journal of Geophysical Research-Biogeoscience,118:1186-1199.

Yi S H,Chen J,Wu Q. 2013b. Simulating the role of gravel on the dynamics of active layer and permafrost on the

Qinghai-Tibetan Plateau. The Cryosphere Discussion,74:703-740.

Yi S H,Wischnewski K,Langer M,et al. 2013c. Modeling different freeze/thaw processes in heterogeneous landscapes of the Arctic polygonal tundra using an ecosystem model. Geoscientific Model Development,64: 883-932.

You Q L,Kang S C,Flügel W A,et al. 2010. Decreasing wind speed and weakening latitudinal surface pressure gradients in the Tibetan Plateau. Climate Research,42(1):57-64.

Yu H Y,Luedeling E,Xu J C. 2010. Winter and spring warming result in delayed spring phenology on the Tibetan Plateau. Proceedings of the National Academy of Sciences of the United States of America,107:22151-22156.

Yuste J C,Janssens I A,Carrara A,et al. 2004. Annual Q_{10} of soil respiration reflects plant phonological patterns as well as temperature sensitivity. Global Change Biology,10:161-169.

Yvon-Durocher G,Allen A P,Bastviken D,et al. 2014. Methane fluxes show consistent temperature dependence across microbial to ecosystem scales. Nature,507:488-491.

Zavaleta E S,Shaw M R,Chiariello N R,et al. 2003. Additive effects of simulated climate changes,elevated CO_2, and nitrogen deposition on grassland diversity. Proceedings of the National Academy of Sciences of the United States of America,100:7650-7654.

Zhang B,Chen S Y,He X Y,et al. 2014. Responses of Soil Microbial Communities to Experimental Warming in Alpine Grasslands on the Qinghai-Tibet Plateau. PLos One,9:e103859.

Zhang G L,Zhang Y J,Dong J W,et al. 2011. Green-up dates in the Tibetan Plateau have continuously advanced from 1982 to 2011. Proceedings of the National Academy of Sciences of the United States of America,110: 4309-4314.

Zhang J,Wang J T,Chen W,et al. 1988. Vegetation of Xizang(Tibet). Beijing:Science Press China(in Chinese).

Zhang J H,Liu S Z,Zhong X H. 2006. Distribution of soil organic carbon and phosphorus on an eroded hillslope of the rangeland in the northern Tibet Plateau,China. European Journal of Soil Science,57:365-371.

Zhang N L,Wan S Q,Guo J X,et al. 2015. Precipitation modifies the effects of warming and nitrogen addition on soil microbial communities in northern Chinese grasslands. Soil Biology and Biochemistry,89:12-23.

Zhang S,Wang Y,Zhao Y,et al. 2004. Permafrost degradation and its environmental sequent in the source regions of the Yellow River. Journal of Glaciology and Geocryology,26(1):1-6.

Zhang T. 2005. Influence of the seasonal snow cover on the ground thermal regime:An overview. Reviews of Geophysics,43(4):589-590.

Zhang T,Osterkamp T E,Stamnes K. 1997. Effects of Climate on the Active Layer and Permafrost on the North Slope of Alaska,U. S. A. Permafrost and Periglacial Processes,8:45-67.

Zhang T,Wang G,Yang Y,et al. 2015. Non-growing season soil CO_2 flux and its contribution to annual soil CO_2 emissions in two typical grasslands in the permafrost region of the Qinghai-Tibet Plateau. European Journal of Soil Biology,71:45-52.

Zhang W,Parker K M,Luo Y,et al. 2005. Soil microbial responses to experimental warming and clipping in a tallgrass prairie. Global Change Biology,11:266-277.

Zhang W,Liu C Y,Zheng X H,et al. 2014. The increasing distribution area of zokor mounds weaken greenhouse gas uptakes by alpine meadows in the Qinghai-Tibetan Plateau. Soil Biology and Biochemistry,71:105-112.

Zhang Y,Chen W,Cihlar J. 2003. A process-based model for quantifying the impact of climate change on permafrost thermal regimes. Journal of Geophysical Research-Atmosphere,108(D22):4695.

Zhang Y,Chen W,Riseborough D W. 2008. Disequilibrium response of permafrost thaw to climate warming in

Canada over 1850-2100. Geophysical Research Letters,35:46-48.

Zhang Y,Carey S K,Quinton W L,et al. 2010. Comparison of algorithms and parameterizations for infiltration into organic-covered permafrost soils. Hydrology and Earth System Sciences,14:5705-5752.

Zhang Y Q,Tang Y H,Jie J,et al. 2007. Characterizing the dynamics of soil organic carbon in grasslands on the Qinghai-Tibetan Plateau. Science in China series D-Earth Sciences,50:113-120.

Zhao L,Li Y,Zhao X,et al. 2005. Comparative study of the net exchange of CO_2 in 3 types of vegetation ecosystems on the Qinghai-Tibetan Plateau. Chinese Science Bulletin,50:1767-1774.

Zhao L,Wu Q B,Marchenko S S,et al. 2010. Thermal State of Permafrost and Active Layer in Central Asia during the International Polar Year. Permafrost and Periglacial Processes,21:198-207.

Zheng D,Hunt R E,Running S W. 1993. A daily soil temperature model based on atmosphere temperature and precipitation for continental application. Climate Research,2:183-191.

Zhou G,Liu S,Li Z,et al. 2006. Old-growth forests can accumulate carbon in soils. Science,314(5804):1417.

Zhou Z Y,Yi S H,Chen J J,et al. 2015. Responses of alpine grassland to climate warming and permafrost thawing in two basins with different precipitation regimes on the Qinghai-Tibetan Plateau. Arctic, Antarctic, and Alpine Research,47(1):125-131.

Zhu X Y, Luo C Y, Wang S P, et al. 2015. Effects of warming, grazing/cutting and nitrogen fertilization on greenhouse gas fluxes during growing seasons in an AM on the Tibetan Plateau. Agricultural and Forest Meteorology,214-215:506-514.

Zhuang Q,Romanovsky V E,McGuire A D. 2001. Incorporation of a permafrost model into a large-scale ecosystem model:Evaluation of temporal and spatial scaling issues in simulating soil thermal dynamics. Journal of Geophysical Research,106(D24):33649-33670.

Zhuang Q,He J,Lu Y,et al. 2010. Carbon dynamics of terrestrial ecosystems on the Tibetan Plateau during the 20th century:an analysis with a process-based biogeochemical model. Global Ecology and biogeography,19:649-662.

Zimov S A,Schuur E A G,Chapin F S. 2006. Permafrost and the global carbon budget. Science,312:1612-1613.

Zogg G P,Zak D R,Ringelberg D B,et al. 1997. Compositional and functional shifts in microbial communities due to soil warming. Soil Science Society of America Journal,61:475-481.